黄河三角洲贝壳堤生态系统水分特征与植被恢复技术

夏江宝　刘京涛　王贵霞　赵丽萍 等　著

科 学 出 版 社
北　京

内 容 简 介

贝壳堤是淤泥质或粉砂质海岸所特有的一种滩脊类型，在海岸带和三角洲地带分布广泛。本书针对黄河三角洲贝壳堤植被生态防护功能退化和植被生产力较低这一突出问题，紧密围绕贝壳堤退化生态系统的植被恢复和生态功能改善这一目标，以贝壳堤植被水分生境改善亟待解决的关键理论和技术为突破口，综合运用土壤-植物-大气连续系统水分传输、植物光合生理生态和稳定同位素，以及土壤粒径质量分布原理与分形学等监测技术与分析理论，系统开展了贝壳堤退化生态系统植被-土壤水分生态特征及其植被恢复关键技术的研究。主要明晰了贝壳堤生态系统的植被数量特征，揭示了贝壳堤土壤-植被系统的水分交互效应及其生理调节机制，明确了优势灌木树种的水分利用策略，研发了贝壳堤植被恢复的关键技术，提出了贝壳堤生态系统的管护策略，可为贝壳堤退化生态系统的植被建设提供理论依据和技术支持。

本书可供从事生态学、土壤学、林学、植物生理学、生态环境管理及区域可持续发展研究的科研单位、高等院校、政府决策或管理部门的相关人员参考。

图书在版编目（CIP）数据

黄河三角洲贝壳堤生态系统水分特征与植被恢复技术/夏江宝等著. —北京：科学出版社，2018.10

ISBN 978-7-03-059002-2

Ⅰ. ①黄… Ⅱ. ①夏… Ⅲ. ①黄河-三角洲-土壤水-研究②黄河-三角洲-植被-生态恢复-研究 Ⅳ. ①S152.7②Q948.525.2

中国版本图书馆 CIP 数据核字（2018）第 229167 号

责任编辑：刘 丹 / 责任校对：彭 涛
责任印制：吴兆东 / 封面设计：铭轩堂

科 学 出 版 社 出版
北京东黄城根北街 16 号
邮政编码：100717
http://www.sciencep.com

北京虎彩文化传播有限公司 印刷

科学出版社发行 各地新华书店经销

*

2018 年 10 月第 一 版 开本：720×1000 1/16
2019 年 2 月第二次印刷 印张：16 1/4
字数：327 000

定价：69.00 元

（如有印装质量问题，我社负责调换）

《黄河三角洲贝壳堤生态系统水分特征与植被恢复技术》著者名单

夏江宝　刘京涛　王贵霞　赵丽萍
任加云　陈印平　孙景宽　屈凡柱
李建庆　陆兆华　朱金方　王荣荣

前　言

贝壳堤是淤泥质或粉砂质海岸所特有的一种滩脊类型，主要由海生贝壳及其碎片和细砂、粉砂、泥炭、淤泥质黏土薄层组成，是与海岸大致平行或交角很小的堤状地貌堆积体。贝壳堤在墨西哥湾沿岸、苏里南海岸平原、澳大利亚布洛特海湾，以及中国的渤海湾西岸、莱州湾、苏北与长江三角洲一带分布广泛。黄河三角洲贝壳堤为世界三大古贝壳堤之一，也是世界上规模最大、唯一新老并存的贝壳堤，它在第四纪地质和海岸地貌研究中占有极其重要的位置，是研究黄河变迁、海岸线变化等环境演变的重要基地，在我国海洋地质、生物多样性研究中有着重要的地位和保护价值。然而，近 30 多年来受人为破坏，数十个贝壳堤岛已消失，本来就十分脆弱的生态系统严重退化，面临大批珍稀、特有物种灭绝的危险。同时，贝壳堤岛的受损和消失，造成海水入侵和侵蚀，又严重威胁泥质海岸带的生态安全。黄河三角洲贝壳堤滩脊地带海拔相对较高，贝壳砂孔隙度大，涵蓄降水能力差，滩脊地带蒸降比大，淡水资源缺乏，土壤水分成为影响该生境植被分布格局和限制植物生长发育的主导因子，加之季节性干旱发生频率及程度增加趋势明显，导致该区域灌木林生长缓慢、植被退化严重及水土流失加剧等现象的发生，植被生态系统功能较弱。为防止贝壳堤进一步退化，近年来，研究人员在黄河三角洲贝壳堤进行了以“植被构建、植被恢复”为主的生态修复技术，而水分逆境是限制贝壳堤树木成活及生长的关键因子。

贝壳砂生境下筛选出具有较高光合生产力且水分利用效率高的树种，明确不同树木的光合生产力水分等级和优势灌木的水分利用策略是植被恢复与生态重建的关键问题。柽柳、酸枣和杠柳，以及新引进的叶底珠和在贝壳砂生境中呈灌木状的旱柳是贝壳堤生态系统的优势树种。目前，在贝壳堤滩脊地带还缺乏主要树种光合生理过程在多级水分梯度下的连续性观测，贝壳砂生境不同水分胁迫下主要灌木树种叶片光合生理过程与土壤水分的定量关系及其光合生理过程尚不明确，以至于现有的树木抗旱生理生态研究成果在应用于贝壳堤造林树种选择、栽植管理和适地适树等方面受到较大限制。同时，随着环渤海经济圈的建设和黄河三角洲的大规模开发，研究贝壳堤退化生态系统的水分特征并研发植被恢复关键技术，是亟待解决的重大理论和实践问题。

鉴于此，我们针对黄河三角洲贝壳堤植被生态防护功能退化和植被生产力较低这一突出问题，以贝壳堤退化生态系统的植被恢复和生态功能改善为目标，以贝壳堤植被水分生境改善亟待解决的关键理论和技术为突破口，系统开展了贝壳堤退化生态系统植被-土壤水分生态特征及其植被恢复关键技术的研究。该研究在贝壳堤优势植物光合效率的水分临界效应及其调节机制、贝壳堤优势植物的适宜水分生境判识、优势灌木光合光响应模型的适应性评价、不同灌木树种的水分利用策略分析，以及杠柳苗木高效培育技术等方面有突破和创新，为我国同类贝壳堤退化生态系统的植被恢复和生态重建提供参考借鉴。

该研究历时 7 年，针对贝壳堤存在的淡水资源缺乏、灌草种类单一、生物多样性差、植被生产力低和植被生态防护功能退化等一系列重大技术难题，综合运用土壤-植物-大气连续系统水分传输、植物光合生理生态和稳定同位素，以及土壤粒径质量分布原理与分形学等监测技术与分析理论，开展贝壳堤退化生态系统水分特征及植被恢复关键技术的研究。该研究主要在以土壤水分为主要限制因子的黄河三角洲贝壳堤滩脊地带，借助滨州贝壳堤岛与湿地国家级自然保护区与滨州学院联合建立的“滨州海洋生态站”，结合受控生态实验室内模拟实验，选用贝壳堤滩脊地带优势灌木树种杠柳、柽柳、酸枣和新引进的叶底珠等为试验材料，采用模拟实验和野外原位实验相结合的方法，利用液态水同位素分析仪、便携式光合作用仪、包裹式茎流测量系统、露点水势仪、激光粒度仪和便携调制式荧光系统等主要先进仪器，针对上述问题探讨了贝壳砂生境植被-土壤系统的水分生态特征，揭示了该系统的水分交互效应及其生理调节机制，明晰了贝壳堤生态系统的植被数量特征和优势灌木树种的水分利用策略，研发了贝壳堤植被恢复的关键技术，提出了相应的管护策略，以期为黄河三角洲贝壳堤退化生态系统的植被建设提供理论依据和技术支持。

本书研究内容得到了国家重点研发计划课题（2017YFC0505904）、国家自然科学基金项目（31770761、41201023 和 31100468）、山东省重点研发计划项目（2017GSF17104、2017GSF17115）和山东省重大科技创新工程项目（2017CXGC0316）等科研项目，以及滨州学院“一流学科”建设计划（生态学重点建设学科）的资助，特此感谢。滨州贝壳堤岛与湿地国家级自然保护区管理局对本项目给予了大力支持，滨州学院山东省黄河三角洲生态环境重点实验室的田家怡研究员、谢文军教授、赵艳云博士、刘庆博士，山东农业大学林学院的杨吉华教授等对本项目的研究也给予了很大的帮助，滨州学院黄河三角洲生态环境研究中心的高源、朱丽平、魏晓明等同学参与了部分野外调查与采样工作，在此一并表示感谢！

在成书过程中，尽管我们做了很大努力，但由于水平有限，加之目前尚无贝壳堤生态系统水分特征方面的相关研究，故书中难免有错漏和不妥之处，敬请广大读者批评指正。

夏江宝

2018 年 3 月于山东滨州

目　录

第1章 绪　论

1.1 贝壳堤植被建设的意义

贝壳堤是淤泥质或粉砂质海岸所特有的一种滩脊类型，主要由海生贝壳及其碎片和细砂、粉砂、泥炭、淤泥质黏土薄层组成的，与海岸大致平行或交角很小的堤状地貌堆积体。贝壳堤形成于高潮线附近，为古海岸在地貌上的迁移标志。贝壳堤主要形成过程为：粉砂淤泥质海岸带在波浪的作用下，将淘洗后的生物介壳冲向岸边形成堆积体；波浪的冲刷使海滩坡度增大，底质粗化，底部的贝壳类介壳被海水冲到岸边，堆积在高潮线附近，经长期作用便形成贝壳堤。当海岸带泥沙来源充分，海滩泥沙堆积作用旺盛时，贝壳堤停止发育，多次的冲淤变化便留下多条贝壳堤。贝壳堤在墨西哥湾沿岸、苏里南海岸平原、澳大利亚布洛特海湾，以及中国的渤海湾西岸、莱州湾、苏北与长江三角洲一带分布广泛（李建芬等，2016）。黄河三角洲分布两道贝壳堤，向北与天津、河北的贝壳堤相连，形成国内面积最大的贝壳滩脊地带。黄河三角洲贝壳堤无论是从其沉积规模、动态类型，还是从所含环境信息等方面来讲，都属于西太平洋各边缘海之罕见，与美国圣路易斯安娜州和南美苏里南的贝壳堤并称为世界三大古贝壳堤，而且是世界上规模最大、唯一的新老并存的贝壳堤，它在第四纪地质和海岸地貌研究中占有极其重要的位置。黄河三角洲贝壳堤及其周围的潮间湿地，有着大量的野生动植物资源，生物多样性丰富，既是东北亚内陆和环西太平洋鸟类迁徙的中转站和越冬、栖息、繁殖地，也是研究黄河变迁、海岸线变化、贝壳堤岛形成等环境演变以及湿地类型的重要基地，在我国海洋地质、生物多样性和湿地类型研究中有着举足轻重的地位和保护价值，在地貌类型的特殊性和生物多样性保护等方面具有重要的生态功能和科学研究价值。然而，近30多年来，修建防潮堤坝、平堤水产养殖、挖砂烧瓷、掘砂作化工原料和饲料添加剂等，造成几十个小的贝壳堤岛已消失，大的堤岛也屡遭破坏，本来就十分脆弱的贝壳堤岛生态系统严重退化，面临大批珍稀、特有物种灭绝危险。同时，贝壳堤岛的受损和消失，造成海水入侵和侵蚀，又严重威胁沿海滩涂湿地的生态安全。因此，如何在开发利用贝壳堤资源的同时，又保护自然生态环境，实现可持续发展，是一项具有战略意义和现实意义的研究课题。

近年来，黄河三角洲地区的发展上升为国家战略，成为国家区域协调发展战略的重要组成部分。随着环渤海经济圈的建设和21世纪黄河三角洲的大规模开发，深刻认识具有国际意义的这类贝壳堤生态系统的退化机制，研究影响贝壳堤植被恢复的关键理论和技术，是目前亟待解决的重大理论和实践问题。本研究在目前国内外脆弱生态系统退化机制和植被恢复技术研究方面具有典型性、特殊性，在贝壳堤生态系统研究方面有着重要的理论意义和科学价值。这类贝壳堤是抵御海水侵袭、保护内陆滩涂湿地不受侵蚀的重要防护线，开展该研究，使退化的贝壳堤生态系统得以恢复，无疑在防止海水入侵、保护内陆湿地和盐碱地改良等方面具有重要价值，生态、经济和社会效益不言而喻。同时，治理日趋恶化的贝壳堤生态系统，防止自然生态系统退化，恢复或重建已受损的生态系统，对改善生态环境，实施国家黄河三角洲高效生态经济区发展规划，发展海洋蓝色经济，提高环渤海区域生产力，实现可持续发展具有重要意义。

黄河三角洲贝壳堤紧邻泥质海岸，向海侧以滨海盐碱类湿地为主，但受海浪冲蚀和风暴潮的影响，植被稀少，多处于裸露状态，耐盐湿生植被生存竞争能力较弱；向陆侧贝壳砂含量少，盐碱土含量大，零星分布有碱蓬、二色补血草等盐生植物；而滩脊地带却呈现以旱生灌草为主的植被类型，分布面积广，成为贝壳堤优势群落，这与黄河三角洲其他盐碱类湿地以盐生植被为主的分布格局差异较大。贝壳砂黏粒组分含量很小，与纯土壤相比毛管引力大大降低，盐随水走的过程很少发生；贝壳砂之间孔隙度大，毛管作用脆弱，下部咸水不易上升，土壤pH在7.4左右，含盐量均低于0.3%，这种低含盐量的生境特征主要是由贝壳砂的质地特征所造成，这一特性为贝壳堤生物多样性的增加创造了条件。但由于贝壳堤滩脊地带蒸降比大，淡水资源缺乏，土壤水分是影响该生境植被分布格局和限制植物生长发育的主导因子，加之季节性干旱发生频率及程度增加趋势明显，导致该区域灌木林生长缓慢、植被退化严重及水土流失加剧等现象，生态系统较为脆弱。为防止贝壳堤进一步退化，针对黄河三角洲贝壳堤滩脊地带，研究人员提出了以“植被构建、植被恢复”为主的生态修复技术，而水分逆境是限制贝壳堤树木成活及生长的关键因子。

植物的光合作用与其所生存的生态环境密切相关，进行植物光合效率研究是揭示不同植物对其生存环境生态适应性机制的有效途径。随着植物生理生态测试技术的快速发展，叶片气体交换、树木液流技术、叶绿素荧光测定技术能够精确诊断植物体内的光合机构运转状况、水分传输及光合作用对逆境胁迫的响应机制（许大全，2002；蒋高明，2004；El-sharkawy et al.，2008）。土壤水分是影响植物光合生理过程和植被生长及分布的重要生态因子，对植物的光合作用、水分代谢及物质运移等生理活性有重要影响（Sofo et al.，2009）；土壤水分亏缺是限制植物光合作用、生长和产量的最主要因子之一（Chaves and Oliveira，2004；Farooq et al.，2009）。但也有研究表明，适量控水不会对树木光合效率产生太大影响，植物光合生理过程对土壤有限缺水有一定的适应性和抵抗性，植物的光合生理活动并非在土壤水分充足时最活跃，而是在适度的水分亏缺范围之内，这一范围因植物种类及其生理过程不同而差异较大（许大全，2002；Montanaro et al.，2009）。近年来，随着干旱胁迫对植物生长和生产过程的制约日益突出，国内外在不同造林树种抗旱生理学特性方面的研究日益深入（张建国等，2000；Farooq et al.，2009），研究内容涉及不同树种在水分胁迫下光合作用、蒸腾耗水、水分利用效率等生理性能的变化特征与机制。关于干旱胁迫梯度对植物生理过程的研究也较多。例如，不同土壤水分亏缺程度下植物的解剖结构、生理生化因子的变化及其对水分胁迫的响应或适应特征与机制等（Julie et al.，2009；Li et al.，2010；高国日等，2017；郭丽等，2017；赵洁等，2017；马剑等，2018）。但对不同土壤水分条件下的研究多数仅局限于模拟的［如聚乙二醇（PEG）生境模拟或单一盆栽模拟］而且是少数3～4个水分亏缺程度（如轻度胁迫、中度胁迫和重度胁迫）下的试验设计，对其生长、形态及树木表观性光合生理指标研究比较深入，而对系列土壤水分梯度下的生理生态响应过程、实际生境下土壤水分光合生产力水平及树木正常生理生长所需的适宜土壤水分条件还不清楚。在黄河三角洲贝壳堤滩脊地带，还缺乏不同树种在土壤持续干旱或多级土壤水分梯度下进行的连续性观测，从而导致贝壳砂生境下树木生长与土壤水分定量关系中诸多的生理学问题还不十分清楚。例如在贝壳砂生境下，随着根土界面水分含量由高到低（如从饱和含水量直至凋萎含水量），不同树种的叶气界面气体交换特性及光系统Ⅱ（PSⅡ）光化学效率等光合生理过程本质上发生着怎样的变化？在不同的土壤水分范围内，不同树种赖以生存和维持较好生长的光合生产力、树干液流量及瞬时和潜在的水分利用效率等生理过程到底处于何等水平、受到怎样的限制？气孔优化调控及PSⅡ光化学效率对水分调节的响应机制如何表达？不同树种维持正常生理过程和较好生长的土壤水分含量到底是多少？由于上述问题还没有很明确的答案，以至于现有的树木抗旱生理生态研究成果在应用于黄河三角洲贝壳堤造林树种选择、栽植管理技术和适地适树等方面受到较大限制。

鉴于此，本研究综合运用土壤-植物-大气连续体（SPAC）系统水分传输和植物光合生理生态监测技术与分析理论，在以土壤水分为主要限制因子的黄河三角洲贝壳堤滩脊地带，借助滨州贝壳堤岛与湿地国家级自然保护区建立试验基地，选用贝壳堤滩脊地带优势灌木树种杠柳、柽柳、叶底珠和酸枣等为试验材料，针对上述问题开展贝壳砂生境典型植被的土壤水分生态特征，优势灌木树种水分利用策略，土壤、植物和地下水等的氢氧稳定同位素特征，以及树木叶气界面光合生理过程与根土界面水分定量关系的研究。主要利用液态水同位素分析仪、便携式光合作用仪、包裹式茎流测量系统、露点水势仪和便携调制式荧光系统等先进仪器，通过监测主要植被类型下贝壳砂蓄持水分特征，以及贝壳砂生境下主要树种光合效率指标对根系层土壤水分变化（由饱和含水量至凋萎含水量）的响应过程，阐明光合效率指标对土壤水分的响应规律，探索影响光合机构运转发生本质变化的限制因子，揭示不同光合效率指标水平发生显著变化的土壤水分临界点及其作用机制；尝试提出和探索导致不同树种光合效率发生显著变化的“光合效率水分临界点”的概念，在此基础上，结合净光合速率、树干液流量及潜在水分利用效率的试验结果，尝试建立“光合生产力水分阈值分级与评价标准”，明确不同树种在各个产效等级的土壤水分条件，进而确定出不同树种在黄河三角洲贝壳堤生长适宜的土壤水分范围，明确维持贝壳砂生境植物光合机构高效运转、具备较高光合效率的适宜土壤水分阈值，确定贝壳砂生境优势灌木的水分利用策略。研究成果对丰富和发展贝壳砂生境下树木光合生理与水分生理生态特征具有重要的理论价值，对科学指导黄河三角洲贝壳堤植被恢复与建设中的造林树种选择和栽植管理技术具有重要参考价值。

1.2 水分胁迫下植物光合效率的研究概况

光合作用是植物最重要的生理过程，光合效率水平是植物生产力和作物产量高低的决定性因素，对外界环境因子的影响极其敏感和复杂。土壤水分是影响植物光合生理过程的重要生态因子，对植物的光合作用、水分代谢及物质转运等生理活动产生重要作用。土壤干旱是植物最普遍的逆境胁迫形式之一，对植物光合作用具有重要影响。目前，对于植物抗旱光合生理机制的研究较多，主要集中于植物光合作用对水分胁迫的响应规律和作用机制上，国内的研究以植物叶片光合作用特性和生理生态特性为主，研究的植物以大田农作物和经济林树种为主；国外的研究涉及各类植物，研究深入到分子水平，特别是对叶绿素荧光特性和抗旱基因的研究较多。迄今为止，对水分逆境下植物光合作用限制因素的研究较多，取得了一定的研究成果，但得到的结论还存在一定的差别。

1.2.1 光合作用影响因素研究

植物叶片光合作用受自身内部条件和外界环境因素的综合影响。表示光合作用水平及变化的指标主要是光合作用效率。光合作用效率又是净光合速率、光合碳同化的量子效率、光系统Ⅱ的光化学效率和光能利用率等一系列术语的综合，这些反映光合机构功能状况的基本参数，在光合作用研究中具有重要研究意义（许大全，2002）。

植物内部因素对光合作用的影响主要体现在叶龄、叶片结构和光合产物的输出三个方面（李德全等，1999）。根据叶龄的不同可以将叶片大体分为新叶、功能叶和老叶。新叶组织发育不完善，光合活性较低，但呼吸作用旺盛，光合效率水平较低。随着新叶发育至成熟，光合活性达到最高水平，光合能力最强，为功能叶。随着叶片衰退为老叶，光合活性再次减弱。叶片结构对光合作用的影响包括叶片厚度、海绵组织和栅栏组织的比例、叶片中叶绿体数目和体积等。有研究表明，C_4植物净光合速率高于C_3植物与两者的叶片结构有关（许大全，2002）。光合产物的输出速度也会影响叶片的净光合速率，其影响过程是通过叶片的反馈机制实现的。

影响植物光合作用的外部环境因素主要有光照、CO_2、温度、水分和矿质营养等（李德全等，1999）。光能不仅是光合作用的能量来源，还调节着叶片气孔的开闭运动以及多种光合作用酶的活性，是影响植物光合作用的重要因素。植物叶片通常在弱光下净光合速率较低，是因为弱光限制了叶片光合作用的能量来源。植物叶片在强光下（光强达到植物叶片的光饱和点以后）往往也会出现净光合速率不再增加甚至下降的现象。净光合速率不再增加的原因是有的植物叶片有限的固碳能力跟不上光能的吸收、利用能力从而限制了净光合速率的继续升高，净光合速率下降的原因是有的植物叶片光合机构在强光下受到损伤，光合活性减弱，此时出现光抑制（贾虎森等，2000）。CO_2是光合作用的固碳来源，是形成有机物的基础。低CO_2浓度必然限制叶片光合作用，高CO_2浓度也可能会限制光合作用（梁霞等，2006）。CO_2还调节着气孔的关闭运动，提高CO_2浓度可以加强气孔的关闭程度，从而减少蒸腾耗水量，又不会因此影响固碳能力，可以说CO_2是一种良好的抗蒸腾剂。温度对光合作用的影响主要是通过影响各种光合作用酶的活性来实现的，低温导致膜脂相变、叶绿体结构破坏和酶的钝化，从而抑制光合作用，高温导致酶蛋白和膜脂的变性，引起呼吸作用的增强，从而减弱光合作用（莫亿伟等，2011）。水分不仅是光合作用的原料，也是影响叶片气孔运动、光合产物输出速度、光合机构受损程度的主要外界因素，水分对光合作用的影响主要是间接的。各种矿质营养通过直接或间接的方式影响叶片光合作用。

1.2.2　净光合速率-光响应过程及其拟合模型研究

1.2.2.1　净光合速率-光响应特征参数研究概况

净光合速率-光响应曲线的测定及其分析，是植物光合生理研究的重要手段，可获得表观量子效率（*AQY*）、光补偿点（*LCP*）、光饱和点（*LSP*）、最大净光合速率（P_{max}）和暗呼吸速率（R_d）等重要光合生理参数，这些参数有利于确定植物光合机构是否运转正常、强光或遮阴环境下的光合作用能力及光适应特性的判别等，净光合速率-光响应曲线的确定对于研究植物叶片光合能力具有重要意义。

光是推动光合机构进行光合作用的能源。当其他条件都合适时，在光强小于光合作用的饱和光强范围内，光强高低是光合速率高低的唯一决定因素。因此，在低光强下，净光合速率随着光强的升高而直线升高，直线的斜率便是光合作用的表观量子效率，它代表了植物潜在的光合能力（Von and Farquhar，1981；沈允钢和许大全，1992）。植物叶片的光量子效率既受到光照、温度、水分等外界因素的影响，又受到碳代谢途径、呼吸作用、色素含量等内部因素的影响。*AQY* 传统的确定方法是以利用直线方程拟合弱光合有效辐射下［如 *PAR*≤200μmol/（m^2·s）、*PAR*≤150μmol/（m^2·s）或 *PAR*≤100μmol/（m^2·s）等］的光响应数据得到的直线斜率表示（郎莹等，2011）。但有研究表明低光强下植物叶片的 P_n 对光强的线性响应是一种近似，低于 *LCP* 时，光响应曲线的初始斜率靠近 *LCP* 附近，光合作用的量子效率值有一个突然的变化，以致量子效率值随着光强的增加而突然降低，这种现象称为 Kok 效应（叶子飘和王建林，2009；郎莹等，2011）。由于 Kok 效应的存在，传统方法确定的 *AQY* 会随 *PAR* 取值范围的变化而变化，缩小 *PAR* 取值范围，会出现实测数据点减少和误差增大的问题；扩大 *PAR* 取值范围，*AQY* 又会随 *PAR* 的增加而降低。可见，*AQY* 的准确衡量有待深入研究。大量研究表明，轻度水分胁迫可能会导致植物 *AQY* 的升高，光能利用效率增强；而严重水分胁迫条件会导致植物 *AQY* 的降低，光能利用效率减弱（陈建等，2008；Xia et al.，2011）。轻度干旱胁迫能够提高杠柳叶片 *AQY*，而中度和重度干旱胁迫明显降低 *AQY*，杠柳于水分条件适宜时可充分利用弱光环境，同时可通过降低对弱光的利用以适应干旱逆境（王荣荣等，2013b）。辽东楤木叶片 *AQY* 与土壤含水量的定量关系曲线近似“∩”形（陈建等，2008），与杠柳相关研究结果类似。

在净光合速率-光响应曲线中，当植物叶片的光合速率与呼吸速率持平时，净光合速率为 0，此时的光照条件对应的光强为该植物的光补偿点（*LCP*）。一定光强范围内，光合速率随光强的增加先直线式快速增加后曲线式缓慢增加，当光照达到某一强度时，光合速率达到最大值而不再增加，此时的光强为该植物的光饱和点（*LSP*）。*LSP* 和 *LCP* 是衡量植物叶片对光强适应性及光能利用能力的两个重要光合生理指标。依据植物对光照强度要求的不同，可将植物分为阳性植物和阴性植物。阳性植物又称喜光植物，它的光饱和点较高，一般在 30klx 以上，阳性植物的光补偿点也比较高，为 700～2000lx。阴性植物又称耐阴植物，它的光饱和点要低得多，一般为 5～10klx，它的光补偿点也比较低，在 500lx 以下。因此阴性植物利用弱光的能力较强，适宜于荫蔽的条件下生长，如果光照太强反而生长不良。阳性植物利用强光的能力很强，但利用弱光的能力较差（孟繁静，2000）。如连翘的光饱和点在 1400μmol/（m^2·s）左右（相当于 78klx），光补偿点在 48μmol/（m^2·s）左右（相当于 2700lx），属于阳性树种。对于植物阴生性或阳生性的判定有助于对植物叶片光能利用能力的研究。大量研究表明，水分过高或过低时，植物叶片 *LCP* 增高，*LSP* 降低，利用弱光和强光的能力均降低，即光照生态幅变窄（Xia et al.，2011）。水分充足时，杠柳叶片 *LCP* 最小，*LSP* 最大，利用弱光和强光的能力均为最强，光照生态幅最宽（王荣荣等，2013b）。干旱胁迫下，杠柳利用弱光和强光能力均下降，而柠条利用弱光能力增强，利用强光能力基本无变化，沙木蓼和杨柴利用弱光能力相对稳定，利用强光能力下降（韩刚和赵忠，2010；王荣荣等，2013b），可见不同植物对弱光和强光的利用能力以及对水分胁迫的响应规律存在一定差别，*LSP* 与 *LCP* 差别越大，即光照生态幅越宽，植物叶片对光能的适应性越强。

植物的呼吸作用是植物氧化碳水化合物、脂肪、蛋白质等底物生成 ATP、CO_2 和水分的过程，是与光合作用相逆反的过程。虽然暗呼吸消耗了植物光合作用中的大部分碳和所固定的能量，但是，由于这是植物生长所必需的，所以暗呼吸是作为植物正常生长发育的物质和能量源泉，在植物生理生态中依然占据重要位置（余叔文和汤章城，1998）。连翘叶片 R_d 表现为对土壤水分有明显的阈值响应，当土壤质量水量为 18.1%（土壤相对含水量为 64.4%）时 R_d 达到最大值，表明中度水分胁迫能够提高连翘的暗呼吸速率。杠柳叶片 R_d 在重度干旱胁迫下较低，表明其能够通过减弱呼吸作用以减少对光合产物的消耗，从而适应土壤干旱条件（王荣荣等，2013b）。综合大量研究，很多植物具有在水分逆境中通过减弱呼吸作用、减弱消耗光合作用固定的有机物从而保留有机物，而在水分条件适宜时增强叶片呼吸作用从而提高叶片新陈代谢活性的生理策略。研究表明，在不同的水分条件下，辽东楤木 R_d 为 0.24～0.86μmol/（m^2·s）（陈建等，2008），山杏 R_d 为 0.67～1.92μmol/（m^2·s）（夏江宝等，2011），杠柳 R_d 为 1.37～2.08μmol/（m^2·s），可见不同水分条件下不同树种的呼吸活性存在较大差异。

植物的最大净光合速率（P_{max}）是衡量叶片光合作用最大潜力的重要指标，在最佳或者最适的环境条件下，可表示叶片的最大光合能力（Tartachnyk and Blanke，2004），植物叶片 P_{max} 的大小与活化的 Rubisco 酶的多少及活性有密切关系。大量研究表明，轻度水分胁迫可能会导致植物 P_{max} 的升高，光能潜力增强；而严重水分胁迫条件会导致植物 P_{max} 的降低，光能潜力减弱（夏江宝等，2011；王荣荣等，2013a）。不同水分条件下，杠柳叶片 P_{max} 为 9.26～22.58μmol/（m^2·s）（王荣荣等，2013b），辽东楤木 P_{max} 为 2.20～7.92μmol/（m^2·s）（陈建等，2008），山杏 P_{max} 为 4.14～13.30μmol/（m^2·s）（夏江宝等，2011），柠条 P_{max} 为 27.65～36.80μmol/（m^2·s）（韩刚和赵忠，2010），可见不同灌木之间光合潜力存在较大程度的差异。

1.2.2.2 净光合速率-光响应模型研究

植物光合作用光响应曲线的确定对研究植物光合作用能力具有重要意义，因此模型的建立及其应用引起了众多学者的关注（叶子飘，2010；Chen et al.，2011；Lang et al.，2013）。目前，光合作用光响应模型主要有二项式回归模型（杨清伟等，2001）、直角双曲线模型（Lewis et al.，1999）、非直角双曲线模型（Thornley，1976）、指数模型（Prado and Moraes，1997）和直角双曲线修正模型（Ye，2007）等，由于模型的推导机理不同，不同模型对不同植物光合作用的适应性及其拟合效果存在一定的优缺点。二项式回归模型方程简单、求解简便，能够较为准确地计算植物叶片的 *LSP* 和 P_{max}，但求解的 *LCP* 和 R_d 与真实值偏差较大，且该模型无法求解 *AQY*。从光合生理学的角度来讲，二项式回归所作出的在超过光饱和点后，光合速率迅速下降的预测与事实不符，因而对光响应曲线拟合的总体效果不是特别精确。直角双曲线模型也具有方程简单的优点，但该模型得的其他很多参数都较真实值偏差较大，因此拟合效果也不理想。非直角双曲线模型具有参数丰富、拟合效果理想的优点。通过非直角双曲线模型拟合的光合作用光响应曲线，能够较为准确地反映净光合速率随光照强度的变化趋势，模型更加符合生理学意义，但求解的 *LSP* 都与实际值有偏差。陆佩玲等（2000，2001）对冬小麦研究指出，非直角双曲线模型在直角双曲线模型的基础上引入反映光合曲线弯曲程度的参数，使得拟合结果更加符合生理意义。直角双曲线模型、非直角双曲线模型和指数模型通常拟合的 P_{max} 较大，拟合的 *LSP* 较小，这取决于这 3 个模型的曲线均为渐近线，函数均没有极值，不能直接求解 P_{max} 和 *LSP*，而是利用非线性最小二乘法等方法进行估算的结果。叶子飘（2008）在直角双曲线模型的基础上进行修正后提出了直角双曲线修正模型，指出该模型可以合理地描述植物叶片的光抑制，具有普遍应用性。由于直角双曲线修正模型函数存在极值，故该模型对 *LSP* 和 P_{max} 的拟合效果优于其他模型。段爱国和张建国（2009）提出建立分段函数模型求解方法，对金沙江干旱河谷 3 种不同类型植物的光响应曲线具有良好的拟合效果。因此，不同模型在对不同植物光合作用的适应性及其拟合效果上存在一定的优缺点，在实际的应用中可根据实际生境条件或植物材料的不同来选择拟合效果最好的一个或综合几个模型，以达到最佳的拟合效果。

水分胁迫对植物光响应曲线影响较大，但不同模型对各种水分条件的适应性未进行深入探讨。王荣荣等（2013b）对贝壳砂生境杠柳叶片光合作用光响应及其模型适用性的研究发现，直角双曲线模型、非直角双曲线模型、指数模型和直角双曲线修正模型在不同干旱胁迫下的拟合效果表现出一定差异，直角双曲线模型适合在水分充足的条件下运用；非直角双曲线模型对干旱胁迫具有一定的适应性，更适合干旱胁迫条件下的运用；指数模型对重度干旱胁迫拟合较差；直角双曲线修正模型在各干旱胁迫下的拟合效果均优于其他模型，适用于各种水分条件。

1.2.3 气孔限制分析研究

气孔限制理论（Farquhar and Sharkey，1982）认为，限制植物光合作用的因素大体分为气孔因素和非气孔因素两类。气孔因素指叶片气孔的关闭程度及由此引起的气体交换难易程度；非气孔因素指光合机构的受损程度及由此引起的光合活性下降。气孔限制因素导致气孔导度下降和气孔阻力增大以及CO_2进入叶片受阻，光合作用暗反应阶段原料不足而跟不上光反应速度，从而影响光合作用；非气孔限制因素导致叶绿体片层结构受损，希尔反应减弱，光系统Ⅱ活力下降，通过破坏光合机构来影响光合作用，具体表现为对植物叶片 RuBP 羧化酶、乙醇酸氧化酶、光合磷酸化、光系统Ⅰ、光系统Ⅱ、电子传递能力等方面的影响和对叶绿体、线粒体的伤害等（许大全和徐宝基，1989；许大全，1995；刘国琴等，2000）。因此，气孔限制因素对植物叶片光合作用的影响是暂时的、可恢复的；非气孔限制因素对光合作用的影响是破坏性的、不可逆的。非气孔限制因素的确定以及气孔限制与非气孔限制转折点的判定对于植物光合作用的可持续运行具有重要意义。植物通过气孔限制降低光合作用，是其耐旱策略之一，而非气孔限制决定了光合作用的实际状态和潜力（姚庆群和谢贵水，2005；李倩等，2012）。目前，关于气孔限制与非气孔限制的判断大部分学者采用 Farquhar 和 Sharkey（1982）的判断方法，涉及的参数主要有净光合速率（P_n）、气孔导度（G_s）、胞间CO_2浓度（C_i）和气孔限制值（L_s），其中，C_i的变化方向是判断气孔限制或非气孔限制的关键。P_n和G_s较高，C_i和L_s较稳定，表明植物叶片光合作用的限制因素较少，外界环境条件较适宜；P_n、G_s和C_i减小，L_s增大，表明植物光合作用主要受到气孔限制；P_n、G_s和L_s减小，C_i增大，表明植物光合作用主要受非气孔限制。气孔限制会引起C_i的降低，非气孔因素会引起C_i的升高，当两种因素同时存在时，C_i的变化方向取决于占优势的一方，因此，判断植物光合作用以气孔限制为主还是以非气孔限制为主，关键是看C_i的变化方向，而不是C_i的变化幅度。然而，限于目前科技水平，C_i的测定还不十分准确，这就导致植物光合作用气孔限制的判定存在一定误差。有学者通过同时测定与分析植物叶片的气体交换参数和叶绿素荧光参数来判断气孔限制和非气孔限制，取得较好的结果（张仁和等，2011）。可见，植物叶片光合作用的气孔限制理论有待进一步研究和发展。

植物光合作用对水分亏缺特别敏感，植物在水分胁迫条件下光合效率往往呈下降趋势，有研究表明其原因以气孔限制为主，有研究表明其原因以非气孔限制为主，也有研究认为是气孔限制与非气孔限制共同作用的结果（柯世省，2006；裴斌等，2013）。不同树种气孔限制机制及其对水分的响应规律有待深入研究。光合作用气孔限制转折点的判定对于确定植物光合生理需水的下限具有重要意义。黄河三角洲贝壳堤酸枣在轻度干旱或渍水胁迫时，光合作用主要受气孔限制，在严重干旱胁迫时，光合作用主要受非气孔限制，其转折点出现在土壤相对含水量（*RWC*）为 25%时（王荣荣等，2013a）；黄土丘陵干旱半干旱地区金矮生苹果（*Malus pumila* cv. Goldspur）（Zhang et al.，2010）和沙棘（*Hippophae rhamnoides* Linn.）（裴斌等，2013）的气孔限制转折点分别出现在 *RWC* 为 48%和 39%时，可见不同树种发生气孔限制转折的水分条件不尽相同，光合机构对干旱胁迫的适应能力存在一定差距。

1.2.4 叶绿素荧光动力学机制研究

植物叶绿素吸收光能主要通过光合电子传递、叶绿素荧光发射和热耗散 3 种途径，它们之间存在着此消彼长的密切关系（Rohacek，2002）。植物叶片 PSⅡ反应中心对光能的吸收、传递和转化的情况均能通过叶绿素荧光参数反映出来，与“表观性”的气体交换参数相比，叶绿素荧光参数更具有“内在性”特点，在研究植物叶片光合生理机制时，将叶片气体交换参数与叶绿素荧光参数结合起来进行分析，可以更加全面、系统地反映植物叶片的光合效率状况（李鹏民等，2005）。同时叶绿素荧光技术因具有快速、灵敏和无损伤的特征而逐渐受到广大研究者的重视和青睐（张仁和等，2011）。目前，叶绿素荧光动力学已经在研究植物光合生理的水分逆境响应特性方面广泛使用。

初始荧光（F_0），又称最小荧光、基地荧光、暗荧光、不变荧光，是充分暗适应的光合机构全部 PSⅡ反应中心完全开放（PSⅡ中心和电子受体全部被氧化后处于能够完全接受电子和光能的状态）时的荧光强度，不同植物叶片的暗适应时间存在一定差异，通常植物暗适应处理需要 0.5h 以上。植物叶片 PSⅡ反应中心受到不易逆转的破坏会引起 F_0 的增加（Krause，1988），根据 F_0 的变化可以推断 PSⅡ反应中心的状况。F_v/F_m 下降，同时伴随 F_0 下降，表示 PSⅡ天线色素的耗热增加（许大全等，1987）；若同时出现 F_0 的增加，表示 PSⅡ反应中心的破坏或可逆失活（赵会杰等，2000；郑国生和何秀丽，2006）。黑暗中最大荧光（F_m），是已经暗适应的光合机构全部 PSⅡ反应中心都关闭时的荧光强度，F_m 反映了通过 PSⅡ的电子传递情况。暗处最大可变荧光（F_v），可作为 PSⅡ反应中心活性大小的相对指标，$F_v=F_m-F_0$。PSⅡ最大光化学效率（F_v/F_m），是在没有总受环境胁迫并经过充分暗适应的植物叶片 PSⅡ反应中心最大的或潜在的光化学量子产量，也称为开放的 PSⅡ反应中心的能量捕捉效率，$F_v/F_m=(F_m-F_0)/F_m$。F_v/F_m 不受物种和生长条件的影响，是比较恒定的，一般介于 0.80～0.85，胁迫条件下通常会下降。F_v/F_m 和 AQY 还是反映植物光抑制程度的两个关键指标（Demmig-Adams and Adams，1992）。

光下最小荧光（F_0'），是在充分光适应状态下 PSⅡ反应中心完全开放时的荧光强度，不同植物叶片的光适应时间存在一定差异，通常光适应处理需要 0.5h 以上，为了使照光后所有的 PSⅡ中心都迅速开放，一般在照光后和测定前照射一束远红光。光下最大荧光（F_m'），是已经光适应的光合机构全部 PSⅡ反应中心都关闭时的荧光强度。稳态荧光（F_s），为 PSⅡ反应中心稳定状态下的荧光强度。实际光化学效率（$\Phi_{PSⅡ}$），为作用光存在时 PSⅡ的实际量子效率，$\Phi_{PSⅡ}$不仅与碳同化有关，还与光呼吸及电子流有关，$\Phi_{PSⅡ}=(F_m'-F_s)/F_m'$。$\Phi_{PSⅡ}$的变化对外界环境响应敏感，其变化幅度大于 F_v/F_m。光化学淬灭系数（qP），反映了 PSⅡ中开放的反应中心所占的比例，处于“开放”状态的PSⅡ反应中心越多，qP越大，PSⅡ的电子传递活性越大（张守仁，1999），$qP=(F_m'-F_s)/(F_m'-F_0')$。非光化学淬灭系数（$NPQ$），表征PSⅡ天线色素吸收的光能中以热的形式耗散掉的部分，热耗散是植物在光合作用达到光饱和、光合机构无法吸收过多光能情况下的一种保护机制（Gilmore，1991），可以保护PSⅡ免受因吸收过多光能而引起的光氧化伤害。

叶绿素荧光参数对外界环境响应快速、敏感，许多研究表明，逆境胁迫的轻重与叶绿素荧光参数被抑制的程度之间存在着正相关关系，是植物抗逆性的重要指标。目前，叶绿素荧光分析技术在应用于植物叶片光合作用机理和植物抗逆生理等方面的研究已取得一定进展，但由于我国在叶绿素荧光研究方面起步较晚，叶绿素荧光检测技术水平相对落后，现阶段叶绿素荧光动力学还存在研究方法较单一、研究结果差异较大等问题。叶绿素荧光动力学理论与技术在水分胁迫对植物光合作用机制影响研究中的应用还有待深入探讨。

1.2.5 植物水分有效性研究

植物吸收的水分，大部分是以气态的形式通过蒸腾作用散失到大气中，而用于植物自身的光合作用、新陈代谢等生理活动的水分只占极少部分。蒸腾作用是植物重要的生理活动，植物对水分利用的有效性很大程度上取决于其蒸腾作用耗散的水分。植物蒸腾分为气孔蒸腾、角质层蒸腾和皮孔蒸腾，其中叶片气孔蒸腾占蒸腾总量的80%～90%，为蒸腾作用的主要形式。植物叶片的气孔运动控制着光合作用和蒸腾作用两大生理活动，气孔张开程度大，光合气体交换速度快，光合固碳能力强，同时蒸腾作用强，水分散失严重；气孔关闭程度大，水分散失少，同时光合作用碳源供给少，光合能力受抑制。植物通常具有在最有利于光合作用的情况下气孔张开，在最有利于水分散失的情况下气孔关闭的生理机制，从而以最少的水分散失获取最大的CO_2同化量（李德全等，1999）。但不同植物对光合作用和蒸腾作用的调节能力不同，即对水分的利用效率存在差别。随着淡水资源的紧缺和干旱胁迫的加剧，干旱缺水成为制约植被恢复与农林业发展的关键生态因子，如何在保证植物维持较高或者中等生产力水平的前提下，提高植物对土壤水分的利用效率成为农林业建设亟须解决的核心问题，对提高植物水分利用效率和筛选水分利用效率高的植物对于干旱地区植被恢复与生态重建具有重要意义。

近年来，通过植物茎流研究植物耗水能力的方法逐渐受到重视。植物茎流是植物体内液体的流动，溶解在水中的矿物质随着水分的运动由植物根部向上运输，矿物质营养随植物液流运输到植物的根、茎、叶、花、果实等部位，供植物生长使用。植物茎流的动力是植物的蒸腾拉力与根压，其中，蒸腾拉力起的作用最大。不同植物及同种植物的生态型（不同品种）之间的茎流速度是不同的，在相似的环境下，植物的这种差异是植物固有的特征，研究植物的茎流特征有助于深入研究不同植物及同种植物不同生态型对水分的利用效应（梁凤超等，2011）。蒸腾作用是植物完成生理作用所必需的，因此，研究植物的茎流，可以判断蒸腾作用对整个植物群落的影响，尤其是在节水农林业方面。作物的总蒸腾量由蒸腾与蒸发两部分构成，农业蒸发只是作物在蒸腾过程中伴随的一种不可避免但可以控制的无效水分损失。现行的很多方法都只能测定农田蒸发总量，而无法将之分解为蒸腾与蒸发部分，测定作物的茎流可以较好地将农田蒸腾量与蒸发量区分开来，为节水提供指导方向。在根系吸水一定的情况下，茎流速度将随蒸腾速率的增大而增大，茎流越大的植物，蒸腾耗水越多，越不易在干旱地区或半干旱地区推广，因而对植物茎流的研究，可以为林业生产、作物选种、引种栽培及城市绿化等工作提供一些基础的植物生理生态学参数。

植物的蒸腾耗水能力和水分利用效率是植物水分有效性研究的重要参数。近年来，对植物土壤水分生产力分级的研究逐渐受到重视，是研究植物水分有效性的有效手段。植物土壤水分生产力分级中赋予净光合速率和水分利用效率“产”和“效”的光合生产力意义，然而，目前不同植物在土壤水分生产力分级方法上存在一定差异。张光灿等（2012）和陈建等（2008）通过非线性回归分析、积分求解等方法确定植物主要净光合速率、水分利用效率、蒸腾速率和气孔限制值等光合参数与土壤水分的定量关系及各参数的土壤水分关键临界点（极值、平均值、补偿点和转折点等），根据各临界点将土壤水分划分为不同的生产力级别。夏江宝等（2011）和张淑勇等（2007）依据植物主要光合参数（净光合速率、水分利用效率和蒸腾速率等）对系列土壤水分点进行聚类分析，结合主要参数对土壤水分的阈值效应，建立植物土壤水分生产力分级标准，但各种分级方法适用于何种试验结果有待深入研究。在干旱缺水地区，为有效提高水分利用效率，往往选择高产高效水或中产高效水作为植被生长较为适宜的土壤水分条件，而非高产中效水，如将 *RWC* 为 48%～64%和 41%～52%分别作为刺槐（*Robinia pseudoacacia*）和侧柏（*Platycladus orientalis*）适宜的土壤水分条件（Zhang et al.，2012）。维持其他植物适宜生长的 *RWC* 为：酸枣，58%～80%（王荣荣等，2013a）；金矮生苹果，60%～71%（Zhang et al.，2010）；山杏，47%～75%（夏江宝等，2011）；辽东楤木，44%～85%（陈建等，2008）；小叶扶芳藤（*Euonymus fortunei* var. *radicans* Sieb.），44%～72%（张淑勇等，2007），可见，植物适宜生长的土壤水分范围因植物种类和生境条件的不同而有较大差异。

1.3　植物水分利用机制的研究概况

1.3.1　海岸带植物水分利用机制研究的意义

全球变暖是 21 世纪人类社会面临的最大环境问题和最复杂的挑战之一。全球变暖造成海水受热膨胀、极地冰雪融化及陆地冰川消融，是引起全球海平面上升的主要原因（Bardach，1989）。在过去 100 年，海平面以平均 1～2mm/年的速度在上升，根据 2005 年的调查结果显示，海平面上升速度为 1.8mm/年（Gornitz，2005）。全球海平面的上升不仅使得潮水泛滥，而且导致沿海地下水含盐量升高，将会对地球整个生态系统造成严重的冲击，而海岸带则是首先受到影响的生态系统（Saha et al.，2011）。我国海岸线长，海岸带是经济发展水平最高和人口最为集中分布的地区（安鑫龙等，2005）。

海岸带生态系统处于海洋向陆地的过渡地带，受诸多因素的影响，对环境变化响应极为敏感（刘瑀等，2008）。在中国，海岸带生态系统以杭州湾为界，北部以泥砂质海岸为主，而南部以基岩海岸为主。海岸带植被可以防风消浪、促淤护岸，对防治海岸带侵蚀有着至关重要的作用。生态系统中植物的生长状况和分布格局与植物可利用水分特征密切相关，尤其是在可利用水匮乏的区域，水分成为植物生长和分布的最主要的限制性因子（Haase et al.，1999）。由于海岸带海拔低且砂质土壤持水能力弱，形成了砂质海岸带特殊的土壤水文特征，如土壤孔隙度大、持水能力低、含水量低、地下水位浅且含盐量高等，导致植物有效利用的水资源相对不足。土壤水文特征成为影响海岸带植被分布、植物水分关系及群落生产力的关键生态因子之一（Armas et al.，2010），而海洋可以通过潮汐、海水入侵等影响海岸带植物群落土壤水文特征（Sipio and Zezza，2011）。全球气候变暖以及由此引起的海平面上升将加剧海水入侵、海岸带侵蚀，明显改变海岸带土壤水文条件，进而对海岸带植物群落的结构和功能产生显著影响（Saha et al.，2011）。

因此，针对海岸带湿地因海平面上升而引起的土壤水文条件的变化，调查海岸带湿地的土壤水文分布特征，研究其与植物分布、水分利用策略、生理生态特征的关系，对揭示海平面上升影响海岸带植物群落结构和功能的机理具有重要的科学意义，对退化海岸带植被的保护和恢复有重要的理论指导意义。鉴于此，本研究在黄河三角洲贝壳堤泥质海岸带生态系统内，以贝壳堤生态系统中柽柳（*Tamarix chinensis* L.）、酸枣（*Ziziphus jujuba* var. *spinosa*）和杠柳（*Periploca sepium* Bge.）3 种优势灌木为研究对象，利用稳定同位素 D 和 ^{18}O 测定方法来研究贝壳堤生态系统中 3 种优势灌木的水分来源和水分利用策略，同时结合对不同季节、植物的不同生长阶段以及不同生境下植物水分利用状况的分析，研究贝壳堤湿地生态系统中 3 种优势灌木植物水分利用的时空格局，探讨海岸湿地淡水资源极度缺乏条件下植物的水分利用策略和适应机制。比较贝壳砂生境同一群落下不同灌木树种水分生态位的差异，分析水分胁迫条件下不同灌木树种的共存机制。

1.3.2 物种生态位研究

生态位（niche）是现代生态学研究的一个核心问题（Ellsworth and Williams，

2007)。生态位包含一个物种生存、生长和繁殖的全部空间，这个空间是个抽象的概念而并非一个单纯的空间。生态位是生态学中一个非常重要的理论，但其概念一直没有统一（Moreno-Sánchez et al.，2016)。1910 年 Johnson 首次提出生态位一词，随后各国学者从不同的角度对生态位进行了定义（李德志等，2006)，如 Grinell（1917）的空间生态位理论；Elton 在 1927 年提出了营养生态位理论；Gause（1934）通过对两种相似的草履虫进行试验，提出了“竞争排斥理论”，认为生态位是指一特定物种在一群落中所占据的地位，由于物种的竞争才产生了生态位；Hutchinson（1957）在 20 世纪 50 年代提出了多维超体积生态位理论；Odum（1959）认为，生态位是一个种在其群落和生态系统中的地位和状况，而这种地位和状况取决于该生物的形态适应、生理反应和特有的行为；MacArthur（1970）提出了生态位是资源利用函数生态位。总体上来说，这些概念均认为生态位并不是一个实际的物理空间，它还包括物种摄食的方式及他们与其他个体之间的关系。

生态位理论已经应用到了物种间水分竞争关系的研究中。例如，February 等（2013）利用根系生态位分化研究了南非西海岸番杏科和非番杏科物种之间的水分利用关系，发现番杏科物种根系较浅，主要利用浅层土壤水，而非番杏科物种根系较深，主要利用深层土壤水，并且还发现不同科系之间没有水分竞争关系，而只有同一物种间才产生水分竞争关系。

（1）水分生态位

目前，对植物的水分生态位尚没有明确的定义，一般认为水分生态位（water niche）是指植物在某个特定时间和空间条件下对环境中水资源的利用状况。在生态系统中，同一群落中的物种之间由于根系分布和土壤中水资源的空间分布有差异，因此各物种的水分来源有所不同，从而产生水分生态位的分化，这是物种间在长期水资源竞争中所形成的一种共存机制。

在国内，对于植物水分生态位方面的研究较少，主要以水分生态位适宜度来研究植物的水分生态位（唐海萍等，2001；李自珍等，2001；李文龙等，2004)。而水分生态位适宜度是现实水资源位与适应水资源位之间的贴近程度，具体表征植物对其生境水分条件的适应程度（李自珍等，2001)。它主要以植物的根系分布作为水分生态位适宜度的权重，而植物对不同土壤层水分的利用比例与根系的分布格局并不完全一致（Ehleringer and Dawson，1992)。因此水分生态位适宜度不能够全面体现植物的水分利用情况。而国外在种间水分关系的研究中以水分生态位作为指标的较少，主要以根系生态位来间接研究植物间水分关系（Abrams，1980)。

（2）生态位宽度

生态位宽度（niche breadth）又称生态位广度或生态位大小（李德志等，2006)。不同生态学家对生态位宽度的定义有所不同。Valen（1965）认为生态位宽度为在资源有限的多维空间内被一个物种或一个群落片段所利用的比例；Levins（1968）将其定义为"在生态位空间中，沿着某一特定样线所通过的'距离'"。

一般地，生态位宽度代表了一个物种在其所在的生态系统中能够利用的所有资源的总和。当物种可利用资源量减少时，会通过增加生态位宽度来得到足够的资源；而在可利用资源丰富的情况下，种群会选择性地利用更容易得到的资源，因此生态位可能会变窄。同一条件下，生态位越宽的物种在生态系统中的竞争力就越强。相反，生态位窄的物种，在生态系统资源竞争中就会处于劣势。生态位宽度在物种间竞争关系的研究中是一个很重要的指标。

1）Levins 指数

$$B_{(\mathrm{L})\,i}=\frac{1}{\sum_{j=1}^{r} p_{ij}^{2}} \tag{1-1}$$

式中，$B_{(\mathrm{L})\,i}$为物种 i 的生态位宽度；p_{ij}为物种 i 在第 j 个资源状态下的个体数占该物种所有个体数的比值或物种 i 对第 j 个资源状态的利用占它对全部资源利用的比率；$\sum_{j=1}^{r} p_{ij}=1$；r 为资源状态数。

2）Shannon-Wiener 指数

$$B_{(\mathrm{SW})\,i}=-\sum_{j=1}^{r} p_{ij}\log p_{ij} \tag{1-2}$$

式中，$B_{(\mathrm{SW})\,i}$为物种 i 的生态位宽度；p_{ij}含义同公式（1-1）。

3）Hurlbert 指数

$$B_{(\mathrm{H})\,i}=\frac{1}{\sum_{j=1}^{r} \frac{p_{ij}^{2}}{q_j}} \tag{1-3}$$

式中，$B_{(\mathrm{H})\,i}$为物种 i 的生态位宽度；p_{ij}含义同公式（1-1）；q_j表示资源状态 j 的可利用率。

当物种 i 仅利用一个资源状态时，$B_{(\mathrm{H})\,i}$的取值为 $1/r$；当物种 i 所利用的资源与各个资源状态的可利用率完全成比例时，$B_{(\mathrm{H})\,i}$的取值为 1。

（3）生态位重叠

生态位重叠（niche overlap）被应用于生态学中来研究物种间竞争关系。对于生态位重叠，不同学者的观点不同。有的学者将生态位重叠认为是物种间的竞争系数（Pianka，1973），许多学者将它归类为距离测度（Levins，1968）、物种关联度（Cody，1974）或相关系数（Horn，1966）。在资源利用上简单的生态位重叠并不一定会导致物种间的竞争，反之亦然。有学者认为物种间的竞争强度与生态位重叠度并没有直接关系，但能够用于判断种内或种间竞争的相对程度（Abrams，1980）。

Hurlbert（1978）认为生态位重叠是两个物种在同一资源状态上的相遇频率。

生存在同一群落内的两个物种之间，它们的生态位不会完全重叠。在多数情况下，生态位之间只会发生部分重叠，即一部分资源是被共同利用的，而其他部分则是被各自所占据。

1）Levins 重叠指数

$$a_{ik}=\frac{\sum_{j=1}^{r} p_{ij} p_{kj}}{\sum_{j=1}^{r} p_{ij}^{2}} \tag{1-4}$$

式中，a_{ik}代表物种 i 的资源利用曲线与物种 k 的资源利用曲线的重叠指数；p_{ij}为物种 i 在第 j 个资源状态下的个体数占该物种所有个体数的比值或物种 i 对第 j 个资源状态的利用占它对全部资源利用的比率；p_{kj}为物种 k 在第 j 个资源状态下的个体数占该物种所有个体数的比值或物种 k 对第 j 个资源状态的利用占它对全部资源利用的比率；r 为资源状态数。

2）Pianka 重叠指数

$$O_{ik}=\frac{\sum_{j=1}^{r} p_{ij} p_{kj}}{\sqrt{\sum_{j=1}^{r} p_{ij}^{2} \sum_{j=1}^{r} p_{kj}^{2}}} \tag{1-5}$$

式中，O_{ik}代表物种 i 的资源利用曲线与物种 k 的资源利用曲线的重叠指数；p_{ij}和 p_{kj}含义与公式（1-4）中的相同。

3）Schoener 指数

$$S_{ik}=1-0.5\sum_{j=1}^{r}\left|p_{ij}-p_{kj}\right|=\sum_{j=1}^{r}\min(p_{ij},\ p_{kj}) \tag{1-6}$$

式中，S_{ik}代表物种 i 的资源利用曲线与物种 k 的资源利用曲线的重叠指数；p_{ij}和 p_{kj}含义与公式（1-4）中的相同。

1.3.3 稳定同位素技术研究

同位素指具有相同原子和质子数，不同中子数的元素，而稳定同位素是指某元素中不发生或极不易发生放射性衰变的同位素。稳定同位素在自然环境中一直有所存在，如 H 和 D，^{16}O 和 ^{18}O。稳定同位素作为一种重要的示踪剂和对环境条件的指示器，被广泛应用在岩石、生物、海洋、河流、地下水、大气、土壤及各种矿床等领域的研究，成为解决生态学（Fry，2006）和生物地球化学（Sharp，2006；Condie，2011）问题的重要途径。“同位素”一词首先由 Soddy 在 1913 年提出。同年，Thomas 发现天然氖是由质量数为 20 和 22 的两种同位素所组成，第一次证实了自然界中同位素的存在。Giauque 和 Johnson 于 1929 年首先在大气的氧气中发现了氧同位素（^{17}O 和 ^{18}O）。1931 年，Urey 和他的同事发现了氘（即 ^{2}H 或 D）同位素。在 20 世纪 30 年代，学者们已对化学、物理和生物反应过程中稳定同位素行为有了全面的掌握（Johnson，1910）。Washburn 和 Smith 在 1934 年首次发现氢同位素在黑柳（*Salix nigra*）叶片内由于蒸腾作用和光合作用而发生富集，同时他们也发现在植物根系吸收土壤水过程中，氢同位素没有发生分馏；Gonfiantini 等（1965）研究了 12 个物种叶片内水分稳定氧同位素由于蒸腾作用在叶片中发生富集的现象；Wershaw 等（1966）也研究了叶片中稳定氢同位素的富集，并推断其是由蒸腾作用造成的。

在过去的 20 年中，由于稳定同位素技术的不断发展，很多新的理论得到长足发展并解决了一系列重大问题，同时稳定同位素技术还助推了许多重要分析方法的发展壮大，其中就包括 John Hayes 始创的连续流稳定同位素质谱分析法。同位素数据结合多样的分析方法可用于解释生态系统中一些复杂的过程，如从食物链到生态系统碳通量（Akamatsu et al.，2005），从叶片新陈代谢的变化到大尺度净生态系统通量分区（Ellsworth and Williams，2007）等。

20 世纪中叶，稳定同位素技术被应用到水科学领域并解决了一些重大问题（Coplen et al.，2000；李大通和张之淦，1990）。随后水的稳定同位素分析技术逐渐成为水科学领域的现代研究方法之一，通过研究水体自身的同位素组成，获得了一些传统方法不能得到的重要信息。稳定同位素技术逐渐成为一项重要的生态学研究手段，并形成了“同位素生态学”这一新兴领域。1988 年在加拿大举办了“稳定同位素技术在生态学中的应用”的国际会议，向世界展示了稳定同位素技术在未来生态学领域研究中潜在的应用价值（Hobson and Wassenaar，1999）。

元素的同位素组成常用同位素丰度（isotopic abundance）表示（Malainey，2011）。表 1-1 为常见的同位素测定丰度比率。

表 1-1　常见稳定同位素及其主要特征（Fry，2006）

元素	同位素	百分比丰度	常见的丰度比形式（质量比）	δ值自然界变异范围
氢	^{1}H ^{2}H（D）	99.984 0.016	$^{1}HD/^{1}H^{1}H$（3/2）	～700‰
碳	^{12}C ^{13}C	98.89 1.11	$^{13}C^{16}O^{16}O/^{12}C^{16}O^{16}O$（45/44）	～110‰
氮	^{14}N ^{15}N	99.64 0.36	$^{15}N^{14}N/^{14}N^{14}N$（29/28）	～90‰
氧	^{16}O ^{17}O ^{18}O	99.76 0.037 0.204	$^{12}C^{16}O^{18}O/^{12}C^{16}O^{16}O$（46/44）	～100‰
硫	^{32}S ^{33}S ^{34}S ^{36}S	95.02 0.76 4.21 0.014	$^{34}S^{16}O^{16}O^{16}O^{16}O/^{32}S^{16}O^{16}O^{16}O^{16}O$（98/96）	～150‰

由于重同位素的自然丰度较低，因此一般不直接测定重轻同位素各自的绝对丰度，而是测定它们的相对丰度或同位素比率 R，R=重同位素丰度/轻同位素丰度。一般地，稳定同位素技术在生态学和地球化学的应用中，人们更加注重的是物种当中稳定同位素组成的微小变化，而不是绝对值大小的变化，因此，为了更加方便比较物质间同位素组成的变化，通常采用同位素比值（δ值）来表示，其定义为：

$$\delta=(R_{样品}/R_{标准}-1)\times 1000‰ \tag{1-7}$$

δ值是指某一元素样品中的两种稳定同位素的比值相对于某种标准样品对应比值的千分差值（Ehleringer et al.，2000）。当样品的δ值为正数时，表示样品的重同位素比标准物富集，相反，当δ值为负数时，样品的重同位素比标准物贫化。因此，δ值更能清晰地反映出同位素组成的变化。

由于元素的各个同位素的质量不同引起的同位素之间化学和物理性质的差别，这种现象称为同位素效应（isotope effect）（林光辉，2013）。同位素在物理、化学、生物等反应过程以不同比例分配于两种或两种以上物质中的现象称为同位素分馏（isotope fractionation）（林光辉，2013）。同位素分馏程度的大小一般用同位素分馏系数α来表示，α为两种物质间同位素比值之商。

$$\alpha=R_s/R_p \tag{1-8}$$

式中，R_s 和 R_p 分别为产物和底物中某一元素重、轻同位素的比值（$^{13}C/^{12}C$，$^{18}O/^{16}O$，D/H）。

同位素分馏主要分为热力学同位素分馏和动力学同位素分馏两种类型。在自然界当中以动力学同位素分馏为主，如水分蒸发、分子扩散和生物过程等（Zhang et al.，2005；Fry，2006）。由于同位素质量的差异，相比轻同位素，重同位素移动性较弱且形成的分子具有较高的结合能，而轻同位素结合键更容易断裂，因此重同位素在源头富集程度较高（February et al.，2013）。例如，在植物蒸腾过程中，水分进入叶片以后，由于蒸腾对重同位素的判别作用，氢和氧同位素比率发生明显的变化，叶片的水分中大量富集 D 和 ^{18}O（Farquhar and Gan，2003）。

1.3.4　稳定同位素技术在植物生态学中的应用

近年来，稳定同位素技术在植物生态学研究中的应用逐渐成熟。稳定同位素作为一种非常有价值的非放射性示踪剂，可在不对环境造成破坏的条件下，更好地研究植物在现在及过去如何与周围生物和非生物环境相互作用，以及如何应对周围环境的变化（Dawson et al.，2002）。稳定同位素在植物生态学领域的引入解决了许多一般技术无法解决的问题。目前，稳定同位素技术在植物生态学方面的研究主要包括营养元素吸收（Celano et al.，2012）、水分来源（Dodd et al.，1998）、植物水分胁迫（Farris and Strain，1978；Gat et al.，2007）、水分利用策略（Davis and Mooney，1986；Dawson and Pate，1996；Xu et al.，2011）及水分利用效率

（Droppelmann et al.，2000）等。近年来，稳定同位素技术在植物生态学方面为进一步揭示植物与周围环境因子之间的相互作用的研究奠定了基础；在生态系统方面的应用主要包括种间关系（互利共生、竞争、寄生等）（Dawson，1993；Nippert，2010）、生态系统气体交换（Yakir and Sternberg，2000）、生物地球化学循环（Pataki et al.，2007；Verbovšek and Kanduč，2015）及全球气候变化的影响（海平面上升）（Sternberg et al.，1991；Wei et al.，2013）等。

稳定同位素技术对植物生态学领域的影响，就如同现代分子生物学技术对遗传学、生物化学及生物进化等领域的影响一样，具有重要的积极推动作用。稳定同位素技术使我们在空间尺度（从植物群落到生态系统，再到整个地区）和时间尺度（从秒到世纪）上对生态学过程有了更深入的了解（Dawson et al.，2002）。同位素化学家和地球化学专家们在同位素技术和方法方面的成就，才使得我们能够更容易认识和了解生态系统和生物地球化学循环过程。

在国外，稳定同位素技术在生态学领域运用较早。而在国内，稳定同位素技术在生态学领域的应用稍晚，主要集中在内陆草地生态系统、森林生态系统、农田生态系统等（陈世苹等，2002；曹燕丽等，2002；林光辉，2010），如在西北草原及荒漠生态系统（Cheng et al.，2005；Yang et al.，2010）、西南亚高山森林生态系统（Xu et al.，2011）、西南喀斯特生态系统（Nie et al.，2012）、平原农田生态系统（Wang et al.，2010；Zhang et al.，2011）等区域开展了相关研究。国内在海岸带生态系统中利用稳定同位素技术针对植物水分来源和水分利用策略的研究较少（黄建辉等，2005）。

1.3.5 稳定同位素（D/H、$^{18}O/^{16}O$）在判定植物水源中的应用

在自然界中，植物可利用的水源主要包括大气降水、土壤水、地表径流和地下水，其中土壤水、地表径流和地下水最初皆来自于大气降水，而在海岸带生态系统中，植物的水源还包括海水和雾水（Sternberg and Swart，1987；Dawson，1998）。由于物理过程、地理位置、地质特性和水分运移等方面的不同，这些水源在不同地区的δD和$\delta^{18}O$值也存在差异（Zheng，1998）。同时，降水δD和$\delta^{18}O$同位素的时空差异也会导致土壤水、地下水、地表水及植物水的时空差异。通过比较这些差异，可以分析并量化植物水分吸收、土壤水蒸发和下渗及降水在土壤中的滞留时间等（Xu et al.，2012）。

稳定同位素技术作为一种示踪技术应用于植物水分利用研究领域的前提条件是在根系吸收水分的过程中不发生氢和氧同位素分馏，使得对植物水分来源的追踪及量化分析成为可能（White et al.，1985；Dawson and Ehleringer，1991）。植物木质部水分是植物吸收不同水分来源而形成的混合水，因此很容易利用稳定同位素来研究植物的水分来源，这是稳定同位素技术用于判断植物吸收水分来源的基

础（Ehleringer and Dawson，1992）。植物可利用的不同水源之间应具有显著不同的氢、氧同位素组成，这是量化植物水分来源的先决条件（Sternberg and Swart，1987）。

但是，并不是全部情况下氢和氧同位素在植物根系吸收过程中都不发生分馏。有些研究表明，在滨海地区的盐生植物或干旱、半干旱地区的旱生植物，在水分吸收过程中氢同位素发生了分馏（Lin and Sternberg，1993；Ellsworth and Williams，2007）。在上述地区利用稳定同位素技术进行植物水分利用研究时，如若单纯只使用氢同位素作为示踪手段会导致实验的误差。因此，本研究主要利用氧同位素作为研究指标。

（1）植物水分来源的量化

土壤水输入的季节变化、表层的蒸发以及与地下水之间同位素组成的差异使得土壤水随着土壤剖面深度的变化出现明显的同位素组成梯度（Araki and Iijima，2005）。在水分受限的生态系统中，植物可通过更替利用水源在水分竞争中占据优势，有利于其生存繁殖（Tian et al.，2008）。因此，研究自然条件下生态系统中植物的水分来源，能够更好地了解生态系统中物种间水资源的分配（Dawson and Pate，1996）。

对陆地淡水植物水分来源进行量化计算时，一般采用δD和$\delta^{18}O$两个同位素指标，利用一般线性混合模型来计算不同水源对植物木质部水分的相对贡献比例（Phillips and Gregg，2003）。一般线性混合模型如下所示。

$$\begin{aligned} \delta D_m &= f_a\delta D_a + f_b\delta D_b + f_c\delta D_c \\ \delta^{18}O_m &= f_a\delta^{18}O_a + f_b\delta^{18}O_b + f_c\delta^{18}O_c \\ 1 &= f_a + f_b + f_c \end{aligned} \tag{1-9}$$

式中，m 表示为植物木质部水分；a、b、c 分别表示3个不同的水分来源；f_a、f_b、f_c 分别表示 a、b、c 3个水分来源对植物木质部水分的贡献比率。运用一般线性混合模型能够精确计算出所有水源对植物木质部水分的相对贡献比率，而且解是唯一的。然而，上述模型对于已知 n 个同位素指标，只能计算出 $n+1$ 个源对于混合源的贡献率，也就是说对于植物水分来源量化的时候，该模型只适合不超过3个水分来源的研究。但在实际情况下，植物水分来源一般不止3个，并且在对干旱或滨海地区的盐生和旱生植物水分来源量化的时候只能采用$\delta^{18}O$这一个同位素指标，这无疑使得植物水分来源的量化过程更为繁琐。Phillips 和他的同事一起开发了 Iso-Source 软件，解决了植物对多种水源选择利用的技术问题。这个软件将每种水源所有可能的解全部计算出来，为了避免出现结果上的误差，使用者需要将所有解的范围呈现出来，即不同水源的贡献率是一个范围值，而不仅仅局限于某一个解或平均值（Phillips and Gregg，2003）。

（2）降水方式对植物水分利用的影响

在干旱和半干旱地区，水分作为一个关键环境因子对生态系统过程和功能有重要的影响（Ehleringer et al.，1998；Dube and Pickup，2001）。降水是除地下水之外植物利用的主要水分来源，降雨的强度大小和频率对于物种生存、物种组成和群落结构等都有着决定性作用（Dodd et al.，1998）。不同生活型植物吸收土壤水的深度以及对土壤中夏季降水和冬季降水的利用方式不同（Dodd et al.，1998）。Yang 等（2010）在干旱草原生态系统中发现，深层土壤水主要是靠上一年的冬季降水予以补充，而夏季降水多用于补充上层土壤水或被植物吸收利用。因此，冬季降雨对于早春植物的生长非常重要，当冬季降水量小的时候，深层土壤水和地下水不能够充分地得到补充，会严重威胁到早春植物的萌发，同时他还发现在雨季来临较晚时，一些草本植物会推迟种子的萌发时间直到雨季到来。具有深根系的植物只能利用深层土壤中冬季降水，浅根系的植物只能利用夏季降水，而一些具有二相性根系的植物对冬夏降水都能够吸收利用。与深根系植物和具有二相性根系的植物相比较，浅根系植物对降雨的依赖性更大，因此，浅根系植物应对气候变化的能力较弱。

降雨量的大小也是干旱、半干旱生态系统研究所关注的一个重要问题。小的降雨能够对表层土壤水进行有效补充，有利于浅根系植物的生长，而大的降雨能够更好地补充深层土壤水，这对于深根系植物的生存至关重要（Walter，1971）。Gao 和 Reynolds（2003）发现，大的降雨数量的增加有助于灌丛的建立和生长，而小的降雨则会促进草地发育。在表层土壤中，一次降雨脉冲对土壤水分的影响效果会持续几个小时甚至几周，而这主要取决于降雨量大小和大气蒸发，尤其是在夏季对植物的生长有较大影响（Sala et al.，1981）。

（3）植物的水分提升作用

水分提升（hydraulic lift）是指植物在夜间通过根系将水分从深部湿润土壤层输送到上部干燥层的过程，整个过程主要依靠植物根系和土壤水势差来完成（Schwenke and Wagner，1992）。由于植物对环境中水分的吸收方式和对临时或永久性水源的利用能力的差异，导致生态系统内物种间的相互关联和相互作用对生态系统水分、C 固定以及植物对气候变化的响应等方面有重要影响（Jackson et al.，1996；Williams and Ehleringer，2000）。在水分有限的生态系统中，当植物根系相互覆盖时，邻近物种间就会因争抢水分而产生竞争。因此，植物因根系深度和对不同水分来源的利用能力的差异而产生的生态位分化及植物的水分提升作用成为物种共存的一种机制（Dawson，1993；Williams and Ehleringer，2000）。Dawson（1993）通过比较分析植物木质部水分、土壤水及地下水的δD 值的变化，运用混合模型确定了邻近植物对提升水分的利用比例。

近年来，越来越多的学者将稳定同位素技术应用于水分提升作用的研究中。Filella 和 Peñuelas（2003）在对地中海邻近物种水分关系的研究中，通过测定白松周围灌木木质部水分和土壤水的稳定同位素δD 值和土壤水势，分析发现白松将深层土壤水提升到表层土壤中供周围小的灌木吸收利用，而且他还发现这个情况仅仅存在于干旱的夏季，在湿润的春季这种现象就消失了。对于植物的水分提升并非只体现出物种生态位补偿的一面，当其他环境因子介入后，反而会使其成为一种竞争手段。例如，Arma（2010）在对沿海植物研究中发现，黄连木（*Pistacia lentiscus* L.）通过水分提升为其周围的植物提供水分，但是提升上来的水分含有一定的盐分，因此水分提升不仅没有促进周围植物的生长，反而对周围的植物造成环境胁迫抑制它们的生长。

1.3.6 稳定同位素在海岸带湿地生态系统植物水分利用中的应用

植物通过根系吸收其生长需要的大部分水分，植物根系贯穿土壤剖面甚至到地下水层，但群落内植物对资源的竞争导致植物根系在土壤中的分布格局产生差异，这种差异被认为是生态分化的一种形式。根系生态位分化使不同植物可以吸收不同土壤层中的水分，并通过水分重分配等作用形成生态位互补以减少群落内物种间的竞争，充分利用有限水资源（Armas et al.，2010；Yang et al.，2010）。

植物的水分利用并不是完全固定的，而是具有一定的时空差异性，而且植物对不同土壤层水分的利用比例与根系的分布格局并不完全一致（Ehleringer and Dawson，1992）。所以，传统的方法无法实现对植物水分利用策略的研究。稳定同位素技术的出现，解决了这一难题。

海岸带生态系统与其他类型的生态系统明显的不同，就是其生境中水分的含盐量高，这对生境中植被类型、生物多样性和植物的水分利用方式等方面都有显著影响。在沿海生境下，海水中稳定同位素 D 和 ^{18}O 比淡水中的更为富集。国外许多学者在海岸带生态系统中植物的水分利用策略方面已经做了许多工作，并得出了很多重要的结论。Sternderg 等（1991）通过比较植物木质部水分与海水和淡水中稳定同位素氢和氧的组成发现，红树植物（mangrove）可直接利用同位素较为富集的海水，同时还可以把根系扎到远离盐分的区域，利用那里的淡水；而一些硬木植物（hardwood hammock）则是只能利用淡水。Ish-Shalom（1992）和 Santini（2014）对海岸带生态系统中植物水分利用的研究结果也进一步证明了上述结论。因此，全球气候变暖引起的海平面上升、海水入侵，可能会导致海岸带生态系统中那些以淡水为水源物种的消亡。

在海岸带生态系统中，除了海水和土壤中的淡水以外，海雾对于一些海岸沙丘植物来说也是重要的水分来源。Dawson（1998）对美国加利福尼亚州北部的红杉（*Sequoia sempervirens*）林进行了为期 3 年的研究观测，通过分析比较植物木质部水分、土壤水、雨水和海雾的 D 和 ^{18}O 组成确定植物对这些水源的利用比例，结果发现红树林植物对雾水的利用比例占其全部水分的 19%～66%。Corbin 等（2005）在海岸带地区的研究结果也证实了雾水是海岸带植物的重要水分来源。同时很多研究表明海岸带植物对不同水源的利用策略存在时空差异（Lin and Sternberg，1994；Ewe et al.，2007）。

在河岸生态系统中，两岸植物虽然距河流较近，但并不是所有植物都利用河水。Dawson 和 Ehleringer（1991）在对河边植物水分利用进行研究时发现，成年大树的根系深入深层土壤中，只利用深层土壤水，并不利用河水，只有离河较近的小的植物个体才利用河水，而离河流较远的小的植物个体主要利用降雨。

稳定同位素技术在植物水分利用方面的应用，实现了传统方法无法做到的事情，为研究生态系统内物种竞争及植被群落的演化提供了一种新的科学方法。

1.4 黄河三角洲贝壳堤的研究现状

贝壳堤滩脊海岸的形成需具备三个条件，即粉砂淤泥岸、相对海水侵蚀背景和丰富的贝壳物源。历史上，黄河以“善淤、善决、善徙”著称，黄河携带大量细粒黄土物质，长时期、周而复始地在渤海湾西岸、南岸迁徙，在此塑造了淤泥质海岸。当黄河改道，河口迁徙到别处，随着入海泥沙量的减少，海岸不再淤积增长，海水变得清澈，种类繁多的海洋软体动物资源得以繁衍生息，提供了充足的贝壳物源。最重要的是由于海浪潮汐运动以侵蚀为主，将贝壳搬移到海岸堆积，随着贝壳的逐年加积，也就形成了独特的贝壳滩脊海岸。一旦黄河改道回迁，贝壳堤即因海水较淡而浑浊的淤泥岸不利于贝壳生长而终止。在贝壳堤外，泥沙淤积成陆，海岸线又向前伸，贝壳堤则远离海岸，或遗弃于陆上，或没于地下。因此，由于黄河的来回迁徙，海岸线走走停停，淤泥与贝壳堤交互更替，在渤海湾西岸、南岸形成了多条平行于海岸线的贝壳堤。

黄河三角洲贝壳堤是淤泥质或粉砂质海岸所特有的一种滩脊类型，主要由潮间带贝类死亡之后的壳体及其碎屑在高潮线附近堆积形成。贝壳堤湿地是我国典型而又特殊的海岸带类型，在我国渤海、南海北部等海岸带区域都有分布，以渤海西部区域分布最广、面积最大，集中分布于天津、河北黄骅、山东黄河三角洲等区域。黄河三角洲贝壳堤是典型且特殊的海岸带生态系统类型（田家怡等，2011）。黄河三角洲贝壳堤湿地由于海水冲刷形成了中间高、两侧低的微地貌特征，海水的影响特别是对土壤水、地下水的影响由向海侧到向内陆侧产生了梯度变化，导致区域内植被具有较强的地带性分布特征。滩脊地带，植被生长最好，主要有柽柳、杠柳、酸枣、罗布麻（*Apocynum ventum*）、芦苇（*Phragmites australis*）、二色补血草（*Limonium bicolor*）、茵陈蒿（*Artemisia capillaries* Thunb.）等灌木草本植物；向陆侧植被生长较差，主要有柽柳、杠柳、酸枣、罗布麻等；向海侧植被稀少，主要有柽柳、碱蓬（*Suaeda glauca*）、二色补血草等（田家怡等，2011）。研究表明该区域贝壳砂黏粒组分含量很小，贝壳砂孔隙度大，毛细作用脆弱导致深层水不易上升（刘庆等，2010）；区域内季节性干旱严重，淡水资源缺乏，年降水量在600mm左右，而蒸降比在4∶1左右（夏江宝等，2009）。由于海拔较低导致海水入侵严重，地下水位高但盐度接近海水；土壤保水能力差，含水量较低。这些因素导致黄河三角洲贝壳堤湿地水分生态环境恶劣，水分条件成为影响该区域植物生长、分布的关键生态因子。

黄河三角洲贝壳堤因其独特的生态系统环境及重要的学术、现实、保护意义引起了众多学者的关注。针对黄河三角洲贝壳堤湿地生态系统的研究主要在贝壳堤形成演变过程和土地利用（王红等，2004；杜廷芹等，2009）、生物多样性和生物区系（赵丽萍等，2009；谢桐音等，2011）、植物生理生态特征（夏江宝等，2009；李田等，2010）、土壤理化特征（李任伟等，2001；刘庆等，2009；夏江宝等，2013），以及生态系统特征和修复（崔保山和刘兴土，2001；唐娜等，2006；田家怡等，2009，2011）等方面，而针对区域植物水分利用规律和水分提升作用的生态学意义方面的研究尚未开展。因此在贝壳堤湿地特殊生境下，开展植物水分利用规律的研究具有区域的特殊性和典型性。

柽柳、杠柳、酸枣是黄河三角洲贝壳堤湿地群落中的3种优势灌木，以滩脊地带生长最好，向海侧只有柽柳生长，向陆侧3种灌木均有生长，但长势较差。柽柳作为泌盐植物，耐盐耐旱能力较强，在3种灌木中根系最深，深度达2～3m，水平根系主要分布在50～150cm的土壤层中，但水平根系延伸一定距离后大多垂直向下长出许多细根，甚至达到地下水层。酸枣耐干旱、耐贫瘠，但耐盐能力较弱，其根系深度为1～2m，水平根系主要分布在15～140cm的土壤层中。杠柳也是耐干旱、耐贫瘠，但耐盐能力弱的植物，在3种灌木中根系最浅，多在1m左右，水平根系少。因此，本研究以黄河三角洲贝壳堤生态系统内优势灌木为主要研究对象，探讨贝壳堤生态系统植物的水分利用规律和水分利用策略。

参考文献

安鑫龙，张海莲，闫莹．2005．中国海岸带研究（Ⅰ）海岸带概况及中国海岸带研究的十大热点问题．河北渔业，（4）：17．

曹燕丽，卢琦，林光辉．2002．氢稳定性同位素确定植物水源的应用与前景．生态学报，22（1）：111-117．

陈建，张光灿，张淑勇，等．2008．辽东楤木光合和蒸腾作用对光照和土壤水分的响应过程．应用生态学报，32（6）：1471-1480．

陈世苹，白永飞，韩兴国．2002．稳定性碳同位素技术在生态学研究中的应用．植物生态学报，26（5）：549-560．

崔保山，刘兴土．2001．黄河三角洲湿地生态特征变化及可持续性管理对策．地理科学，21（3）：

250-256.
杜廷芹，黄海军，王珍岩，等．2009．黄河三角洲北部贝壳堤岛的近期演变．海洋地质与第四纪地质，29（3）：23-29.
段爱国，张建国．2009．光合作用光响应曲线模型选择及低光强属性界定．林业科学研究，22（6）：765-771.
高国日，刘娟娟，陈道国，等．2017．土壤干旱对2个沙棘品种叶片水势和光合特性的影响．浙江农林大学学报，34（6）：999-1007.
郭丽，梁俊林，赵永辉，等．2017．四川省3种乡土树种幼苗对干旱胁迫的光合生理响应．四川农业大学学报，35（4）：516-522.
韩刚，赵忠．2010．不同土壤水分下4种沙生灌木的光合响应特性．生态学报，30（15）：4019-4026.
黄建辉，林光辉，韩兴国．2005．不同生境间红树科植物水分利用效率的比较研究．植物生态学报，29（4）：530-536.
贾虎森，李德全，韩亚琴．2000．高等植物光合作用的光抑制研究进展．植物学通讯，17（3）：218-224.
蒋高明．2004．植物生理生态学．北京：高等教育出版社.
柯世省．2006．水分胁迫下夏蜡梅光合作用的气孔和非气孔限制．浙江林业科技，26（6）：1-5.
郎莹，张光灿，张征坤，等．2011．不同土壤水分下山杏光合作用光响应过程及其模拟．生态学报，31（16）：4499-4509.
李大通，张之淦．1990．核技术在水文地质中的应用指南．北京：地质出版社.
李德全，高辉远，孟庆伟，等．1999．植物生理学．北京：中国农业科学技术出版社.
李德志，刘科轶，臧润国，等．2006．现代生态位理论的发展及其主要代表流派．林业科学，42（8）：88-94.
李德志，石强，臧润国，等．2006．物种或种群生态位宽度与生态位重叠的计测模型．林业科学，42（7）：95-103.
李建芬，商志文，姜兴钰，等．2016．渤海湾沿岸贝壳堤对潮滩有孔虫海面变化指示意义的影响．地质通报，35（10）：1578-1583.
李鹏民，高辉远，Strasser R J. 2005．快速叶绿素荧光诱导动力学分析在光合作用研究中的应用．植物生理与分子生物学学报，31（6）：559-566.
李倩，王明，王雯雯，等．2012．华山新麦草光合特性对干旱胁迫的响应．生态学报，32（13）：4278-4284.
李任伟，李禾，李原，等．2001．黄河三角洲沉积物重金属、氮和磷污染研究．沉积学报，19（4）：622-629.
李田，刘庆，田家怡，等．2010．黄河三角洲贝壳堤岛二色补血草生长和保护酶特性对盐胁迫的响应．水土保持通报，30（1）：85-88.
李文龙，李自珍，王刚，等．2004．沙坡头地区人工固沙植物水分利用及其生态位适宜度过程数值模拟分析. 西北植物学报，24（6）：1012-1017.
李自珍，施维林，唐海萍，等. 2001. 干旱区植物水分生态位适宜度的数学模型及其过程数值模拟试验研究. 中国沙漠，21（3）：67-71.
梁凤超，张新平，张毓涛，等. 2011. 干旱区荒漠梭梭柽柳蒸腾耗水对比分析. 新疆农业科学，48（5）：962-967.
梁霞，张利权，赵广琦. 2006. 芦苇与外来植物互花米草在不同 CO_2 浓度下的光合特性比较. 生态学报，26（3）：842-848.
林光辉. 2010. 稳定同位素生态学：先进技术推动的生态学新分支. 植物生态学报，34（2）：119-122.
林光辉. 2013. 稳定同位素生态学. 北京：高等教育出版社.
刘国琴，樊卫国. 2000. 果树对水分胁迫的生理响应. 西南农业学报，13（1）：101-106.
刘庆，孙景宽，田家怡，等. 2009. 黄河三角洲贝壳堤岛贝壳沙中微量元素含量及形态特征. 水土保持学报，23（4）：204-207，212.
刘庆，孙景宽，田家怡，等. 2010. 黄河三角洲贝壳堤岛典型建群植物养分吸收积累特征. 水土保持研究，17（3）：153-156，161.
刘瑀，马龙，李颖，等. 2008. 海岸带生态系统及其主要研究内容. 海洋环境科学，27（5）：520-522.
陆佩玲，罗毅，刘建栋，等. 2000. 华北地区冬小麦光合作用的光响应曲线的特征参数. 应用气象学报，11（2）：236-241.
陆佩玲，于强，罗毅，等. 2001. 冬小麦光合作用的光响应曲线的拟合. 中国农业气象，22（2）：12-14.
马剑，刘贤德，孟好军，等. 2018. 水分胁迫对文冠果幼苗生长及生理特性的影响. 干旱区资源与环境，32（1）：128-132.
孟繁静. 2000. 植物生理学. 武汉：华中理工大学出版社.
莫亿伟，郭振飞，谢江辉. 2011. 温度胁迫对柱花草叶绿素荧光参数和光合速率的影响. 草业学报，20（1）：96-101.
裴斌，张光灿，张淑勇，等. 2013. 土壤干旱胁迫对沙棘叶片光合作用和抗氧化酶活性的影响. 生态学报，33（5）：1386-1396.
沈允钢，许大全. 1992. 光合机构对环境的适应与响应，北京：科学技术出版社.
唐海萍，史培军，李自珍. 2001. 沙坡头地区不同配置格局油蒿和柠条水分生态位适宜度研究. 植物生态学报，25（1）：6-10.
唐娜，崔保山，赵欣胜. 2006. 黄河三角洲芦苇湿地的恢复. 生态学报，26（8）：2616-2624.
田家怡，夏江宝，孙景宽，等. 2011. 黄河三角洲贝壳堤岛生态保护与恢复技术. 北京：化学工业出版社.
田家怡，谢文军，孙景宽. 2009. 黄河三角洲贝壳堤岛脆弱生态系统破坏现状及保护对策. 环境科学与管理，34（8）：138-143.
王红，宫鹏，刘高焕. 2004. 黄河三角洲土地利用/土地覆盖变化研究现状与展望. 自然资源学报，19（1）：110-118.
王荣荣，夏江宝，杨吉华，等. 2013a. 贝壳砂生境酸枣叶片光合生理参数的水分响应特征. 生态学报，33（19）：6088-6096.
王荣荣，夏江宝，杨吉华，等. 2013b. 贝壳砂生境干旱胁迫下杠柳叶片光合光响应模型比较. 植物生态学报，37（2）：111-121.
夏江宝，田家怡，张光灿，等. 2009. 黄河三角洲贝壳堤岛3种灌木光合生理特征研究. 西北植物学报，29（7）：1452-1459.
夏江宝，张光灿，孙景宽，等. 2011. 山杏叶片光合生理参数对土壤水分和光照强度的阈值效应. 植物生态学报，35（3）：322-329.
夏江宝，张淑勇，王荣荣，等. 2013. 贝壳堤岛3种植被类型的土壤颗粒分形及水分生态特征. 生态学报，33（21）：7013-7022.
谢桐音，谢桂林，赫福霞，等. 2011. 黄河三角洲贝壳堤岛跳虫群落研究. 东北农业大学学报，42（9）：92-96.
许大全，李德耀，邱国雄，等. 1987. 毛竹（*Phyllostachys pubescens*）光合作用的气孔限制研究. 植物生理学报，13（2）：154-160.
许大全，徐宝基. 1989. 气孔限制在植物叶片光合诱导中的作用. 植物生理学报，15（3）：275-280.
许大全. 1995. 气孔的不均匀关闭与光合作用的非气孔限制. 植物生理学通讯，31（4）：246-252.
许大全. 2002. 光合作用效率. 上海：上海科学技术出版社.
杨清伟，程根伟，罗辑，等. 2001. 贡嘎山东坡亚高山森林系统植被光合作用——双裂蟹甲草（*Cacalia davidii*）净光合速率对生态因子的响应. 山地学报，19（2）：115-119.
姚庆群，谢贵水. 2005. 干旱胁迫下光合作用的气孔与非气孔限制. 热带农业科学，25（4）：80-85.
叶子飘，王建林. 2009. 基于植物光响应修正模型的水稻Kok效应研究. 扬州大学学报（农业与生命科学版），30（3）：5-10.
叶子飘，于强. 2008. 光合作用光响应模型的比较. 植物生态学报，32（6）：1356-1361.
叶子飘. 2010. 光合作用对光和CO_2响应模型的研究进展. 植物生态学报，34（6）：727-740.
余叔文，汤章城. 1998. 植物生理与分子生物学. 北京：科学出版社.
张建国，李吉跃，沈国舫. 2000. 树木耐旱特性及其机理研究. 北京：中国林业出版社.
张仁和，郑友军，马国胜，等. 2011. 干旱胁迫对玉米苗期叶片光合作用和保护酶的影响. 生态学报，31（5）：1303-1311.
张守仁. 1999. 叶绿素荧光动力学参数的意义及讨论. 植物学通报，16（4）：444-448.
张淑勇，周泽福，夏江宝，等. 2007. 不同土壤水分条件下小叶扶芳藤叶片光合作用对光的响应. 西北植物学报，27（12）：2514-2521.

赵会杰，邹琦，于振文．2000．叶绿素荧光分析技术及其在植物光合机理研究中的应用．河南农业大学学报，34（3）：248-251.

赵洁，郎莹，吴畏，等．2017．土壤极端干旱对金银花光合生理生化特性的影响．西北植物学报，37（12）：2444-2451.

赵丽萍，段代祥．2009．黄河三角洲贝壳堤岛自然保护区维管植物区系研究．武汉植物学研究，27（5）：552-556.

郑国生，何秀丽．2006．夏季遮荫改善大田牡丹叶片光合功能的研究．林业科学，42（4）：18-23.

Abrams P. 1980. Some comments on measuring niche overlap. Ecology, 61 (1): 44-49.

Akamatsu F, Toda H, Okino T. 2005. Food source of riparian spiders analyzed by using stable isotope ratios. Ecological Research, 20 (2): 239-239.

Araki H, Iijima M. 2005. Stable isotope analysis of water extraction from subsoil in upland rice (*Oryza sativa* L.) as affected by drought and soil compaction. Plant and Soil, 270 (1): 147-157.

Armas C, Padilla F M, Pugnaire F I, et al. 2010. Hydraulic lift and tolerance to salinity of semiarid species: consequences for species interactions. Oecologia, 162 (1): 11-21.

Bardach J. 1989. Global warming and the coastal zone. Climatic Change, 15 (1-2): 117-150.

Celano G, Alluvione F, Mohamed M, et al. 2012. The stable isotopes approach to study C and N sequestration processes in a plant-soil system. Piccolo A. Carbon Sequestration in Agricultural Soils. Berlin: Springer: 107-144.

Chaves M M, Oliveira M M. 2004. Mechanisms underlying plant resilience to water deficits: prospects for water-saving agriculture. Journal of Experimental Botany, 55: 2365-2384.

Chen Z Y, Peng Z S, Yang J, et al. 2011. A mathematical model for describing light-response curves in *Nicotiana tabacum* L. Photosynthetica, 49: 467-471.

Cheng X, An S, Li B, et al. 2005. Summer rain pulse size and rainwater uptake by three dominant desert plants in a desertified grassland ecosystem in northwestern China. Plant Ecology, 184 (1): 1-12.

Cody M L. 1974. Competition and the Structure of Bird Communities. Princeton: Princeton University Press.

Condie K C. 2011. Earth's atmosphere, hydrosphere, and biosphere. Condie K C. Earth as an Evolving Planetary System. Second Edition. Boston: Academic Press: 199-259.

Coplen T B, Herczeg A L, Barnes C. 2000. Isotope engineering—using stable isotopes of the water molecule to solve practical problems. Cook P G, Herczeg A L. Environmental Tracers in Subsurface Hydrology. Boston: Springer, 79-110.

Corbin J D, Thomsen M A, Dawson T E, et al. 2005. Summer water use by California coastal prairie grasses: fog, drought, and community composition. Oecologia, 145 (4): 511-521.

Davis S D, Mooney H A. 1986. Water use patterns of four co-occurring chaparral shrubs. Oecologia, 70 (2): 172-177.

Dawson T E, Ehleringer J R. 1991. Streamside trees that do not use stream water. Nature, 350: 335-337.

Dawson T E, Mambelli S, Plamboeck A H, et al. 2002. Stable isotopes in plant ecology. Annual Review of Ecology and Systematics, 33 (1): 507-559.

Dawson T E, Pate J S. 1996. Seasonal water uptake and movement in root systems of Australian phraeatophytic plants of dimorphic root morphology a stable isotope investigation. Oecologia, 107 (1): 13-20.

Dawson T E. 1998. Fog in the California redwood forest ecosystem inputs and use by plants. Oecologia, 117 (4): 476-485.

Dawson T. 1993. Hydraulic lift and water use by plants:implications for water balance, performance and plant-plant interactions. Oecologia, 95 (4): 565-574.

Demmig-Adams B, Adams Ⅲ W W. 1992. Photoprotection and other responses of plants to high light stress. Annual Review of Plant Physiology and Plant Molecular Biology, 43: 599-626.

Dodd M B, Lauenroth W K, Welker J M. 1998. Differential water resource use by herbaceous and woody plant life-forms in a shortgrass steppe community. Oecologia, 117 (4): 504-512.

Droppelmann K J, Lehmann J, Ephrath J E, et al. 2000. Water use efficiency and uptake patterns in a runoff agroforestry system in an arid environment. Agroforestry Systems, 49 (3): 223-243.

Dube O P, Pickup G. 2001. Effects of rainfall variability and communal and semi-commercial grazing on land cover in southern African rangelands. Climate Research, 17: 195-208.

Ehleringer J R, Dawson T E. 1992. Water uptake by plants:perspectives from stable isotope composition. Plant, Cell & Environment, 15 (9): 1073-1082.

Ehleringer J R, Roden J, Dawson T E. 2000. Assessing ecosystem-level water relations through stable isotope ratio analyses. Sala O, Jackson R, Mooney H, et al. Methods in Ecosystem Science. New York: Springer: 181-198.

Ehleringer J R, Schwinning S, Gebauer R. 1998. Water use in arid land ecosystems. Press M C, Scholes J D, Barker M G. Physiological Plant Ecology. Boston: Blackwell Science: 347-365.

Ellsworth P Z, Williams D G. 2007. Hydrogen isotope fractionation during water uptake by woody xerophytes. Plant and Soil, 291 (1-2): 93-107.

El-sharkawy M A, Lopez Y, Bernal L M. 2008. Genotypic variations in activities of phosphoenolpyruvate carboxylase and correlations with leaf photosynthetic characteristics and crop productivity of cassava grown in low-land seasonally-dry tropics. Photosynthetica, 46 (2): 238-247.

Elton C S. 1927. Animal Ecology. London: Sedgwick and Jacson.

Ewe S M, Sternberg L da S, Childers D L. 2007. Seasonal plant water uptake patterns in the saline southeast Everglades ecotone. Oecologia, 152 (4): 607-616.

Farooq M, Wahid A, Kobayashi N, et al. 2009. Plant drought stress: effects, mechanisms and management. Sustainable Agriculture, 23: 153-188.

Farquhar G D, Gan K S. 2003. On the progressive enrichment of the oxygen isotopic composition of water along a leaf. Plant Cell and Environment, 26 (6): 801-819.

Farquhar G D, Sharkey T D. 1982. Stomatal conductance and photosynthesis. Annual Review of Plant Physiology, 33: 317-345.

Farris F, Strain B R. 1978. The effects of water-stress on leaf $H_2{}^{18}O$ enrichment. Radiation and Environmental Biophysics, 15 (2): 167-202.

February E C, Matimati I, Hedderson T A, et al. 2013. Root niche partitioning between shallow rooted succulents in a South African semi desert: implications for diversity. Plant Ecology, 214 (9): 1181-1187.

Filella I, Peñuelas J. 2003. Indications of hydraulic lift by *Pinus halepensis* and its effects on the water relations of neighbour shrubs. Biologia Plantarum, 47 (2): 209-214.

Fry B. 2006. Stable Isotope Ecology. New York: Springer: 40-75.

Gao Q, Reynolds J F. 2003. Historical shrub-grass transitions in the northern Chihuahuan desert: modeling the effects of shifting rainfall seasonality and event size over a landscape gradient. Global Change Biology, 9 (10): 1475-1493.

Gat J R, Yakir D, Goodfriend G, et al. 2007. Stable isotope composition of water in desert plants. Plant and Soil, 298 (1): 31-45.

Gause G F. 1934. The Struggle for Existence. Baltimore: Williams & Wilkins.

Gilmore A M, Yamamoto H Y. 1991. Zeaxanthin formation and energy dependent fluorescence quenching in pea chloroplasts under artificially mediated linear and cyclic electron transport. Plant Physiology, 96 (2): 635-643.

Gornitz V. 2005. Sea level rise. Oliver J. Encyclopedia of World Climatology. Netherlands: Springer: 641-644.

Grinnell J. 1917. The niche relationships of the California thrasher. Auk, 34: 427-433.

Haase P, Pugnaire F, Clark S C, et al. 1999. Environmental control of canopy dynamics and photosynthetic rate in the evergreen tussock grass *Stipa tenacissima*. Plant Ecology, 145 (2): 327-339.

Hobson K A, Wassenaar L I. 1999. Stable isotope ecology:an introduction. Oecologia, 120 (3): 312-313.

Horn H. 1966. Measurement of 'overlap' in comparative ecological studies. American Naturalist, 100:419-424.

Hurlbert S H. 1978. The measurement of niche overlap and some relatives. Ecology, 59:67-77.

Hutchinson G E. 1957. Concluding remarks:population studies, animal ecology and demography. Cold Spring Harbor Symposium of Quantitive Biology, 22:415-427.

Ish-Shalom N, Sternberg L, Ross M, et al. 1992. Water utilization of tropical hardwood hammocks of the Lower Florida Keys. Oecologia, 92 (1): 108-112.

Jackson R B, Canadell J, Ehleringer J R, et al. 1996. A global analysis of root distributions for terrestrial biomes. Oecologia, 108 (3): 389-411.

Johnson R H. 1910. Determinate evolution in the color pattern of the lady-beetles. Washington:Comegie Institution of Washington Publish.

Julie C N , Spencer N B, Donald R Y, et al. 2009. Diurnal patterns of photosynthesis, chlorophyll fluorescence, and PRI to evaluate water stress in the invasive species, *Elaeagnus umbellata* Thunb. Trees, 46 (11): 1362-1370.

Kozaki A, Takeka G. 1999. Photorespiration protects C_3 plants from photooxidation. Nature, 384:557-560.

Lang Y, Wang M, Zhang G C, et al. 2013. Experimental and simulated light responses of photosynthesis in leaves of three tree species under different soil water conditions. Photosynthetica, 51 (3): 370-378.

Levins R. 1968. Evolution in Changing Environments:Some Theoretical Explorations. Princeton:Princeton University Press.

Lewis J D, Olszyk D, Tingey D T. 1999. Seasonal pattems of photosynthetic light response in Douglas-fir seedlings subjected to elevated atmospheric CO_2 and temperature. Tree Physiology, 19:243-252.

Li C X, Ye B, Geng Y H, et al. 2010. Physiological responses of *Taxodium distichum* (Baldcypress) and *Taxodium ascendens* (Pondcypress) seedlings to different soil water regimes. Scientia Silvae Sinicae, 46 (4): 22-30.

Lin G, Sternberg L. 1994. Utilization of surface water by red mangrove (*Rhizophora mangle* L.): an isotopic study. Bulletin of Marine Science, 54 (1): 94-102.

Lin G, Sternberg Ld S L. 1993. Hydrogen isotopic fractionation by plant roots during water uptake in coastal wetland plants. Saugier B, Ehleringer J R, Hall H E, et al. Stable Isotopes and Plant Carbon-Water Relations. San Diego:Academic Press: 497-510.

MacArthur R H. 1970. Species packing and competitive equilibria for many species. Theoretical Population Biology, 1:1-11.

Malainey M E. 2011. A Consumer's Guide to Archaeological Science:Analytical Techniques. New York:Springer: 35-44.

Montanaro G, Dichio B, Xiloyannis C. 2009. Shade mitigates photoinhibition and enhances water use efficiency in kiwifruit under drought. Photosynthetica, 47:363-371.

Moreno-Sánchez X, Abitia-Cárdenas A, Rodríguez-Baron J M, et al. 2016. Ecological niche. Kennish M J. Encyclopedia of Estuaries. Dordrecht:Springer: 227-228.

Nie Y P, Chen H S, Wang K L, et al. 2012. Water source utilization by woody plants growing on dolomite outcrops and nearby soils during dry seasons in karst region of southwest China. Journal of Hydrology, 420-421:264-274.

Nippert J B, Butler J J, Kluitenberg G J, et al. 2010. Patterns of *Tamarix* water use during a record drought. Oecologia, 162 (2): 283-292.

Odum E P. 1959. Fundamental of Ecology. Philadelphia:W B Saunders.

Pataki D, Lai C T, Keeling C, et al. 2007. Insights from stable isotopes on the role of terrestrial ecosystems in the global carbon cycle. Canadell J, Pataki D, Pitelka L. Terrestrial Ecosystems in a Changing World. Berlin:Springer: 37-44.

Phillips D L, Gregg J W. 2003. Source partitioning using stable isotopes:coping with too many sources. Oecologia, 136 (2): 261-269.

Pianka E R. 1973. The structure of lizard communities. Annual Review of Ecology and Systematics, 4:53-74.

Prado C H B A, Moraes J D. 1997. Photosynthetic capacity and specific leaf mass in twenty woody species of cerrado vegetation under field condition. Photosynthetica, 33:103-112.

Rohacek K. 2002. Chlorophyll fluorescence parameters:the definitions, photosynthetic meaning and mutual relationships. Photosynthetica, 40 (1): 13-29.

Saha A K, Saha S, Sadle J, et al. 2011. Sea level rise and south Florida coastal forests. Climatic Change, 107 (1-2): 81-108.

Sala O E, Lauenroth W K, Parton W J, et al. 1981. Water status of soil and vegetation in a shortgrass steppe. Oecologia, 48 (3): 327-331.

Santini N S, Reef R, Lockington D A, et al. 2014. The use of fresh and saline water sources by the mangrove *Avicennia marina*. Hydrobiologia, 745 (1): 59-68.

Schwenke H, Wagner E. 1992. A new concept of root exudation. Plant, Cell and Environment, 15 (3): 289-299.

Shannon C E. 1948. A mathematical theory of communication. Bell System Technology, 27:397-423.

Sharp Z. 2006. Principles of Stable Isotope Geochemistry. New Jersey:Person Prentice Hall: 344.

Sipio E, Zezza F. 2011. Present and future challenges of urban systems affected by seawater and its intrusion:the case of Venice, Italy. Hydrogeology Journal, 19 (7): 1387-1401.

Sofo A, Dichio B, Montanaro G, et al. 2009. Photosynthetic performance and light response of two olive cultivars under different water and light regimes. Photosynthetica, 47:602-608.

Sternberg L S L, Swart P K. 1987. Utilization of freshwater and ocean water by coastal plants of southern Florida. Ecology, 68 (6): 1898-1905.

Sternberg L, Ish-Shalom-Gordon N, Ross M, et al. 1991. Water relations of coastal plant communities near the ocean/freshwater boundary. Oecologia, 88 (3): 305-310.

Tartachnyk I I, Blanke M M. 2004. Effect of delayed fruit harvest on photosynthesis, transpiration and nutrient remobilization of apple leaves. New Phytologist, 164:441-450.

Thornley J H M. 1976. Mathematical models in plant physiology. London:Academic Press: 86-110.

Tian L, Ma L, Yu W, et al. 2008. Seasonal variations of stable isotope in precipitation and moisture transport at Yushu, eastern Tibetan Plateau. Science in China Series D:Earth Sciences, 51 (8): 1121-1128.

Valen L. 1965. Morphological variation and the width of the ecological niche. American Naturalist, 100:377-389.

Verbovšek T, Kanduč T. 2015. Isotope geochemistry of groundwater from fractured dolomite aquifers in central Slovenia. Aquatic Geochemistry, 22 (2): 131-151.

von Caemmerer S, Farquhar G D. 1981. Some relationships between the biochemistry and the gas exchange of leaves. Planta, 153:376-385.

Wang P, Song X, Han D, et al. 2010. A study of root water uptake of crops indicated by hydrogen and oxygen stable isotopes: a case in Shanxi Province, China. Agricultural Water Management, 97 (3): 475-482.

Washburn E W, Smith E R. 1934. The isotopic fractionation of water by physiological processes. Science, 79 (2043): 188-189.

Wei L, Lockington D A, Poh S C, et al. 2013. Water use patterns of estuarine vegetation in a tidal creek system. Oecologia, 172 (2): 485-494.

Wershaw R, Friedman I, Heller S, et al. 1966. Hydrogen isotopic fractionation of water passing through trees. Hobson F, Speers M. Advances in Organic Geochemistry. New York: Pergmon: 55-67.

White J W C, Cook E R, Lawrence J R, et al. 1985. The DH ratios of sap in trees:Implications for water sources and tree ring DH ratios. Geochimica Et Cosmochimica Acta, 49 (1): 237-246.

Williams D G, Ehleringer J R. 2000. Intra- and interspecific variation for summer precipitation use in pinyon-juniper woodlands. Ecological Monographs, 70 (4): 517-537.

Xia J B, Zhang S Y, Zhang G C, et al. 2011. Critical responses of photosynthetic efficiency in *Campsis radicans* (L.) Seem to soil water and light intensities. African Journal of Biotechnology, 10 (77): 17748-17754.

Xu Q, Li H, Chen J Q, et al. 2011. Water use patterns of three species in subalpine forest, Southwest China:the deuterium isotope approach. Ecohydrology, 4 (2): 236-244.

Xu Q, Liu S R, Wan X C, et al. 2012. Effects of rainfall on soil moisture and water movement in a subalpine dark coniferous forest in southwestern China. Hydrological Processes, 26 (25): 3800-3809.

Yakir D, Sternberg Ld S L. 2000. The use of stable isotopes to study ecosystem gas exchange.

Oecologia, 123 (3): 297-311.

Yang H, Auerswald K, Bai Y, et al. 2010. Complementarity in water sources among dominant species in typical steppe ecosystems of Inner Mongolia, China. Plant and Soil, 340 (1-2): 303-313.

Ye Z P. 2007. A new model for relationship between irradiance and the rate of photosynthesis in *Oryza sativa*. Photosynthetica, 45:637-640.

Zhang C, Zhang J, Zhao B, et al. 2011. Coupling a two-tip linear mixing model with a δD-δ^{18}O plot to determine water sources consumed by maize during different growth stages. Field Crops Research, 123 (3): 196-205.

Zhang G C, Xia J B, Shao H B, et al. 2012. Grading woodland soil water productivity and soil bioavailability in the semi-arid Loess Plateau of China. Clean-Soil, Air, Water, 40 (2): 148-153.

Zhang S Y, Zhang G C, Gu S Y, et al. 2010. Critical responses of photosynthetic efficiency of goldspur apple tree to soil water variation in semiarid loess hilly area. Photosynthetica, 48 (4): 589-595.

Zhang X, Tian L, Liu J. 2005. Fractionation mechanism of stable isotope in evaporating water body. Journal of Geographical Sciences, 15 (3): 375-384.

Zheng Y F. 1998. Oxygen isotope fractionation between hydroxide minerals and water. Physics and Chemistry of Minerals, 25 (3): 213-221.

第 2 章　研究区概况

2.1　研究区基本情况

黄河三角洲贝壳堤位于渤海湾的西南部和山东省滨州市无棣县北部交汇处的滨海地区，现已建成滨州贝壳堤岛与湿地国家级自然保护区。山东滨州贝壳堤岛与湿地国家级自然保护区具体位于山东省无棣县城北 60km 处，渤海西南岸，西至漳卫新河，东至套儿河，北至浅海－3m 等深线，本区地势低平，孕育了山东省最宽广的滨海湿地带。在地貌上自南向北可分为第一贝壳堤岛及潮上沼泽湿地带、第二贝壳堤岛及潮间滩涂和潮下湿地带。贝壳堤岛全长 76km，贝壳总储量达 3.6 亿 t，总面积约为 435.4km^2（38°02′50.51″N～38°21′06.06″N，117°46′58.00″E～118°05′42.95″E），为世界三大贝壳堤岛之一，是一处国内独有、世界罕见的贝壳滩脊海岸，是目前世界上保存最完整，且是唯一新老堤并存的贝壳堤岛。该贝壳堤岛是东北亚内陆和环西太平洋鸟类迁徙的中转站和越冬、栖息、繁衍地，共有鸟类 45 种。该保护区属于暖温带东亚季风大陆性半湿润气候，具有四季分明，干湿季节明显，春季干燥多风，夏季炎热多雨，秋凉气爽，冬寒季长的特点（田家怡等，2011）。本研究的实验区位于滨州贝壳堤岛与湿地国家自然保护区内。

2.2　气候与水文环境

2.2.1　气候环境

黄河三角洲属北温带东亚季风大陆性半湿润气候区，受太阳辐射、大气环流、自然环境的综合影响，形成本区气候要素的分布特征和冬冷夏热、四季分明的气候特点（田家怡等，2011）。

（1）气温

黄河三角洲气温比较适中，多年平均为 11.7～12.6℃。全年月平均气温以 1 月份最低，为－3.4～4.2℃；7 月份气温最高，为 25.8～26.8℃。极端最高气温以埕口最高，为 43.7℃；极端最低气温亦以埕口最低，为－25.3℃。黄河三角洲贝壳堤岛年平均气温为 14.0～14.5℃，最高气温为 36.3～37.5℃，最低气温为－7.8～8.6℃，比整个黄河三角洲地区的年平均气温高。

（2）日照

黄河三角洲多年平均年日照时数 2750h，日照百分率达 62%，属北方长日照地区。据研究区岔尖气象站 1953～1990 年日照资料统计，多年平均年日照时数 2849h，最高日照时数 3224h，日照百分率为 65%，高出整个黄河三角洲地区，居山东省沿海各海岛之冠。

（3）太阳辐射

黄河三角洲年平均太阳总辐射量为 515～544kJ/cm^2。研究区岔尖多年平均年太阳辐射总量为 543.6kJ/cm^2，以 4 月、5 月辐射量最高，每月达 55.7kJ/cm^2，1 月、12 月份辐射量最低，每月达 27.6kJ/cm^2。

（4）降水

黄河三角洲年平均降水量为 530～630mm，降水量年际变化较大，季节分配不均，夏季降水占全年的 70%。研究区埕口、岔尖、沙头气象站 2007 年降水资料显示（表 2-1），埕口、岔尖、沙头年降水量分别为 351.1mm、629.0mm、496.9mm，以岔尖年降水量最多。夏季 6～7 月份埕口、岔尖、沙头降水量分别为 196.1mm、213.0mm、158.2mm，分别为全年降水量的 55.9%、33.9%、31.8%。另据岔尖 1953～1990 年降水量统计，多年最大年降水量 1073.3mm，多年最小年降水量 316.3mm，年际变化较大，最大年降水量是最小年降水量的 3.4 倍，为多年平均降水量的 1.9 倍。

表 2-1 2007 年埕口、岔尖、沙头各月降水量（mm）

气象站	1月	2月	3月	4月	5月	6月	7月	8月	9月	10月	11月	12月
埕口	0	0	43.6	4.3	23.4	117.8	78.3	38.2	35.7	6.2	3.6	0
岔尖	0	4.0	45.7	7.6	58.6	145.1	67.9	126.8	59.7	113.6	0	0
沙头	0	0	16.7	4.4	47.5	80.6	77.6	117.1	54.3	98.7	0	0

（5）蒸发量

黄河三角洲年蒸发量为 1900～2400mm，为年降水量的 3 倍以上。各月中以 5 月最大，多在 350mm 以上；1 月最小，多为 45～53mm。研究区多年平均蒸发量为 2430.6mm，为降水量的 4.4 倍，是山东和沿海各海岛蒸发量最大的区域。春、夏季蒸发量最高，多年平均分别为 871.4mm、853.9mm；冬季蒸发量最低，多年平均为 185.0mm。

（6）风

黄河三角洲是山东省风速较大地区，常年平均风速为 4m/s 左右。全年各月以 3～6 月风速较大。研究区多年平均风速 4.6m/s，最大风速 40m/s（1996 年），均为东北东（NNE）向，盛行风向为南东南（SSE）向，其频率为 12%。一年中以春季风速最大，平均为 5.6m/s，大风（≥8 级的风）日数平均 43.3d，以春季最多，为 18.9d。2007 年埕口、岔尖、沙头气象站风的统计资料（表 2-2）表明，一年中埕口、岔尖、沙头极大风速分别出现在 3 月（22.4m/s）、10 月（22.8m/s）、10 月（25.5m/s），极大风向分别为东北、北、东北。研究区是山东风速最大的区域。

表 2-2　2007 年埕口、岔尖、沙头各月风统计值

气象站	统计指标	1 月	2 月	3 月	4 月	5 月	6 月	7 月	8 月	9 月	10 月	11 月	12 月
埕口	极大风速/(m/s)	16.1	22.2	22.4	21.6	22.2	16.3	20.6	20.8	19.8	27.0	19.4	21.1
	极大风向	西北	西北	东北	西	东	西南	北	西北	东北	西	东北	西北
岔尖	极大风速/(m/s)	15.9	20.4	21.4	19.1	21.4	21.0	19.1	18.3	18.9	22.8	15.9	20.2
	极大风向	西北	西北	东北	东	东北	东南	北	西	东北	北	北	西
沙头	平均风速/(m/s)	3.0	3.5	4.3	4.8	4.8	3.8	3.7	3.3	3.3	3.4	3.1	3.0
	极大风速/(m/s)	18.7	23.6	19.5	21.3	21.9	20.1	23.7	18.4	19.9	25.5	18.5	22.9
	极大风向	西北	西北	东	东	东	西南	北	西北	东北	东北	东北	西北

2.2.2　水文环境

（1）地下水文环境

黄河三角洲地下水含水层分为山前冲洪积含水层、黄河冲积含水层、滨海或海陆交互相冲积含水层，不同类型的含水层相互叠置。浅层地下水底界面埋深大于 10m 的浅水区面积约 3130km^2，地下浅层淡水储量约 332×10^{8}m^3。渤海湾南岸及莱州湾西岸滨海平原地下普遍分布有 3～4 层卤水，储量约 74×10^{8}m^3，并不断有新生卤源增补。据山东省海岛资源调查结果（山东省科学技术委员会，1995），研究区内的贝壳堤岛地下水为松散岩类孔隙水，并分为以下四类：①贝壳砂堤淡水透镜体。主要分布在棘家堡子岛的贝壳堤上，地下水位埋深 1～2.5m，含水层厚度 1～1.5m，地下水位变化幅度 0.5～1m。②浅层潜水-微承压卤水（咸水）。根据山东省地矿局第一地质大队 20 世纪 90 年代的勘测，浅层潜水-微承压卤水在大口河堡岛、棘家堡子岛埋深为 0.5～1.5m，岔尖堡岛为 0.8～2.8m；承压卤水含水层总厚度 1.5～13.0m，岔尖堡含水层厚度 1.5～18.0m。③中深层承压咸水。研究区均有分布，咸水层的顶板界面埋深 60～250m。④深层承压微咸水。顶板埋深 400～500m，具有较高的承压水头。贝壳砂堤淡水透镜体地下水储量约 3.8×10^{4}m^3，地下卤水（矿化度大于 50g/L）储量约为 4.62×10^{8}m^3。

（2）海洋水文环境

1）水温　黄河三角洲浅海海水温度受大陆气候和河流入海径流影响较大，冬季表层海水平均温度为 0.02℃，沿岸有 3 个月的结冰期。春、秋季海水温度 12～20℃，夏季海水温度 24～28℃。研究区浅海海水温度等值线大致与岸线平行，春季（5 月）海水温度 20℃左右，夏季（7～8 月）水温 29～30℃，秋季（11 月）水温 5～7℃，冬季水温低于 0℃。

2）盐度　黄河三角洲浅海海水盐度受蒸发、降水以及陆地河流径流的影响，盐度较低。冬季表层海水盐度30‰左右，春、秋季海水盐度多在22‰～31‰，夏季海水盐度为21‰～30‰。研究区海水盐度一般在20‰～22‰，棘家堡子岛附近海域海水盐度为25‰～26‰，而套儿河口以西仅为19‰。

3）潮汐　研究区潮汐属不正规半日潮，汪子岛以西海域多年平均潮差为2.21m，最大潮差3.55m，平均潮差年变幅1.25m，平均高潮间隙5h27min，平均涨潮历时5h18min，落潮历时7h7min。大口河平均高潮位3.57m，平均低潮位1.30m，平均潮差2.27m，平均大潮差2.84m。涨潮历时5.383h，落潮历时7.033h。

4）风暴潮　黄河三角洲地处中纬度地带，风暴潮一年四季均可发生。春秋和冬末多温带风暴潮发生，夏季有台风风暴潮袭击，是我国风暴潮的多发区。据统计，每年发生在本区沿海100cm以上温带风暴增水过程平均10次以上；每年约有一次台风进入和影响该地区。1945～1985年，黄河三角洲较大风暴潮发生了117次，平均每年3～4次，主要发生在寒潮与冷空气多发的2～4月和11～2月。如1964年4月5日发生的风暴潮，埕口最大增水3.27m，埕口和岔尖最高水位分别达2.77m和2.72m（黄海基准）；1969年4月23日的风暴潮，埕口最大增水3.00m，埕口和岔尖最高水位分别达2.27m和2.32m。

2.3 地貌环境

研究区自全新世数千年来发育了较宽阔的滨海湿地和贝壳堤岛相间的潮滩地貌，包括滨海缓平低地、贝壳堤岛、潮上湿地、潮间湿地和潮下湿地（田家怡等，2011）。

（1）滨海缓平低地

滨海缓平低地位于河流下游两侧河流沉积区，地形低洼平缓，高2～3m，由粉砂质和黏土质粉砂相间组成，分布于无棣县埕口镇北、漳卫新河堤以东，为黄河三角洲叶瓣外侧的残留平地，特大风暴潮时可被淹没。

（2）贝壳堤岛

研究区内分布两列贝壳堤（$Ⅱ_1$、$Ⅱ_2$），分为埋藏型和裸露型。埋藏型贝壳堤$Ⅱ_1$，自张家山子、李家山子、邢家山子、下泊头、马家山子至杨庄子，长约20km，高2～3m，西北-东南（NW-SE）向延伸。地表0.5m以下为厚1～2m的贝壳碎屑层。贝壳层中有淡水，目前已辟为耕地，耕作层厚0.8m。唯有下泊头西南尚有一片未被辟为耕地的贝壳堤，剖面中可见贝壳碎屑层、斜层理和完整的贝壳。裸露型贝壳堤$Ⅱ_2$，组成NW-SE向伸展的线型高地。贝壳堤岛高1.0～2.5m，局部高3～4m，大潮高潮时仍呈岛状裸露。贝壳堤岛平面上形似弯月，凸侧向海，弯侧向陆，含有浅层淡水。老贝壳堤岛向海正发育着新贝壳滩堤，主要有汪子岛、棘家堡子岛、大口河堡岛和老沙头堡岛等。

（3）潮上湿地

贝壳堤岛Ⅱ$_1$、Ⅱ$_2$之间为潮上湿地，宽约 15km，海拔 0～0.5m，坡度 0.1‰～0.2‰。湿地分布很多黄河三角洲叶瓣的残留体和树枝状潮水沟。地表为薄层黏土质粉砂潮汐沉积，下部为黄河淤积土。大潮高潮时海水通过潮沟淹没滩地，低潮时滩地成为白色盐碱滩，局部可见丛生碱蓬。目前，潮上湿地已绝大部分辟为盐田和养殖池。

（4）潮间湿地

潮间湿地可分为三个亚带：①潮间上带。宽 100m 左右，小潮高潮时裸露，呈白色盐碱滩，显龟裂纹；大潮高潮时被淹没，生物洞穴达 80～100 个/m^2。②潮间中带。宽 1～2km，坡度更缓，滩面有许多直径 1～3m、深 10cm 的潮流坑洼，垂向为粉砂质黏土和粗粉砂互层。③潮下带。宽 1～2km，发育大量沙波，由粗粉砂-细砂组成。目前，潮间湿地已成为贝类增养殖区。

（5）潮下湿地

低潮线以下为潮下湿地，宽 2～3km，坡度稍增大，水底沙波渐渐消失，由粉砂和粉砂质黏土组成，有机质含量较高，贝类较为丰富。

2.4　浅海底质和贝壳堤沉积环境

2.4.1　浅海底质沉积环境

研究区浅海底质可划分为粉砂质黏土、黏土质粉砂、粉砂、砂质粉砂-粉砂质砂和贝壳砂共 5 种沉积物类型（田家怡等，2011）。

（1）粉砂质黏土

粉砂质黏土主要在大口河至高坨子岛北侧的潮滩上，走向与岸线平行，呈条带状分布，分布面积较小。颜色为灰褐色，易流动，黏土平均含量为 55.7%，粉砂平均含量为 35.9%。

（2）黏土质粉砂

黏土质粉砂多分布在低潮线以下至 2m 等深线以内的海域，为分布最广的一种沉积物类型。颜色多为灰褐色，局部为灰色，含少量贝壳碎片，表层有 1～2cm 厚的浮泥。粉砂和黏土平均含量分别为 64.7%和 34.5%。

（3）粉砂

粉砂主要分布在低潮线附近，基本上沿海岸线方向呈条带展布。颜色多为黄褐色，含量约占 83.3%。

（4）砂质粉砂-粉砂质砂

砂质粉砂-粉砂质砂主要分布在高坨子岛至棘家堡子岛一带的贝壳堤岛附近。颜色为褐色。粒级主要由细砂和贝壳碎片组成，含量约占 31.5%。

（5）贝壳砂

贝壳砂主要由贝壳碎片和细砂组成。砂含量一般为 88.1%，粉砂为 6.6%，黏土为 5.3%。

2.4.2　陆域和贝壳堤土壤

（1）陆域土壤

土壤母质主要由第四纪沉积物组成。从沿海到内陆，土壤种属呈条带状分布。研究区土壤分为潮土、盐土和褐土 3 个土类，其中，褐土零星分布，潮土又续分为滨海潮土、滨海盐化潮土，盐土又分为滨海潮盐土、滨海滩地盐土，各个亚类再分为砂质、壤质、黏质 3 个土属，计 107 个土种。

1）滨海潮土　　主要分布于研究区内西南角，为作物耕地土壤。有明显的地质排列层次，发育层次不显著，色泽均一，中下部土层有锈纹、锈斑。pH7.4～8.3。有石灰反应。含盐量 0.05%～0.10%。

2）滨海盐化潮土　　主要分布于研究区内南部下洼头，面积很小。有盐斑分布。上部 1m 左右为黏质土，约占 50%。可改造为农田，也可演变为盐土，生态条件脆弱。

3）滨海潮盐土　　主要分布于研究区南部，呈盐碱荒洼状态。全剖面一般保留沉积母质状态，板结、坚实、有锈斑。pH7.6～8.5。潜水埋深 1.41m±2.29m。矿化度 21.19g/L±14g/L。

4）滨海滩地盐土　　多为海蚀平地，没有明显的成土过程，均系自然土壤。

（2）贝壳堤岛土壤

贝壳堤岛土壤为滨海盐渍土，成土母质主要为风积物和钙质贝壳土壤，土壤类别主要是滨海盐土类和贝壳砂土类。潜水埋藏浅，矿化度高。

1）滨海盐土类　　主要分布于潮间带。土壤基本性状是地表常有盐结皮，呈盐霜或结皮状，为白色或灰白色。土壤盐分阴离子为 HCO^-_3、SO_4^{2-}、Cl^-，以 Cl^-为主，约占阴离子总量的 80%以上；阳离子为 Ca^{2+}、K^+、Na^+。pH7.0～8.0，呈微碱性反应。

2）贝壳砂土类　　主要分布在大口河堡岛-汪子岛岛链上，只有一个亚类、一个土属、一个土种，即薄层贝砂土。以汪子岛中东部为例，土壤剖面特征为：0～15cm 贝壳砂，碎粒状，褐灰色，石灰反应强烈，植物根系多；15cm 以下为碎贝壳，黄白色，有少量植物根系。

3）贝壳砂质地与盐碱含量　　贝壳堤岛剖面不同层次贝壳砂的质地特性与 pH 见表 2-3。随着贝壳砂层加深，小粒径贝壳砂有所增加。贝壳砂 pH 在 7.40 左右，不同土层间差异不大。

表 2-3　贝壳堤岛剖面不同层次贝壳砂质地与 pH

贝壳砂层/ cm	pH	不同粒径贝壳砂占比/%			
		＞2.0mm	0.5～2.0mm	0.2～0.5mm	＜0.2mm
0～25	7.38	10.78	36.57	21.78	30.87
25～50	7.40	4.76	39.09	23.24	32.91
50～70	7.85	1.03	11.43	28.67	58.87
70～120	7.42	1.02	29.96	36.31	32.71

4）*贝壳砂含盐量及其分布*　　滨海生态系统中，栖息地介质含盐量是影响生态系统组成和多样性的重要因素之一。贝壳堤岛不同层、不同取样点贝壳砂含盐量均小于 0.3%，随着砂层加深，含盐量有所增加。底层（50～120cm）贝壳砂含盐量显著高于表层（0～25cm）。不同取样区域间贝壳砂含盐量差异不显著。与临近贝壳堤土壤含盐量比较，相同深度土壤含盐量显著高于贝壳砂中含盐量，土壤含盐量在 1.1%～1.8%。这种低含盐量的生境特征主要是由贝壳砂的质地特征造成的。贝壳砂黏粒组分含量很小，与土壤相比毛管引力大大降低，盐随水走的过程很少发生，所以，贝壳砂中含盐量较该区域土壤含盐量大大下降。贝壳砂这一特性为贝壳堤岛生态系统中生物多样性的增加创造了条件（图 2-1）。

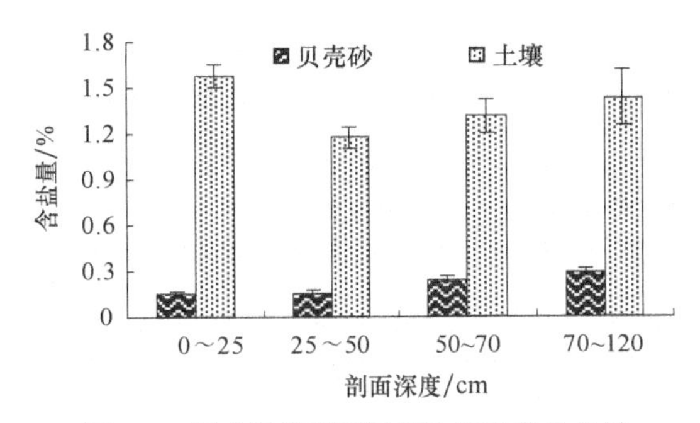

图 2-1　贝壳堤剖面不同层次贝壳砂含盐量

（3）贝壳堤岛沉积环境

贝壳堤岛的沉积特征可反映不同发育时期不同的作用机制和能量的差异。现根据研究区内汪子岛 01 号、02 号两个探槽和汪子岛 03 孔、大口河堡岛 2 孔两个钻孔资料（刘志杰，2004），分析贝壳堤岛的沉积特征。

1）*汪子岛 01 号探槽*　　位于汪子岛新贝壳滩脊向海测，地理坐标 38°13′17″N、117°55′12″E。该贝壳滩脊是 2003 年 10 月的一次风暴潮作用形成的，可代表贝壳滩脊形成的初始阶段。由于形成时间短，沉积层较薄，自上而下分为两层。第一层厚约 0.45m，以贝壳碎块和完整贝壳为主，层状排列。向海侧凸面朝上的贝壳约占 75%

左右，个别样方达 90%。层系厚约 0.2m，贝壳碎块和贝壳之间排列紧密，细层厚 5～6cm。第二层厚约 0.4m，由黏土质粉砂和粉砂质砂组成，具有水平细层理，为潮汐韵律层，中间夹粉砂质淤泥薄层，偶夹贝壳砂屑和碎块，为潮坪相沉积层。第二层顶部与第一层之间有冲刷痕迹，为侵蚀断面，反映两种截然不同的沉积动力环境。

2）汪子岛 02 号探槽　位于 01 号探槽的向陆侧，地理坐标 38°12′58″N、117°55′46″E。属于风暴潮作用下贝壳堤向陆迁移形成的冲越扇沉积，自上而下分为三层。第一层厚约 0.6m，由贝壳碎块和完整贝壳组成，贝壳破碎程度高，具有高角度向陆倾的斜层理，倾角达 30°～45°。由多个层系组成，层系厚 15～20cm。第二层厚约 0.2m，由贝壳砂和贝壳碎屑组成，顶部与上层为岩性不整合接触，角度变化明显，下部为平行层理。底部为粉砂，有植物根系。第三层厚约 0.3m，为沼泽相沉积物，由粉砂质黏土组成，偶含贝壳碎屑。

3）汪子岛 03 钻孔　位于汪子岛老贝壳堤的向陆侧，地理坐标 38°12′28″N、117°54′30″E。孔深 2.4m，共分两层。第一层厚 1.5m，上部层系厚 1m，主要由贝壳砂组成；下部层系厚约 0.5m，由贝壳砂和贝壳碎屑组成；底部为滞留沉积层。第二层厚 1.0m，上层为 0.1m 厚的粉砂质淤泥，含大量植物根系残体；下部为黏土质粉砂，为沼泽相沉积物。

4）大口河堡岛 2 钻孔　位于大口河堡岛的向海侧，地理坐标 38°14′50″N、117°51′08″E。孔深 6m，自上而下分为 7 层。第一层厚约 1m，由贝壳碎屑和贝壳砂组成，含少量粉细砂，由 3～5 个细层组成。第二层厚约 0.8m，由贝壳层和贝壳碎块层组成，夹薄的贝壳碎屑层，排列紧密。下部为含蛤类贝壳的贝壳碎屑层，含有 6 种有孔虫。第三层厚约 0.2m，为古土壤夹层，含植物残体和根屑，以粉砂质黏土为主。第四层厚约 0.5m，由贝壳碎屑和贝壳砂组成。第五层厚约 0.6m，由完整贝壳和贝壳碎块组成。第六层厚约 1.8m，由黏土质粉砂组成，含少量细砂、细粒铁锰结核和零星贝壳碎屑，含较多的滨海相有孔虫化石。第七层厚约 1.1m，由青灰色黏土组成，夹薄层黑灰色黏土，含大量有孔虫，反映了浅海河口沉积环境。

上述探槽和钻孔揭示，贝壳堤的沉积构造特征反映了不同的动力条件。粗大的贝壳和贝壳碎块层是暴风浪作用下的堆积，贝壳砂和贝壳碎屑经过波浪辗磨和风化作用形成，贝壳堤与下伏潮滩有侵蚀断面，说明贝壳堤是暴风浪高能环境下的产物。

参 考 文 献

刘志杰．2004．鲁北贝壳滩脊沉积及发育演化研究．青岛：中国海洋大学硕士学位论文．
山东省科学技术委员会．1995．山东省海岛志．济南：山东科学技术出版社．
田家怡，夏江宝，孙景宽，等．2011．黄河三角洲贝壳堤岛生态保护与恢复技术．北京：化学工业出版社．

第3章 研究对象、内容与方法

3.1 研究对象

黄河三角洲贝壳堤向海侧由于海水侵蚀严重，植被稀少，多处于裸露状态。向陆侧贝壳砂含量少，盐碱土含量大，零星分布有碱蓬、二色补血草等盐生植物。唯有滩脊地带，植被类型主要以旱生的灌木和草本植物为主。根据黄河三角洲贝壳堤植被类型的分布特征，结合对贝壳堤原生境的调查，本研究主要以黄河三角洲贝壳堤滩脊地带常见灌木和呈小乔木状的旱柳为试验材料。

酸枣（*Ziziphus jujuba* var. *spinosus*），属鼠李科枣属落叶灌木或小乔木，本种产于中国华北，中南各省亦有分布，现在亚洲、欧洲和美洲常有栽培。酸枣多为野生，小枝呈“之”字形弯曲，枝条节间较短，托刺发达，叶互生，核果小，熟时红褐色，近球形或长圆形，味酸，花期6～7月，果期8～9月。酸枣的营养价值较高，可作为食品；并具有药用价值；酸枣通过嫁接可转型为各种不同外形的大枣。酸枣生长于海拔1700m以下的山区、丘陵或平原、野生山坡、旷野或路旁。喜温暖干燥的环境，对土质要求不严，已广为栽培。

杠柳（*Periploca sepium* Bge.），属萝藦科杠柳属落叶蔓性灌木。杠柳主根呈圆柱状，外皮灰棕色，内皮浅黄色；具乳汁，除花外，全株无毛；茎皮灰褐色；小枝通常对生，有细条纹，具皮孔；叶卵状长圆形；聚伞花序腋生。花期5～6月，果期7～9月。杠柳具有喜光、耐旱、耐寒、耐盐碱等特性，对生长环境具有广泛的适应性。杠柳根系分布较深，常丛生，根蘖性强，是进行固沙、水土保持的优良树种。杠柳作为中药材具有镇痛、除风湿等药用价值。杠柳在我国主要分布于西北、东北、华北地区及河南、四川、江苏等省份。

叶底珠［*Securinega suffruticosa*（Pall.）Rehd］，属大戟科白饭树属落叶灌木，中国原产种，华北地区有野生分布，东北、华中、华东、西南、西北地区也有生长。生于山坡灌丛中或山沟、路边，海拔800～2500m。叶底珠高1～3m，多分枝；小枝浅绿色，近圆柱形；叶片纸质，椭圆形或长椭圆形，顶端急尖至钝，基部钝至楔形，全缘或间中有不整齐的波状齿或细锯齿，下面浅绿色；花小，雌雄异株，簇生于叶腋；蒴果三棱状扁球形，成熟时淡红褐色，有网纹。花期3～8月，果期6～11月。叶底珠叶片入秋变红，极为美观，在园林中配置于假山、草坪、河畔、路边具有良好的观赏价值；同时，叶底珠具有祛风活血、益肾强筋等要用价值。

柽柳（*Tamarix chinensis* L.），属柽柳科柽柳属落叶灌木，喜生于河流冲积平原，海滨、滩头、潮湿盐碱地和沙荒地。柽柳为喜光阳性树种，不耐庇荫，但对气候土壤条件要求不严，适应性强、抗逆性强，其显著特征是抗干旱、耐瘠薄、耐盐碱、抗风蚀和风沙，能在含盐量1%的重盐碱地上生长；而且耐水湿，很少发生病虫害，自然寿命长。从适地适树原则出发，柽柳是滨海盐碱地造林绿化的优良先锋树种，在重盐碱地区利用柽柳造林，不需要采取大型工程措施便能成活，既能大大减少资金投入，又可产生良好的防护及绿化效果。柽柳在山东集中分布于滨海地区，内陆只有碱洼地才有零星分布。其野生种主要是中国柽柳（*Tamarix chinensis*），它适应性广，耐盐能力强，寿命长，且具有多种效益，是山东滨海区域盐土类地区的主要绿化树种。山东野生柽柳资源主要分布在沿海岸带的盐渍土上，以东营市河口区和滨州市沾化区、无棣县面积最大，约 1.3 万 hm^2，是该地区最主要的天然灌丛。目前在贝壳堤岛有一定数量的分布。

旱柳（*Salix matsudana* Koidz），属杨柳科柳属落叶乔木，但在贝壳砂干旱生境呈小乔木状态。喜光，耐寒，常生长在干旱地或水湿地，但以湿润而排水良好的土壤上生长最好；根系发达，抗风能力强，生长快，易繁殖。具有绿化、观赏价值，是北方绿化的好树种，宜作护岸林、防风林、庭荫树及行道树。

3.2 研究的主要内容

3.2.1 贝壳堤优势植被的土壤水分生态特征

3.2.1.1 贝壳堤典型灌木林地的土壤蓄持水分特征

主要包括黄河三角洲贝壳堤柽柳、杠柳及酸枣 3 种典型灌木林地的土壤水分物理特征、土壤蓄水量、土壤渗透能力、持水能力，以及土壤蓄持水分能力评价及其影响因素的确定。

3.2.1.2 温度和粒径分布对贝壳砂土壤水分的影响

主要包括不同模拟温度下贝壳砂土壤的失水特征、不同粒径贝壳砂和河沙土壤水分的温度响应规律、不同植被类型贝壳砂土壤水分的温度响应规律，以及贝壳砂蓄持水分的温度和粒径响应机理分析。

3.2.1.3 贝壳堤主要植被类型的土壤颗粒分形特征

主要包括黄河三角洲贝壳堤杠柳林、酸枣林及砂引草草地 3 种植被类型的土壤颗粒组成、分形维数，土壤蓄水性能，以及土壤颗粒分形维数与土壤颗粒组成、土壤物理参数和土壤蓄水性能的交互效应分析。

3.2.1.4　贝壳堤主要植被类型的土壤水文生态效应

主要以距离泥质海岸带由近到远的向海侧的盐生灌草、滩脊地带的旱生灌草及向陆侧的盐生草本 3 种植被类型为研究对象，对其改良盐碱状况、土壤物理性状、渗透性能及土壤层贮蓄水分能力进行对比研究，综合评价了距海远近 3 种植被类型的土壤水文生态功能。

3.2.2　贝壳堤主要植被的数量特征

主要分析了贝壳堤岛的植物区系，明确了贝壳堤岛的主要植被类型及其特征，探讨了贝壳堤岛植被群落的 α、β 多样性，揭示了影响植被群落物种多样性变化的环境因素，明晰了贝壳砂生境下主要物种的生态位，归纳总结了贝壳堤岛重要经济植物的生物学、生态学特性。

3.2.3　贝壳堤旱柳和柽柳光合效率的土壤水分阈值效应

主要包括旱柳光合效率的土壤水分临界效应及其阈值分级，涉及旱柳叶片光合参数的水分响应规律、旱柳光合效率的土壤水分临界效应、旱柳光合效率的土壤水分有效性分级及其评价；以及极端水分胁迫下，柽柳叶片主要气体交换参数的光响应规律、柽柳叶片叶绿素荧光参数的变化规律、柽柳树干液流特征、柽柳光能和水分利用效率等。

3.2.4　贝壳砂生境主要灌木光合效率的水分响应性

3.2.4.1　不同灌木树种光合效率对贝壳砂水分变化的响应过程及作用机理

在贝壳砂生境下，监测不同灌木树种的树干液流量，叶片的净光合速率、气孔限制值、光量子效率、瞬时及潜在水分利用效率和 PSⅡ光化学效率等叶气界面光合效率参数对系列贝壳砂水分变化的响应过程；揭示贝壳砂水分影响光合效率的气孔限制机理和 PSⅡ光化学效率机制。

3.2.4.2　不同灌木树种光合效率的土壤水分临界效应及其阈值确定

分析引起不同灌木树种光合效率水平和机制发生显著变化的光合效率水分临界点，尝试提出“光合效率水分临界点”的概念。在此基础上，揭示不同树种在不同贝壳砂水分阈值内的光合效率水平，明确不同树种生长适宜的贝壳砂水分阈值范围。

3.2.4.3　不同灌木树种光合生产力水分阈值分级与评价标准

依据建立的“光合效率水分临界点”，采用数学交集求解原理，建立土壤水分生产力分级标准。在此基础上，依据不同水分阈值内的净光合速率（产）及潜在水分利用效率（效）水平的高低，进行土壤水分有效性划分，拟建立“无产、低产、中产、高产”与“无效水、低效水、中效水、高效水”组合而成的“光合生产力水分阈值分级与评价标准”，如“高产中效水”“中产低效水”“中产高效水”“高产低效水”等评价等级概念，明确各评价等级下不同树种生长优劣的情况及其对应的土壤水分阈值范围。

3.2.5 贝壳堤优势灌木的水分利用机制

3.2.5.1 降雨对贝壳堤土壤水和灌木木质部水稳定同位素特征的影响

调查分析黄河三角洲贝壳堤海岸湿地各灌丛下土壤质地，探明不同降雨脉冲对不同灌丛下土壤含水量的影响，分析降雨对不同灌丛下土壤水、地下水及植物木质部水$\delta^{18}O$值的影响和雨水渗透过程，探讨降雨过程前后各灌丛下植物的水分利用格局。

3.2.5.2 贝壳堤灌木的水分利用来源

调查分析黄河三角洲贝壳堤湿地2014年全年降雨量分布特征，比较不同生长季土壤含水量的空间异质性，揭示不同灌丛下植物木质部水分和其水源$\delta^{18}O$值在不同生长季的变化特征，探讨贝壳堤3种优势灌木水分利用策略的时空差异性。

3.2.5.3 干湿季贝壳堤灌木的水分利用策略

调查分析贝壳堤土壤含水量和盐分的干湿季变化特征，探讨各灌丛下植物木质部水及各潜在水源的$\delta^{18}O$值干湿季变化规律，明确不同灌丛下各灌木树种在干湿季的水分利用策略。

3.2.5.4 贝壳堤灌木水分生态位的时空异质性

选择合适的生态位宽度和生态位重叠指数计算模型，测算3种灌木在空间和时间下的生态位宽度和生态位重叠指数，分析时间和空间因素变化对不同灌木生态位的影响，明确同一群落下不同灌木间的生态位重叠情况，从水分生态位角度揭示生态系统中物种共存的内在机制。

3.3 研 究 方 法

3.3.1 典型灌木林地蓄持水分的研究方法

3.3.1.1 样地设置

2015年7月，在黄河三角洲贝壳堤选择生境条件一致的柽柳、杠柳和酸枣灌木林为研究对象，标准地概况为：优势灌木柽柳、杠柳和酸枣的平均树龄为 8 年，平均树高分别为 1.95m、1.58m 和 1.68m，平均基径分别为 2.36cm、1.33cm 和 1.78cm，林分郁闭度分别为 0.82、0.75 和 0.78，植被盖度分别为 75%、64%和 70%。柽柳林伴生草本植物以二色补血草（*Limonium bicolor*）和大穗结缕草（*Zoysia macrostachya*）为主。杠柳林伴生草本植物以沙打旺（*Astragalus adsurgens* Pall.）和狗尾草［*Setaria viridis*（Linn.）Beauv.］为主。酸枣林伴生草本植物以蒙古蒿（*Artemisia mongolica*）、青蒿（*Artemisia annua* L.）和茵陈蒿（*Artemisia capillaries* Thunb.）为主。每种灌木林均选择 6 个试验观测标准样地，样地大小为 10m×10m，并以相同地段的贝壳砂裸地作为对照。在每个标准样地中按 S 型取样法确定 5 个试验观测样点，土壤样品采集及指标测定以 0～20cm 土层为主。土壤团聚体采集原状土样，带回室内自然风干，在采集和运输过程中尽量减少对土壤样品的扰动，以免破坏土壤团聚体。

3.3.1.2　测试指标及方法

（1）土壤基本物理性质和团聚体大小的测定

烘干法测定土壤含水量，环刀浸水法测定土壤容重和孔隙度等参数，并按 20cm 土壤深度测算毛管蓄水量、非毛管蓄水量和饱和蓄水量。

不同粒级风干性团聚体和水稳性团聚体含量的测定分别采用干筛法、湿筛法。土壤平均重量直径（*MWD*）（mm）可反映土壤团聚体状况，其计算公式（Wang et al.，2015）如下：

$$MWD=\sum Y_i X_i \tag{3-1}$$

式中，Y_i 为一定粒级团聚体的重量百分比（%）；X_i 为该 i 粒级的平均直径（mm）。

（2）土壤颗粒分形维数的测定

基于 Turcotte（1986）和 Sperry 等（2002）土壤颗粒分形维数（D）计算公式，利用 Tyler 等（1989）和杨培岭等（1993）推导出的新模型公式，土壤颗粒分形维数计算公式可表示如下：

$$D=3-\frac{\lg(W_i/W_0)}{\lg(d_i/d_{\max})} \tag{3-2}$$

式中，D 为土壤颗粒分形维数；d_i 为两相邻粒级 d_i 与 d_{i+l} 间土粒平均直径（mm）；$d_{\max}$ 为最大粒级土粒平均直径（mm）；W_i 为直径小于 d_i 的累积质量（g）；W_0 为土壤样品总质量（g）。

（3）土壤入渗性能的测定

采用双环法测定不同时段的土壤入渗率并制作入渗过程曲线。土壤入渗过程采用以下两种模型进行模拟。

Horton 公式：

$$f=f_c+(f_0-f_c)e^{-kt} \tag{3-3}$$

式中，f、f_0、f_c分别为入渗率（mm/min）、初渗率（mm/min）、稳渗率（mm/min）；t为入渗时间（min）；k为经验参数。

通用经验公式：

$$f = at^{-n} + b \tag{3-4}$$

式中，f为入渗率（mm/min）；t为入渗时间（min）；a、b、n均为经验参数。

（4）土壤水分特征曲线的测定

采用高速冷冻离心机进行土壤水分特征曲线的测定。采用 Gardner 等（1970）提出的土壤水分特征曲线数学经验方程进行拟合，其方程为：

$$\theta = AS^{-B} \tag{3-5}$$

式中，θ为土壤含水量（%）；S为土壤吸力（kPa）；A和B均为参数。参数A表示曲线的高低程度，即土壤持水能力的大小，A值越大，土壤持水能力就越强；B表示曲线的走向，即土壤含水量随土壤水吸力降低而递减的快慢。

3.3.1.3 数据处理

不同灌木林土壤蓄持水分能力的综合评价采用模糊数学隶属函数法，计算公式如下：

$$X_{(u)} = (X_i - X_{min}) / (X_{max} - X_{min}) \tag{3-6}$$

式中，$X_{(u)}$为隶属函数值；X_i为各灌木林某指标的平均值；X_{min}、X_{max}分别为不同灌木林中某指标内的最小值和最大值。

采用 Microsoft Excel 2013 和 SPSS16.0 进行土壤水分入渗过程和土壤水分特征曲线的模拟，以及各指标的相关性分析和主成分分析。

3.3.2 贝壳堤主要植被数量特征的研究方法

2014～2017 年，在实地全面踏勘的基础上，对黄河三角洲贝壳堤岛植物集中分布的区域采用样方法对植物进行了群落学调查，每个样地设置 3～5 个样方，样方面积灌丛为 4m×4m，草本群落为 1m×1m。采集植物标本，分别编号，并填写学名、生长环境、习性等标本采集记录。室内整理鉴定植物种类，并结合前期研究成果（田家怡等，2011），编写黄河三角洲贝壳堤岛自然保护区植物名录，应用植物区系学的研究方法对该区的植物区系进行分析研究，同时进行贝壳堤岛植物生态类群构成和植被群落多样性特征分析，并提出贝壳堤岛重点经济植物开发建议。

3.3.3 不同温度和粒径下贝壳砂蓄水的研究方法

3.3.3.1 土壤样品的采集及测定

2013 年 6 月，在贝壳堤滩脊地带的裸地内进行贝壳砂土壤样品采集，对照滨海潮土取自相邻区域向陆侧的裸地内，样地大小为 20m×20m。在每标准样地中按 S 型取样法确定 3 个试验观测样点，取样深度以 0～20cm 为主，对照河沙取自山东省滨州市邹平县鹤伴山小流域的河道内。烘干法测定土壤含水量，环刀浸水法测定土壤容重和孔隙度等参数。实验材料的土壤容重和孔隙度见表 3-1。

表 3-1　实验材料的土壤容重和孔隙度

实验材料		土壤容重/（g/cm^3）	总孔隙度/%
贝壳砂		1.28	45.84
潮土		1.31	38.56
河沙	粒径＜0.05mm	1.03	50.77
	粒径 0.05～0.25mm	1.10	45.07
	粒径 0.25～0.5mm	1.19	42.33
	粒径 0.5～1.0mm	1.36	41.64
	粒径 1.0～2.0mm	1.32	43.96
贝壳砂	粒径＜0.05mm	1.48	36.91
	粒径 0.05～0.25mm	1.52	41.47
	粒径 0.25～0.5mm	1.37	42.59
	粒径 0.5～1.0mm	1.20	46.81
	粒径 1.0～2.0mm	1.04	51.10

3.3.3.2　土壤水分对温度的响应性测定

依据前期监测夏季贝壳堤贝壳砂表层土壤温度的变化，模拟设置 30℃和 50℃两种温度，于 2013 年 7 月，对贝壳砂和潮土类土壤进行温度响应性测定。用土壤筛将贝壳砂和河沙土壤粒径分为粉粘粒＜0.05mm，细砂粒 0.05～0.25mm，粗砂粒 0.25～0.5mm、0.5～1.0mm 和石砾 1.0～2.0mm，5 个粒径级别，进行 2 种模拟温度的响应性测定。每个处理重复测定 3 次。贝壳砂和河沙粒径的分级标准依据中国制和参考文献（Liu et al.，2009）而定。具体测定方法为：将所测定样品分别装满 100cm^3 环刀中，为防止土壤颗粒掉落，环刀底部漏网盖处铺垫滤纸。将装满土壤样品的环刀浸水 24h，使土壤水分达到饱和状态。然后将环刀样品放入设定好的 30℃和 50℃的烘箱中进行恒温处理，每隔一定时间称取环刀样品的重量，计算土壤含水量；时间间隔依据土壤含水量的变化逐渐延长，开始设置为每 0.5h、1.0h 和 2.0h 称重一次，当土壤含水量变化较小时，称重的时间间隔逐渐延长为 5.0h、10.0h、15.0h 和 24.0h，直至烘干土壤样品达到恒重为止。同时，选取部分典型植被类型，进行原生境不同植被类型下贝壳砂土壤水分的温度响应性测定，以优势灌木酸枣、杠柳群落和多年生罗布麻和砂引草草本为主。

3.3.4 不同植被类型下土壤颗粒分形的研究方法

3.3.4.1 样地设置

在贝壳堤灌草植被集中分布的滩脊地带，选择生境条件一致的酸枣、杠柳天然次生灌木林，以及砂引草（*Messerschmidia sibirica* Linn.）为主的草地为试验样地，并以相同地段的贝壳砂裸地作为对照。选取样地的酸枣林平均树高 1.65m，平均基茎 1.38cm，林分郁闭度 0.85，覆盖度 90%，树龄平均为 8 年生，林下草本以青蒿、地肤［*Kochia scoparia*（Linn.）Schrad］、沙打旺为主。杠柳林平均树高 1.36m，平均基茎 1.21cm，林分郁闭度 0.75，覆盖度 85%，树龄平均为 6 年生，林下草本以狗尾草、鹅绒藤［*Cynanchum chinense*（Thunb.）Mak.］为主。砂引草为多年生草本，主要借根状茎的延伸进行无性繁殖，水分适宜时，也能用正常的种子繁殖，株高平均为 0.38m，覆盖度 65%，伴生种有青蒿和地肤。

3.3.4.2 土壤样品的采集与测定

在每种植被类型内设置 3 个面积为 10m×10m 的样地，在每个样地内按 S 形选取 5 个测点，取 0～20cm 及 20～40cm 土层的土壤样品，把同一样地 5 个土壤样品分层混匀后，进行风干处理。烘干法测定土壤含水量，环刀浸水法测定土壤容重和孔隙度等参数，并由公式计算一定土层深度内的吸持蓄水量、滞留蓄水量和饱和蓄水量（夏江宝等，2010），本研究按 0.2m 深度计算。样品风干处理后，采用机械筛分法与比重计法测定土壤粒径质量分布，粒径分级标准依据中国制和参考文献（Liu et al.，2009）。基于 Turcotte（1986）和 Sperry 等（2002）土壤颗粒分形维数计算公式，利用 Tyler 等（1989）和杨培岭等（2011）推导出的新模型公式，土壤颗粒分形维数（D）计算公式详见文献（李德成和张桃林，2000；李红丽等，2012）或公式（3-2）。采用 SPSS13.0 统计软件中的 One-way ANOVA、LSD（α=0.05、0.01 和 0.001）和 Peareson 相关分析方法分别进行方差分析、多重比较和相关性分析。

3.3.5 旱柳光合效率水分阈值效应的研究方法

3.3.5.1 试验设计

采用扦插方式获得生长一致的二年生旱柳苗木为试验材料，平均树高为 1.55m±0.11m，平均地径为 1.64cm±0.23cm。在贝壳堤滩脊地带，分别挖取长 100cm×宽 80cm×深 50cm 的试验小区 9 个，底部铺设防渗膜，小区周围挖隔水沟并用防渗膜铺垫建垄的方法，防止试验区水分与外界土壤水分交换，每小区栽植苗木 3 株，具体测定时，每小区随机选取 1 株共 9 株作为供试样株。2012

年 4 月 3 日栽植，试验植株正常管理生长 70d 后，6 月 14 日采用人工给水和自然耗水相结合的方法，通过灌溉不同水量，将 9 个试验小区设置为 3 组不同的初始水分梯度，分别为相对含水量（*RWC*）Ⅰ组 93.2%（对照组）、Ⅱ组 75.5%、Ⅲ组 61.6%，每水分梯度下 3 个重复，土壤表层用塑料薄膜覆盖以防止水分蒸发，以后通过旱柳自然生理耗水为主不断降低土壤水分，每隔 1～2d 获取每组的土壤含水量，每组测定直至旱柳叶片净光合速率为零为止，6 月 28 日测定结束。用直径为 1.2cm 的土钻取主要根系分布层 5～25cm 深度的土壤，烘干法监测土壤含水量，用环刀法测定田间持水量为 20.4%±1.13%，土壤容重为 $1.24g/cm^3 \pm 0.21g/cm^3$。

3.3.5.2　气体交换参数的测定

旱柳叶片气体交换参数在晴天利用人工光源测定，测定时段均为上午 9：00～11：00。为减小因时间动态造成光合生理参数变化的差异，在具体测定时采用不同水分梯度、不同叶片重复之间的交替测定法，可进一步保证不同处理之间观测数据的可比性及准确性。每个水分梯度下，随机选取每小区 1 株共 3 株旱柳中上部向阳的健康成熟 3 片叶片进行活体测定。具体方法如下：对Ⅰ组从高到低共选取 9 个水分梯度，土壤重量含水量分别为 19.0%、17.9%、16.5%、15.7%、14.1%、12.5%、9.5%、7.0%和 4.8%；土壤相对含水量分别为 93.2%、88.0%、80.9%、77.1%、69.1%、61.2%、46.8%、34.2%和 23.4%。利用 CIRAS-2 型便携式光合作用系统，进行净光合速率（P_n）光响应过程的测定，利用人工光源将光合有效辐射（*PAR*）控制在 20～1600μmol/（$m^2 \cdot s$）共 11 个梯度，每个梯度下控制测定时间为 120s，用 CO_2 控制器设定 CO_2 浓度（C_a）为 370μmol/mol，空气相对湿度为 58%，大气温度为 25℃，仪器自动测定 *PAR*、P_n、蒸腾速率（T_r）、气孔导度（G_s）和胞间 CO_2 浓度（C_i）等气体交换参数。同时，类似Ⅰ组获取水分的方法，考虑到一般灌木叶片 P_n 光饱和点主要集中在 1100～1300μmol/（$m^2 \cdot s$）（夏江宝等，2011；王荣荣等，2013），故对Ⅱ组和Ⅲ组获取的每水分处理下进行固定饱和光强［PAR=1200μmol/（$m^2 \cdot s$）］时的气体交换参数测定。叶片瞬时水分利用效率（*WUE*）=P_n/T_r，潜在水分利用效率（WUE_i）=P_n/G_s，气孔限制值（L_s）=$1-C_i/C_a$。

3.3.5.3　数据处理

对Ⅰ、Ⅱ和Ⅲ组 PAR=1200μmol/（$m^2 \cdot s$）时的气体交换参数进行水分响应特性分析。采用直角双曲线修正模型对Ⅰ组系列水分点下的旱柳叶片进行 P_n 光响应曲线的模拟，模型表达式（Ye，2007）为：

$$P_n(PAR)=\alpha\frac{1-\beta PAR}{1+\gamma PAR}(PAR-LCP) \tag{3-7}$$

式中，P_n为净光合速率；*PAR*为光强；α为$PAR=0$时光响应曲线的初始斜率，即表观量子效率（*AQY*）；β和γ分别为光抑制项和光饱和项（叶子飘等，2012）；*LCP*为光补偿点。依据该模型表达式，利用SPSS12.0进行非线性回归分析，通过求导换算，可求出Ⅰ组不同水分梯度下的光响应参数：光量子效率参数（*AQY*、β和γ）、光补偿点（*LCP*）、光饱和点（*LSP*）、最大净光合速率（P_{max}）和暗呼吸速率（R_d）等。模型参数采用SPSS12.0进行单因素方差分析（One-way ANOVA，LSD）和差异显著性（取显著度为0.05）检验。

3.3.6 水分胁迫下柽柳光合效率的研究方法

3.3.6.1 试验设计

实验于2014年3～7月在山东省黄河三角洲生态环境重点实验室的科研温室内进行。材料为生长一致的三年生柽柳实生苗木，贝壳砂土壤取自黄河三角洲贝壳堤柽柳群落。为保证盆栽土壤结构的一致性，贝壳砂过2mm筛后装入栽植盆钵，盆钵上口直径为40cm，高50cm，共计15盆，土壤田间持水量为24.12%，土壤容重为1.32g/cm^3，盆钵底部用200目尼龙网铺设以防止贝壳砂外漏。2014年3月15日将苗木栽植于盆中，进行正常的维护管理。6月5日进行水分处理，随机将实验苗木分成3组。渍水胁迫组（WS），将盆钵放置于盛水20cm高的长方形容器（长65cm×宽55cm×高30cm）中，每天向长方形容器内补充水分维持水位，以达到渍水胁迫目的。干湿交替组（WD），每周间隔浇水（*RWC*变化范围为30%～100%）。重度干旱胁迫组（SS），每周浇一定量的水（*RWC*变化范围为15%～30%），其中干湿交替组和重度干旱胁迫组的盆钵底部设有托盘，用于渗透的水分回倒进盆钵中。7月6～10日进行各指标的重复性测定，实验期间采用称重法获得各组的*RWC*分别为：WS为80%～90%，WD为40%～50%，SS为15%～20%。实验结束后，测得重度干旱胁迫组柽柳起始萎蔫时*RWC*为14.36%，永久萎蔫时*RWC*为6.30%。

3.3.6.2 测试指标及方法

（1）光合生理参数的测算

实验开始前一天，在每盆柽柳植株中上部选择健康、成熟的叶片5片进行标记。于测定日当天上午8：30～11：30，利用Li-6400型便携式光合作用系统随机选取标记的3片叶片进行气体交换参数光响应的测定，每个叶片重复测量3次，在具体测定时，采用不同处理不同叶片交替测定法，以消除时间和生长节律对柽柳光合参数的影响。利用6400-02B红蓝光源标准叶室，自高到低设定光合有效辐射（*PAR*）为1400μmol/（m^2·s）、1200μmol/（m^2·s）、1000μmol/（m^2·s）等12

个梯度，每个光合有效辐射的梯度下控制时间为 120s，并设置光合作用系统的大气相对湿度为 60%±5.0%，CO_2 的浓度为 380μmol/mol。仪器自动记录净光合速率（P_n）、光合有效辐射（PAR）和蒸腾速率（T_r）等气体交换参数，叶片水分利用效率为净光合速率与蒸腾速率的比值，采用直角双曲线修正模型（Ye，2007）进行 P_n-PAR 曲线的模拟。

（2）叶绿素荧光参数的测算

在叶片气体交换参数测定的同时，使用便携式脉冲调制荧光仪获取柽柳叶片的叶绿素荧光参数。随机选取植株中上部健康、成熟的叶片 5 片，暗适应 30min，测定叶片的初始荧光（F_0）和最大荧光值（F_m），然后在自然光下适应 30min，再次测定光适应下稳态荧光（F_s）和光下最大荧光（F_m'）。通过计算获取潜在光化学效率（F_v/F_m）、实际光化学效率（$\Phi_{PS\,II}$）、光化学淬灭系数（qP）、非光化学淬灭系数（NPQ）等参数（李伟和曹坤芳，2006；朱成刚等，2011）。

（3）叶绿素含量的测定

用 95%乙醇溶液提取叶绿体色素，使用紫外可见分光光度计分别测定提取液在 665nm、649nm 处的吸光值，按公式计算出叶绿素 a、叶绿素 b 及 a/b 的值，重复 3 次。

（4）树干液流参数的测算

采用热平衡包裹式茎流测定系统连续测定柽柳苗木的树干液流速率和日液流量。根据柽柳苗木的树干测定部位选用 SGA5（直径 5～7mm）探头按照 Dynamax 说明书进行标准化安装，仪器自动采集记录液流瞬时速率，采集间隔时间为 30min。

上述参数每次测定都包含 3 个以上的样本重复，数据进行单因素方差分析（ANOVA），平均值用 LSD 进行多重比较，使用 Excel 和 Origin 作图。

3.3.7　主要灌木树种光合效率水分阈值效应的研究方法

以贝壳堤滩脊地带常见灌木树种酸枣、杠柳和新引进灌木树种叶底珠的三年生苗木为试验材料，在智能科研温室内进行贝壳砂生境箱体栽植苗木模拟试验，开展不同树种光合效率对根土界面水分变化的响应过程及其作用机理研究。本试验在山东省黄河三角洲生态环境重点实验室的智能科研温室内进行，温室内的光强约为外界自然光强的 85%，温度为 18～30℃，CO_2 浓度为 345～365μmol/mol，空气相对湿度为 41%～65%。盆栽试验土壤于 2011 年 10 月取自黄河三角洲贝壳堤滩脊地带酸枣、杠柳等灌草群落的贝壳砂，过筛去除直径大于 2mm 的砂粒，酸枣土壤平均田间持水量为 22.7%，平均容重为 1.25g/cm^3；杠柳土壤平均田间持水量为 21.3%，平均容重为 1.33g/cm^3；叶底珠土壤平均田间持水量为 21.1%，平均容重为 1.29g/cm^3。以酸枣、杠柳和叶底珠的三年生苗木为试验材料，酸枣苗木平均地茎为 0.3cm，平均树高为 0.70m，冠幅为东西 0.40m×南北 0.42m；杠柳苗木平均地茎为 1.18cm，平均树高为 1.07m，冠幅为东西 0.67m×南北 0.75m；叶底珠苗木平均地茎为 1.13cm，平均树高为 0.93m，冠幅为东西 0.77m×南北 0.83m。于 2012 年 3 月 15 日采用自制塑料箱体（长 80cm×宽 40cm×高 80cm）进行苗木栽植，以避免栽植容器影响苗木根系生长，每个树种各栽植 9 个（盆）箱体，每箱体 1 株，置温室中正常培植管理。试验植株正常生长 121d 后，分别从每个树种中选取生长健壮、长势基本一致的 3 株苗木作为观测样株，于 2012 年 7 月 14 日起进行酸枣、杠柳和叶底珠叶片光合参数的光响应过程及叶绿素荧光参数的测定。

3.3.7.1 试验布设和水分梯度控制

采用人工给水和自然耗水相结合的方法获取系列土壤水分梯度。2012 年 7 月 12 日和 13 日，对 9 盆观测样株的盆栽土壤充分供水使之饱和，7 月 14 日起停止供水并开始试验数据的测定，盆内土壤水分通过植株蒸腾耗水和蒸发而逐日减少，于每个晴朗天气（每隔 1～2d）采用烘干法对盆栽试验土壤的重量含水量进行测定，每盆 3 个重复，直至苗木萎蔫时测定结束。整个试验期间将土壤表面覆塑料薄膜以防止土壤水分过快蒸发，减缓土壤水分含量下降速度，从而尽可能获取较多的水分梯度。根据重量含水量和田间持水量的比值计算土壤相对含水量（*RWC*），求取 *RWC* 平均值，获得酸枣土壤 *RWC* 由 11.2%至 94.6%的 18 个水分梯度；杠柳土壤 *RWC* 由 18.1%至 92.6%的 12 个水分梯度；叶底珠土壤 *RWC* 由 12.9%至 91.6%的 9 个水分梯度。

3.3.7.2 光合生理参数的测定

（1）光合作用光响应的测定

在测定每个土壤水分梯度的当天（晴朗天气）上午 9：00～11：30，从每个观测样株中选取中上部健康、成熟叶 3 片，利用 CIRAS-2 型便携式光合仪对 3 种灌木叶片光合参数的光响应过程进行测定，最终数据求取平均值。利用光合仪光源将光合有效辐射（*PAR*）控制在由 1600μmol/（m^2 • s）降至 20μmol/（m^2 • s）的 13 个梯度内［即 1600μmol/（m^2 • s）、1400μmol/（m^2 • s）、1200μmol/（m^2 • s）、1000μmol/（m^2 • s）、800μmol/（m^2 • s）、600μmol/（m^2 • s）、400μmol/（m^2 • s）、200μmol/（m^2 • s）、150μmol/（m^2 • s）、100μmol/（m^2 • s）、80μmol/（m^2 • s）、40μmol/（m^2 • s）、20μmol/（m^2 • s）］，每个光强下控制 120s，3 次重复读数，最终求取平均值。通过测定和计算，得到酸枣、杠柳和叶底珠叶片的净光合速率（P_n）、蒸腾速率（T_r）、水分利用效率（$WUE=P_n/T_r$）（Prior et al., 2010）、气孔导度（G_s）、胞间 CO_2 浓度（C_i）和气孔限制值（$L_s=1-C_i/C_a$，其中，C_a 为大气 CO_2 浓度）（Berry and Downton，1982）等主要气体交换参数的光响应过程。

（2）光合作用 CO_2 浓度的响应性测定

从叶底珠苗木中部选 10 片生长健壮的成熟叶片，并做好标记，在不同时间观测时皆用同一叶片。用 LI-6400 便携式光合测定仪对不同供水条件下苗木的气体交换参数以及相应的生态环境要素进行测定。为了尽量减少外界光照波动所造成的影响，选择在完全晴朗天气（2012 年 7 月 15～20 日）下的 8：30～11：00 进行测定，每张叶片重复 3～5 次，取平均值。在苗木气体交换参数的测定过程中，气温为 32.4℃±2.7℃，叶室温度为 30.0℃±0.4℃，叶室相对湿度为 36.3%±2.7%，光合测定仪的流速设定为 200μmol/s，光合有效辐射为 1200μmol/（m^2・s），参比室 CO_2 浓度设为 1400μmol/mol、1200μmol/mol、1000μmol/mol、800μmol/mol、600μmol/mol、400μmol/mol、250μmol/mol、200μmol/mol、150μmol/mol、100μmol/mol、50μmol/mol 和 20μmol/mol 12 个水平。在每个 CO_2 浓度下，时间控制在 5～6min，数据稳定后记录。仪器自动记录净光合速率、气孔导度、胞间 CO_2 浓度等生理参数以及大气温度、相对湿度和光合有效辐射等环境因子。

3.3.7.3　叶绿素荧光参数的测定

利用 FMS-2 型便携脉冲调制式荧光仪对酸枣、杠柳和叶底珠叶片的叶绿素荧光参数进行测定，与光合参数光响应测定同步进行。每株选取中上部健康、成熟叶 3 片，叶片暗适应 1h 后测定初始荧光（F_0）和黑暗中最大荧光（F_m），待叶片在自然光下活化 1h 后，与太阳光保持垂直，测定叶片稳态荧光（F_s）和光下最大荧光（F_m'）。通过计算公式和求取平均值，得到酸枣、杠柳和叶底珠叶片的潜在光化学效率［即最大光化学效率，$F_v/F_m=(F_m-F_0)/F_m$］、实际光化学效率［$\Phi_{PS\,II}=(F_m'-F_s)/F_m'$］和非光化学淬灭系数［$NPQ=(F_m-F_m')/F_m'$］等主要叶绿素荧光参数（Rohacek，2002）。

3.3.7.4　树干液流的测定

在整个土壤水分控制期间，采用 Dynamax 热平衡包裹式树干茎流测定系统（Stem Heat Balance）对酸枣和叶底珠树干液流进行连续性测定。该系统能够自动、连续测算树干液流瞬时速率和日液流量。在每个观测样株向南侧 0.4m 树高处安装包裹式 SGA5 探针，每树种各监测 5 株苗木。探针的安装方法严格按照 Dynamax 说明书进行，主要有树干的选取及预处理、茎流探头的安装、O 型环和防辐射护罩的安装等步骤；探头进行数据传输的电缆线与数据采集器相应的接口进行连接，每天 24h 连续监测，每 2d 下载 1 次数据，数据采集间隔时间为 30min。

3.3.7.5　数据处理

（1）光合作用光响应的数据处理

采用绘图软件 Origin8.0 对不同水分条件下酸枣、杠柳和叶底珠叶片气体交换参数的光响应过程进行三维绘图；对酸枣、杠柳和叶底珠 P_n 光响应特征参数和叶绿素荧光参数与土壤水分的定量关系进行多项式回归分析并对拟合函数进行积分求解。

采用统计软件 SPSS18.0 对不同处理间数据的差异显著性进行单因素方差分析和多重比较。

根据 P_n 实测值绘制酸枣、杠柳和叶底珠叶片的 P_n 光响应曲线，依据光响应曲线的走势估计最大净光合速率［P_{max}，μmol/（m^2·s）］、暗呼吸速率［R_d，μmol/（m^2·s）］、表观量子效率（*AQY*）、光补偿点［*LCP*，μmol/（m^2·s）］和光饱和点［*LSP*，μmol/（m^2·s）］，作为酸枣、杠柳和叶底珠叶片 P_n 光响应特征参数的实测值。采用 SPSS18.0，根据直角双曲线模型（Lewis et al.，1999）、非直角双曲线模型（Thornley，1976）、指数模型（Prado and Moraes，1997）和直角双曲线修正模型（Ye，2007）对酸枣、杠柳和叶底珠叶片的 P_n 光响应过程进行非线性回归分析，对不同模型的 P_n 拟合值以及 P_n 光响应特征参数拟合值进行定性评价。

1）直角双曲线模型　　直角双曲线模型表达式（Lewis et al.，1999）：

$$P_n(I)=\frac{\alpha IP_{max}}{\alpha I+P_{max}}-R_d \tag{3-8}$$

式中，P_n（*I*）为净光合速率；α 为初始量子效率；P_{max} 为光饱和时最大光合速率；R_d 为暗呼吸速率；*I* 为光合有效辐射，即本研究中的 *PAR*。若模型拟合较好可采用下面公式计算光补偿点（*LCP*）：

$$LCP=\frac{R_d\cdot P_{max}}{\alpha(P_{max}-R_d)} \tag{3-9}$$

直线 $y=P_{max}$ 与弱光下的线性方程相交，交点所对应 *x* 轴的数值即光饱和点（*LSP*）。

2）非直角双曲线模型　　非直角双曲线模型表达式（Thornley，1976）：

$$P_n(I)=\frac{\alpha\cdot I+P_{max}-\sqrt{(\alpha\cdot I+P_{max})^2-4\cdot I\cdot\alpha\cdot k\cdot P_{max}}}{2k}-R_d \tag{3-10}$$

式中，*k* 为非直角双曲线的曲角；其他参数的意义与公式（3-8）相同。若模型拟合较好可采用下面公式计算 *LCP*：

$$LCP=\frac{R_d\cdot P_{max}-k\cdot R_d^2}{\alpha(P_{max}-R_d)} \tag{3-11}$$

直线 $y=P_{max}$ 与弱光下的线性方程相交，交点所对应 *x* 轴的数值即 *LSP*。

3）指数模型　　指数模型表达式（Prado and Moraes，1997）：

$$P_n(I)=P_{max}(1-e^{-aI/P_{max}})-R_d \tag{3-12}$$

式中，相同参数含义同公式（3-8）。估算 LSP 时，假设 P_n 为 $0.99P_{max}$ 所对应的光强为饱和光强。

4）直角双曲线修正模型　直角双曲线修正模型表达式（Ye，2007）：

$$P_n(I)=\alpha\frac{1-\beta I}{1+\gamma I}(I-I_c) \tag{3-13}$$

式中，I_c 为光补偿点，即 LCP；α、β、γ 为独立于 I 的系数；其他参数含义同公式（3-8）。

暗呼吸速率（R_d）：

$$R_d=-P\ (I=0)\ =-\alpha I_c \tag{3-14}$$

光饱和点（I_m），即 LSP：

$$I_m=\frac{\sqrt{(\beta+\gamma)\ +\ (1+\gamma I_c)/\beta}-1}{\gamma} \tag{3-15}$$

最大净光合速率 P（I_m），即 P_{max}：

$$P(I_m)=\alpha\frac{1-\beta I_m}{1+\gamma I_m}(I_m-I_c) \tag{3-16}$$

$I=I_c$ 处的量子效率（Φ_c），即表观量子效率（AQY）：

$$\Phi_c=P'(I_c)\ =\alpha\frac{1+\ (\gamma-\beta)\ I_c-\beta\gamma I_c^2}{(1+\gamma I_c)^2} \tag{3-17}$$

（2）光合作用 CO_2 响应的数据处理

应用 SPSS 软件对试验数据进行方差分析和回归分析。采用 Michaelis-Menten 方程（Thomley，1983）拟合 P_n 的 CO_2 响应曲线，计算其表观最大净光合速率。

$$P_n=\frac{\eta C_a P_{max,c}}{\eta C_a+P_{max,c}}-R_d \tag{3-18}$$

式中，$P_{max,c}$ 为在一定光强下 CO_2 浓度达到饱和时的表观最大净光合速率；C_a 为 CO_2 浓度；η 为表观羧化效率。

根据在 P_n-C_i 响应曲线（Farquhar 等，1980）的较低 CO_2 浓度下（C_i<200μmol/mol），P_n 主要受 Rubisco 活性和数量的限制，净光合速率 P_n 为：

$$P_n=CE\times C_i-R_p \tag{3-19}$$

式中，CE 为羧化效率；R_p 为光下呼吸速率。由于光下暗呼吸很小，可以近似将光下叶片向无 CO_2 的空气中释放 CO_2 的速率看作光呼吸速率（蔡时青和许大全，2000；董志新等，2007）。

3.3.8 主要灌木树种水分利用策略的研究方法

3.3.8.1 样地设置

实验样地位于山东省滨州市无棣县境内的贝壳堤岛与湿地自然保护区内的汪

子岛。根据研究区内植被的分布和生长情况，按照平行于海岸线方向共设置 3 个 10m×10m 的固定样地。每个样地基本情况见表 3-2。

表 3-2　贝壳堤岛优势灌木水分利用策略样地概况

样地号	群落类型	中心经纬度	相对位置	群落物种组成	群落盖度
1	柽柳-酸枣共生灌丛	38°13'34.5"N 117°56'53.6"E	滩脊	柽柳和酸枣共生，灌丛下为蒙古蒿、青蒿等草本植物和少量酸枣幼苗	80%～90%
2	柽柳单优灌丛	38°13'41.3"N 117°56'45.0"E	高潮线	涨潮海水可到达。柽柳为群落内单一优势灌木种，灌丛下零星分布二色补血草、大穗结缕草、砂引草、芦苇等草本植物	50%～70%
3	酸枣单优灌丛	38°13'40.4"N 117°56'43.7"E	滩脊	地势略高。酸枣为群里内单一优势灌木，灌丛下为蒙古蒿、芦苇、乌蔹莓等草本植物	>90%

3.3.8.2　样品采集

2013 年 7 月，选取一次中雨（20.4mm）的降水事件（在降雨后的第一天、第三天分别有 3.0mm、6.6mm 降雨），研究降水对土壤水稳定同位素组成和植物水分利用格局的影响。降雨前 1d 及降雨后连续 6d 进行样品采集。2014 年 6～10 月，每月中旬选择连续 3d 以上的无雨日，之后连续 3d 采集样品，研究植物在干旱条件下的水分利用策略。

在每个样地内，柽柳、酸枣各选择 3 株生长良好的植株，采集 5cm 长，完全木栓化的 2～3 年生枝条，去除韧皮部，保留木质部，每株 3 个重复。在样株 0.5～1.0m 范围内，采用直径 4.5cm 的特制砂质土土钻，分别采集 0～20cm、20～40cm、40～60cm、60～100cm 深度的土壤样品，每层取 3 个重复。

在每个样地内，设 3 个降雨收集瓶，降雨后立即采集雨水。收集瓶为带漏斗且底部加入 2～3mm 液体石蜡的玻璃瓶。距灌木样株 1m 范围内，埋设 2～3m 长带陶土头的聚氯乙烯（PVC）材质收集管，采集 3 个重复的浅层地下水。

每天上午 6：00～8：00 采集所有样品，立即装入带盖玻璃瓶中，用 Parafilm 封口膜封口。植物和土壤样品于－10℃冷冻储存，降水、浅层地下水样品于 4℃冷藏储存。

3.3.8.3　样品分析测定

（1）水分提取及测定

将待测样品从冰箱中取出，放置至恒温。采用真空抽提系统以真空冷冻抽提技术（林光辉，2013）提取植物、土壤样品中的自由水。样品的 ^{18}O 采用液态水同位素仪进行测定，精度为±0.3‰。

（2）植物稳定同位素数据校正

由于植物含有的挥发性有机物质在以真空冷冻抽提时，会进入提取的水样品中，而导致激光类液态水同位素仪测定植物水稳定同位素时出现偏差（Schultz et al.，2011）。因此，必须对液态水同位素仪测定的植物水稳定同位素特征进行校正，消除有机物质污染导致的数据偏差。本研究采用 Schultz 等（2011）的方法建立标准曲线来校正植物木质部水的 $\delta^{18}O$ 值。

将色谱纯甲醇（乙醇）与去离子水混合配制不同浓度的甲醇（乙醇）溶液。甲醇溶液浓度（μL/L）梯度分别为：0、20、30、40、60、80、120、140、160、180、200、240、320、360、400、440、480、520、560、600、640、680、720、760、800。乙醇溶液浓度（mL/L）梯度分别为：0、2、6、8、10、12、14、16、18、20、22、24、26、28、32、36、40。每个浓度设有 3 个重复。采用液态水同位素分析仪（DLT-100）测定上述甲醇和乙醇样品，并使用 Los Gatos 公司的光谱矫正软件（LWIA-SCI）计算代表甲醇类污染的窄带度量值 NB（narrow-band metric）和代表乙醇类污染的宽带度量值 BB（broad-band metric）。建立 NB 和 BB 度量值与 $\delta^{18}O$ 补偿值（$\Delta\delta^{18}O$）的污染校正曲线。

$$\Delta\delta^{18}O\ (y) \sim \ln NB\ (x):\ y=0.013x^3-0.053x^2+0.635x+0.063,\ R^2=0.998 \quad (3\text{-}20)$$

$$\Delta\delta^{18}O\ (y) \sim BB\ (x):\ y=-5.827x+5.808,\ R^2=0.948 \quad (3\text{-}21)$$

当 $\Delta\delta^{18}O>0$ 时，表示甲醇（乙醇）类物质引起同位素的富集；当 $\Delta\delta^{18}O<0$ 时，表示甲醇（乙醇）类物质引起同位素的贫化。

3.3.8.4　数据处理

通过差异显著性检验和双因素 ANOVA 分析土壤水及不同水源和植物水稳定同位素 $\delta^{18}O$ 值的差异显著性（$\alpha=0.05$）。采用 Iso-Source 软件计算各个潜在水源对灌木的水分贡献率，利用 Origin8.0 制图。

参 考 文 献

蔡时青，许大全. 2000. 大豆叶片 CO_2 补偿点和光呼吸的关系. 植物生理学报，26（6）：545-550.

董志新，韩清芳，贾志宽，等. 2007. 不同苜蓿（*Medicago sativa* L.）品种光合速率对光和 CO_2 浓度的响应特征. 生态学报，27（6）：2272-2278.

李德成，张桃林. 2000. 中国土壤颗粒组成的分形特征研究. 土壤与环境，9（4）：263-265.

李红丽，万玲玲，董智，等. 2012. 沙柳沙障对沙丘土壤颗粒粒径及分形维数的影响. 土壤通报，43（3）：540-545.

李伟，曹坤芳. 2006. 干旱胁迫对不同光环境下的三叶漆幼苗光合特性和叶绿素荧光参数的影响. 西北植物学报，26（2）：266-275.

林光辉. 2013. 稳定同位素生态学. 北京：高等教育出版社.

田家怡，夏江宝，孙景宽，等. 2011.黄河三角洲贝壳堤岛生态保护与恢复技术. 北京：化学工业出版社.

王荣荣，夏江宝，杨吉华，等. 2013. 贝壳砂生境干旱胁迫下杠柳叶片光合光响应模型比较. 植物生态学报，37（2）：111-121.

夏江宝，谢文军，陆兆华，等. 2010. 再生水浇灌方式对芦苇地土壤水文生态特性的影响. 生态学报，30（15）：4137-4143.

夏江宝，张光灿，孙景宽，等. 2011. 山杏叶片光合生理参数对土壤水分和光照强度的阈值效应. 植物生态学报，35（3）：322-329.

杨培岭，罗元培，石元春. 1993. 用粒径的重量分布表征的土壤分形特征. 科学通报，38（20）：1896-1899.

叶子飘，康华靖. 2012. 植物光响应修正模型中的系数生物学意义研究. 扬州大学学报（农业与生命科学版），33（2）：51-56.

朱成刚，陈亚宁，李卫红，等. 2011. 干旱胁迫对胡杨 PSⅡ光化学效率和激能耗散的影响. 植物学报，46（4）：413-424.

Berry J A, Downton W J S. 1982. Environmental regulation of photosynthesis. In Govindjee ed. Photosynthesis, Volume Ⅱ. New York:Academic Press: 263-342.

Farquhar C D, von Caemmerer S, Berry J A. 1980. A biochemical model of photosynthetic CO_2 assimilation in leaves of C_3 species. Planta, 149:78-90.

Gardner W R, Hillel D, Benyamini Y. 1970. Post irrigation movement of soil water: Ⅰ. Redistribution. Water Resources Research, 6 (3): 851-861.

Lewis J D, Olszyk D, Tingey D T. 1999. Seasonal pattems of photosynthetic light response in Douglas-fir seedlings subjected to elevated atmospheric CO_2 and temperature. Tree Physiology, 19:243-252.

Liu X, Zhang G C, Heathman G C, et al. 2009. Fractal features of soil particle-size distribution as affected by plant communities in the forested region of Mountain Yimeng, China. Geoderma, 154 (1-2): 123-130.

Prado C H B A, Moraes J D. 1997. Photosynthetic capacity and specific leaf mass in twenty woody species of Cerrado vegetation under field condition. Photosynthetica, 33:103-112.

Prior S A, Runion G B, Rogers H H, et al. 2010. Elevated atmospheric carbon dioxide effects on soybean and sorghum gas exchange in conventional and no-tillage systems. Journal of Environmental Quality, 39 (2): 596-608.

Rohacek K. 2002. Chlorophyll fluorescence parameters:the definitions, photosynthetic meaning and mutual relationships. Photosynthetica, 40 (1): 13-29.

Schultz N M, Griffis T J, Lee X H, et al. 2011. Identification and correction of spectral contamination in H-2/H-1 and O-18/O-16 measured in leaf, stem, and soil water. Rapid Communications In Mass Spectrometry, 25 (21): 3360-3368.

Sperry J S, Hacke U G. 2002. Desert shrub water relations with respect to soil characteristics and plant functional type. Functional Ecology, 16:367-378.

Thomley J H M. 1983. Mathematical models in plant physiology, a qualitative approach to problems. Plant and Crop Biology, 21:107-129.

Thornley J H M. 1976. Mathematical models in plant physiology. London:Academic Press:86-110.

Turcotte D L. 1986. Fractal fragmentation. Journal of Geography Research, 91 (12): 1921-1926.

Tyler S W, Wheatcraft S W. 1989. Application of fractal mathematics to soil water retention estimation. Soil Science Society of American Journal, 53:987-996.

Wang J, Zhang Y H, Zhang Z H. 2015. Influences of intensive tillage on water-stable aggregate distribution on a steep hillslope. Soil & Tillage Research, 151:82-92.

Ye Z P. 2007. A new model for relationship between irradiance and the rate of photosynthesis in *Oryza sativa*. Photosynthetica, 45:637-640.

第4章　黄河三角洲贝壳堤主要植被的数量特征

贝壳堤植被是分布在古代黄河三角洲贝壳堤岛上的植被。据历史记载，公元11～1047年黄河尾闾曾由滨州北部渤海湾南岸入海，所以这段海岸是古代黄河三角洲的一部分，一条贝壳堤岛东南起自汪子岛向西北延伸大口河堡、狼坨子和冯家堡，继续向偏西方向与渤海湾赵家堡、岐口沿岸的Ⅱ号贝壳堤相联接。其贝壳堤岛高出平均高潮线3～4m，平均宽度50～100m。另一条是汪子岛以东较新的贝壳堤岛，向东南方向一直延伸到小沙附近，规模较小，它代表1855年以前的海岸贝壳堤岛。这两个不同时期的贝壳堤岛共计48个。另外还有黄河故道天然堤残留冲击岛41个，这种冲击岛向海或向沟的一面也发育了贝壳滩，生态环境近似贝砂堤岛，生长植物也近似。所以，两者共计89个岛，总面积3371hm^2（潘怀剑等，2001）。

4.1　贝壳堤岛的植物区系

4.1.1　贝壳堤岛植物区系组成成分

黄河三角洲贝壳堤岛植物共有58科、149属、228种（含种下分类单位），分别占山东省植物科、属、种的31.52%、15.70%、11.08%。其中，蕨类植物3科、5属、9种（按秦仁昌系统）；裸子植物1科、1属、1种（按郑万钧系统）；被子植物54科、143属、218种（按恩格勒系统）；乔木7种；灌木32种；草本189种。被子植物和草本植物在黄河三角洲贝壳堤岛植物区系的组成中占有重要的地位。

4.1.2　贝壳堤岛植物科的分布类型统计

黄河三角洲贝壳堤岛植物的58科按种数统计（表4-1），可以看出，小种科、中等科和大科3种类型共有32科，包括123属202种，占总属数的82.55%和总种数的88.59%，是黄河三角洲贝壳堤岛植物区系的基本成分。本区含10种以上的科有5科，其中禾本科（Poaceae）22属31种、菊科（Compositae）12属20种、莎草科（Cyperaceae）3属12种、藜科（Chenopodiaceae）6属11种，以及蝶形花科（Papilionaceae）8属10种。上述5科共有51属84种，分别占本区植物总科数、总属数和总种数的8.62%、34.23%和36.84%，虽然科数少，但属数和种数所占比例大，这些科包含了在山东干旱盐生植被中起重要作用的属，如藜科的碱蓬属(*Suaeda*)、猪毛菜属(*Salalsola*)、滨藜属(*Atriplex*)和藜属(*Chenoponium*)；菊科的蒿属（*Artemisia*）和苦荬菜属（*Ixeris*）；禾本科的獐毛属（*Aeluropus*）、早熟禾属（*Poa*）和芦苇属（*Phragmites*）；蝶形花科的大豆属（*Glycine*）和甘草属（*Glycyrrhiza*）等，都是盐生植被中的建群种或优势种。

本区大量的科含有单种科和小种科，有 47 科、74 属、89 种，科数占到了总科数的 81.04%，但属数和种数只占总属数和总种数 49.66%和 39.04%。这表明黄河三角洲贝壳堤岛植物区系同山东植物区系一样，种类趋向集中于少数大科，区系的优势现象明显，这种现象的产生是黄河三角洲贝壳堤岛自然保护区严酷的生境造成的。

表 4-1　黄河三角洲贝壳堤岛植物科的统计

类别	科数	属数	种数	所占比例/%		
				科	属	种
单种科	26	26	26	44.83	17.45	11.41
小种科	21	48	63	36.21	32.21	27.63
中等科	6	24	55	10.34	16.11	24.12
大科	5	51	84	8.62	34.23	36.84
合计	58	149	228	100	100	100

注：单种科指只有 1 种的科，小种科指有 2～4 种的科，中等科指有 5～9 种的科，大科指有 10 种以上的科

根据李锡文（1996）中国种子植物科的分布区类型，黄河三角洲贝壳堤岛植物区系中 58 科的地理成分可以分为 5 个类型 3 个变型（表 4-2）。其中，世界分布的有 28 科，占总科数的 48.28%；热带性质的有 19 科，占总科数的 32.76%；温带性质的有 11 科，占总科数的 18.96%。植物以世界分布的科为主，这反映出黄河三角洲贝壳堤岛植物区系生境的严酷性，只有广布性的大科凭借其庞大的种系和适应能力才能在如此环境恶劣的地域取得优势。黄河三角洲贝壳堤岛植物区系中，若除去世界广布科，热带成分占稍大比例，为 63.34%。可以看出，黄河三角洲贝壳堤岛植物区系与热带植物区系有着一定的关系（李锡文，1996）。

表 4-2　黄河三角洲贝壳堤岛植物的科、属和种分布类型

分布区类型	科数	占总科数（除世界分布）的百分比/%	属数	占总属数（除世界分布）的百分比/%	种数	占总种数（除世界分布）的百分比/%
1．世界分布	28	—	38	—	13	—
2．泛热带分布	16	53.35	27	24.33	7	3.26
2-1．热带亚洲、大洋洲和中南美洲间断分布	1	3.33	—	—	—	—

续表

分布区类型	科数	占总科数（除世界分布）的百分比/%	属数	占总属数（除世界分布）的百分比/%	种数	占总种数（除世界分布）的百分比/%
3．热带亚洲和热带美洲间断分布	—	—	1	0.90	—	—
4．旧世界热带分布	1	3.33	3	2.70	2	0.93
4-1．热带亚洲、非洲和大洋洲分布	1	3.33	—	—	—	—
5．热带亚洲至热带大洋洲分布	—	—	4	3.61	1	0.47
6．热带亚洲至热带非洲分布	—	—	3	2.70	1	0.47
7．热带亚洲分布	—	—	2	1.80	11	5.12
8．北温带分布	9	30.00	29	26.13	15	6.97
8-4．北温带和南温带间断分布	1	3.33	12	10.81	—	—
8-5．欧亚和南美洲温带间断分布	—	—	1	0.90	—	—
9．东亚和北美间断分布	—	—	3	2.70	—	—
10．旧世界温带分布	1	3.33	8	7.21	9	4.18
10-1．地中海区、西亚和东亚间断分布	—	—	1	0.90	—	—
10-2．地中海和喜马拉雅间断分布	—	—	1	0.90	—	—
10-3．欧亚和南部非洲间断分布	—	—	1	0.90	—	—
11．温带亚洲分布	—	—	4	3.61	18	8.37
12．地中海、西亚至中亚分布	—	—	3	2.70	1	0.47
12-3．地中海至温带-热带亚洲、大洋洲和南美洲间断分布	—	—	2	1.80	—	—
13．中亚分布	—	—	—	—	—	—
13-1．中亚至喜马拉雅分布	—	—	1	0.90	—	—
14．东亚分布	—	—	3	2.70	41	19.07
14-1．中国-喜马拉雅分布	—	—	1	0.90	—	—
14-2．中国-日本分布	—	—	1	0.90	—	—
15．中国特有分布	—	—	—	—	109	50.69
合计	58	100.00	149	100.00	228	100.00

4.1.3　贝壳堤岛植物属的分布类型统计与分析

黄河三角洲贝壳堤岛植物区系共有 149 属。其中，单种属有 95 属、2 种属有 29 属、3 种属有 16 属，分别占总属数 63.76%、19.46%和 10.74%。而 4 种属、5 种属和 7 种属共有 9 属，占总属数的 6.04%（表 4-3）。由此可见，黄河三角洲贝壳堤岛植物区系中 1～3 种的中小属十分丰富，比例高达 93.96%，说明黄河三角洲贝壳堤岛植物区系属的分化程度高，而大属相对不发达，但多是构成本地区植物

表 4-3　黄河三角洲贝壳堤岛植物区系属的分级统计

类别	单种属	2 种属	3 种属	4 种属	5 种属	7 种属	合计
属数	95	29	16	4	2	3	149
占总属数比例/%	63.76	19.46	10.74	2.69	1.34	2.01	100.00

区系的主要成分（赵丽萍和段代祥，2009）。

根据吴征镒（1991）中国种子植物属的分布区类型，黄河三角洲贝壳堤岛植物的 149 个属可划分为 13 个类型 9 个变型（表 4-2）。

1）世界分布（1）　属于这一分布类型的有 38 属，其生活习性大多是草本，如蓼属（*Polygonum*）、拟漆姑草属（*Spergularia*）、独行菜属（*Lepidium*）、芦苇属、补血草属（*Limonium*）、滨藜属、藜属、碱蓬属、猪毛菜属等是本区系重要的建群植物。川蔓藻（*Ruppia*）、角果藻属（*Zennichellia*）、大叶藻属（*Zostera*）、水麦冬属（*Triglochin*）则是分布于水中的草本盐生植物。

2）热带分布（2～7）　这一类型有 40 属，占黄河三角洲贝壳堤岛植物总属数的 26.85%

泛热带分布有 26 属，是山东省广布的大戟属（*Euphobia*）、鹅绒藤属（*Cynanchum*）、打碗花属（*Calystegia*）、曼陀罗属（*Datura*）、虎尾草属（*Chloris*）、狗牙根属（*Cyndon*）等。热带亚洲和热带美洲间断分布的有 1 属，即分布于干旱地带的砂引草属（*Messerschmidia*）。旧世界热带分布的类型有 3 属，即乌蔹莓属（*Cayratia*）、楝属（*Melia*）和天门冬属（*Asparagus*）。热带亚洲至热带大洋洲分布的有 4 属，黑藻属（*Hydrilla*）、结缕草属（*Zoysia*）、柘属（*Cudrania*）和臭椿属（*Ailanthus*）。热带亚洲至热带非洲分布的有 3 属，即大豆属、蓖麻属（*Ricinus*）和杠柳属（*Periploca*）。热带亚洲分布的有 2 属，即苦荬菜属和构属（*Broussonetia*）。

3）温带分布（8～14）　共计 71 属，占黄河三角洲贝壳堤岛植物总属数的 47.65%。

北温带分布及其变型：北温带分布的有 29 属，生活习性大多数为草本植物，如蒿属、碱毛茛属（*Halerpestes*）、碱菀属（*Tripolium*）、蒲公英属（*Taraxacum*）、葱属（*Allium*）、拂子茅属（*Calamagrostis*）、鸢尾属（Iris）等，木本的有柳属（*Salix*）、杨属（*Populus*）和梣属（*Fraxinus*）等。北温带和南温带间断分布有 12 属，都是分布于盐碱地的种类，除枸杞属（*Lycium*）是灌木外，其余均为草本，如盐角草属（*Saliconia*）、地肤属（*Kochia*）和香豌豆属（*Lathyrus*）等。欧亚和南美洲温带间断分布仅有赖草属（*Leymus*），主要分布于本区系的盐渍化草甸草地上。

东亚和北美洲间断分布的有 3 属，罗布麻属（*Apocynum*）和胡枝子属（*Lespedeza*）分布于盐碱化荒地，而蛇葡萄属（*Ampelopsis*）适应于微碱性壤土。

旧世界温带及其变型：共 11 属，其中旧世界温带分布 8 属，大多数为草本植物，如草木樨属（*Melilotus*）、鹅观草属（*Roegneria*）等，木本的只有分布在潮湿盐碱地的柽柳属（*Tamarix*）。地中海、西亚和东亚间断分布、地中海和喜马拉雅间断分布、欧亚和南非洲间断分布各有 1 属，分别为鸦葱属（*Scorzone*）、牛皮消属（*Cynanchum*）和蛇床属（*Cnidium*）。

温带亚洲分布 4 属，即盐芥属（*Thellungiella*）、米口袋属（*Gueldenstaedtia*）、

马兰属（*Kalimeris*）和附地菜属（*Trigonotis*）。

地中海、西亚至中亚分布及其变型：共计 5 属，其中地中海、西亚至中亚分布的有 3 属，白刺属（*Nitraria*）、糖芥属（*Erysimum*）和獐毛属，前者是木本植物，后两属是草本植物。地中海至温带-热带亚洲、大洋洲和南美洲间断分布 2 属，即分布于农田周边的甘草属和牻牛儿苗属（*Erodium*）。

中亚至喜马拉雅分布仅有 1 属，为角蒿属（*Incarvillea*）。

东亚分布及其变型：共计 5 属，东亚分布有 3 属，斑种草属（*Bothriospermum*）、地黄属（*Rehmannia*）和泥胡菜属（*Youngia*）；中国-喜马拉雅分布和中国-日本分布各有 1 属，分别为阴行草属（*Siphonostegia*）和萝藦属（*Metaplexis*）。

综上所述，温带性属的分布类型在黄河三角洲贝壳堤岛植物区系中占有主导地位，占本区植物总属数的 63.96%；热带成分占 36.04%，在本区也有较大表现；这不但反映了黄河三角洲贝壳堤岛植物区系的温带性质，同时也反映了黄河三角洲贝壳堤岛植物区系与热带植物区系关系密切（李法曾，1992）。此外，在本区无中国特有属的存在。

4.1.4 高等植物区系的生态类群构成

根据地表积水条件和贝壳砂中水分、含盐量等生态因子的适应特征，将汪子岛、大口河堡岛两个贝壳堤岛的高等植物分为水生植物、湿生植物、湿中生植物、中生植物、中旱生植物、旱生植物、旱中生植物、盐生植物 8 个生态类群（表 4-4）。

表 4-4 贝壳堤岛植物主要分布区类型的不同生态类群属数

属的分布区类型	不同生态类群属数							
	水生植物	湿生植物	湿中生植物	中生植物	旱中生植物	旱生植物	中旱生植物	盐生植物
世界分布属（38）	3	2	—	4	4	5	7	13
热带分布属（40）	—	—	—	11	5	9	5	10
温带分布属（71）	—	5	6	8	9	11	8	24
合计	3	7	6	23	18	25	20	47

（1）水生植物

具有发达的通气组织，能在含氧量低、光线较弱的水体环境中生长的植物统称水生植物，包括沉水植物、浮水植物、挺水植物 3 种类型。在贝壳堤岛，仅有芦苇一种植物属于挺水植物。涨潮的时候，芦苇因具有发达的通气组织，使得根部淹没在水中而可以生存。

（2）湿生植物

湿生植物指的是在潮湿环境中生长，不能忍受较长时间水分不足，抗旱能力差的一类植物，可分为阴性湿生植物和阳性湿生植物。从表 4-4 中可以看出，共有 7 属 18 种植物，包括世界分布的碱蓬属，北温带分布的碱菀属和地中海、西亚和东亚分布的鸦葱属。

（3）湿中生植物

这类植物对土壤含水量的适应介于湿生植物和中生植物之间，能短暂地生存于潮湿的环境中，在较为湿润的环境中也有分布。汪子岛和大口河堡岛两个贝壳堤岛的牻牛儿苗属的牻牛儿苗和蒿属中的青蒿属于湿中生植物。

（4）中生植物

中生植物是能适应中度潮湿的生境，抗旱能力不如旱生植物，在过潮湿的环境中也不能正常生长的，种类最多、分布最广、数量最大的陆生植物。贝壳堤岛的中生植物共有 23 个属，分别是世界分布的 4 属、热带分布的 11 属和温带分布的 8 属。

（5）旱中生植物

旱中生植物属于中生植物的变型，多分布于山地、湿地及沙地，通常所见到的森林和草甸植物都属此类。贝壳堤岛的此类植物有 18 属。

（6）旱生植物

能够长期忍受干旱并能保持水分平衡和正常生长发育的植物称为旱生植物。此类植物是贝壳堤岛主要的植物类型，共有 25 属，如獐毛属、甘草属等。

（7）中旱生植物

中旱生植物特别能耐旱，属于旱生植物的变型。多出现在草原植被中，同时也分布于山地、农田及沙地中，在本区域共计有 20 属，如萝藦属。

（8）盐生植物

贝壳堤岛周围环海，海拔较低，经常会受到海浪的侵袭，贝砂中盐分含量较其他区域高，所以盐生植物的存在也是贝壳堤岛的一大分布特点。汪子岛和大口河堡两岛的盐生植物共计 47 属，占贝壳堤岛植物总属数的 31.54%，且以热带分布属和温带分布属为主，说明贝壳堤岛植物的起源较早。

4.2　贝壳堤岛的主要植被类型及其特征

4.2.1　贝壳堤岛的主要植被类型

（1）落叶阔叶灌丛

贝壳堤岛由于受到生态环境的制约，乔木林难以形成，但在滩脊上分布有少许灌丛或灌草丛。贝壳堤岛的灌木有柽柳、酸枣、白刺、草麻黄等，不仅有纯灌丛还有灌草丛。杨树和柳树属于人工栽培，仅零星分布，形不成乔木林或灌木林。

1）柽柳灌丛　　柽柳在贝壳堤滩脊和向陆侧广泛分布，是贝壳堤岛分布面积最大的天然灌丛，以大口河堡贝壳堤岛柽柳分布最多。该灌丛建群种柽柳为泌盐型，一般高 1～1.5m，盖度 40%～50%，多构成纯一群丛。个别伴生有盐角草（*Salicornia europaea*）和翅碱蓬等。主要分布在贝壳堤岛海拔较低的基部，贝砂层薄，大部分已被海潮冲刷为缓平高地，潜水位高，矿化度高达 35g/L 以上，为重盐碱化土壤。灌丛中常见的草本植物有芦苇、猪毛菜、地肤、狗尾草、茵陈蒿、白茅等，灌丛总面积 13～15hm^2。根据其聚生在一起的植物多少，柽柳灌丛分为3种群落（表 4-5）。

表 4-5 贝壳堤岛柽柳灌丛统计

群聚	盖度/%	分布区域	伴生植物
柽柳纯丛	25～48	贝壳堤滩脊	鹅绒藤，地肤
柽柳-芦苇灌丛	40～65	向陆侧或滩脊	狗尾草、地肤、猪毛菜
柽柳-狗尾草灌丛	50～70	向陆侧	茵陈蒿、地肤

2）酸枣灌丛　该灌丛主要分布在海拔 4m 以上的贝壳堤岛，砂层比较深厚，浅层蓄有淡水，如大口河堡岛、黑坨子岛、棘家堡子岛均有大面积分布；另外在较大的残留冲击岛，表层积有贝砂，下层红土深厚的岛上均有分布，如红土洼子岛、脊岭子岛等多有广泛分布。由于灌丛受海风影响，多呈矮化丛生，群丛高度一般在 1.5m 以下，总盖度 70%～100%。群丛组成种类贫乏，酸枣多成片生长，盖度达 60%，生物量 625g/m^2。混生少量黄荆、柘（*Cudranis tricuspidata*）、草麻黄、毛叶绣线菊、美丽胡枝子等；藤本植物有蛇葡萄、白蔹（*Ampelopsis joponica*）等；草本层以猪毛菜（*Salsola collina*）、刺沙蓬（*Salsola ruthenica*）、委陵菜（*Pophorbia lumulata*）、猫眼草（*Euphorbia lumulata*）、萝藦（*Periploca sepium*）为主。该灌丛总面积超过 70hm^2。根据聚生植物的多少，分为 3 种群落（表 4-6）。

表 4-6 贝壳堤岛酸枣灌丛统计

群聚	盖度/%	分布区域	伴生植物
酸枣-青蒿灌丛	95～100	滩脊	菟丝子、沙打旺、砂引草
酸枣-乌蔹莓灌丛	98～100	滩脊	青蒿、黄花草木樨、芦苇
酸枣-芦苇灌丛	84～95	滩脊	紫菀、青蒿、鹅绒藤、乌蔹莓

3）黄荆灌丛　本灌丛主要分布在年高潮线附近，海拔在 3～4m 的中高低贝壳堤岛，砂层薄，涵养水分差，以旱中生黄荆为建群种，覆盖度在 80%以下。灌层低矮，一般高度在 1m 以下。常见伴生种有酸枣、草麻黄、美丽胡枝子等。草本层盖度在 50%以上，高 20～60cm，主要有白羊草（*Bothriochloa ischaemum*）、长芒草（*Stipa bungenan*）、缘芒鹅冠草（*Roegneria pendulina*）、翻白草（*Potentilla discolos*）、甘草（*Glycyrrbiza uralensis*）、问荆（*Equisetum arvense*）等。该灌丛总面积达 65hm^2。

4）白刺纯灌丛　白刺灌丛主要分布在残留冲积的低小泥土冲积岛上，贝砂层很薄，多在高潮线以上的高蒸发区，潜水位 1m 以上，矿化度高达 100～150g/L，是重盐渍区。在大口河堡贝壳堤岛的滩脊附近，散生有白刺纯灌丛。白刺分枝密集低矮丛生，平均株高为 0.45m，群落盖度一般在 70%上下，伴生种极少，只见稀疏的柽柳、翅碱蓬和二色补血草等。白刺的适应性极强，耐旱、喜盐碱、抗寒、抗风、耐高温、耐瘠薄，为荒漠地区及荒漠平原典型植物，是我国寒温、温和气候区的盐渍土指示植物，由此说明，大口河堡贝壳堤岛盐碱化程度较高。灌丛总面积达 11hm^2。

5）*草麻黄灌丛*　草麻黄属于旱生植物。一般分布在丘陵坡地、平原、砂地，为石质和砂质草原的伴生种，局部地段可形成群聚。该灌丛主要分布在微型起伏的低平贝壳堤岛上，贝砂层多混有冲积泥沙层，基质薄，水分涵养差。草麻黄地下具短根，叶片退化，根系较深，具旱中生性。在汪子岛和大口河堡岛两个贝壳堤岛上可见到草麻黄灌丛，盖度为 50%左右，伴生的草本植物有野青茅、芦苇、鹅绒藤、长芒草、白羊草和枸杞（*Lycium chinense*）等。灌丛总面积 7～9hm^2。

6）*单叶蔓荆灌丛*　该灌丛以木质藤本蔓性植物单叶蔓荆为优势种，主要分布于半流动性低矮贝砂丘，是贝壳堤岛的先锋灌丛。由于单叶蔓荆匍匐茎可产生不定根，茎蔓生长很强，可长达 3m 以上，多形成纯一群落，具有显著的固沙效益。主要分布在汪子岛以东 1855 年前后海岸带的新贝壳堤岛上。有时伴生低矮的酸枣和黄荆。少量草本植物夹生于同层灌丛中，如翅碱蓬（*Suaeda salsa*）、猪毛菜（*Salsola collina*）、刺苋（*Amaranthus spinosus*）、二色补血草、砂引草、珊瑚菜（*Glehnis littoralis*）等。该灌丛总面积 13.5hm^2。

（2）草甸

贝壳堤岛的草甸是非地带性植被，在贝壳堤的向海侧、滩脊以及向陆侧均有草甸植被群落的分布，特别是滩脊处和向陆侧，距离海岸线越远，草甸植被成片状或点状分布。贝壳堤基质以破碎的贝壳和贝壳砂组成，持水能力较弱，加之地上植被分布不多，腐殖质层厚度在 0.5cm 以内，因此，土壤肥力较低。根据植物组成、外貌、生境的差异，贝壳堤岛的草甸属于典型草甸。

1）*芦苇草甸*　芦苇草甸在贝壳堤岛广泛分布，但由于属于水生或湿生植物，在向海侧生长比较旺盛，重要值为 0.7～0.8。贝壳堤岛的芦苇群落平均盖度为 20.44%，出现的频度为 19%，高度为 40～85cm。伴生种在向海侧有二色补血草、獐毛、碱蓬、狗尾草、大穗结缕草，在滩脊有青蒿、铁扫帚、东亚滨藜、獐毛、鹅绒藤，在向陆侧伴生种有青蒿、紫菀、砂引草等。

2）*砂引草草甸*　砂引草草甸在贝壳堤向海侧分布较多，伴生种除芦苇外，还有野青茅、鹅绒藤、苍耳，7 月份后也有狗尾草的伴生。该草甸砂引草的盖度平均为 20.1%，高度为 5～45cm，平均重要值为 0.74。

3）*大穗结缕草灌丛*　大穗结缕草属于匍匐蔓性禾本科植物，地下根系极其发达，主要分布在近海低矮半流动性贝壳堤，以及贝壳堤岛向海侧和滩脊处岛上，是贝壳堤岛近海的先锋植物群落，具一定的海潮侵袭耐性，喜阳光，植株强健，地下根茎繁茂。耐盐碱、耐旱、耐瘠薄、耐低温。能在海滩上形成很强的覆被，是盐碱区发展草坪和护坡固堤的可选植物。该群丛多为纯种构成，有时稀疏混生有芦苇、二色补血草、獐毛、砂引草、狗尾草、兴安天门冬、二色补血草和黄花草木樨（*Melilotus albus*）等。总面积达 30hm^2。

4）二色补血草灌丛　二色补血草分布于贝壳堤的向海侧，群落的平均盖度为 46.7%，平均高度为 7～35cm，伴生种有獐毛、芦苇、砂引草、蒙古鸦葱、碱蓬等。

5）青蒿灌丛　青蒿多分布于贝壳滩脊上，重要值为 0.25～0.5，伴生种有芦苇、野青茅、乌蔹莓、砂引草、沙打旺、紫花苜蓿、兴安天门冬等。

6）蒙古蒿灌丛　蒙古蒿在汪子岛的滩脊上以及向陆侧分布较多，这与其属于中生植物的特性有关。7～10 月份蒙古蒿处于营养生长旺季，其成片状或簇生状存在于贝壳堤上。在调查样方中，蒙古蒿群落出现的频率为 7.3%，在汪子岛贝壳堤出现的频率为 11.11%，生长后期超过芦苇的高度，可达 145cm，群落内蒙古蒿的分盖度在滩脊和向陆侧分别为 53.7%和 76.5%。伴生种有鹅绒藤、乌蔹莓、芦苇、青蒿、黄花草木樨、茜草、酸枣、兴安天门冬、野青茅、紫菀、草麻黄等。

7）狗尾草灌丛　7～10 月份狗尾草群丛广泛分布于贝壳堤岛向陆侧，其重要值为 0.5～0.6，伴生种较为丰富，有二色补血草、芦苇、青蒿、獐毛、兴安天门冬、刺儿菜、黄花草木樨、鹅绒藤、碱蓬等。有时往往形成杂草群落和共优种，如狗尾草＋砂引草群丛、狗尾草＋鹅绒藤群丛。

8）白羊草灌丛　该草丛以白羊草为建群种，散生少量灌木，主要分布在晚期堆积贝壳堤岛和被挖后残留少量贝砂的高地上。由于该生境持水能力差，蒸发量大，所以旱中生白羊草占据群落优势。一般盖度在 50%以下，生物量在 150g/m^2 上下。少量伴生灌木有酸枣、杠柳、兴安胡枝子（*Lespedeza dahurica*）等。总面积达 20hm^2。

贝壳堤岛的以上植被群丛是覆被度高的连片植被，总计 230hm^2 上下，仅占全部贝壳堤岛面积的 6.9%。而在岛上散生的植物如萹蓄（*Polygonum aviculare*）、西伯利亚蓼（*Polyonum sibiricum*）、习见蓼（*P. plebeium*）、中亚滨藜（*Atriplex centralasiatica*）、灰绿藜（*Chenopodium glaucm*）、盐角草、翅碱蓬、委陵菜（*Potentilla chinensis*）、海边香豌豆（*Lathyrus maritimus*）、白刺、酸枣、柽柳、二色补血草、罗布麻（*Apocynum venetum*）、杠柳、滨旋花（*Calysegia soldanlla*）、枸杞、茵陈蒿、黄花蒿（*Artemisia annua*）、青蒿、艾蒿（*A. argyi*）等，构成了 2500hm^2 覆盖度 20%～40%不等的面积。3371hm^2 的贝壳堤岛陆面，有植被覆盖的达 80%以上。

4.2.2 贝壳堤岛的植被特征

贝壳堤植被的组成成分和结构都比较简单，且各个岗丘的组成种类大致相同。组成种类中，没有特有种，皆属于附近大陆和海岛的成分，其中与长山列岛相同的成分最多（占 85%）、关系最密切。这些植物种类主要是通过人类传播以及海流和风媒、鸟媒传播而来，其中以海流、风传、鸟传为主。

贝壳堤岛仅发育落叶阔叶灌木丛和灌草丛，无乔木林，其种类成分多是暖温带的广布种。这种富有温带海岸带和岛屿的植物区系成分，同我国温带地区的海岛、海滩涂植物都很相似，其中不少为渤海、黄海海岸和列岛所共有，如草麻黄（*Ephedra sinica*）、酸枣、黄荆（*Vitex negundo*）、蛇葡萄（*Ampelopsis brevipedunculata*）、柽柳、美丽胡枝子（*Lespedeza formosa*）等。这些植物既反映了构成贝壳堤植被的主要成分，又反映了植被的外貌结构和生态特点。受生境条件所制约，贝壳堤岛只能生长发育与环境相适应的类群。灌木分枝多，高一般不超过 2m；组成种类贫乏，常以单优势种出现，故冠层一致；组成植物种类，多以抗风、耐盐的阳性灌木和木质藤本植物为主；它们的叶片多具厚角质层，密被茸毛和泌盐组织等，不少种类既有抗盐性又有耐盐性，如酸枣、黄荆、柽柳、杠柳和单叶蔓荆（*Vitex trifolia* var. *simplicifolia*）等，都具有这种双重性，这是适应海滩多盐和生境干旱的解剖特征；灌木上多缠绕一些木质藤本植物，如山葡萄（*Vitex trifolia* var. *simplicifolia*）、白蔹（*Ampelopsis japonica*）、杠柳、迎春（*Jasminum nudiflorum*）等。

贝壳堤岛上的群落类型，主要为黄荆、酸枣、白羊草灌草丛。以白羊草为建群种并稀疏分布灌木，它标志着晚期形成的原生草甸植被向灌丛植被演替过渡，是早期灌丛破坏后向灌草丛的过渡型。它反映了这里海拔低、砂层薄、持水差的自然条件，只能生长一些旱中生的草本植物。白羊草是一种典型代表，茎秆丛生，具下伸短根茎，以适应这种特异生境构成群落，株高 30cm 左右，覆盖度 50%以下；群落中疏生灌木，一般不超过 1.5m，以黄荆、酸枣、麻黄为主。此外，其他灌木和草本植物稀少，常见的种有杠柳、苦参（*Sophora flavescens*）、蒿属植物等。

4.3 贝壳堤岛植被群落的多样性

黄河三角洲贝壳堤岛地处暖温带东亚季风大陆性半湿润气候区，分布着大面积滩涂沼泽，形成了独特的泥质海岸湿地生态系统，发育成以盐生草本植物为代表的植被群落。但是由于当地居民不断挖取贝壳砂做饲料添加剂，或人工烧制贝瓷工艺品，加上在经济发展浪潮下，大面积滩涂挖做近海养虾池，对贝壳堤岛乃至其上分布的植被产生了极大的破坏作用，贝壳堤岛及周围的潮间带湿地生态系统退化严重。

植被多样性指的是某一地区所有植物的多样性以及变异性，反映的是该地区的植物种类及其变异程度，它从侧面反映了地区之间环境因子的差异。贝壳堤岛生态系统具有海浪侵蚀频繁、微地形起伏不定等环境高度异质化的特点，因此，水分、养分、盐分以及海浪来袭的频率等都会对植物群落的分布乃至物种组成格局产生一定的影响。

我们选取了人口居住集中的大口河堡贝壳堤岛和人类活动较少仅有捕鱼活动的汪子岛作为调查对象，对其不同断面：向海侧、滩脊、向陆侧进行了贝壳堤岛植被群落多样性分析。

实验调查在5～10月6个月，在大口河堡岛和汪子岛贝壳堤岛从西向东选择典型样带各3条，依次标记为A、B、C和D、E、F，并按照向海侧、滩脊、向陆侧布设断面，依次标记为1、2、3，大口河堡岛的C样带四处环海，因此，根据其地理位置和面积，只设置向海侧一个断面。调查中，灌丛设置5m×5m样方，草本群落设置1m×1m样方，记录植物种类名称、盖度、高度等。在草本样方中随机设置5个采样点，于0～20cm土层每10cm厚度采集表层土样，测定土壤成分含量。

4.3.1　植被群落物种 α 多样性空间分布特征

4.3.1.1　贝壳堤岛间物种多样性

（1）物种组成的差异性

汪子岛和大口河堡贝壳堤岛的物种分别出现了31种和20种。汪子岛群落的盖度为63.28%，以芦苇、砂引草、大穗结缕草、鹅绒藤、蒙古蒿、青蒿、二色补血草、狗尾草、野青茅和紫菀群落为主，间有酸枣和杠柳灌丛的存在，伴生的植物有茜草、蒙古鸦葱、沙打旺、菟丝子、兴安天门冬、猪毛菜、铁扫帚、地肤等，样方取样测定汪子岛植物群落的鲜重和干重分别为1187.98g和373.77g（赵艳云等，2011）。大口河堡岛主要存在的植被群落有芦苇、砂引草、大穗结缕草，鹅绒藤、二色补血草、野青茅、中亚滨藜、青蒿、黄花草木樨、铁扫帚、猪毛菜等。此外，大口河堡岛柽柳多作为矮灌丛纯林存在，其下共生种有芦苇、猪毛菜、地肤、狗尾草、茵陈蒿、白茅等，群落的盖度、样方植被的鲜重和干重分别为汪子岛贝壳堤岛的49.08%、42.87%和48.97%（表4-7）。

表4-7　贝壳堤岛植被盖度和生物量

贝壳堤岛	盖度/%	鲜重/g	干重/g
汪子岛	63.28	1187.98	373.77
大口河堡岛	31.06	509.23	183.05

（2）物种多样性比较

汪子岛和大口河堡贝壳堤岛物种多样性指数及差异性见表 4-8。草本样方中出现的物种数分别平均为 5 种和 4 种，差异达极显著水平（赵艳云等，2011）。除 Berger-Parker 指数外，Shannon-Wiener、McIntosh's、Simpson、Margalef、JSW 等指数均表现为汪子岛大于大口河堡岛，同时，除体现均匀度的 JSW 指数在两岛差异不显著外，其他多样性指数差异均达显著水平。

表 4-8　贝壳堤岛物种多样性

贝壳堤岛	物种数/种	Shannon-Wiener 指数	Simpson 指数	McIntosh's 指数	Berger-Parker 指数	Margalef 指数	JSW 指数
汪子岛	5[a]	0.96[a]	2.05[a]	0.36[a]	0.62[a]	0.90[a]	0.59[a]
大口河堡岛	4[c]	0.62[b]	1.47[b]	0.27[b]	0.76[b]	0.53[b]	0.46[a]

注：相邻字母表示显著差异（P<0.05）；相间字母表示极显著差异（P<0.01）

4.3.1.2　断面物种多样性变化

从贝壳堤向海侧、滩脊到向陆侧，尽管高程相差不足 5m，但导致贝壳堤贝砂含水量、盐度等的差异，在断面上形成了不同的小生境，孕育了不同的植被群落，群落的物种多样性也随之不同。

（1）断面物种组成

调查发现，断面植被群落的物种组成存在差异。向海侧由于经常受到海水的侵袭，往往形成结构单一的植被群落，鹅绒藤、芦苇、砂引草、大穗结缕草、狗尾草是向海侧的优势植被类型，伴生种有蒙古鸦葱、獐毛、苣荬菜、野青茅、碱蓬等，该断面植被群落的盖度平均仅有 24.79%，样方植被的平均鲜重和干重也较低，分别是 384.15g 和 119.54g，与断面滩脊处和向陆侧差异显著。贝壳堤滩脊处和向陆侧物种组成、盖度乃至生物量之间差异不显著，主要的植被群落有鹅绒藤、芦苇、砂引草、青蒿、二色补血草、獐毛、狗尾草、大穗结缕草、野青茅、蒙古蒿和乌蔹莓等，伴生植物有茜草、猪毛菜、沙打旺、铁扫帚、地肤、兴安天门冬、草麻黄、中亚滨藜等，在滩脊或向陆侧还生长有柽柳、杠柳和酸枣等灌丛（表 4-9）。

表 4-9　贝壳堤岛不同断面植被群落盖度和生物量

断面位置	盖度/%	干重/g	鲜重/g
向海侧	24.79[a]	119.54[a]	384.15[a]
滩脊	58.97[b]	419.56[b]	1288.3[b]
向陆侧	68.03[b]	359.69[b]	1089.5[b]

注：不同字母表示差异显著（P<0.05）

（2）断面物种多样性变化

McIntosh's 指数是群落一致性的量度，而 JSW 指数是指群落中个体分布均匀状况指数，这两个指数在断面上差异不显著，其他的测度均显示出向海侧物种多样性指数与滩脊和向陆侧差异显著，而滩脊和向陆侧多样性指数差异不显著。但从向海侧-滩脊-向陆侧的断面顺序上，Shannon-Winner 指数、Simpson 指数、McIntosh's 指数和 JSW 指数均表现为先升后降的趋势，说明滩脊处的小生境改善了贝壳堤的微环境，在孕育植物的过程中起着不可忽视的作用（表 4-10）。

表 4-10　贝壳堤岛不同断面物种多样性

断面位置	物种数/种	Shannon-Wiener 指数	Simpson 指数	McIntosh's 指数	Berger-Parker 指数	Margalef 指数	JSW 指数
向海侧	3[a]	0.57[a]	1.31[a]	0.28[a]	0.76[a]	0.49[a]	0.48[a]
滩脊	5[b]	0.98[b]	2.16[b]	0.36[a]	0.61[b]	0.85[b]	0.57[a]
向陆侧	6[b]	0.93[b]	1.98[b]	0.33[a]	0.65[b]	0.91[b]	0.56[a]

注：不同字母表示差异显著（$P<0.05$）

4.3.1.3　样带间物种多样性变化

（1）样带间物种组成

从西往东方向，大口河堡岛 A、B 样带植被群落以芦苇、砂引草，狗尾草、二色补血草、柽柳灌丛为优势种，菟丝子、野青茅、东亚滨藜、铁扫帚、蒙古鸦葱等为伴生种；C 样带以芦苇和砂引草单优群落为主，偶尔有狗尾草的伴生。而 D、E、F 样带位于汪子岛，人类活动较少，植被群落的优势种差异不大，有鹅绒藤、芦苇、砂引草、蒙古蒿、青蒿、紫菀、乌蔹莓、狗尾草等，伴生植物有猪毛菜、兴安天门冬、地肤、菟丝子等，E、F 样带内还分布有杠柳和酸枣灌丛，说明群落的稳定性较好，群落演替处于更高一级的阶段。

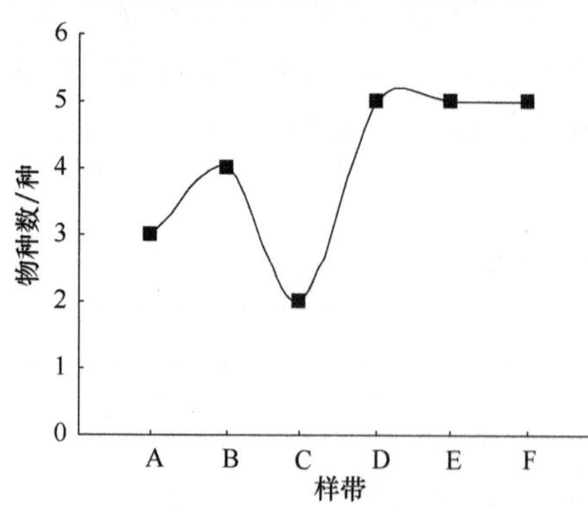

图 4-1　贝壳堤岛不同样带高等植物物种数

（2）样带间物种丰富度的变化

该物种丰富度指的是样地内出现的物种数。从图 4-1 可以看出，除大口河堡岛的 C 样带外，在沿海岸线的梯度上，贝壳堤岛的物种数有从西往东逐渐增加的趋势，同时，大口河堡的物种数远远低于汪子岛，A 和 C 两个样带中出现的平均物种数与汪子岛的物种数差异达显著水平。大口河堡岛的 C 样带由于面积较小，经常受到海水侵袭，因此，物种数最少，仅有 2 种。

（3）样带间物种多样性变化

两个贝壳堤岛不同样带群落的物种多样性、均匀度以及优势度变化见图 4-2～图 4-7。可以看出，α多样性指数中的 Shannon-Winner 指数、Simpson 指数、Margalef 指数、JSW 指数变化趋势与样带物种丰富度表现趋势基本类似，大口河堡岛从西往东，多样性指数呈现先升后降的趋势，而汪子岛从西往东，多样性指数表现为持续增加的态势。不同的多样性指数其差异性不同，大口河堡岛的 B 样带与汪子岛所有样带的群落多样性指数（Shannon-Winner 指数、Simpson 指数）没有差异，A 样带的 McIntosh's 指数与其他样带差异显著。Berger-Parker 指数是群落中个体数最多的物种的个体数占总个体数的比例，其数值越大，说明群落物种多样性越低。从图 4-5 可以看出，样带 B、D、E、F 的 Berger-Parker 指数偏低。群落物种多样性高，而 A 和 C 样带 Berger-Parker 指数偏高，这与样带以单优群落为主有关。

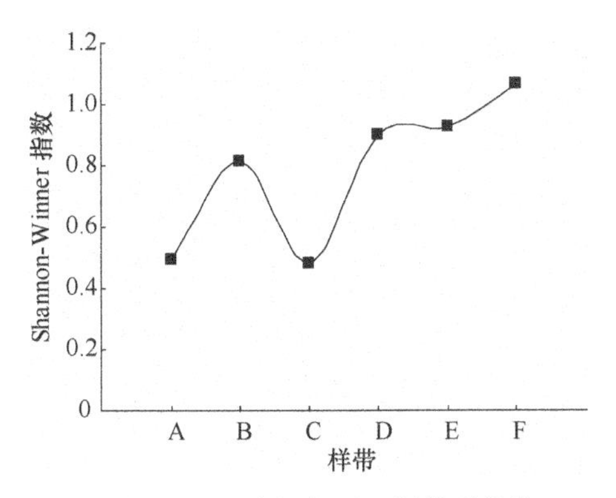

图 4-2　贝壳堤岛不同样带群落的 Shannon-Winner 指数

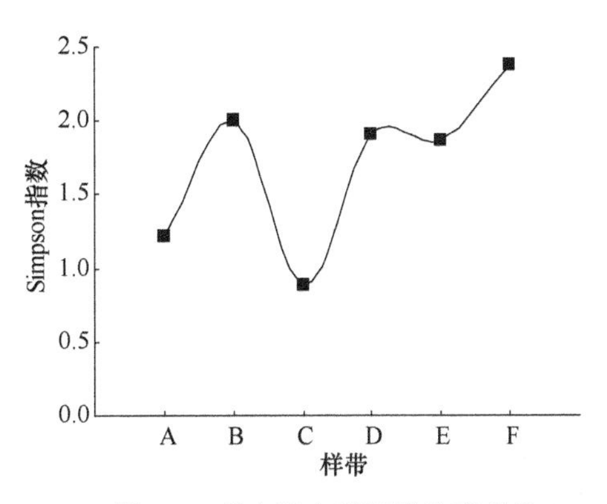

图 4-3　贝壳堤岛不同样带群落的 Simpson 指数

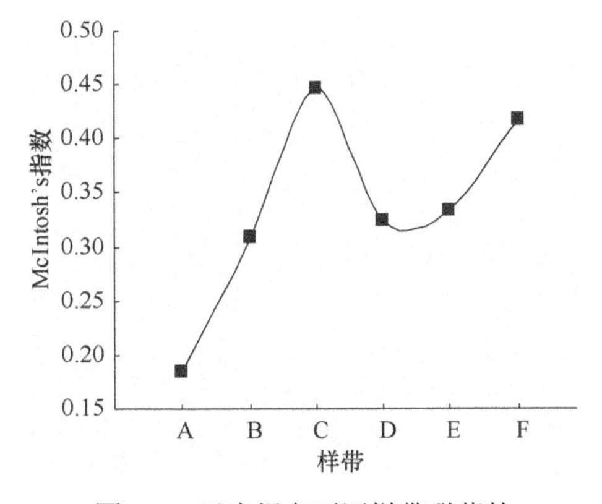

图 4-4　贝壳堤岛不同样带群落的 McIntosh's 指数

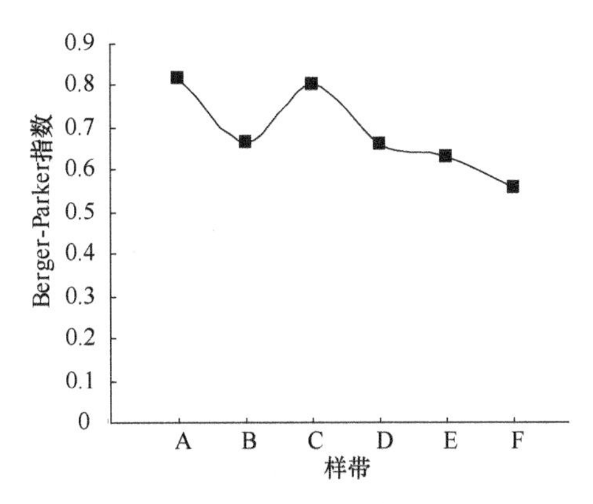

图 4-5　贝壳堤岛不同样带群落的 Berger-Parker 指数

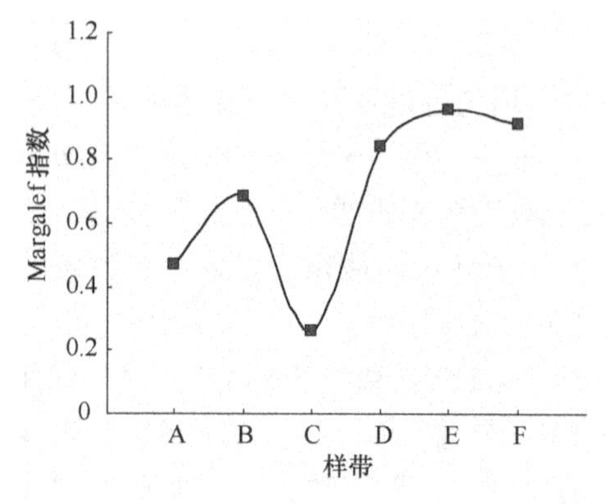

图 4-6　贝壳堤岛不同样带群落的 Margalef 指数

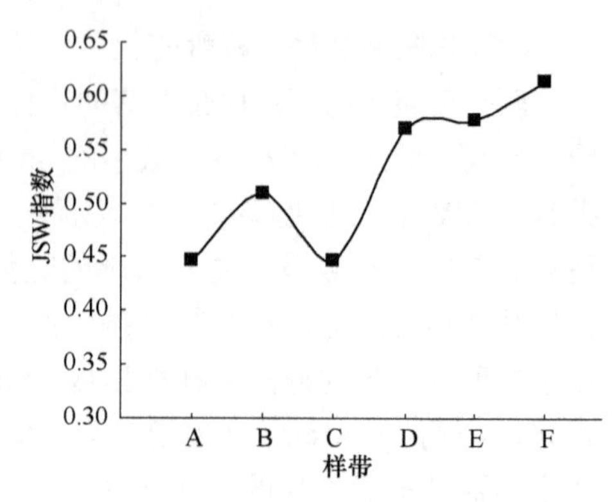

图 4-7　贝壳堤岛不同样带群落的 JSW 指数

4.3.2　植被群落物种 β 多样性空间分布特征

β 多样性可以定义为群落间的多样性，也可以定义为沿着某一环境梯度物种替代的程度或速率、物种周转率等。相异性指数和 Cody 指数分别从上述两个角度反映物种多样性沿环境梯度的分布格局及变化规律。

（1）贝壳堤岛群落 β 多样性差异

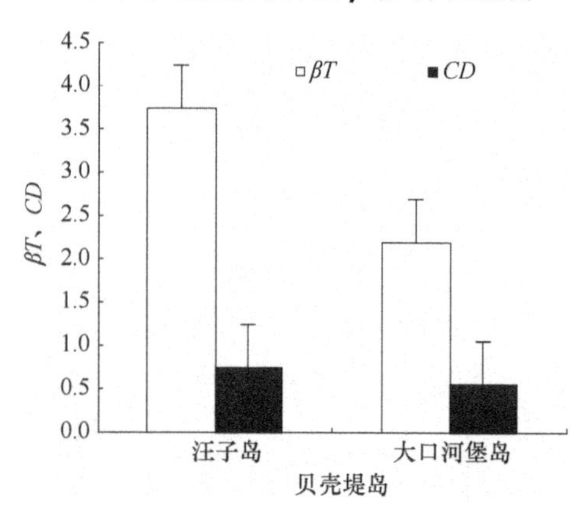

图 4-8　贝壳堤岛间物种相异性指数和 Cody 指数

汪子岛的植被群落物种相异性指数（CD）和 Cody 指数（βT）分别为 3.74 和 0.73，分别是大口河堡岛相应指数的 1.7 倍和 1.35 倍，反映出汪子岛的微生境差异明显，而大口河堡岛由于经常受到人类活动的干扰，环境异质性较低，因此，相异性指数和 Cody 指数不高（图 4-8）。

（2）断面群落 β 多样性差异

沿向海侧-滩脊-向陆侧，相异性指数和 Cody 指数呈现不断增加的趋势（图 4-9），随着离海距离的增加，群落微生境的变异性增大。

（3）不同样带 β 多样性指数

从西往东方向，无论是大口河堡岛还是汪子岛，相异性指数和 Cody 指数所呈现的趋势类似，均是先升后降，最小值出现在大口河堡岛的 A 样带，相异性指数和 Cody 指数分别为 1.73 和 0.48，而最大值出现在汪子岛的 E 样带，相异性指数和 Cody 指数分别为 4.03 和 0.73（图 4-10）。

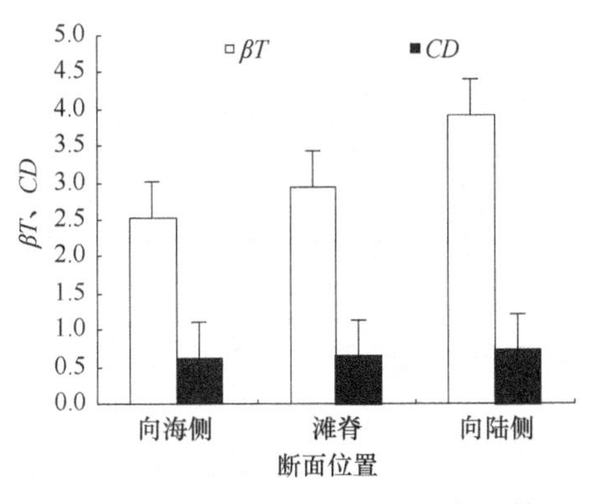

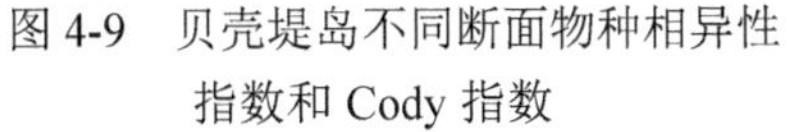
图 4-9　贝壳堤岛不同断面物种相异性指数和 Cody 指数

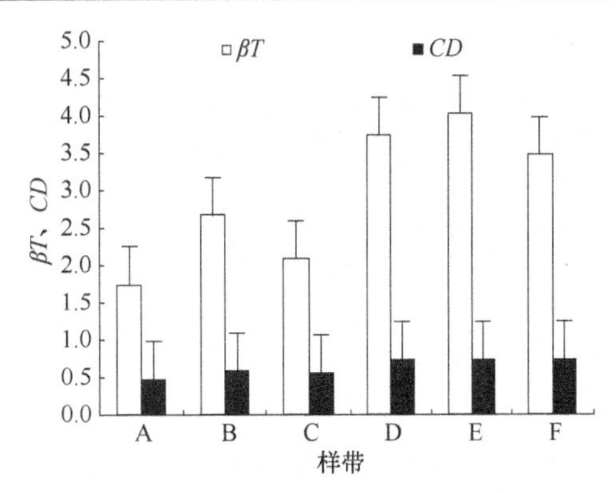

图 4-10　贝壳堤岛不同样带 β 多样性指数

4.3.3　植被群落时间尺度上的 α 多样性变化

（1）不同月份草本样方中物种组成

5～10 月不同月份在贝壳堤岛出现的物种有一定差异。砂引草、芦苇、蒙古蒿、乌蔹莓、鹅绒藤、獐毛、二色补血草、大穗结缕草、阿尔泰紫菀、野青茅、青蒿、兴安天门冬等由于生育期较长，在 5～10 月中都有分布，而 7～9 月是物种生长的最适季节，有黄花草木樨、茜草、菟丝子、狗尾草、蒙古鸦葱和猪毛菜等的分布，紫花苜蓿、苣荬菜等在 10 月大量分布（表 4-11）。

表 4-11　不同月份贝壳堤岛样方内出现的植物物种

种类	5月	6月	7月	8月	9月	10月	种类	5月	6月	7月	8月	9月	10月
鹅绒藤	+	+	+	+	+	+	苍耳	+			+		
芦苇	+	+	+	+	+	+	狗尾草			+	+	+	+
砂引草	+	+	+	+	+	+	大穗结缕草	+	+	+	+	+	+
蒙古蒿	+	+	+	+	+	+	碱蓬	+	+	+	+	+	+
乌蔹莓	+	+	+	+	+	+	阿尔泰紫菀	+	+	+	+	+	+
杠柳				+	+		野青茅	+	+	+	+	+	+
黄花草木樨	+			+	+		兴安天门冬	+	+	+	+	+	+
地肤	+		+	+			蒙古鸦葱		+	+	+	+	
青蒿	+	+	+	+	+	+	猪毛菜				+	+	
茜草	+		+	+	+	+	草麻黄	+					
铁扫帚	+	+	+	+	+		苣荬菜	+	+			+	
二色补血草	+	+	+	+	+	+	中亚滨藜.						
獐毛	+	+	+	+	+	+	紫花苜蓿						+
沙打旺		+	+	+	+	+	白刺						+
酸枣				+	+	+	柽柳						+
菟丝子				+	+	+	苦苣菜						+

（2）不同月份物种多样性变化

5～10 月物种丰富度（*S*）、Berger-Parker 指数、McIntosh's 指数、Margalef 指数、Shannon-Winner 指数等变化不大，而 Simpson 指数和 JSW 指数在不同的月份差异达极显著水平（图 4-11）。

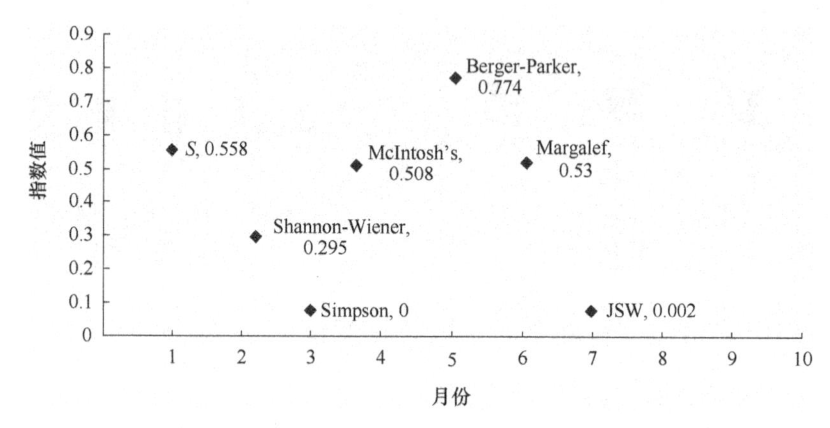

图 4-11　不同月份贝壳堤岛植物多样性差异概率值

对 Simpson 指数和 JSW 指数进一步分析（图 4-12 和图 4-13）可以看出，Simpson 指数 5 月、7 月、8 月较大，在 7 月出现最大值，为 2.45，而 6 月最小，仅为 0.38。6 月 Simpson 指数与其他月份差异显著，而 10 月植物开始凋落衰败，因此 Simpson 指数也与 7 月差异显著，但与 5 月、8 月、9 月的 Simpson 指数差异不显著。5 月、7 月、8 月三个月的 JSW 指数较大，最大值仍然出现在 7 月，为 0.69，而最小值出现在 10 月，为 0.33，是 7 月的 47.82%。

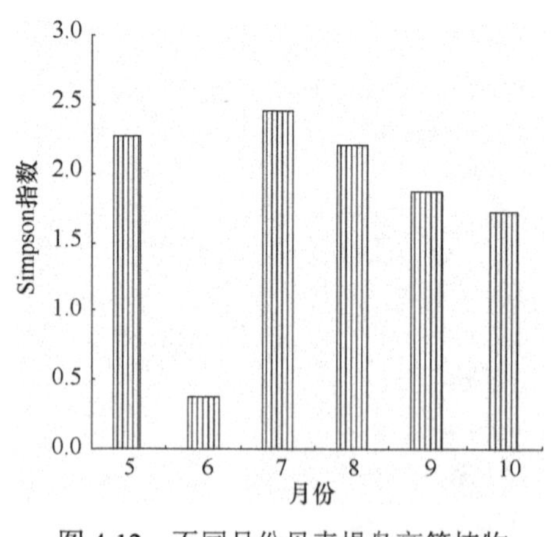

图 4-12　不同月份贝壳堤岛高等植物群落 Simpson 指数

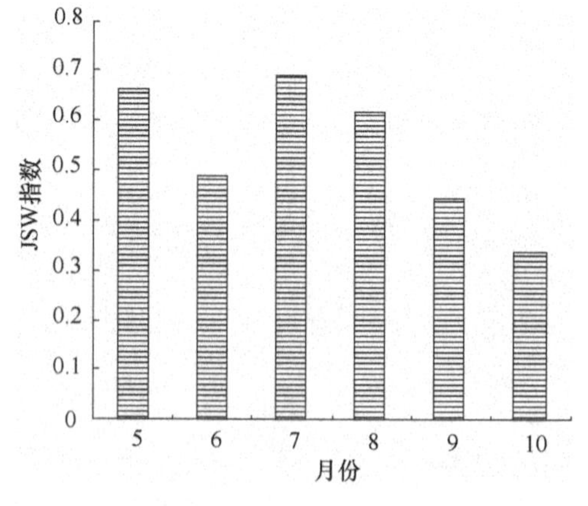

图 4-13　不同月份贝壳堤岛高等植物群落 JSW 指数

4.3.4　植被群落物种多样性变化的环境因素分析

利用 8 月生长旺季的样地植被调查数据，以及贝壳砂 0～10cm 含水量（SW1）、10～20cm 含水量（SW2），0～10cm 含盐量（Sal1）、10～20cm 含盐量（Sal2），0～10cm 速效钾含量（RaK1）、10～20cm 速效钾含量（RaK2），0～10cm 速效磷含量（RaP1）、10～20cm 速效磷含量（RaP2），0～10cm 总碳含量（TC1）、10～20cm 总碳含量（TC2），0～10cm 有机碳含量（TOC1）、10～20cm 有机碳含量（TOC2），0～10cm 不可吹出有机碳含量（NPOC1）、10～20cm 不可吹出有机碳含量（NPOC2），0～10cm 水溶性氮含量（TNb1）、10～20cm 水溶性氮含量（TNb 2），0～10cm 细菌数量（Bacterium1）、10～20cm 细菌数量（Bacterium2），0～10cm 真菌数量（Fungi1）、10～20cm 真菌数量（Fungi2），0～10cm 放线菌数量（Actinobacteria1）、10～20cm 放线菌数量（Actinobacteria2）等环境、微生物因子测定数据，按向海侧、滩脊、向陆侧依次设置断面编码为 1、2、3，用最大值法对环境数据进行标准化，用开平方法对植物种类的重要值进行数据转换，利用 R 语言程序对样地-环境因子进行去趋势对应分析（DCA）和典范对应分析（CCA）排序，根据植物群落、物种格局与环境因子的关系，定量分析影响贝壳堤岛物种格局的环境因子。

4.3.4.1　贝壳堤岛不同样地 DCA 排序结果

DCA 排序将各个样点划分为两个较为明显的生境区，即 E_2、C_1、D_3、C_3 和 B_1、D_1、A_1、F_1（图 4-25）。第一类生境多位于贝壳堤滩脊和向陆侧，该区域含盐量较低，平均为 0.04%，贝壳砂中 RaK 为 131.93mg/kg，NPOC 为 71.52mg/kg，TC 为 100.32mg/kg，TNb 为 14.44mg/kg。第二类生境位于向海侧，这类区域的贝砂中含盐量较高，平均为 17.95%，速效钾含量为 97.31mg/kg，NPOC 为 49.9mg/kg，TC 为 77.67mg/kg，TNb 为 7.7mg/kg，TOC 为 49.9mg/kg。通过环境因子与排序轴的相关性分析看出，0～10cm 的 NPOC、TC、TNb、TOC 相关性达极显著水平（表 4-12）。

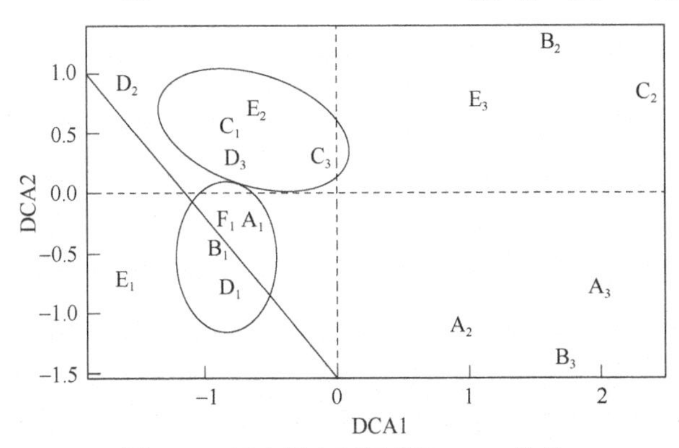

图 4-14　贝壳堤岛不同样地 DCA 排序

表 4-12　贝壳堤岛环境因子与排序轴的相关性

环境指标	DCA1	DCA2	r^2	P（>r）
0～10cm 贝壳砂含水量	0.13	−0.99	0.03	0.832
10～20cm 贝壳砂含水量	0.67	−0.74	0.00	0.968
0～10cm 贝壳砂含盐量	−0.49	−0.87	0.15	0.337
10～20cm 贝壳砂含盐量	0.63	−0.78	0.01	0.944
0～10cm 贝壳砂速效磷	0.96	−0.30	0.06	0.690
10～20cm 贝壳砂速效磷	−0.98	−0.19	0.08	0.572
0～10cm 贝壳砂速效钾	0.85	−0.52	0.04	0.790
10～20cm 贝壳砂速效钾	0.66	0.75	0.01	0.919
0～10cm 贝壳砂总无机碳	−0.27	0.96	0.02	0.842
10～20cm 贝壳砂总无机碳	−0.57	0.82	0.23	0.157
0～10cm 贝壳砂不可吹扫有机碳	0.98	0.18	0.70	0.001***
10～20cm 贝壳砂不可吹扫有机碳	0.93	−0.36	0.29	0.094
0～10cm 贝壳砂总碳	0.98	0.21	0.72	0.001***
10～20cm 贝壳砂总碳	0.95	−0.30	0.27	0.115
0～10cm 贝壳砂水溶性氮	0.90	0.43	0.65	0.001***
10～20cm 贝壳砂水溶性氮	0.98	0.18	0.40	0.041*
0～10cm 贝壳砂有机碳	0.98	0.18	0.70	0.001***
10～20cm 贝壳砂有机碳	0.93	−0.36	0.29	0.094
0～10cm 贝壳砂细菌数量	0.16	−0.99	0.11	0.452
10～20cm 贝壳砂细菌数量	0.81	0.58	0.22	0.198
0～10cm 贝壳砂真菌数量	0.87	−0.49	0.18	0.260
10～20cm 贝壳砂真菌数量	0.92	0.40	0.04	0.780
0～10cm 贝壳砂放线菌数量	0.81	0.59	0.09	0.548
10～20cm 贝壳砂放线菌数量	0.95	0.31	0.23	0.159

*** P<0.001；* P<0.05

4.3.4.2　群落、物种分布与环境因子的关系

调查样地中共出现 26 种植物。图 4-15 反映了样地、物种与环境因子的关系，典范对应分析（CCA）排序表明，排序图中前两个排序轴的特征根值分别为 0.68 和 0.58，可以看出，TNb、TC、NPOC、细菌数量与第一排序轴相关性显著，其中，0～10cm 水溶性氮（TNb1）含量与第一排序轴相关性最大。

由图 4-15 可以看出，调查样方可以分为 3 类，分别对应着不同的群落类型，排序轴的Ⅱ区主要分布芦苇群落、砂引草群落、芦苇＋砂引草群落或狗尾草群落，Ⅲ区主要分布乌蔹莓群落、狗尾草群落或碱蓬群落，而Ⅳ区分布野青茅群落和蒙古蒿＋紫菀群落。

根据物种在 CCA 排序空间上的散布格局，结合各排序轴所代表的生态意义分析，26 种草本植物分化不是很明显，大概可以分为 4 类：①分布于滩脊海拔较高处，在排序图的最右端，代表性植物有白茅、青蒿、铁扫帚；②分布在向海侧，位于排序轴的左边，代表性植物有二色补血草、大穗结缕草、砂引草；③分布于向陆侧，位于排序轴的右下方，代表性植物有蒙古蒿、碱蓬、紫菀、黄花草木樨等；④狗尾草在断面各个样地都有分布，位于排序轴的中间。

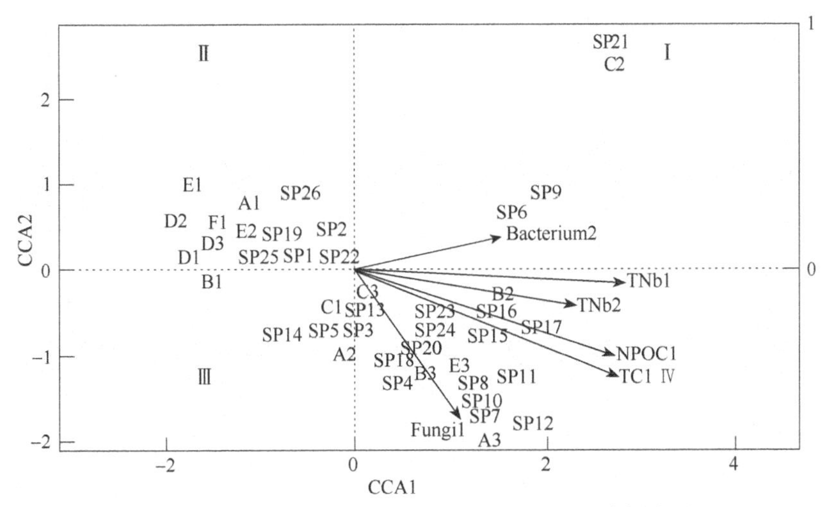

图 4-15　贝壳堤岛样地高等植物物种 CCA 二维排序图

SP1、SP2、SP3、SP4…SP26依次代表物种芦苇、砂引草、鹅绒藤、蒙古蒿、乌蔹莓、青蒿、茜草、野青茅、铁扫帚、杠柳、黄花草木樨、地肤、二色补血草、獐毛、沙打旺、菟丝子、酸枣、紫菀、大穗结缕草、碱蓬、白茅、狗尾草、兴安天门冬、中亚滨藜、猪毛菜、蒙古鸦葱。后同

4.3.5　贝壳堤岛的物种生态位

群落生境的差异是形成物种多样性的主要原因。根据以上的排序结果可以看出，不同的断面位置对物种的分布产生影响。生态位宽度是一个物种所利用的各种资源的总和，是衡量物种对环境资源利用状况的尺度。生态位宽度的大小不仅与物种生态学和进化生物学特征有关，而且与种间的相互适应和相互作用有密切的联系。生态位宽度越大，表明物种对环境的适应能力越强，对各种资源的利用能力越强，而且在群落中往往处于优势地位。它不仅是物种的生态学和生物学特征的反映，而且与种间的相互适应和相互竞争有密切关系。表 4-13 给出了不同断面的物种生态位宽度，物种 3 即鹅绒藤的生态位宽度最大，达 0.95；其次是物种 22 狗尾草、15 沙打旺、6 青蒿、2 砂引草，它们的生态位宽度依次为 0.67、0.66、0.65 和 0.64；大部分物种的生态位宽度仅有 0.33，这些物种分别为獐毛、碱蓬、蒙古鸦葱、乌蔹莓、菟丝子、酸枣、白茅、杠柳、地肤、茜草、野青茅、紫菀、兴安天门冬、中亚滨藜、猪毛菜。

表 4-13　贝壳堤岛植物种生态位宽度

物种代号	B_i	物种代号	B_i	物种代号	B_i
1	0.59	10	0.33	19	0.42
2	0.64	11	0.49	20	0.33
3	0.95	12	0.33	21	0.33
4	0.56	13	0.53	22	0.67
5	0.33	14	0.33	23	0.33
6	0.65	15	0.66	24	0.33
7	0.33	16	0.33	25	0.33
8	0.33	17	0.33	26	0.33
9	0.39	18	0.33		

生态位重叠体现了物种对同等级资源的利用程度以及空间配置关系，反映物种之间对资源利用的相似程度和竞争关系。较高的生态位重叠意味着物种之间对环境资源具有相似的生态学要求，或者对生态因子有互补性的要求，因而可能存在着激烈的竞争。表 4-14 给出的是不同物种之间的生态位重叠值，物种之间的生态位重叠值存在着差异。其中，对生境需求完全重叠（重叠值＝1.00）的种对有 37 对，如野青茅与茜草、茜草与杠柳、杠柳与野青茅、地肤与茜草、地肤与野青茅、茜草与兴安天门冬、茜草与猪毛菜、茜草与中亚滨藜、地肤与兴安天门冬、地肤与中亚滨藜等，这些种对大部分都着生在贝壳堤滩脊和向陆侧，对生境的需求类似。对生境需求完全不重叠（重叠值＝0）的有 95 对，如蒙古鸦葱与蒙古蒿、蒙古鸦葱与乌蔹莓、蒙古鸦葱与青蒿、乌蔹莓与茜草、乌蔹莓与野青茅、地肤与乌蔹莓等。其中，獐毛主要生长在向海侧，与分布在滩脊和向陆侧的物种蒙古蒿、乌蔹莓、青蒿、茜草、野青茅、铁扫帚、杠柳、黄花草木樨、地肤 9 种植物生态位完全不重叠；碱蓬也与乌蔹莓、青蒿、茜草、野青茅、铁扫帚、黄花草木樨、地肤、沙打旺、菟丝子、酸枣、紫菀等几种植物生态位完全不重叠。而生态位宽度较大的物种生态位重叠也较高，从表 4-14 可以看出，鹅绒藤与其他物种的生态位重叠值都在 0.4 以上。

4.3.6　小结

贝壳堤岛生态系统分布的植被群落以落叶阔叶灌丛和草甸两大植被群落类型为主。由于贝壳堤具有海浪侵蚀频繁、微地形起伏不定等环境高度异质化的特点，植被群落在时空分布上具有一定的差异。α 多样性空间分布表明，汪子岛和大口河堡岛物种组成、物种多样性指数之间存在着一定的差异。从贝壳堤向海侧、滩脊到向陆侧，断面小生境的差异导致向海侧形成结构单一的植被群落，鹅绒藤、芦苇、砂引草、大穗结缕草、狗尾草是向海侧的优势植被类型，小样方内植被的平均鲜重和干重较低，与断面滩脊处和向陆侧差异显著；而贝壳堤滩脊处和向陆侧物种组成、盖度乃至生物量之间差异不显著；同时，物种多样性指数在断面上呈现先升后降的格局形式。而样带物种丰富度和物种多样性指数均表现为大口河堡岛从西往东，多样

表4-14 贝壳堤岛植物物种生态位重叠

	2	3	4	5	6	7	8	9	10	11	12	13	14	15	16	17	18	19	20	21	22	23	24	25	26
1	0.98	0.62	0.24	0.18	0.25	0.19	0.19	0.19	0.19	0.22	0.19	0.47	0.97	0.26	0.18	0.18	0.19	0.3	0.97	0.18	0.26	0.19	0.19	0.19	0.97
2		0.69	0.23	0.36	0.35	0.10	0.10	0.36	0.10	0.19	0.10	0.38	0.93	0.34	0.36	0.36	0.10	0.47	0.93	0.36	0.31	0.10	0.10	0.10	0.93
3			0.79	0.71	0.91	0.57	0.57	0.76	0.57	0.73	0.57	0.67	0.40	0.91	0.71	0.71	0.57	0.76	0.40	0.71	0.90	0.57	0.57	0.57	0.79
4				0.36	0.83	0.93	0.93	0.44	0.93	0.99	0.93	0.89	0	0.89	0.36	0.36	0.93	0.36	0	0.36	0.95	0.93	0.93	0.93	0
5					0.82	0	0	1.00	0	0.24	0	0	0	0.75	1.00	1.00	0	0.99	0	1.00	0.63	0	0	0	0
6						0.58	0.58	0.86	0.58	0.76	0.58	0.55	0	0.99	0.82	0.82	0.58	0.81	0	0.82	0.96	0.58	0.58	0.58	0
7							1.00	0.08	1.00	0.97	1.00	0.95	0	0.66	0	0	1.00	0	0	0	0.77	1.00	1.00	1.00	0
8								0.08	1.00	0.97	1.00	0.95	0	0.66	0	0	1.00	0	0	0	0.77	1.00	1.00	1.00	0
9									0.08	0.32	0.08	0.08	0	0.66	1.00	1.00	0.08	0.99	0	1.00	0.70	0.08	0.08	0.08	0.44
10										0.97	0.97	0.95	0	0.66	0	0	0	0	0	0	0.77	1.00	1.00	0	0
11											0.97	0.92	0	0.82	0.24	0.24	0.97	0.24	0	0.24	0.90	0.97	0.97	0.97	0
12												0.95	0	0.66	0	0	1.00	0	0	0	0.77	1.00	1.00	1.00	0
13													0.31	0.62	0	0	0.95	0.04	0.31	0	0.74	0.95	0.95	0.95	0.31
14														0	0	0	0	0.13	1.00	0	0.74	0	0	0	1.00
15															0.75	0.75	0.66	0.75	0	0.75	0.99	0.66	0.66	0.66	0
16																1.00	0	0.99	0	1.00	0.63	0	0	0	0
17																	0	0.99	0	1.00	0.63	0	0	0	0
18																		0	0	0	0.77	1.00	1.00	1.00	0
19																			0.13	0.99	0.63	0	0	0	0.63
20																				0	0.01	0	0	0	1.00
21																					0.63	0	0	0	0
22																						0.77	0.77	0.77	0.01
23																							1.00	1.00	0.77
24																								1.00	0
25																									0

性指数呈现先升后降的格局形式，汪子岛从西往东表现为持续增加的态势。β 多样性指数以汪子岛相异性指数和 Cody 指数大，沿向海侧-滩脊-向陆侧相异性指数和 Cody 指数呈现不断增加的格局；从西往东方向，无论是大口河堡岛还是汪子岛，相异性指数和 Cody 指数均先升后降；不同月份贝壳堤岛样方内出现的物种以及多样性指数不同，其中，Simpson 指数和 JSW 指数差异显著。

利用 DCA 和 CCA 排序，对群落物种多样性变化的环境因素进行分析发现，各个样点明显分为 2 个生境区，一类位于贝壳堤岛滩脊和向陆侧，一类位于向海侧。而调查样方可以划分为 3 类，对应着不同的植被群落，但 26 种植物在 CCA 排序轴上分化不是很明显。利用不同的断面位置作为资源位，贝壳堤岛高等植物物种的生态位宽度均大于 0.33，生态位重叠值较高，这与 CCA 排序结果相一致，说明贝壳堤岛的植物利用资源的能力相当，对环境的竞争激烈。

4.4 贝壳堤岛的重要代表植物

贝壳堤岛比较重要的代表植物有 19 种，现对其分类地位、生物学特性、经济价值及保护利用简述如下（赵丽萍和谷奉天，2009；田家怡等，1999）。

（1）草麻黄

草麻黄属裸子植物门买麻藤纲麻黄科，草本状灌木。喜干燥气候，耐干旱、耐瘠薄土壤，主要生于贝壳堤岛向阳滩脊。由于草麻黄叶片退化为鳞片状，蒸腾量很小，即便在水分极度缺少的环境中仍可正常生长发育。草麻黄的茎枝可入药，能发汗、平喘、利尿。治外感风寒、恶寒无汗、咳嗽、气喘、水肿尿少等症。根有止汗作用，治自盗汗。草麻黄仅分布在海拔较高的纯贝砂岛上，生长缓慢，产量低，除在保护前提下适量刨挖野生资源外，应推广人工栽培，增加产量。1970 年前，贝壳堤岛是山东草麻黄的主产区，1980 年以后，由于贝壳堤岛的破坏，草麻黄种群已极少，仅零星分布。应对草麻黄进行就地保护，以种子繁殖或分株繁殖进行恢复。

（2）单叶蔓荆

单叶蔓荆属被子植物门双子叶植物纲马鞭草科牡荆属，落叶灌木。适生湿润气候，能抗寒，特别耐盐碱，海潮侵袭后仍可生长。1970 年前，贝壳堤岛上的单叶蔓荆面积达 200hm^2，现仅零星分布。单叶蔓荆既是海岸防风固堤和绿化观赏灌木，其种子又是中药材，称为蔓荆子，果实入药，具散风清热、镇痛止痛的功效，主治感冒头痛、偏头痛、目赤肿痛等病。9～10 月果实成熟后摘下，先堆放 4～5d，而后摊开晒干，去掉杂质后备用。新中国成立初期，山东省药材总站曾将贝壳堤岛作为蔓荆子的收购地点。1980 年后，由于贝壳岛被挖，单叶蔓荆的立地条件快速缩小和分割，已完全失去了采收价值。主要分布在贝砂海滩和贝砂岛上，集中成片的大群落已很少，在贝砂岛上已处在渐危状态，应加强保护野生种群，扩大人工栽培，以种子、杆插繁殖。

（3）甘草

甘草属被子植物门双子叶植物纲豆科甘草属，多年生草本。中旱生植物，根状茎及根入药，生态幅较宽，在贝壳堤岛上有自然群落分布。甘草的营养价值较高，含有较多的蛋白质和无氮浸出物。其根及根茎含甘草素，系甘草酸的钾及钙盐，是甘草有甜味的主要成分。尚含甘草黄甙、异甘草黄甙、二羟基甘草次酸、甘草西定、甘草醇、5-*O*-甲基甘草醇、异甘草醇、甘露醇、葡萄糖、蔗糖、苹果酸、桦木酸、天冬酰胺、烟酸、淀粉、胶质、微量挥发油等。另外，还含甘草苦素。甘草具有补气健脾、润肺止咳、清热解毒、调和诸药之功效。炙用可治脾虚泄泻、胃虚口渴、肺燥干咳；生用可治咽喉肿痛、痈疽肿毒、小儿胎毒等。甘草也是一种中等饲用植物。近年来用甘草生产的甜味素比砂糖甜 100～150 倍，供食用或工业用。3～4 月或 9～10 月间刨根，洗净晒干或烘干备用。贝砂岛及海滨黄河冲积土皆有分布，近年来还在海滨发展了试种，仅野生种年产干药可在 1.5×10^4kg 上下。由于人为破坏贝壳堤岛，已很少见到其群落。应加强对甘草的就地保护，采取措施，尽快恢复其种群。

（4）白刺

白刺属被子植物门双子叶植物纲蒺藜科白刺属，落叶低矮有刺灌木，有时横卧，是我国寒温、温带气候的盐土或盐碱土的指示植物。分布在贝壳堤岛的向海向陆沙滩，形成白刺纯群落。白刺果实可食，可加工饮料。它的种仁似“胡麻”，能榨油代粮。果实入药，有调经活血，消食健脾之效。白刺喜光、耐寒、抗旱、抗盐，为改盐、防风、固沙的盐碱海岸的前沿植物，应加以保护，并恢复其种群，以防治贝壳堤岛的风蚀、海蚀。

（5）酸枣

酸枣属被子植物门双子叶植物纲鼠李科枣属枣种的一变种，灌木，适应性强，抗风、耐旱、耐瘠薄，根系发达，是保持水土的先锋灌木。1970 年前酸枣广布于贝壳堤岛，为贝壳堤岛的建群种，分布面积大，且长势良好。在纯贝砂岛和混有不同比例泥土的贝砂岛上皆有分布，如最大的棘家堡子广大纯贝砂岛群，面积达 1.75km^2，最大的混有红黏土的红土洼子贝砂岛（5.50km^2）和脊岭子岛（5.15km^2），面积共 10.65km^2，都布满着盖度不等酸枣灌丛，预测年产酸枣仁 8×10^4kg，是一种生产潜力很大的优势资源。酸枣果肉营养丰富，含多种维生素，尤以维生素 C 含量高，为 0.5～1.0mg/kg，可生食或制作果酱；干枣可加工成酸枣面、酸枣露等，是盛夏防暑佳品。酸枣种子是传统贵重中药，有镇定安神之功效，主治神经衰弱、失眠等症。成熟果实期采摘去皮入药。酸枣仁含脂肪油 30%以上，并含桦皮脑、桦皮脑酸和多种有机酸。枣核壳可加工成活性炭。酸枣还是重要蜜源植物和嫁接大枣、冬枣的理想砧木。因此，应加快酸枣野生种群的保护和人工恢复。

（6）白蔹

白蔹属被子植物门双子叶植物纲葡萄科蛇葡萄属，多年生攀援藤本植物。簇生肥大块根入药，具清热解毒、消肿止痛之功效，主治痈肿疮疡和烧伤烫伤。在3～4月或9～10月间采根，用刀纵剖成二瓣，晒干备用。白蔹分布在贝砂岛高大草丛和灌草丛中，海拔2m以上的较大贝砂岛多有成片性生长，年产干药量在0.5×10^4kg上下。近年来由于过量挖根采药，野生面积逐年减少。近20年来由于贝壳堤岛遭到破坏，白蔹的分布和种群数量锐减。白蔹的根含淀粉21.1%，还原糖1.53%，醇浸出物3%以上。

（7）野大豆

野大豆属被子植物门双子叶植物纲豆科大豆属，是豆科大豆属亚属的唯一野生种。茎细弱，蔓生多攀缘或匍匐地面。野大豆属于温带植物区系物种，对环境要求不严格。喜湿耐水渍，还能耐旱、耐盐碱、耐瘠薄、抗病、抗寒。野大豆为高蛋白质饲草。现因贝壳堤岛的破坏，野大豆仅零星分布。野大豆为我国二级重点保护植物，应严加保护，否则，贝壳堤岛上野大豆有灭绝的危险。

（8）罗布麻

罗布麻属被子植物门双子叶植物纲夹竹桃科罗布麻属。罗布麻为多年生宿根草本植物。主要分布在生境为低湿、盐碱、干旱、沙荒地区，有耐盐与耐旱的特性。贝壳堤岛的滩脊上有分布。罗布麻叶不但可以做茶用，还具有清热、祛火、防治头晕等功能。其叶中含有槲皮素，具有祛痰、镇咳、平喘、降血压、降血脂，增加冠状动脉流量、增强肾上腺素分泌，抗炎、抗过敏等作用。罗布麻根中含有强心甙，具有强心利尿的作用。罗布麻叶可代替部分烟叶卷烟，降低烟碱和焦油含量，减少支气管炎发病率。罗布麻皮的纤维比苎麻细，单纤维绝对强度比棉花大5～6倍，延伸率只有3%左右，故称罗布麻为“野生纤维之王”。与棉、毛、丝混纺的衣料，品质优良，比一般棉织品耐湿、耐腐，缩水性小。罗布麻纤维也是良好的造纸原料。

（9）天门冬

天门冬属被子植物门单子叶植物纲百合科天门冬属，多年生攀援草本。簇生肉质根入药，具滋阴清热，润肺止咳之功效，主治支气管炎、扁桃体炎、咽喉肿痛等病症。3～4月或9～10月间采根，趁鲜用开水烫后，撕去外皮，晒干或用低温火炕烘干备用。天门冬块根含还原糖6.4%，糖类42.2%，淀粉31.18%，并含天门冬酰胺，5-甲氧基一甲基糠醛、β-谷甾醇、蛋白质、脂肪等。喜生山坡较肥沃的土壤，但也具有一定的抗海潮浸渍能力，在贝壳堤岛海拔较低处零星分布，仅生长在纯贝砂岛上，其他海涂和混有泥土的小岛不见生长，因而分布面积小，产药量低。

（10）大穗结缕草

大穗结缕草属被子植物门单子叶植物纲禾本科结缕草属，多年生草本，具根状茎、匍匐茎与直茎。大穗结缕草是一种适生于海滨滩涂立地条件的种类，高度耐盐碱，在土壤 pH 高达 8.64、含盐量 7.3‰的条件下仍生长良好。分布于沿海海拔 0.5～2.0m 的潮沟两侧，贝壳堤岛的向海侧滩地，高潮线之上，在贝砂滩上形成海滩原生群落，其耐盐能力强，属盐生植物。大穗结缕草在自然环境条件下，以无性繁殖为主，有性繁殖为辅，种子需经处理后方能发芽。大穗结缕草性喜阳光，植株强健，地下茎繁茂，适应性强，既能耐旱，又能耐瘠薄、耐低温、耐践踏、耐修剪，形成的草坪景观介于马尼拉与结缕草之间，尤其是地下 5cm 左右的地下茎十分发达，盘根错节，形成了厚实的土草结块，所以非常耐践踏，是护坡、运动场草坪、城市开放型草坪的首选草种。

（11）中亚滨藜

中亚滨藜药材名软蒺藜，属被子植物门双子叶植物纲藜科滨藜属，一年生草本泌盐植物。果实药用，具有祛风、明目、疏汗、解郁等功效，治疗目赤多泪，头晕目眩、湿疹等。10～11 月采收果实，或割收全草晒干后采收果实。中亚滨藜是泌盐性的高抗盐植物，在含盐 0.5%～2%的重盐碱地可繁茂生长，所以在海拔高程较低的含泥土比例大的重盐碱贝砂岛以及纯贝砂岛脚下含盐高的低地上均有分布，具集中采收果实的面积达 $10km^2$ 以上，预计年产药材 10×10^4kg，是山东省中药材集中收购品种。

（12）茵陈蒿

茵陈蒿属被子植物门双子叶植物纲菊科蒿属，多年生草本植物。初春全株密生灰白色绵毛的幼苗入药，具有清湿热、利肝胆之功效，是治疗急性肝炎、黄疸的要药。在 3～4 月间，当茵陈幼苗出土 1～2 寸[①]时挖出，除去根和泥土，晒干备用。茵陈蒿在贝砂岛和黄河三角洲湿草地广生，年产干药量预计在 15×10^4kg 以上，也是山东省重点收购药材。

（13）白花曼陀罗

白花曼陀罗属被子植物门双子叶植物纲茄科曼陀罗属，一年生草本植物。花入药，具麻醉止痛，除风湿、定喘之功效，主治风湿病、胃痛和哮喘。在 6～8 月间，花初开时清晨采下，用线穿起，挂在通风处阴干备用，是一种诸岛广生的药材，年产药量在 0.3×10^4kg 左右，具有较高的开发价值。岛上有一个优质品种——重瓣白花曼陀罗，比单瓣白花曼陀罗成倍增产，应引种栽培，大力发展，以充分发挥其经济效益。

（14）二色补血草

二色补血草属被子植物门双子叶植物纲白花丹科补血草属，多年生草本植物。

---

① 1 寸≈3.33cm

全草入药，具止血、散淤之功效，又可杀蝇。在6～8月间，采收全株，晒干备用，是黄河三角洲海拔较低贝砂岛及周边盐碱地广生药用植物，年产干药量55×10^4kg左右，开打利用潜力较大。

（15）牻牛儿苗

牻牛儿苗药材名老鹳草，属被子植物门双子叶植物纲牻牛儿苗科牻牛儿苗属，一年生草本植物。全草入药，具祛风湿，通经活络之功效，主治风湿性关节痛和扭伤肿痛等症。于5～7月间茎叶繁茂、开花结果时采收全草，晒干备用。海拔较高、含盐较低的高大贝砂岛广生，年产干药量在2×10^4kg左右。

（16）苍耳

苍耳药材名苍耳子，属被子植物门双子叶植物纲菊科苍耳属，一年生草本植物。果实入药，具祛风湿、解表镇痛之功效，主治风湿性关节痛、鼻炎及鼻窦炎、疥癣及湿疹等病。8～10月割收全草，打落果实，去除杂质后备用。贝砂、荒岛皆产，黄河三角洲荒草低也有大量分布，年产果实药在1.5×10^4kg左右。

（17）柽柳

柽柳属被子植物门双子叶植物纲柽柳科柽柳属，落叶小乔木或灌木。嫩枝叶入药，具祛风、解毒、透疹之功效，主治麻疹透发不快，感冒发热头痛等症状。在6～7月未开花前采收嫩枝叶，晾干备用。含泥土的低矮贝砂岛及各岛的脚下含盐碱较高区域，以及海涂地带均有大面积分布，年产干药预计可在5×10^4kg以上。

（18）列当

列当属被子植物门双子叶植物纲列当科列当属，寄生草本植物。全草入药，具滋补强壮的功效，主治身体虚弱症。5～7月采集全草，晒干备用。列当以吸收根寄生在蒿属植物根上生活，所以在贝砂岛上凡有艾蒿、牡蒿、茵陈蒿、黄花蒿、青蒿分布处就有列当的寄生。但近年来由于过量采收，亦处于渐危状态。

（19）杠柳

杠柳属被子植物门双子叶植物纲萝藦科杠柳属，落叶蔓性灌木。喜生向阳坡，根深性，萌蘖力强，为良好的水土保持灌木。现汪子岛贝壳堤岛的滩脊上有少量分布。杠柳根皮供药用，称“北五加皮”，有祛风湿、健筋骨、强腰膝、消水肿的功效。4～5月间刨出全根，抽出中间木质部分，取根皮，晒干备用。因其为中药材，遭到沿海渔民的滥挖。主要分布在海拔较高的纯贝砂岛上，分布面积小，处于渐危状态，应在保护发展的前提下适量开发。

药用植物和饲用植物为贝壳堤岛主要的资源植物（王彦功，2001；山东经济植物，1978），分别占贝壳堤岛高等植物总种数的75%和37.5%。贝壳堤岛主要代表植物及其功效见表4-15。

表 4-15　主要代表植物及其功效

种类	药用价值
中亚滨藜	用于肝肾阴虚所致头晕目眩、视力减退、腰膝酸软、遗精消渴等症
西伯利亚滨藜	果实可入中药，有清肝明目、祛风消肿的功效
地肤	清热利湿，祛风止痒。用于小便涩痛、阴痒带下、风疹、湿疹、皮肤瘙痒
翅碱蓬	适量进食具有维持体内酸碱平衡、补充矿物质防止衰老的功效，是一种天然的绿色保健食品
碱蓬	有清热、消积、治瘰疬、腹胀等功效
猪毛菜	果期全草可为药用，治疗高血压，效果良好
截叶铁扫帚	平肝明目，祛风利湿，散瘀消肿。治病毒性肝炎、痢疾、慢性支气管炎、小儿疳积、风湿关节、夜盲、角膜溃疡、乳腺炎
花生	内皮含有抗纤维蛋白溶解酶，可防治各种外伤出血、肝病出血、血友病等
蒺藜	平肝解郁，活血祛风，明目，止痒
鹅绒藤	果可治劳伤；根治跌打、蛇咬；茎叶可治小儿疳积等症
黄花蒿	全草清热，祛风，止痒。治暑热发痧、潮热、小儿惊风、热泻、皮肤湿痒等。子治痨，下气，开胃，止盗汗
艾蒿	抗菌、平喘、利胆、止血
蒙古蒿	治感冒咳嗽、皮肤湿疮、疥癣、痛经、胎动不安、功能性子宫出血、风寒外袭、表气郁闭、全身悉痛、发热恶寒、咳嗽咳痰、痰白清稀、苔薄白、脉浮紧、湿疮瘙痒、流产
青蒿	清热解暑，除蒸，截疟。用于暑邪发热，阴虚发热，夜热早凉，骨蒸劳热，疟疾寒热，湿热黄疸
抱茎苦荬菜	清热、解毒，消肿
蒲公英	治上呼吸道感染、眼结膜炎、流行性腮腺炎、乳痈肿痛、胃炎、痢疾、肝炎、胆囊炎、急性阑尾炎、泌尿系感染、盆腔炎、痈疖疔疮、咽炎、急性乳腺炎、淋巴腺炎、瘰疬、疔毒疮肿、急性结膜炎、感冒发热、急性扁桃体炎、急性支气管炎
苣荬菜	具有清热解毒、凉血利湿、消肿排脓、祛瘀止痛、补虚止咳的功效。对预防和治疗贫血，维持人体正常生理活动，促进生长发育和消暑保健有较好的作用
紫菀	根及根茎入药，清热、解毒、消炎
菊芋	块茎或茎叶入药具有利水除湿、清热凉血、益胃和中之功效
小蓟	凉血止血，祛瘀消肿。用于治疗衄血、吐血、尿血、便血、崩漏下血、外伤出血、痈肿疮毒
芦苇	根状茎叫做芦根，中医学上入药，性寒、味甘，功能清胃火，除肺热；有健胃、镇呕、利尿之功效
白茅	凉血止血
虎尾草	祛风除湿，解毒杀虫。主治感冒头痛、风湿痹痛、泻痢腹痛、疝气、脚气、痈疮肿毒、刀伤
荻	清热活血
狗尾草	除热，去湿，消肿。治痈肿、疮癣、赤眼
玉米	能调中健胃，利尿
韭葱	发汗解表，散寒通阳，解毒散凝。主治风寒感冒轻症、痈肿疮毒、痢疾脉微、寒凝腹痛、小便不利等病症
菟丝子	治阳痿、遗精、遗尿等症

续表

种类	药用价值
日本菟丝子	具有补肝肾、益精壮阳和止泻的功效
乌蔹莓	有清热解毒，活血散瘀，利尿的功能，可以治疗咽喉肿痛、疖肿、痈疽、疔疮、痢疾、尿血、白浊、跌打损伤、毒蛇咬伤等症
茜草	有凉血止血、活血化瘀的功效。主治血热咯血、产后瘀阻腹痛、跌打损伤、风湿痹痛等症
香附子	理气解郁，调经止痛。用于肝郁气滞，胸、胁、脘腹胀痛，消化不良，月经不调，经闭痛经，寒疝腹痛，乳房胀痛
马齿苋	清热解毒，利水去湿，散血消肿，除尘杀菌，消炎止痛，止血凉血。主治痢疾、肠炎、肾炎、产后子宫出血、便血、乳腺炎等病症
马蔺	花晒干服用可利尿通便；种子和根可除湿热、止血、解毒；种子有退烧、解毒、驱虫的功效
旱柳	解热镇痛
蜀葵	根：清热，解毒，排脓，利尿。用于肠炎、痢疾、尿道感染、小便赤痛、子宫颈炎、白带异常。子：利尿通淋。用于尿路结石、小便不利、水肿。花：通利大小便，解毒散结。花、叶：外用治痈肿疮疡，烧烫伤
蓖麻	有祛湿通络、消肿、拔毒之效

参 考 文 献

李法曾．1992．山东植物区系．山东师范大学学报（自然科学版），38（7）：68-72.

李锡文．1996．中国种子植物区系的统计分析．云南植物研究，18（4）：363-384.

潘怀剑，田家怡，谷奉天．2001．滨州贝壳堤岛自然保护区屿植物多样性保护．海洋环境科学，20（3）：54-59.

山东经济植物编写组．1978．山东经济植物．济南：山东人民出版社.

田家怡，贾文泽，窦洪云，等．1999．黄河三角洲生物多样性研究．青岛：青岛出版社.

王彦功．2001．黄河三角洲盐生植物及其开发利用．特种经济动植物，5：33-34.

吴征镒．1991．中国种子植物属的分布区类型．云南植物研究，（增刊Ⅳ）：1-139.

赵丽萍，段代祥．2009．黄河三角洲贝壳堤岛自然保护区维管植物区系研究．武汉植物学研究，27（5）：552-556.

赵丽萍，谷奉天．2009．黄河三角洲贝沙岛及其野生药用植物资源开发利用．福建林业科技，36（3）：186-189.

赵艳云，胡相明，刘京涛，等．2011．黄河三角洲贝壳堤岛植被特征分析．水土保持通报，31（2）：177-180.

第5章　贝壳堤优势植被的土壤水分生态特征

贝壳堤主要由生活在潮间带的贝类死亡之后的壳体及其碎屑，经波浪搬运，在高潮线附近堆积而成。黄河三角洲贝壳堤在维持与稳定海岸地貌、海平面变化及生物多样性保护等方面占有极其重要的地位。在海拔相对较高的黄河三角洲贝壳堤滩脊地带，形成了以旱生灌木和草本为主的植物群落，受全球气候变暖、蒸降比大以及季节性缺水等因素的影响，土壤水分成为贝壳堤滩脊地带植被分布格局的主要影响因子。贝壳堤典型灌草植被通过枯落物分解形成腐殖质层、土壤层的根系穿插增强土壤通透性以及土壤微生物等的作用对土壤颗粒分形、土壤水文功能和土壤养分等理化特性产生重要影响。贝壳堤生态系统土壤水分异质性高，特别是降雨过后，受植被覆盖类型、气温及贝壳砂土壤理化性质的影响，砂质土壤具有降雨后水分向深层渗透过快和土壤表层水分下降较快的特点。贝壳砂土壤本身导热性强，受干热气候的影响，土壤温度变化较快，对土壤水汽运动产生较大影响。而目前关于贝壳堤不同植被类型土壤储蓄水分、持水性能及其影响因素尚不明确，这在一定程度上限制了该区域植被模式的优化配置和土壤有效水分的高效利用。受干旱缺水等自然因素和人为干扰的影响，贝壳堤植被呈现不同程度的退化，导致水土流失加剧。贝壳堤的植被恢复与重建可起到防风固沙、保持水土的功能，对改善区域生态环境和维持生态系统稳定具有重要意义，而基于土壤水文物理功能和蓄水保土效益为经营目的的植被类型选择是亟须解决的问题。

5.1　贝壳堤典型灌木林的土壤蓄持水分特征

土壤水分对植被分布格局及生物生产力影响较大，而植被通过改善土壤理化性质以及植物水分传输、蒸腾耗散等过程也影响着土壤蓄持水分能力和水分渗透性能。土壤水文物理性质的变化对森林生态系统水分转化、有效利用及调蓄降雨有重要影响。土壤粒径分布、团聚体大小及其分形维数是土壤物理结构的重要特征之一，这些参数对土壤入渗特征、水分扩散率、土壤水分特征曲线和土壤蒸发等水分运移特征有重要影响，决定着土壤的水力热力学性质。土壤蓄持水分能力是森林生态系统水分循环中林分结构与功能的综合体现，是评价不同生态系统生态服务功能是否稳定的主要指标，可较好反映生态系统水源涵养功能和预测“土壤水库”生态供水潜力以及生物生产力的高低，因此，土壤蓄持水分能力评价是生态水文学研究的热点问题之一。林分类型、土壤质地结构及微区域环境状况等可综合影响土壤水分的运动和贮蓄能力，致使土壤层蓄水保土功能有较大差异，特别是森林植被通过改善土壤容重、孔隙度、团聚体等物理特性以及植物水分传输、蒸腾耗散等过程影响着土壤蓄持水分能力。目前，不同植被覆盖下土壤蓄水能力的研究多以土壤含水量的高低进行静态分析比较，对土壤蓄水功能因素的研究主要以土壤孔隙特征、渗透性能、团聚体组成等单一因素的分析为主（夏江宝等，2012，2013），并且主要集中在山地丘陵区（刘阳等，2012），对海岸带防护林的土壤改良及其保持水土功能研究较少，缺乏对贝壳堤不同植被类型土壤水文物理功能的探讨，致使泥质海岸带贝壳堤不同植被类型的土壤蓄水能力、持水特征及其影响因素尚不明确，这在一定程度上限制了黄河三角洲贝壳堤植被模式的优化配置和土壤有效水分的高效利用。

泥质海岸带贝壳堤作为水陆交互作用的过渡地带，在土壤环境的形成，水的贮存、运移，以及其他由水主导的生态过程中都具有过渡性的特点，其特殊的贝壳砂基质使贝壳堤土壤水文物理特性体现出不同于一般陆地生态系统的贮蓄水分调节功能。土壤蓄持水分能力是贝壳堤植被生长发育的关键因子，也是评价植被涵养水源和保持水土的重要指标，而贝壳堤灌木林的土壤蓄持水分特征及其影响因素尚不清晰。鉴于此，为阐明贝壳堤不同植被类型的土壤蓄持水分能力及其影响因素，以黄河三角洲贝壳堤的柽柳、杠柳及酸枣 3 种典型灌木为研究对象，测定分析贝壳堤不同灌木林的土壤容重、孔隙度、颗粒组成、团聚体大小、颗粒分形维数、蓄水量、入渗特征以及土壤水分特征曲线等参数，探讨不同灌木林对土壤水文物理结构的改良作用，阐明不同灌木林的土壤水分生态特性及其影响因素，采用相关性分析、主成分分析及模糊数学隶属函数法，综合评价不同灌木林的土壤蓄持水分能力，以期为黄河三角洲贝壳堤林分类型选择、植被恢复模式构建及水分高效利用提供理论依据和技术参考。

5.1.1　土壤水分物理参数

5.1.1.1　土壤容重和孔隙度

由表 5-1 可知，不同灌木林的土壤容重均低于裸地，与裸地相比，柽柳、杠柳和酸枣林的土壤容重分别下降 6.9%，5.6%和 2.8%。土壤孔隙度表现为柽柳林＞杠柳林＞酸枣林＞裸地，与裸地相比，柽柳、杠柳和酸枣林土壤总孔隙度分别增加 31.5%、16.9%和 9.6%，毛管孔隙度分别增加 32.2%、16.1%和 13.6%，非毛管孔隙度分别是裸地的 1.28 倍、1.25 倍和 0.70。这与灌木林植被覆盖度较高，林下枯枝落叶较多，土壤中腐殖质层较厚有一定关系；同时灌木的根系相对发达，较多的残次根系增大了土壤孔隙度，有效改善了土壤通气状况。不同灌木林的土壤孔隙比较高，土壤质地疏松，通透性好，柽柳、杠柳和酸枣林的土壤孔隙比分别是裸地的 1.76 倍、1.35 倍和 1.21 倍。分析表明灌木林可有效改善贝壳砂生境的土壤容重和孔隙度，极大改善了土壤通气状况，其中柽柳林改良效果最好，其次是杠柳林，而酸枣林较差。

表 5-1　不同灌木林的土壤容重和孔隙度

灌木类型	土壤容重/（g/cm^3）	总孔隙度/%	毛管孔隙度/%	非毛管孔隙度/%	孔隙比
柽柳	1.34	57.6	52.6	5.1	1.37
杠柳	1.36	51.2	46.2	5.0	1.05
酸枣	1.40	48.0	45.2	2.8	0.94
裸地	1.44	43.8	39.8	4.0	0.78

5.1.1.2　土壤团聚体组成

由表 5-2 可知，粒径＞0.25mm 的干筛土壤大团聚体占团聚体总量的 77.13%～92.12%，大小依次为柽柳林＜酸枣林＜杠柳林＜裸地，分别比裸地（92.12%）降低 16.3%、11.60%和 6.6%。粒径＞2mm 的大团聚体占团聚体总量的 6.73%～17.19%，粒径 1～0.25mm 的粗砂粒含量占团聚体总量的 41.11%～55.90%，说明粒径＞0.25mm 的大团聚体组成中以粒径 1～0.25mm 的粗砂粒含量为主。湿筛土壤团聚体组成反映土壤团聚体的水稳性，与干筛土壤团聚体组成有一定差异。粒径＞0.25mm 的大团聚体组成占团聚体总量的 65.72%～78.33%，其中杠柳、柽柳和酸枣林分别比裸地（65.72%）增加 6.6%、11.60%和 16.3%，粒径＞2mm 的大团聚体占团聚体总量的 5.54%～16.30%。从湿筛团聚体组成可以看出，土壤颗粒浸水后，石砾含量显著减小，细砂粒和粉黏粒等微团聚体含量显著增加，整体表

表 5-2　不同灌木林的土壤团聚体组成与含量

测定方法	灌木类型	不同粒径土壤团聚体分布/%					土壤平均重量直径/mm
		＞2mm	石砾 1～2mm	粗砂粒 0.25～1mm	细砂粒 0.05～0.25mm	粉黏粒 ＜0.05mm	
干筛法	柽柳	17.10	18.92	41.11	19.08	3.79	0.73
	杠柳	6.73	23.38	55.90	12.46	1.53	0.60
	酸枣	14.32	17.68	49.45	17.49	1.06	0.68
	裸地	17.19	24.15	50.78	7.51	0.37	0.81
湿筛法	柽柳	16.29	16.14	42.45	19.04	6.08	0.67
	杠柳	5.54	17.19	50.11	24.08	3.08	0.51
	酸枣	6.20	14.77	57.36	17.29	4.38	0.54
	裸地	5.92	17.59	42.21	29.09	5.19	0.48

现为粗砂粒含量最高，占团聚体总量的42.21%～57.36%；其次是细砂粒和石砾，而粉黏粒含量最低，仅占团聚体总量的3.08%～6.08%。分析表明，3种灌木林均具有减小石砾和细砂粒含量，增加粗砂粒和粉黏粒含量的作用，可见灌木生长具有使贝壳砂由粗粒径向细粒径转变的效能。从粒径＞0.25mm的水稳性大团聚体含量来看，酸枣林的土壤团粒结构最好，其次是柽柳和杠柳林，而裸地最差。

土壤平均重量直径（*MWD*）是反映土壤团聚体大小分布状况的指标，其值越大表示土壤团聚体的团聚度越高，稳定性越好。由表5-2可知，干筛处理下，不同灌木林土壤平均重量直径差异显著（$P<0.05$），其中裸地最高达0.81，杠柳、酸枣和柽柳林分别比裸地下降25.9%，16.1%和9.9%。而湿筛处理下，裸地平均重量直径显著下降，柽柳、酸枣和杠柳林的土壤平均重量直径分别比裸地增加39.6%，12.5%和6.3%。分析表明，土壤水稳性和风干性团聚体总体表现为柽柳林好于酸枣林，而杠柳林较差，特别是柽柳林的土壤水稳性团聚体含量较高，土壤团聚体的团聚度最高，稳定性最好。不同灌木林干筛法的土壤平均重量直径显著高于湿筛处理，这与大量的非水稳性团聚体被水浸泡分解有关。湿筛下裸地的土壤平均重量直径显著低于干筛，表明裸地非水稳性团聚体含量较高，而灌木林生长增强了土壤中水稳性团聚体的数量，降低了风干性团聚体的含量，其中柽柳林提高土壤结构的水稳定性最好。

5.1.1.3 土壤颗粒分形维数

由图5-1可知，不同灌木林水稳性团聚体的分形维数（*D*）显著高于风干性团聚体，其中柽柳、杠柳和酸枣林的水稳性团聚体分形维数分别是风干性团聚体的1.06倍、1.11倍、1.18倍和1.36倍，表明贝壳砂土壤大团聚体经水浸泡后分解为小团聚体，土壤质地变细，水稳性团聚体分形维数显著升高。3种灌木林的土壤颗粒分形维数差异显著（$P<0.05$），风干性团聚体的分形维数均值大小表现为柽柳林＞杠柳林＞酸枣林＞裸地，与裸地（1.6029）相比，分别增加35.2%、15.6%和13.3%。裸地受干扰程度较低，结构分散率较小，从而使其风干性团聚体的分形维数显著降低。水稳性团聚体的分形维数均值大小表现为柽柳林＞裸地＞酸枣林＞杠柳林，裸地的水稳性团聚体分形维数显著升高，这与贝壳砂土壤浸水后，土壤黏粒含量升高，质地变细有关。

5.1.2 土壤蓄水量

由图5-2可知，不同灌木林的土壤饱和蓄水量、毛管蓄水量差异均显著（$P<0.05$），均值大小均表现为柽柳林＞酸枣林＞杠柳林＞裸地，其中饱和蓄水量分别比裸地（656.46t/hm^2）高31.7%、16.9%和9.7%，毛管蓄水量分别比裸地（596.69t/hm^2）高32.1%、16.1%和13.6%。非毛管蓄水量差异显著（$P<0.05$），均

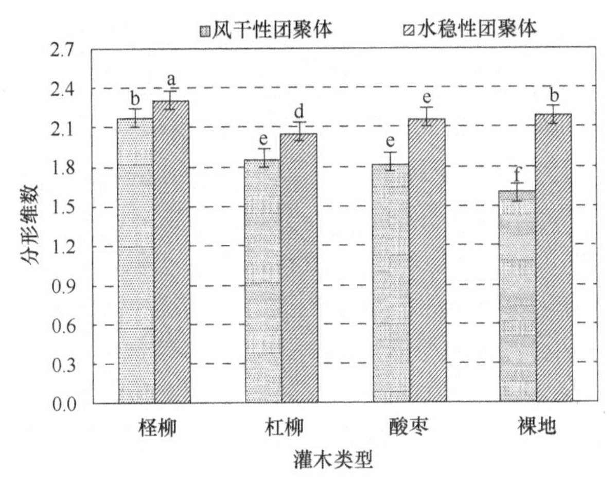

图 5-1　不同灌木林的土壤颗粒分形维数

不同小写字母表示差异显著（$P<0.05$）

值大小表现为柽柳林＞酸枣林＞裸地＞杠柳林。分析表明不同灌木林在减少地表径流，增强贝壳砂土壤蓄水及防止水土流失等方面均有一定作用，但 3 种灌木林的土壤蓄水量差异较大，柽柳林在供给植物有效水利用和涵养水源潜能方面较好，利于植物根系对水分的有效利用，其次是酸枣林，而杠柳林蓄水能力较差，维持自身生长发育所贮存水分的能力也较低。

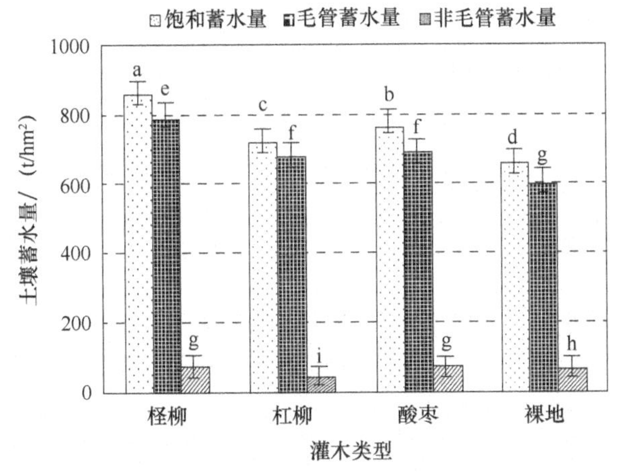

图 5-2　不同灌木林的土壤蓄水量

不同小写字母表示差异显著（$P<0.05$）

5.1.3　土壤入渗特征

由表 5-3 和图 5-3 可知，Horton 模型和通用经验模型对不同灌木林的土壤入渗过程均能取得较好的拟合效果。渗透曲线变化趋势一致，可分为 3 个阶段，即渗透初期的渗透速率瞬变阶段，其次为渐变阶段，随着时间的推移而下降，最后达到平稳阶段。采用 Horton 模型时，f_c 值为 1.23～6.36mm/min，与实测值比较接近，k 值为 0.106～0.212，杠柳林 k 值最低，表明杠柳林从初始入渗率减小到稳定入渗率的速度最慢，达到稳渗时间最长，其次为裸地和柽柳林，而酸枣林达到稳定入渗率的时间最短。通用模型 b 值为 0.86～4.36mm/min，远小于对应的实测稳定入渗率。结合 R^2、实测初始入渗率和稳定入渗率综合分析，可以看出 Horton 模型拟合精度较高，其拟合结果比通用模型更接近实测值，表明 Horton 模型比较适用于描述贝壳堤灌木林的土壤入渗特征。柽柳、杠柳和酸枣林的模拟初始入渗率分别是裸地的 1.36 倍、1.20 倍和 1.09 倍，柽柳、杠柳和酸枣林的模拟稳定入渗率分别是裸地的 5.17 倍、3.20 倍和 2.24 倍。分析表明随着灌木林的不同，贝壳堤土壤渗透性能差异较大，其中柽柳林的土壤入渗性能好于杠柳林，酸枣林次之，裸地土壤渗透性能最低。

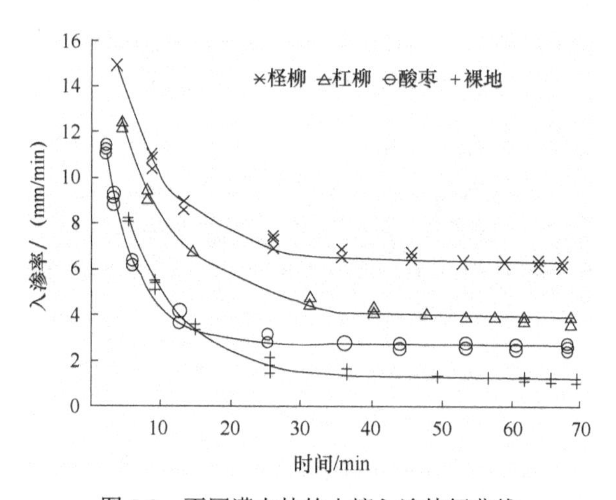

图 5-3　不同灌木林的土壤入渗特征曲线

表 5-3　不同灌木林土壤入渗过程的模型拟合

灌木类型	实测参数		Horton 模型参数				通用模型参数			
	f_0/（mm/min）	f_c/（mm/min）	f_0/（mm/min）	f_c/（mm/min）	k	R^2	a	b	n	R^2
柽柳	14.82	6.23	19.33	6.36	0.122	0.993	22.91	4.36	0.617	0.989
杠柳	12.30	3.92	17.03	3.93	0.106	0.999	26.21	1.57	0.603	0.994
酸枣	11.23	2.62	15.53	2.75	0.212	0.997	16.45	1.68	0.732	0.997
裸地	8.07	1.25	14.22	1.23	0.121	0.996	36.81	0.86	0.979	0.983

5.1.4　土壤持水特性

由图 5-4 可知，不同灌木林土壤含水量随土壤水吸力的增大而明显减小。在低吸力范围（1～10kPa），土壤释放较多的水分，土壤水分特征曲线均比较陡直，这是因为低吸力阶段毛管孔隙大，对土壤施加微小的吸力，大孔隙水分就会被释放。低吸力下释放的水分可直接被植物所利用，成为植物生长的有效水。在低吸力范围，不同灌木林释放有效水分的能力表现为柽柳林＞杠柳林＞酸枣林＞裸地。在中吸力范围（300～1000kPa），由于土壤得到更大程度的压实，孔隙度减小，特别是大孔隙显著减小，中等孔隙则相对增加，随水吸力的提高，曲线变化比较平缓。由于保持在中等孔隙中的水分主要依靠土壤颗粒的表面吸附起作用才能缓慢排除，土壤中水分很难被植物根系吸收。随土壤水吸力的增加，土壤释放水分能力逐渐减弱，土壤含水量开始趋于平稳，不同灌木林的土壤含水量差异逐渐减小，特别是酸枣林和裸地差异较小。相同基质势下，柽柳林的土壤含水量显著高于杠柳林（$P<0.05$），而酸枣林和裸地较低且差异不显著（$P>0.05$）。

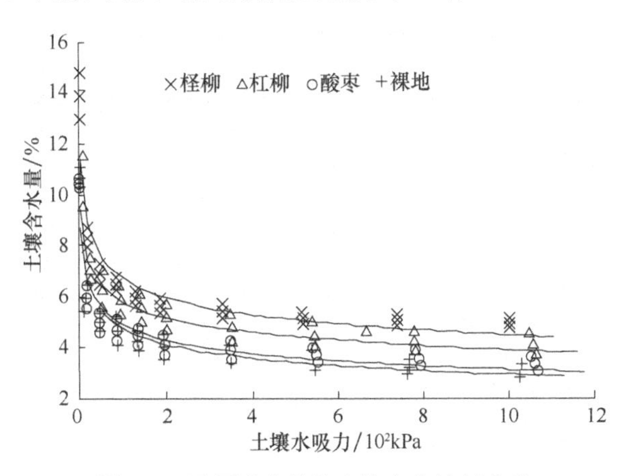

图 5-4　不同灌木林的土壤水分特征曲线

Gardner 等（1970）提出的经验方程可较好模拟贝壳堤不同灌木林的土壤水分特征曲线，相关系数 R^2 较高，曲线参数见表 5-4。模型参数 A 即持水能力表现为柽柳林＞杠柳林＞酸枣林＞裸地，各灌木林分别是裸地的 1.41 倍、1.21 倍和 1.03 倍。土壤含水量随土壤吸力降低而递减的快慢（参数 B）表现为杠柳林＜柽柳林＜酸枣林＜裸地。分析表明灌木林生长可显著提高贝壳砂土壤的持水性和土壤水的有效性，其中柽柳林的持水性最好，有效水供给最多，其次是杠柳林和酸枣林，而裸地无植被覆盖，腐殖质含量较低，孔隙度低，土壤比较密实，致使持水性最低。

表 5-4　不同灌木林的土壤水分特征曲线参数

灌木类型	参数 A	参数 B	R^2
柽柳	6.6986	0.1791	0.8798
杠柳	5.7517	0.1699	0.8923
酸枣	4.8692	0.1911	0.8779
裸地	4.7390	0.2062	0.8830

5.1.5 土壤蓄持水分能力评价

土壤容重、孔隙度、团聚体含量、颗粒分形维数以及土壤持水能力等参数之间存在相关性，这些因子对贝壳堤不同灌木林土壤蓄持水分能力的影响程度不同。因此，对这些因子进行主成分分析（表 5-5），测算出指示贝壳砂土壤蓄持水分能力的主要指标。由表 5-5 可知，前 2 个主成分的累计贡献率为 94.82%，能够反映测试指标的大部分信息。第一主成分 Y（1）的贡献率为 74.24%，是最大主分量，因子负荷量较大的为土壤总孔隙度、毛管孔隙度、孔隙比、水稳性团聚体平均重量直径、风干性团聚体分形维数、饱和蓄水量、毛管蓄水量、初始入渗率、稳定入渗率及持水能力。第二主成分 Y（2）负荷量较大的为风干性团聚体平均重量直径。

表 5-5 土壤蓄持水分的主成分分析因子负荷量及贡献率

因子	主成分	
	Y（1）	Y（2）
土壤容重	−0.851	0.524
总孔隙度	0.990	0.088
毛管孔隙度	0.997	−0.043
非毛管孔隙度	0.534	0.785
孔隙比	0.994	0.089
风干性团聚体 *MWD*	−0.177	0.848
水稳性团聚体 *MWD*	0.983	0.160
风干性团聚体分形维数	0.989	−0.147
水稳性团聚体分形维数	0.619	0.701
饱和蓄水量	0.985	0.077
毛管蓄水量	0.991	−0.075
非毛管蓄水量	0.532	0.800
初始入渗率	0.937	−0.309
稳定入渗率	0.955	−0.271
持水能力（参数 *A*）	0.884	−0.317
贡献率/%	74.239	20.580
累积贡献率/%	74.239	94.820

表 5-6 不同灌木林土壤蓄持水分主要因子的隶属函数值

主要因子	灌木类型			
	柽柳	杠柳	酸枣	裸地
总孔隙度	1.000	0.307	0.534	0.000
毛管孔隙度	1.000	0.424	0.500	0.000

续表

主要因子	灌木类型			
	柽柳	杠柳	酸枣	裸地
孔隙比	1.000	0.263	0.466	0.000
风干性团聚体 *MWD*	0.619	0.000	0.381	1.000
水稳性团聚体 *MWD*	1.000	0.158	0.316	0.000
风干性团聚体分形维数	1.000	0.444	0.379	0.000
饱和蓄水量	1.000	0.307	0.534	0.000
毛管蓄水量	1.000	0.424	0.500	0.000
初始入渗率	1.000	0.550	0.257	0.000
稳定入渗率	1.000	0.527	0.298	0.000
持水能力（参数 *A*）	1.000	0.517	0.066	0.000
合计	10.619	3.920	4.232	1.000

土壤蓄持水分能力受孔隙度、饱和蓄水量、毛管蓄水量、团聚体含量、风干性团聚体分形维数、渗透性能以及持水参数等指标的综合影响，单一指标不能较好地反映贝壳砂土壤蓄持水分的能力，需将多个因子进行综合评价。依据主成分分析结果，选用土壤蓄持水分性能综合评价的指标共有 11 个，分别为：土壤总孔隙度、毛管孔隙度、孔隙比、风干性团聚体平均重量直径、水稳性团聚体平均重量直径、风干性团聚体分形维数、饱和蓄水量、毛管蓄水量、初始入渗率、稳定入渗率和持水参数。采用模糊数学隶属函数法对不同灌木林的土壤蓄持水分能力进行综合评价，主要因子的隶属函数值见表 5-6。不同灌木林土壤蓄持水分能力评价结果为：柽柳林＞酸枣林＞杠柳林＞裸地，与裸地综合隶属函数值相比，柽柳林、酸枣林和杠柳林蓄持水分能力分别是裸地的 10.62 倍、4.23 倍和 3.92 倍。

5.1.6　土壤水分物理特征及其交互效应

植物与土壤之间存在着一定的互反馈作用，随着植被类型的不同，土壤理化特性差异较大。结构良好的土壤容重为 1.25～1.35g/cm^3，水气关系协调的土壤总孔隙度为 40%～50%，非毛管孔隙度在 10%以上。贝壳堤不同灌木林土壤容重为 1.34～1.40g/cm^3，均低于裸地，土壤总孔隙度在 48%～58%，而黄河三角洲农田和草地等不同土地利用方式下的土壤总孔隙度范围是 42%～59%（刘艳丽等，2015）。可见灌木林生长对贝壳砂土壤容重和孔隙度改善较好，这与表层枯落物回归土壤及腐殖质层的形成有一定关系，较高的覆盖度在一定程度上减弱了风蚀及降雨对土壤的冲刷淋蚀，且较多的残次根系使毛管孔隙度增大，在一定程度上改善了土壤通气状况。裸地土壤容重偏大，总孔隙度偏低，主要与裸地无植被覆盖和外源有机物质的输入有关。

土壤容重和孔隙的形成受土壤团聚体组成及含量的影响，土壤团聚体的数量和大小分布状况是决定土壤侵蚀、压实、板结等物理过程速度和幅度的关键指标，与土壤的抗蚀能力及环境质量密切相关。黄河三角洲贝壳堤水稳性团聚体中粒径0.25～1.0mm 的粗砂粒含量最高（42%～57%），其次为粒径 0.05～0.25mm 的细砂粒和石砾，而粉黏粒含量最低。相关研究发现，属于潮土类型的黄河三角洲林地粒径 0.002～0.02mm 的粉粒含量高达 59.83%～69.89%，但棉田和荒草地粒径＞0.02mm 的砂粒含量高达 66.91%～78.75%（吕圣桥等，2011）。属于棕壤类型的冀北山地森林土壤中粗粉粒和砂粒含量显著高于细黏粒、细粉粒，并且混交林的细粒含量均高于纯林，砂粒含量小于纯林（刘阳等，2012）。可见，贝壳砂生境内粗砂粒、细砂粒含量显著高于石砾、粉黏粒，具有壤质砂土特点，属于多砾质粗砂土的范畴（李德成和张桃林，2000）。

一般把粒径＞0.25mm 的大团聚体称为土壤团粒结构体，而水稳性团粒结构是土壤中最好的结构体，其数量与土壤的肥力状况呈正相关（Six et al.，2000；刘艳丽等，2015）。黄河三角洲麦田中，粒径＞0.25mm 土壤团聚体以水稳性团聚体为主，占团聚体总量的 59%，而棉田和草地以非水稳性团聚体为主。而贝壳堤灌木林土壤均以水稳性团聚体为主，粒径＞0.25mm 的水稳性大团聚体占团聚体总量的66%～78%，其中以粒径 0.25～1.0mm 的粗砂粒为主，可见，贝壳堤灌木林具有良好的土壤团粒结构。粒径＞0.25mm 的水稳性团聚体含量表现为酸枣林＞柽柳林＞杠柳林＞裸地，水稳性团聚体平均重量直径表现为柽柳林＞酸枣林＞杠柳林＞裸地，可见，粒径＞0.25mm 水稳性团聚体含量是决定土壤团聚体平均重量直径的主要影响因子，这与相关研究结果类似。与裸地相比，灌木林生长有利于土壤水稳性大团聚体的形成，土壤结构稳定性提高，这可能与灌木林植被覆盖度较高，枯落物形成的腐殖质层厚，以及植物根系的穿插及分泌物作用强有关。

土壤颗粒分形不但能够表征土壤粒径的大小组成及孔隙分布，还能反映土壤水力学特征、土壤质地均匀程度及通气透水性等特性。但前期研究发现，贝壳堤土壤颗粒分形维数与土壤容重呈极显著负相关，与毛管孔隙度、总孔隙度呈极显著正相关，与非毛管孔隙度相关性不显著（夏江宝等，2013），这与本研究结果类似。贝壳堤酸枣林水稳性团聚体含量最高，其水稳性团聚体分形维数并非最低，而柽柳林土壤颗粒分形维数最高。贝壳砂土壤孔隙度大、通气透水性好，则分形维数也越高；而土壤容重增大，则分形维数也变低，这与山地森林表现规律不一致（刘阳等，2012）。分形维数高的贝壳砂土壤中细砂粒或黏粒含量较高，而黏粒含量高的土壤利于土壤团聚体的形成，可改善土壤通气、透水性能，增强毛管孔隙度；同时单位土粒表面积越大，土壤对水分子的吸附力越大，土壤持水性越强。分析表明随着土壤颗粒组成、粒径大小及含量的不同，土壤颗粒分形维数与土壤的疏松程度、通气性能表现出一定的阈值效应。

中国不同质地类型土壤分形维数按砂土类、壤土类、黏壤土类、黏土类四大类依次增大，为 1.834～2.904，其中壤质砂土最低，均值为 1.834～2.641（李德成和张桃林，2000）。黄河三角洲荒草地及林地土壤颗粒分形维数为 2.4657～2.6798（吕圣桥等，2011），山地森林土壤颗粒分形维数为 2.0570～2.3739（刘阳等，2012），而贝壳堤风干性土壤颗粒分形维数为 1.6029～2.1664，明显低于壤土类、黏壤土类及黏土类。3 种灌木林的土壤颗粒分形维数大小依次为柽柳、杠柳和酸枣林，均值为 1.9452，稍高于壤质砂土的下限值 1.834（李德成和张桃林，2000），可见与山地森林或黄河滩地土壤相比，贝壳堤的土壤粗颗粒较多，分形维数偏低。但贝壳堤灌木林生长仍提高了相同生境下贝壳砂的分形维数，由裸地的 1.6029 增至灌木林下的 1.8162～2.1664，表明灌木林土壤粒径分布的异质性程度较大，土壤质地不均匀，贝壳砂有变细、分形维数有增大趋势，易形成良好的土壤结构，特别是柽柳林土壤颗粒分形维数最高（2.1664），这与植被覆盖度最大（覆盖度达到 75%），分解层枯枝落叶丰厚易增加表层土壤养分含量和粉黏粒含量（粉黏粒含量最高，为 3.80%）有关。同时树木根系的生长影响土壤的物理化学以及生物学性质，加快了土壤风化的速度及腐殖质的形成，有利于细砂粒物质的固定（Li et al., 2015；夏江宝等，2013）。而杠柳和酸枣林林分郁闭度和植被盖度较低，枯落物储量低，细小颗粒易被风蚀掉，土壤易粗粒化，土壤质地相对均匀，异质性程度较低，土壤颗粒分形维数较低。无植被覆盖的贝壳砂裸地，因风蚀而引起细颗粒和营养物质被吹蚀，土壤有粗粒化变重趋势，粗砂粒含量最多，分形维数最低，保水性能变差，植被生长困难，易恶变为严重的退化沙化质地。

5.1.7　土壤蓄持水分的影响因素分析

土壤蓄水量是评价土壤贮蓄和调节水分潜在能力的主要指标。毛管蓄水量不能参与径流和地下水的形成，主要用来贮存植物生理用水。非毛管蓄水量能够有效地减少地表径流，具有较高的涵养水源功能。饱和蓄水量可反映植被减少地表径流和防止土壤侵蚀的功能。研究发现，土壤蓄水能力与土壤容重和孔隙度密切相关。土壤容重增加抑制土壤含水量的提高，水稳性土壤团聚体平均重量直径和毛管孔隙对保持土壤水分均具有促进作用（刘艳丽等，2015）。土壤渗透性是水分循环的重要环节，与地表径流的产生、土壤水分的贮存及壤中流的产生和发展关系密切，对土壤侵蚀和土体水分再分布影响很大，渗透速率越大，土壤水文调节能力越强。本研究发现，初始入渗率与稳定入渗率呈极显著正相关（$P<0.01$），与风干性团聚体分形维数呈显著正相关（$P<0.05$），与土壤容重呈显著负相关（$P<0.05$）（表 5-7）。稳定入渗率与风干性团聚体分形维数、毛管孔隙度呈显著正相关（$P<0.05$），与土壤容重呈显著负相关（$P<0.05$）。柽柳林改善土壤容重和孔隙度效果最好，蓄水量最高，促进土壤对降水和地表径

流的就地入渗和吸收能力最强。

Gardner 模型参数 A 和 B 的大小受土壤质地（主要是小于 0.01mm 物理性黏粒量）、有机质和结构的影响（Gardner et al.，1970）。本研究发现，持水能力（参数 A）与初始入渗率、稳定入渗率呈显著正相关（$P<0.05$），而与其他指标相关性不显著（表 5-7）。低吸力段土壤所能保持或释放出的水量取决于土壤结构较粗的孔隙分布，主要是毛管力起作用，柽柳林的毛管孔隙度显著高于杠柳和酸枣林，因此，相同吸力下，柽柳林的土壤水分显著高于杠柳林和酸枣林。中高吸力段土壤持水能力主要是土壤颗粒的表面吸附起作用，裸地土壤容重最大，孔隙度和水稳性团聚体平均重量直径最低，土壤水分的吸持能力最差。可见灌木林生长改善了土壤结构，土壤孔隙度增大，容重减小，土壤平均重量直径增大，致使贝壳堤灌木林的持水性和有效水含量增大，更易释放并被植物所吸收的水分。

表 5-7　土壤蓄持水分指标与物理参数的相关性分析

水分物理参数	土壤蓄持水分参数					
	总孔隙度	毛管孔隙度	非毛管孔隙度	初始入渗率	稳定入渗率	持水能力（参数 A）
土壤容重	−0.797	−0.882	−0.030	−0.962*	−0.957*	−0.923
总孔隙度	0.999**	0.987*	0.628	0.881	0.908	0.808
毛管孔隙度	0.989*	0.998**	0.515	0.936	0.955*	0.871
非毛管孔隙度	0.634	0.505	0.999**	0.207	0.259	0.116
孔隙比	0.996**	0.985*	0.618	0.893	0.917	0.827
风干性团聚体 MWD	−0.185	−0.295	0.446	−0.345	−0.339	−0.252
水稳性团聚体 MWD	0.968*	0.953*	0.627	0.886	0.906	0.848
风干性团聚体分形维数	0.959*	0.988*	0.401	0.976*	0.987*	0.930
水稳性团聚体分形维数	0.610	0.520	0.791	0.421	0.443	0.447
饱和蓄水量	1.000	0.988*	0.628	0.875	0.902	0.794
毛管蓄水量	0.988*	1.000	0.498	0.933	0.953*	0.860
非毛管蓄水量	0.628	0.498	1.000	0.206	0.258	0.121
初始入渗率	0.875	0.933	0.206	1.000	0.998**	0.982*
稳定入渗率	0.902	0.953*	0.258	0.998**	1.000	0.971*
持水能力（参数 A）	0.794	0.860	0.121	0.982*	0.971*	1.000

* $P<0.05$；** $P<0.01$

从各指标间的相关性分析可知（表 5-7），持水能力（参数 A）与渗透性能密切相关，渗透能力与风干性团聚体分形维数、风干性团聚体分形维数与毛管孔隙度均密切相关，而饱和蓄水量主要由总孔隙度决定，因此，贝壳堤土壤蓄持水分能力第一类主成分可表述为土壤孔隙度和水稳性团聚体平均重量直径。分析表明，单一反映土壤蓄持水分的指标，与土壤容重、孔隙度、干筛和湿筛的土壤平均重量直径和分形维数以及与土壤渗透性能之间存在一定的相关性，但各指标之间的相关显著性存在较大差异。

贝壳堤柽柳林土壤容重最低，孔隙度最大，其土壤蓄水量、初始入渗率和稳渗速率均最高，持水性能也最高，因此，土壤水文调蓄功能最好，这与黄河三角洲草地蓄水和持水机理类似（刘艳丽等，2015）。酸枣林的土壤蓄水量和蓄持水分能力明显高于杠柳林，但酸枣林的土壤孔隙度、孔隙比、渗透性能以及持水性能均低于杠柳林，可见酸枣和杠柳林的土壤蓄水量与土壤容重和孔隙度的变化并未表现出完全的一致性，表明这两种灌木林的土壤蓄水能力除了受土壤容重和孔隙度影响之外，可能与土壤团聚体结构、土壤含水量、有机质含量及其根系分布状况有关。

5.1.8　结论

贝壳堤不同灌木林对贝壳砂土壤水文物理性质、入渗特征及蓄持水分能力产生显著影响，但随着林分类型的不同表现出较大差异。与裸地相比，灌木林生长降低了土壤容重，提高了土壤孔隙比，土壤质地变得疏松，具有使贝壳砂由粗粒径向细粒径转变的效能，可显著增加贝壳砂粉黏粒含量和团聚体稳定性，并且柽柳林对土壤水文物理性质的改良好于酸枣和杠柳林。

灌木林生长提高了土壤中水稳性团聚体的数量，降低了风干性团聚体的含量，土壤蓄水量和持水性能显著提高。粒径＞0.25mm 水稳性团聚体含量（以粒径 0.25～1.0mm 的粗砂粒含量为主）是决定土壤团聚体平均重量直径的主要影响因子。团聚体结构表现为柽柳林好于酸枣林，杠柳林较差。贝壳砂生境粒径 0.25～1.0mm 的粗砂粒含量最高，贝壳砂土壤粗颗粒较多，分形维数整体偏低，但灌木林生长显著提高了土壤颗粒分形维数，由裸地的 1.6029 增至灌木林的 1.8162～2.1664。不同灌木林水稳性团聚体分形维数显著高于风干性团聚体，柽柳林的土壤颗粒分形维数最高。

Horton 模型较适宜描述贝壳堤的土壤水分渗透特征。柽柳林的土壤渗透性和持水能力好于杠柳林，酸枣林次之，裸地最低。土壤蓄水量、持水性及渗透性等指标与土壤物理参数密切相关，将指标结合起来综合判定贝壳堤不同灌木林的土壤蓄水潜能更为合理。反映贝壳堤土壤蓄持水分的主要指标可描述为两大类，一类是土壤孔隙度和水稳性团聚体平均重量直径，另一类是风干性团聚体平均重量直径，2 个主成分的累计贡献率为 94.82%。土壤孔隙度和团聚体平均重量直径是影响贝壳堤土壤蓄持水分的主要因子。柽柳林的土壤蓄持水分能力最高，其次是酸枣和杠柳林，而裸地最差；柽柳林、酸枣林和杠柳林的土壤蓄持水分能力分别是裸地的 10.62 倍、4.23 倍和 3.92 倍。因此，贝壳堤植被恢复与重建中应首先选择柽柳苗木进行栽植，以改善土壤孔隙和提高团聚体形成为基础，促进贝壳砂土壤良好结构的形成，达到灌木林生长与土壤蓄持水分之间的良好互馈效应。研究结果可为贝壳堤林分类型选择和土壤水分高效利用提供参考依据。

5.2　温度和粒径分布对贝壳砂土壤水分的影响

土壤蓄持水分能力在提高农林业生产力与水分高效利用上发挥着重要作用。全球变暖对农林业的重要影响之一，就是暖化导致土壤水分性状发生变化，从而影响土壤水分的运移和保持。在干旱生境并且比热容小、导热性强的土壤类型中，温度梯度的变化对水分和溶质运移的影响会更大（张富仓等，1996）。同时，随着全球气候变暖、各种覆盖种植技术、土壤表面处理以及土壤本身导热性能的差异，致使热量因素温度作为重要的环境气候因子对土壤水分运动和保持产生重要影响。因此，研究温度变化对土壤水分的贮蓄及运移能力更有现实意义。土壤温度与土壤水分运动相互影响，温度对土壤水分及土壤基质本身的性质影响显著，但热量因子对土壤水分运动的影响容易被土壤湿润度、土壤孔隙状况和土壤结构等因素所掩盖。粒径分布是最基本的土壤物理性质之一，对土壤蒸发、土壤持水特性以及水分的扩散能力等水分运移性能有重要影响。目前，关于温度对土壤水分运动影响的研究，主要集中在土壤水分运移过程（张富仓等，1997；辛继红等，2009）、影响机理（张富仓等，1997）和土壤水分运动的模拟（张富仓等，1996，1997）等方面，但涉及贝壳砂及其粒径组成的温度响应性研究较少，致使贝壳砂土壤水分的温度效应尚不明确。

贝壳砂主要是由海生贝壳类介壳经海浪侵蚀、自然风化等过程而形成的一类特殊土壤。黄河三角洲贝壳堤具有贝壳质含量高、新老贝壳堤并存等典型特征，土壤水分成为黄河三角洲贝壳堤滩脊地带贝壳砂生境植被分布格局的主要影响因子（Xia et al.，2014）。贝壳砂土壤本身导热性强，受干热气候的影响，土壤温度变化较快，对土壤水汽运动产生较大影响。而目前关于温度变化及粒径分布如何影响贝壳砂土壤贮蓄水分和持水性能尚不明确，这在一定程度上限制了贝壳堤以土壤水分高效利用为核心的植被恢复与生态重建。为阐明贝壳砂及其粒径组成对温度的响应规律，探讨贝壳砂蓄持水分能力，以黄河三角洲贝壳堤贝壳砂为研究对象，并以相邻区域的滨海潮土以及不同粒径的河沙作为对照，模拟设置30℃和50℃两种温度条件，测定分析原生境不同植被类型下的贝壳砂及不同粒径贝壳砂土壤水分随温度的动态变化，旨在探明温度和粒径组成对贝壳砂土壤水分运移的影响。

5.2.1 不同温度下贝壳砂土壤的失水特性

5.2.1.1 30℃条件下不同贝壳砂土壤水分的动态变化

由图 5-5 可知，贝壳砂饱和含水量低于潮土类，涵蓄最高水分的潜能低于潮土。30℃条件下，在整个土壤水分随烘干时间的变化过程中，贝壳砂土壤水分含量低于潮土类（图 5-5A）。本研究将土壤含水量随烘干时间变化曲线斜率的绝对值描述为失水率。两类土壤的失水率随烘干时间的增加呈减小趋势，土壤水分随烘干时间的变化趋势可分为 3 个阶段：首先是土壤含水量较高但下降较快的瞬变阶段（0～150h），失水率大，土壤水分散失快，土壤水分随烘干时间的变化呈明显的线性关系；其次是土壤水分的渐变阶段（150～200h），土壤失水慢，束缚水分能力强；最后是曲线斜率几乎为 0 的平稳阶段，土壤水分逐渐被烘干。为准确判断土壤的保水性能，本研究均在瞬变阶段内建立土壤含水量与烘干时间的线性回归方程，依据该回归方程斜率绝对值，即失水率来判断土壤失水状况和持水性能。土壤水分随烘干时间变化的瞬变阶段，其线性回归方程的 R^2 为 0.984～0.990，贝壳砂土壤失水率（0.193g/h）小于潮土类（0.372g/h）。

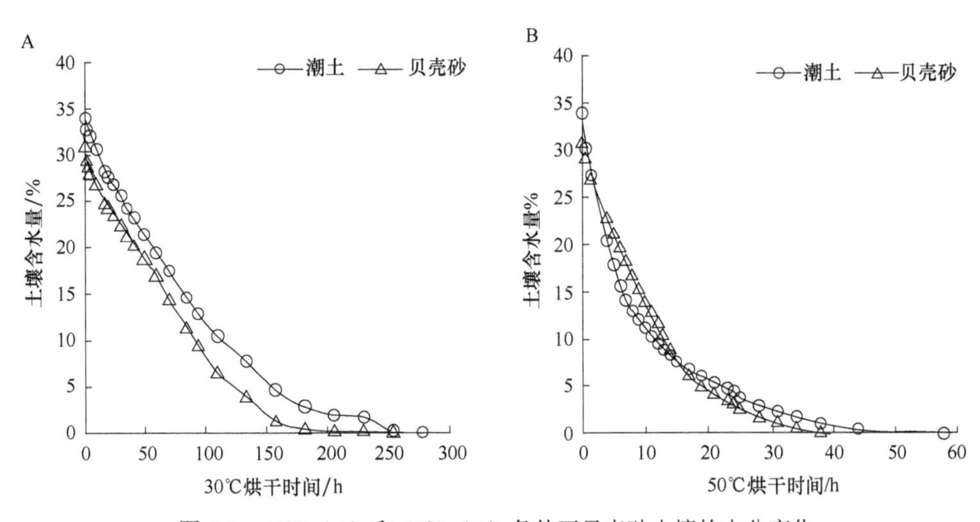

图 5-5　30℃（A）和 50℃（B）条件下贝壳砂土壤的水分变化

5.2.1.2 50℃条件下不同贝壳砂土壤水分的动态变化

由图 5-5B 可知，50℃条件下，在烘干 15h 之前，贝壳砂土壤含水量高于潮土类；在 15h 之后，贝壳砂土壤含水量低于潮土类，潮土类烘干土壤达到恒重的时间长于贝壳砂。贝壳砂和潮土类土壤水分随烘干时间的变化趋势依次为土壤水分的瞬变阶段（0～15h）、渐变阶段（15～40h）和平稳阶段，其中瞬变阶段贝壳砂土壤失水率（1.381g/h）小于潮土类（1.917g/h）。

分析表明，在30℃和50℃条件下，烘干土壤达到恒重的时间均表现为贝壳砂小于潮土，失水率均表现为潮土类高于贝壳砂。在土壤水分接近饱和状态时，两种模拟温度下，贝壳砂散失水分较慢，蓄持水分能力较强，而潮土类土壤水分散失较快，束缚水分能力弱。30℃条件下潮土类土壤水分一直高于贝壳砂，但在50℃条件下，瞬变阶段贝壳砂土壤水分高于潮土，即高温高湿条件下，贝壳砂贮蓄水分能力好于潮土类。

5.2.2 不同粒径贝壳砂土壤水分的温度响应

5.2.2.1 贝壳砂土壤水分的温度响应

从图5-6可知，不同粒径贝壳砂土壤含水量随烘干时间的变化趋势，随着模拟温度的不同表现出明显差异。在30℃条件下，不同粒径贝壳砂土壤含水量随烘干时间的变化趋势可分为3个阶段：首先是土壤含水量较高，但曲线变化平缓的渐变阶段（0～140h）；其次是曲线变化陡直，失水率较高的瞬变阶段（140～180h）；最后是平稳阶段。而在50℃条件下，首先是失水率最高的瞬变阶段（0～25h），其次是失水率较低的渐变阶段（25～40h）以及最后的平稳阶段。在30℃和50℃条件下，不同粒径贝壳砂烘干土壤首先达到恒重的是粉黏粒和细砂粒，其次是粗砂粒，石砾达到恒重时间最长，表现为贝壳砂粒径越粗，贝壳砂饱和水分失水时间越长。在整个烘干过程中，粗砂粒和石砾土壤含水量较高，其次为细砂粒，而粉黏粒含水量一直处于最低状态。

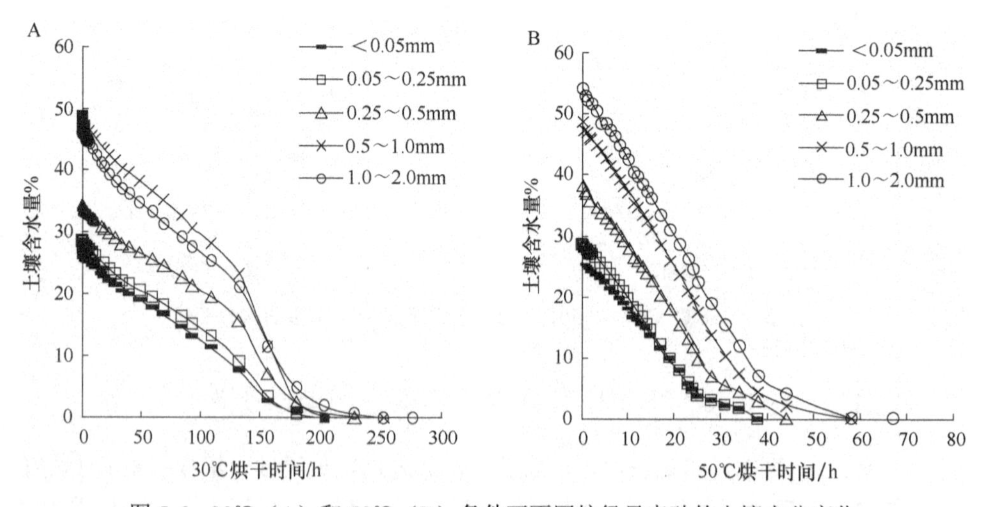

图5-6 30℃（A）和50℃（B）条件下不同粒径贝壳砂的土壤水分变化

5.2.2.2　不同粒径贝壳砂的饱和含水量和失水率

由图 5-7 可知，不同粒径贝壳砂土壤饱和含水量为 26.55%～52.78%，差异显著（$P<0.05$）。在贮蓄水分方面，石砾饱和含水量最高，其次为粗砂粒和细砂粒，而粉黏粒含量最低。30℃和 50℃条件下，在土壤水分下降较快的瞬变阶段，随贝壳砂粒径由细变粗，其失水率在增大，总体表现为石砾和粗砂粒中的土壤水分散失较快，持水性能差；而细砂粒和粉黏粒土壤随烘干时间的延长失水较慢，持水性能较好。随模拟温度的不同，土壤失水率表现出一定差异，其中在贝壳砂土壤粒径<0.5mm 时，50℃的土壤失水率高于 30℃，但在 0.5～2.0mm 粒径范围内，30℃条件下的失水率反而高于 50℃。可见贝壳砂失水率除了受温度影响外，还与粒径分布密切相关。

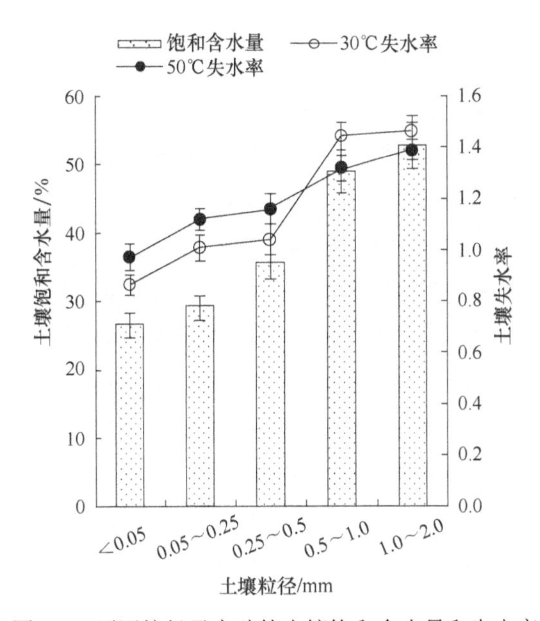

图 5-7　不同粒径贝壳砂的土壤饱和含水量和失水率

5.2.3　不同粒径河沙土壤水分的温度响应

5.2.3.1　河沙土壤水分的温度响应

由图 5-8 可知，两种模拟温度条件下，不同粒径河沙土壤含水量随烘干时间的变化趋势与不同粒径贝壳砂出现的 3 个水分变化阶段类似，均是 30℃条件下先出现渐变阶段，而 50℃条件下先出现瞬变阶段，并且各阶段维持的时间段接近贝壳砂。在 30℃和 50℃条件下，不同粒径河沙土壤烘干达到恒重的时间不同，总体表现为石砾土壤达到恒重时间最短，其次为粗砂粒和细砂粒，而粉黏粒土壤达到恒重时间最长。即河沙粒径越小，烘干河沙达到恒重的时间越长，表明随着河沙由粗变细，土壤饱和水分失水时间在延长。在整个烘干过程中，粉黏粒土壤含水量最高，其次为细砂粒和粗砂粒，石砾土壤含水量均较低。

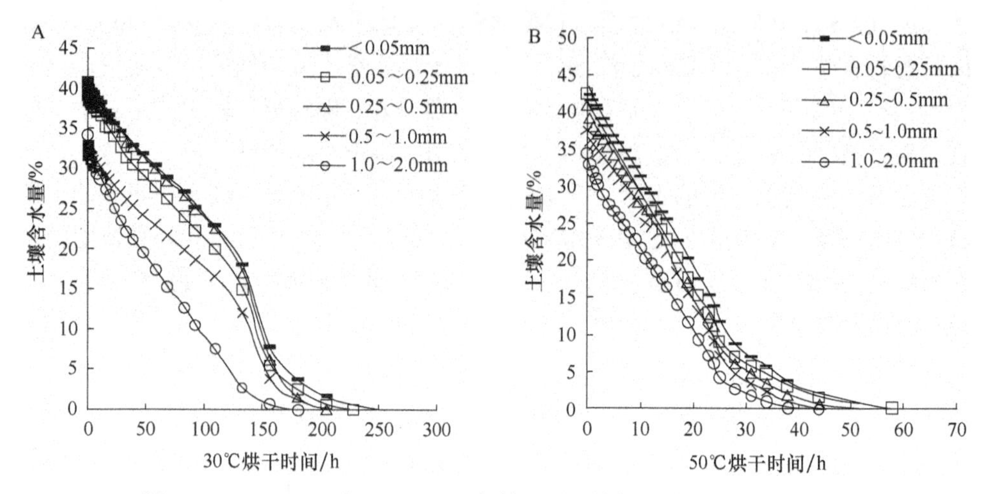

图 5-8　30℃（A）和 50℃（B）条件下不同粒径河沙的土壤水分变化

5.2.3.2　不同粒径河沙的饱和含水量和失水率

由图 5-9 可知，不同粒径河沙土壤饱和含水量为 34.19%～42.36%，差异显著（$P<0.05$），土壤饱和含水量大小顺序表明在贮蓄水分上，粉黏粒涵蓄水分最高，

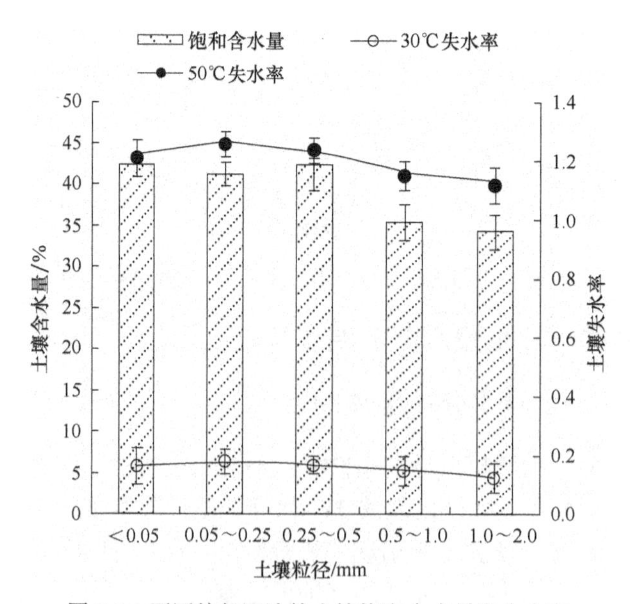

图 5-9　不同粒径河沙的土壤饱和含水量和失水率

其次为细砂粒，而石砾和粗砂粒较低。50℃不同粒径河沙的失水率远高于 30℃，两种模拟温度下，不同粒径河沙失水率均表现为细砂粒最高，其次是粉黏粒和粗砂粒，而石砾失水率最低。即石砾土壤水分随烘干时间的延长散失较慢，持水性能强；而细砂粒失水较快，蓄持水分能力弱。分析表明，河沙粒径越大，其饱和含水量越低，土壤蓄水潜能越弱；但在粒径较大或较小的分布状态下，土壤饱和水分散失较慢，束缚水分能力强，土壤蓄持水分能力强。

5.2.4　不同植被类型贝壳砂土壤水分的温度响应

5.2.4.1　30℃条件下不同植被类型土壤水分的变化规律

从图 5-10 可知，不同植被类型土壤饱和含水量差异较大，为酸枣林＞草地＞杠柳林＞裸地，即贝壳砂生境植被覆盖下的土壤蓄水能力明显高于裸地。不同植被类型土壤达到恒重的时间不同，时间长短依次为草地＞酸枣林＞杠柳林＞裸地。从土壤饱和含水量和土壤达到恒重时间来分析，假设在一次充分降雨的条件下，各植被类型下土壤水分均可达到饱和，其中酸枣林和草地的初始饱和含水量高于杠柳林，土壤失水时间也长于杠柳林。受土壤颗粒组成的影响，在地表温度升高的条件下，草地和酸枣林的土壤涵蓄降雨能力及可供有效利用的土壤水分高于杠柳林，而裸地最差。

失水率代表土壤水分散失的快慢程度，失水率越大，土壤水分散失越快，土壤持水能力弱；反之，则土壤持水能力强。在 30℃条件下，不同植被类型的失水率随烘干时间的增加呈减小趋势，根据失水率的变化可将土壤水分随烘干时间的变化趋势分为 3 个阶段，首先是土壤含水量较高但下降较快的瞬变阶段，时间段为 0～150h，土壤水分随烘干时间的变化呈明显的线性关系；其次是土壤含水量为 3%～10%的渐变阶段，土壤失水缓慢；最后是曲线斜率几乎为 0 的平稳阶段，土壤水分逐渐被烘干。30℃条件下，不同植被类型土壤失水率大小为：酸枣林＞杠柳林＞草地＞裸地。从失水率这一指标来分析，在 30℃持续恒温下，草地保水性能好于杠柳林，酸枣林保水性能最差，这可能与其土壤初始饱和含水量较高有一定关系。裸地土壤散失水分较慢，但其土壤初始饱和含水量本身较低，因此在整个烘干过程中，其土壤水分一直处于最低状态。分析表明，土壤失水率的变化除了与植被类型的初始饱和含水量有关外，还可能与土壤质地结构、容重和孔隙度状况有关。

5.2.4.2　50℃条件下不同植被类型土壤水分的变化规律

从图 5-11 可以看出，在整个 50℃温度的烘干过程中，灌木林的土壤含水量明显高于草地和裸地，但酸枣林和杠柳林土壤含水量差异不显著（$P>0.05$），草地土壤水分略高于裸地。在 50℃条件下，不同植被类型土壤达到恒重的时间差异较大，时间长短依次为酸枣林＞杠柳林＞草地＞裸地。从土壤饱和含水量和达到恒重的时间可判断出，该温度条件下酸枣林的持水性能最好，其次是杠柳林和草地，而裸地持水性能较差。50℃条件下，不同植被类型的土壤失水率随烘干时间的延长呈减小趋势，土壤水分随烘干时间的变化趋势和30℃条件下类似，依次为土壤水分的瞬变阶段（0～10h）、渐变阶段（10～35h）和平稳阶段。土壤失水率大小为：酸枣林＞杠柳林＞草地＞裸地。

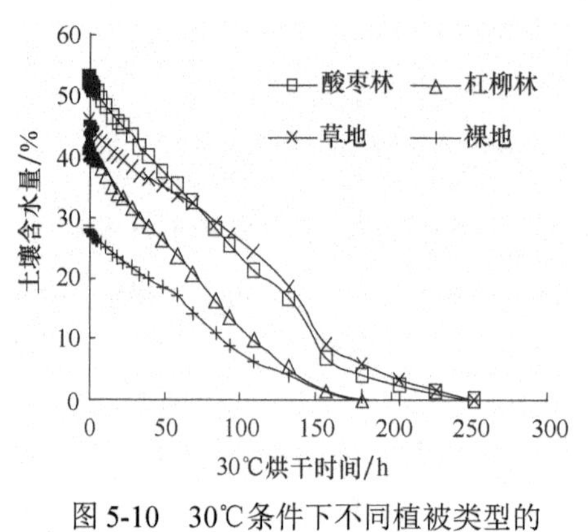

图 5-10　30℃条件下不同植被类型的土壤水分变化

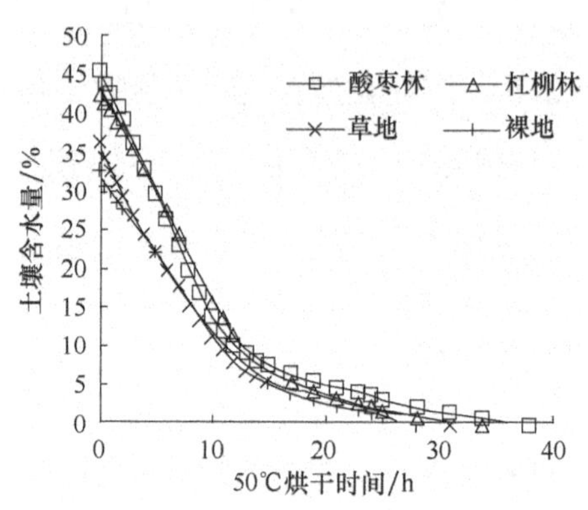

图 5-11　50℃条件下不同植被类型的土壤水分变化

在30℃和50℃条件下，不同植被类型土壤达到恒重的首先是裸地，其次是草地，最后是灌木林，酸枣林达到恒重时间长于杠柳林，但失水率与饱和含水量、土壤达到恒重时间呈正相关。因此，从单一失水率指标或土壤达到恒重时间难以评价不同植被类型的贮蓄水分及持水性能，这主要受初始饱和含水量及其土壤质地结构和物理性质的影响。

5.2.5　贝壳砂蓄持水分参数的相关性分析

相关分析（表5-8）表明，贝壳砂土壤初始入渗率与粗砂粒中的0.5～1.0mm粒径含量呈显著正相关（$P<0.05$），而与其他指标相关性不显著。稳渗速率与各指标相关性不显著，这可能与土壤分形维数较土壤孔隙度更能反映土壤结构影响土壤入渗性能有关。30℃土壤失水率与总孔隙度、非毛管孔隙度、孔隙比和饱和含水量呈显著正相关（$P<0.05$）；50℃土壤失水率与土壤达到恒重时间、土壤容重分别呈极显著正、负相关（$P<0.01$），与总孔隙度、毛管孔隙度、孔隙比和饱和含水量呈显著正相关（$P<0.05$）。饱和含水量与总孔隙度、毛管孔隙度、孔隙比、失水率和50℃条件下土壤达到恒重时间呈显著正相关（$P<0.05$）。30℃条件下土壤达到恒重时间与各指标的相关性均不显著，50℃条件下土壤达到恒重时间与50℃下的失水率和孔隙比呈极显著正相关（$P<0.01$），与土壤容重呈极显著负相关（$P<0.01$），与总孔隙度、毛管孔隙度和饱和含水量呈显著正相关（$P<0.05$）。

分析表明，单一反映土壤蓄持水分的指标，与土壤颗粒组成、容重、孔隙度状况以及土壤渗透性能、失水率和不同温度下土壤达到恒重时间之间存在一定的相关性，但各指标之间的相关显著性存在较大差异。

表 5-8　贝壳砂蓄持水分指标与主要物理参数的相关性分析

	初始入渗率	稳渗速率	30℃失水率	50℃失水率	饱和含水量	30℃土壤达恒重时间	50℃土壤达恒重时间
1.0～2.0mm 粒径含量	0.687	−0.086	−0.432	−0.058	−0.282	0.380	−0.066
0.5～1.0mm 粒径含量	0.956*	0.814	−0.160	−0.021	−0.235	−0.629	0.013
0.25～0.5mm 粒径含量	−0.535	−0.854	−0.630	−0.717	−0.573	0.402	−0.743
0.05～0.25mm 粒径含量	−0.092	0.720	0.770	0.552	0.610	−0.614	0.579
<0.05mm 粒径含量	−0.721	−0.720	0.394	0.437	0.548	0.877	0.400
容重	−0.032	−0.328	−0.872	−0.992**	−0.924	−0.221	−0.991**
总孔隙度	−0.186	0.299	0.970*	0.989*	0.989*	0.158	0.989*
毛管孔隙度	−0.197	0.158	0.915	0.989*	0.977*	0.335	0.982*
非毛管孔隙度	−0.156	0.499	0.983*	0.916	0.935	−0.130	0.926
孔隙比	−0.045	0.438	0.953*	0.985*	0.955*	0.040	0.990**
初始入渗率	1.000	0.619	−0.312	−0.082	−0.326	−0.399	−0.058
稳渗速率	0.619	1.000	0.333	0.300	0.184	−0.815	0.339
30℃失水率	−0.312	0.333	1.000	0.925	0.975*	0.018	0.928
50℃失水率	−0.082	0.300	0.925	1.000	0.966*	0.211	0.999**
饱和含水量	−0.326	0.184	0.975*	0.966*	1.000	0.229	0.961*
30℃土壤达恒重时间	−0.399	−0.815	0.018	0.211	0.229	1.000	0.171
50℃土壤达恒重时间	−0.058	0.339	0.928	0.999**	0.961*	0.171	1.000

*$P<0.05$；** $P<0.01$

5.2.6　贝壳砂水分对温度和粒径的响应规律

温度对土壤水分的影响依赖于土壤类型，对于质地较轻的土壤，土壤水分的变化主要是由于温度对水表面张力的影响（张富仓等，1997；郭全恩等，2012）；而对于质地较重的土壤，温度变化主要通过影响土壤水分性质及土壤结构性质对土壤水分运动过程产生作用（张富仓等，1997；高红贝和邵明安，2011）。本研究表明贝壳砂的蓄水潜能低于潮土类，失水率也低于潮土类，贝壳砂对水分的束缚能力较强，持水性能好。30℃下的贝壳砂含水量均低于潮土类；在 50℃条件下，在土壤湿度较大阶段，贝壳砂的含水量高于潮土类，即潮土类在高湿高温的条件下，土壤水分更容易向外界环境释放，失水率较高，这与温度升高，重壤土、轻黏土水分再分布速率增加，土壤持水性降低的结论类似（张富仓等，1996）。贝壳砂对土壤水分的蓄持能力，与贝壳砂的湿度和所处的温度环境密切相关，表现出高温高湿条件下具有较好的蓄持水分能力，这种特性表现为充分降雨天晴后，虽然地表温度上升较快，但土壤涵蓄有效水分的能力在提高，利于贝壳堤滩脊地带植物对水分的高效利用。在低温阶段和高温低湿阶段，贝壳砂水分含量低于潮土类，主要与潮土类初始饱和含水量较高有关，这与相关研究土壤持水力受温度变化幅度和土壤润湿度高低的共同影响结论类似（夏自强，2001）。温度的适宜升高可导致土壤水分能量的提高，水分运动的速度和植物对水分有效利用程度都有所增加，这对处于干旱生境贝壳堤滩脊地带的旱生灌木和草本植物来说是有利的。

土壤粒径分布的差异可引起土壤孔隙、结构变化等从而对土壤蓄持水分产生影响。相关研究表明，土壤含水量下降与粒径大小有较大关系，粒径越大，孔隙度越大，土壤蒸发越强烈，土壤含水量下降较快（关红杰和冯浩；2009；孙蓓等，2013）；随着砂土混合介质中砂石含量的增加，土壤含水量呈降低趋势，粒径越大对含水量分布影响程度越明显（吴凤平等，2009）。而黏粒含量的差异也会导致温度对土壤水分运移产生较大影响，其中温度变化对黏土的结构性质影响大于砂性土（张富仓等，1997）。本研究表明，海生贝壳介质是贝壳砂的主要来源，特别是大颗粒贝壳砂仍保持一定的薄层状或鳞片状结构，基质本身空隙较大，因此，在一定粒径范围内，贝壳砂贮存水分的性能总体表现为粒径越大，土壤饱和含水量越高，烘干土壤达到恒重的时间越长。粉黏粒贝壳砂因粒径较小，孔隙度小，土壤密实，饱和含水量最低，细砂粒次之。在30℃和50℃整个烘干过程中，粉黏粒和细砂粒土壤水分一直处于较低状态，除了受本身初始饱和含水量较低影响外，还可能是由于其团粒结构相对较强，特别是随着土壤水分的不饱和，土壤更加密实，阻碍了土壤水分的运移（刘新平等，2008）。

天然河沙则表现出与贝壳砂完全相反的变化规律，粒径越细，其饱和含水量及整个烘干过程中的水分含量也越高，这可能是圆形结构的粗砂粒和石砾孔隙较大，切断了土壤毛细管作用，导水率降低，减弱了能量到达土体的数量，降低了液态水向蒸发面的传导（郭全恩等，2012），致使粗砂粒和石砾的土壤含水量在整个烘干过程中一直低于粉黏粒和细砂粒，总体表现为粉黏粒、细砂粒的保水性较好，粗砂粒次之，石砾最差，这与赵世平等（2008）研究发现细石英砂比粗石英砂能够保留更多的水分结论类似。贝壳砂土壤中粗砂粒含量最高，平均为61.31%，占整个土壤粒级的一半以上，而粉黏粒平均仅为1.39%（夏江宝等，2013），因此，贝壳砂生境涵蓄降雨的能力较好，虽然地表温度升高快，但土壤脱水过程相对较慢，这利于旱生灌木和草本对有限水分的高效利用。而一般砂质土壤具有雨后水分向深层渗透过快和土壤表层迅速变干的特点（赵世平等，2008），不利于植物对土壤水分的有效利用。两种模拟温度下，贝壳砂和河沙的失水率也表现出相反的变化规律，贝壳砂失水率随粒径的增大而增大，而河沙失水率则表现为减小趋势。综上所述，土壤水分运动是极其复杂的水热耦合运动过程，土壤质地结构对土壤水分运动和保持的温度效应影响显著。土壤贮蓄和持水能力受土壤类型、质地结构、水分含量和温度条件的影响较大，但对于温度变化如何影响贝壳砂水分的性质，以及贝壳砂本身性状如何变化有待进一步研究，特别是对贝壳砂水分运动主要参数的温度效应及其机理需深入分析。

5.2.7　结论

贝壳砂饱和含水量低于潮土类，涵蓄水分的潜能低于潮土类；但两种模拟温度下，贝壳砂失水率均低于潮土类，高湿阶段表现出脱水过程缓慢，蓄持水分能力强的特点，这利于贝壳堤滩脊地带旱生植物对贮存降雨水分的高效利用。贝壳砂和潮土类土壤水分随烘干时间的变化可分为 3 个阶段，均表现为土壤水分含量高、失水率大的瞬变阶段，土壤失水率较低、曲线变化平缓的渐变阶段和曲线斜率几乎为 0 的平稳阶段。

贝壳砂贮蓄水分的能力表现为粒径由细变粗，土壤饱和含水量越高，饱和水分失水时间越长，整个烘干过程中的土壤含水量也较高，贮蓄水分能力增强；但失水率也随之增大，束缚水分能力弱，持水能力降低。而不同粒径河沙则表现出完全相反的变化规律，总体表现为粉黏粒、细砂粒的河沙保水性较好，粗砂粒次之，石砾最差。不同粒径河沙和贝壳砂随温度变化的趋势类似，30℃条件下土壤水分随烘干时间先平缓渐变后陡直瞬变，50℃条件下则表现为相反的变化规律。

贝壳砂和河沙在饱和含水量、失水率及烘干土壤达到恒重的时间表现出的差异，与两种基质本身颗粒形状的差异有较大关系，贝壳砂土壤颗粒呈层状或鳞片状，而河沙颗粒近似圆形或椭球形，两者可能在孔隙结构的形成、毛细管作用的导水性以及液态水汽化的过程都存在较大差异。

在 30℃和 50℃恒温下，不同植被类型的贝壳砂土壤失水率随烘干时间的延长呈减小趋势，土壤失水率均表现为：酸枣林＞杠柳林＞草地＞裸地。不同植被类型，30℃条件下土壤失水率明显低于 50℃。受土壤质地结构、粒径分布等物理参数，饱和含水量及温度的影响，利用单一的土壤失水率指标或土壤达到恒重时间难以判定各植被类型的持水能力。

土壤蓄持水分潜能除了与土壤类型、粒径分布密切相关外，还与温度变化以及土壤本身的水分含量有关，因此，通过改变土壤颗粒粗细、表面积大小以及孔隙数量多少等结构特性，结合实施不同的覆盖措施，可有效改变水分在贝壳砂中的运动规律。

5.3　贝壳堤主要植被类型的土壤颗粒分形特征

利用粒径的重量分布描述土壤颗粒组成的分形维数具有求解精确、简便的特点，因此，这一方法得到广泛应用。目前对土壤颗粒分形特征的研究已由传统的分形维数与不同土壤质地关系的分析集中到某一具体立地类型、同种土壤质地下的不同土地利用方式或植被恢复措施效益分析及土壤质量评价等方面，如用土壤颗粒分形特征反映科尔沁沙地农田沙漠化演变过程（苏永中和赵哈林，2004）、比较库布齐沙漠沙柳沙障构建方式优劣（李红丽等，2012）、反映沂蒙山区的植被恢复效果（Liu et al.，2009）、评价土石山区林地土壤质量（王贤等，2011；刘阳等，2012）、比较黄河三角洲滩地（吕圣桥等，2011）及黄土丘陵沟壑区（王德等，2007）土地利用类型、反映退耕还湖安庆沿江湿地土壤演变状况（张平究和赵永强，2012）等，同时也从单一的土壤颗粒分形向不同土壤类型的多重分形维数转变。贝壳堤是淤泥质或粉砂质海岸所特有的一种滩脊类型，黄河三角洲贝壳堤在世界第四纪地质和海岸地貌研究中占有极其重要的位置。贝壳堤这一独特的生态系统，引起了众多学者的关注，目前对黄河三角洲贝壳堤的研究主要集中在贝壳堤岛脆弱生态系统特征及其保护管理对策（田家怡等，2009；刘志杰等，2010）、植被及微生物分布特征（赵艳云等，2012）、典型灌草生理生态特征（夏江宝等，2009；李田等，2010）及贝壳砂中微量元素含量和形态特征（刘庆等，2009）等方面，而对该区域主要灌草植被恢复措施下的贝壳砂土壤颗粒分形特征及其影响因素的分析报道较少。本研究以黄河三角洲贝壳堤的柽柳林、酸枣林及砂引草草地 3 种植被类型为研究对象，并以裸地为对照，运用土壤单重分形学原理与方法，测定分析贝壳堤不同植被类型的土壤颗粒分形维数、颗粒组成、容重、孔隙度及蓄水性能等指标，探讨不同植被类型对土壤物理结构的改良作用，阐明贝壳堤植被恢复措施下的土壤颗粒分形特征及其影响因素，以期为阐明贝壳砂生境下的土壤颗粒分形学机制奠定基础，为黄河三角洲贝壳堤灌草种类选择及模式构建提供理论依据和技术参考。

5.3.1 土壤颗粒组成与分形维数

5.3.1.1 不同植被类型的土壤颗粒组成

由表 5-9 可知，贝壳砂土壤中，粗砂粒含量最高，为 52.41%～72.28%，平均为 61.31%；其次为细砂粒，含量为 8.72%～32.61%，平均为 19.98%；而石砾和粉黏粒含量相对较低，石砾含量为 12.69%～19.94%，平均为 17.33%；粉黏粒含量为 0.33%～4.90%，平均仅为 1.39%。表明贝壳砂生境内粗砂粒、细砂粒含量显著高于石砾、粉黏粒，具有壤质砂土特点，属于多砾质粗砂土的范畴（李德成和张桃林，2000）。不同植被类型土壤粒径的质量分布差异极显著（F=380.449，sig.=0.000，P<0.001），3 种植被类型 0～40cm 贝壳砂土壤剖面中石砾含量差异极显著（F=12.234，sig.=0.000，P<0.001），均值大小依次为草地<柽柳林<酸枣林<裸地，分别比裸地低 20.43%、16.87%和 3.98%。粗砂粒含量差异极显著（F=11.205，sig.=0.000，P<0.001），均值大小依次为酸枣林<柽柳林<草地<裸地，分别比裸地低 15.86%、11.80%和 2.76%。细砂粒含量差异极显著（F=8.740，sig.=0.000，

P<0.001)，均值大小依次为杠柳林>酸枣林>草地>裸地，分别比裸地高 71.40%、62.13%和 38.40%。粉黏粒含量差异极显著（F=14.727，sig.=0.000，P<0.001），均值大小依次为酸枣林>杠柳林>草地>裸地，分别是裸地的 8.04 倍、3.96 倍和 1.97 倍。表明灌木林地和草地具有减少石砾和粗砂粒含量，增加细砂粒和粉黏粒含量的作用，即植被恢复措施具有使贝壳砂由粗粒径向细粒径转变的效能。在垂直结构上，不同植被类型不同颗粒分布表现出一定的差异，占主要成分的粗砂粒均表层低于 20～40cm 土层，细砂粒除草地差异不显著（P>0.05）外，其他均表现为表层高于 20～40cm 土层。占百分比最少的粉黏粒含量均表现为表层高于 20～40cm 土层。石砾含量除杠柳林外，其他均表现为表层高于 20～40cm 土层。

表 5-9　各植被类型土壤中不同粒径范围土壤颗粒质量与总质量百分比

植被类型	土层深度/cm	土壤粒级占比/%						
		石砾	粗砂粒		细砂粒			粉黏粒
		1.0～2.0mm	0.5～1.0mm	0.25～0.5mm	0.2～0.25mm	0.1～0.2mm	0.05～0.1mm	<0.05mm
杠柳林	0～20	12.69	35.98	16.43	23.49	9.01	0.11	2.29
	20～40	19.43	50.67	13.98	11.50	3.76	0.02	0.64
酸枣林	0～20	19.90	37.30	12.89	17.66	7.29	0.06	4.90
	20～40	17.18	38.92	22.56	16.41	3.63	0.25	1.05
草地	0～20	16.31	27.45	36.44	12.04	6.42	0.44	0.90
	20～40	14.50	28.44	36.73	14.73	4.96	0.08	0.56
裸地	0～20	19.94	39.35	21.08	12.42	6.71	0.09	0.41
	20～40	18.67	39.96	32.32	5.11	3.44	0.17	0.33

5.3.1.2　土壤颗粒分形维数与土壤粒级分布的关系

3 种植被类型及裸地 0～40cm 土壤颗粒分形维数差异极显著（F=24.70，sig.=0.000，P<0.001），均值大小表现为酸枣林>杠柳林>草地>裸地（图 5-12）。与裸地相比，分别增加 36.52%，23.67%，12.92%。在垂直结构上，土壤颗粒分形维数均表现为表层高于 20～40cm 土层，差异均极显著（P<0.001）。不同土壤层次颗粒分形维数大小均表现为酸枣林>杠柳林>草地>裸地，0～20cm 土壤分形维数分别比裸地高 48.39%、32.75%和 15.69%；20～40cm 土壤分形维数分别比裸地高 23.96%、14.07%和 9.98%。表明不同的植被恢复措施均对贝壳砂土壤分形维数影响较大，并且随着贝壳砂深度的不同，其分形维数也表现出较大差异。

土壤颗粒分形维数对各个粒级土粒含量的反映程度不同，为确定分形维数与各粒级含量的关系，对分形维数与石砾、粗砂粒、细砂粒和粉黏粒的含量进行相关性分析，结果如图 5-13 所示。土壤颗粒分形维数与粉黏粒含量呈极显著正相关（r=0.940，P<0.01），与细砂粒呈显著正相关（r=0.771，P<0.05），与粗砂粒含

量呈极显著负相关（$r=-0.947$，$P<0.01$），与石砾含量的相关性不显著（$r=0.417$，$P>0.05$）。可见，贝壳砂生境下，土壤颗粒分形维数随粉黏粒以及细砂粒含量的增加而增加，随粗砂粒含量的增加而减少，其中，对土壤颗粒分形维数影响程度较大的是粗砂粒和粉黏粒含量，其次是细砂粒含量，石砾含量较小。

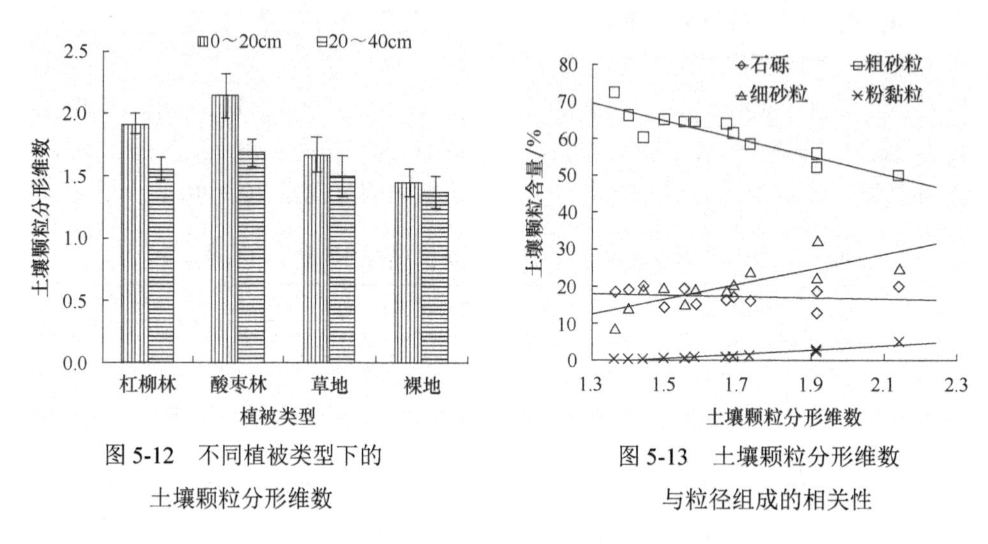

图 5-12　不同植被类型下的土壤颗粒分形维数

图 5-13　土壤颗粒分形维数与粒径组成的相关性

5.3.2　土壤颗粒分形维数与土壤容重和孔隙度

由表 5-10 可知，各植被类型下的土壤容重均低于裸地，差异显著（$F=17.212$，sig.=0.001，$P<0.05$），其中 0～40cm 土壤容重均值酸枣林、柽柳林和草地分别比裸地低 23.99%、14.53%和 10.47%。总孔隙度差异显著（$F=9.607$，sig.=0.005，$P<0.05$），均值大小为酸枣林＞柽柳林＞草地，分别比裸地高 16.96%、16.70%和 1.30%，表明酸枣林的通气透水性能较好，其次为柽柳林，草地较差。酸枣林和柽柳林的毛管孔隙度均值较高，差异不显著（$P>0.05$），草地的毛管孔隙度与裸地接近，表明酸枣林和柽柳林土壤中有效水的贮存容量较大，利于植

表 5-10　不同植被类型的土壤容重和孔隙度特征

植被类型	土层深度/cm	土壤容重/（g/cm^3）	总孔隙度/%	毛管孔隙度/%	非毛管孔隙度/%
柽柳林	0～20	1.24	56.66	52.18	4.48
	20～40	1.29	49.27	45.39	3.88
酸枣林	0～20	1.04	54.20	51.37	2.83
	20～40	1.21	51.95	48.90	3.05
草地	0～20	1.25	47.42	45.14	2.28
	20～40	1.40	44.53	41.40	3.13
裸地	0～20	1.44	47.73	45.23	2.50
	20～40	1.52	43.04	40.74	2.30

被根系对水分的有效利用，而草地维持自身生长发育所贮存水分的潜能相对较低。非毛管孔隙度均值最大的为杠柳林，比裸地增加 74.17%，涵养水源潜能相对较好；而酸枣林和草地差异不显著（$P>0.05$），仅比裸地增加 22.50%和 12.71%。在垂直结构上，土壤容重表现为表层低于 20～40cm 土层，总孔隙度和毛管孔隙度则与之相反。

由图 5-14 可知，土壤颗粒分形维数与土壤容重呈极显著负相关（$r=-0.928$，$P<0.01$），与毛管孔隙度、总孔隙度均呈极显著正相关（$P<0.01$），相关系数 r 分别为 0.883 和 0.857，与非毛管孔隙度的相关性不显著（$r=0.350$，$P>0.05$）。可见，土壤颗粒分形维数对土壤容重和孔隙度状况的反映程度不一样，其中反映程度最大的是土壤容重，其次是毛管孔隙度，总孔隙度次之。表明贝壳砂生境下土壤容重越小，总孔隙度和毛管孔隙度越大，土壤颗粒分形维数越大，但土壤颗粒分形维数难以反映非毛管孔隙度的大小。

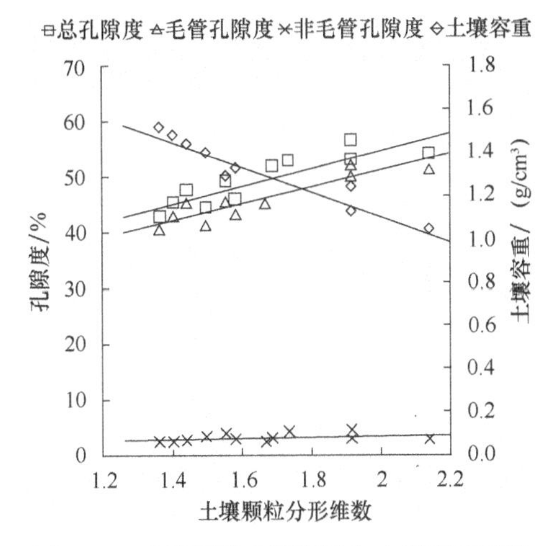

图 5-14　土壤颗粒分形维数与土壤容重和孔隙度的相关性

5.3.3　土壤颗粒分形维数与土壤蓄水性能

由表 5-11 可知，不同植被类型下土壤饱和蓄水量（$F=9.628$，sig.=0.006，$P<0.05$）、吸持蓄水量（$F=7.606$，sig.=0.010，$P<0.05$）差异均显著，均值大小均表现为酸枣林＞杠柳林＞草地，其中饱和蓄水量分别比裸地高 16.94%、16.70%和 1.30%，吸持蓄水量分别比裸地高 16.63%，13.49%和 0.66%。滞留蓄水量差异极显著（$F=25.011$，sig.=0.000，$P<0.001$），均值大小表现为杠柳林＞酸枣林＞草地，分别是裸地的 1.74 倍、1.23 倍和 1.13 倍，表明酸枣林供给植物有效水利用较好，杠柳林涵养水源潜能较好，草地贮存水分的能力较差。在垂直结构上，饱和蓄水量及吸持蓄水量均表现为土壤表层大于 20～40cm 土层。

表 5-11　不同植被类型的土壤蓄水性能

植被类型	土层深度/cm	饱和蓄水量/mm	吸持蓄水量/mm	滞留蓄水量/mm
杠柳林	0～20	113.32	104.36	8.96
	20～40	98.54	90.78	7.76
酸枣林	0～20	108.40	102.74	5.66
	20～40	105.93	97.57	8.36

续表

植被类型	土层深度/cm	饱和蓄水量/mm	吸持蓄水量/mm	滞留蓄水量/mm
草地	0～20	106.15	100.27	5.88
	20～40	103.90	97.80	6.10
裸地	0～20	94.84	90.28	4.56
	20～40	89.06	82.80	6.26

土壤颗粒分形维数与饱和蓄水量（$r=0.855$，$P<0.01$）、吸持蓄水量（$r=0.881$，$P<0.01$）均呈极显著正相关，与滞留蓄水量的相关性不明显（$r=0.340$，$P>0.05$）（图 5-15）。表明土壤颗粒分形维数对土壤蓄水指标的反映程度不一样，其中反映程度最大的是饱和蓄水量，其次是吸持蓄水量。即饱和蓄水量和吸持蓄水量越大，土壤颗粒分形维数越大，但土壤颗粒分形维数对滞留蓄水量的反映程度不高。

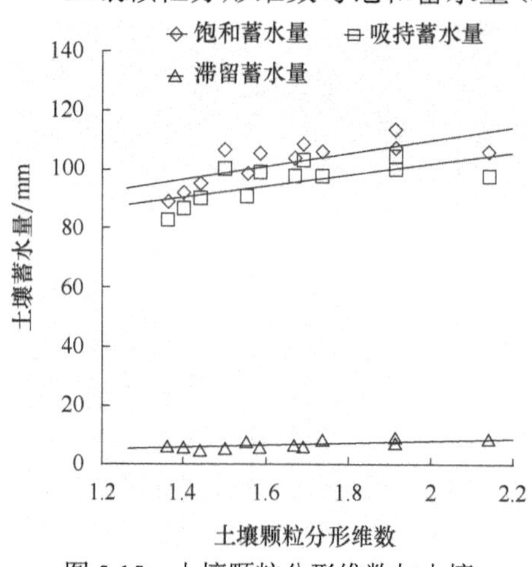

图 5-15　土壤颗粒分形维数与土壤蓄水量的相关性

5.3.4　贝壳砂颗粒分形维数与颗粒组成的相互关系

土壤颗粒组成与分形维数，除了与成土母质、土壤质地、物理化学风化过程有关外，还与土地利用方式、不同植被类型有一定关系。在相同地段、相同生境内，植被可通过地表覆盖，枯枝落叶层拦截降雨，减弱风蚀、水蚀等过程，保存地表层的细沙粒及粉黏粒；同时枯落物形成的腐殖质层及植物根系本身穿插、残体及分泌物均可有效改变土壤物理结构和化学性能，从而影响土壤的颗粒组成及分形维数。黄河三角洲贝壳堤滩脊地带的粗砂粒含量最高，其次为细砂粒，石砾和粉黏粒含量较低。研究表明，属于潮土类型的黄河三角洲滩地有林地粉粒含量最高，但棉花地和荒草地砂粒含量最高（吕圣桥等，2011）；属于棕壤类型的冀北山地森林土壤中粗粉粒和沙粒含量显著高于细黏粒、细粉粒，混交林的细粒含量均高于纯林（刘阳等，2012）。可见，贝壳砂生境内土壤主要来源于风化的贝壳，颗粒组成相对较粗，但灌木林地及草地具有降低贝壳砂石砾、粗砂砾，增加细砂粒和粉黏粒的作用，并且 0～20cm 土层表现明显，即植被恢复措施具有较好的增加贝壳砂细颗粒含量的作用，并且灌木林地好于草地，这与其植被覆盖度高、生物量大、根系发达有一定关系。

土壤粒径大小及含量对土壤颗粒间的组合、孔隙大小、数量及几何形态都起着决定作用。贝壳砂土壤颗粒分形维数为 1.3632～2.1416，明显低于壤土、黏壤土及黏土类，表层高于20～40cm土层，3种植被类型的分形维数大小依次为酸枣林、杠柳林、草地，均值为1.7452，接近壤质砂土的测量最低值1.834（李德成和张桃林，2000），可见与山地森林或黄河滩地土壤相比，贝壳堤的土壤粗颗粒较多，分形维数偏低。但贝壳堤的灌木林及荒草地仍提高了相同生境下的分形维数，由裸地的1.4032增至酸枣林的1.9157，增幅为36.52%，表明灌木林下贝壳砂变细，易形成良好的土壤结构，分形维数有增大趋势，0～20cm土层这种改善作用较为明显。

科尔沁沙地农田沙漠化演变过程中（苏永中和赵哈林，2004）、黄河三角洲滩地不同土地利用方式下（吕圣桥等，2011）、山地典型森林植被下（王贤等，2011；刘阳等，2012）的土壤颗粒分形维数与土壤中砂粒、粗粉粒含量呈显著负相关，而与黏粒、粉粒含量呈显著的正相关，这与本研究结果基本一致。贝壳砂土壤颗粒分形维数与粉黏粒含量呈极显著正相关，与细砂粒呈显著正相关，与粗砂粒含量呈极显著负相关，但与大粒径石砾含量相关性不显著，与相关研究得到的土壤质地由粗到细，分形维数由小到大的结论一致（Tyler and Wheatcraft，1989；吴承祯和洪伟等，1999；李德成和张桃林，2000；黄冠华和詹卫华，2002），可见土壤颗粒分形维数用于描述贝壳砂这一特殊土壤质地是可行的。土壤颗粒分形维数对各个粒级土粒含量的反映程度有一定差异，总体表现为土壤颗粒组成或团粒组成的分形维数是随着土壤质地变细而增大，随粗粒径砂粒含量的增加而变小，这一规律随土壤质地、土地利用方式或植被类型的不同略有差异，如冀北山地森林土壤分形维数与黏粒含量相关性不显著（刘阳等，2012），重庆四面山林地土壤分形维数与粉粒含量的相关性不显著（王贤等，2011），这可能与成土母质、土壤粒径分布范围、含量及质地均匀程度有关。

5.3.5 贝壳砂颗粒分形与基本物理参数的相互关系

结构良好的土壤容重为1.25～1.35g/cm^3，水气关系协调的土壤总孔隙度为40%～50%。贝壳堤灌木林地及草地0～40cm土层土壤容重为1.04～1.40g/cm^3，均低于裸地；总孔隙度为44.53%～56.66%，表明植被覆盖对贝壳砂土壤物理结构改善较好，灌木林地0～20cm土层总孔隙度达54.20%以上，土壤容重表层低于20～40cm土层，这与表层枯落物回归土壤及腐殖质层的形成有一定关系。裸地总孔隙度偏低，容重偏大，可能与泥质海岸上潮时携带的淤泥堆积有一定关系，而有植被覆盖的地方，除了植被本身的改良土壤效应外，向海测的酸枣、杠柳及柽柳等冲浪林带能有效抵挡潮滩淤泥。

山地森林土壤分形维数与土壤容重呈正相关，与总孔隙度呈负相关关系（刘阳等，2012）。一般而言，土壤分形维数越高，土壤质地越黏重，通透性越差；分形维数越低，土壤结构越松散（黄冠华和詹卫华，2002）。但风化未全的贝壳砂，土壤颗粒较粗，孔隙度较大，不利于贮存水分，因此，植被恢复措施下的贝壳砂生境则呈现与之相反的变化规律，土壤颗粒分形维数与土壤容重呈极显著负相关，与毛管孔隙度、总孔隙度呈极显著正相关，与非毛管孔隙度相关性不显著。即贝壳砂生境下，土壤孔隙度大、通气透水性能好，则分形维数也高；而土壤变得密实，容重增大，则分形维数也降低；与山地森林表现规律（刘阳等，2012）不一致，这主要与贝壳砂土壤中粗粒径含量相对较高、分形维数相对较低有一定关系。

5.3.6　贝壳砂颗粒分形与蓄水性能的相互关系

吸持蓄水量为毛管持水，主要用来贮存植物生理用水。滞留蓄水量为非毛管持水，多反映植被的涵养水源能力。饱和蓄水量为吸持贮存与滞留贮存的总和，可反映植被减少地表径流和防止土壤侵蚀的能力。黄河三角洲滩地有林地 0～40cm 土层饱和蓄水量为 82.69～102.85mm，吸持蓄水量为 79.07～93.34mm，滞留蓄水量为 2.02～9.51mm（许景伟等，2009）；贝壳堤灌木林及草地 0～40cm 土层饱和蓄水量为 98.54～113.32mm，吸持蓄水量为 90.78～104.36mm，滞留蓄水量为 5.66～8.96mm。可见，从保持水土、植物有效水利用及水源涵养的角度来看，贝壳堤滩脊地带好于黄河滩地，贝壳砂具有一定涵蓄水分的潜力，并且灌木林的蓄水性能好于草地。植被恢复措施对贝壳砂表层的孔隙结构、疏松程度改善较好，通气、透水性能比较协调，因此灌木林地及草地的蓄水性能均表现为 0～20cm 高于 20～40cm 土层，这与黄河滩地的白蜡林、刺槐林结果类似（许景伟等，2009）。

土壤孔隙大小分布决定着土壤持水性能，土壤颗粒分形维数在一定程度上能够反映土壤的蓄水特性。冀北山地森林土壤颗粒分形维数与最大持水量呈负相关，与田间持水量相关性不显著（刘阳等，2012）；但重庆四面山林地下的土壤颗粒分形维数与饱和含水量、毛管持水量和田间持水量均呈正相关，与非毛管孔隙度呈负相关（王贤等，2011），这与本研究结果类似。贝壳砂生境下土壤颗粒分形维数与饱和蓄水量、吸持蓄水量呈极显著正相关，而与滞留蓄水量相关性不大，表明土壤颗粒分形维数随着成土母质、植被类型的不同，对土壤蓄水性能的反映表现出一定的差异。分形维数高的土壤中细沙粒或黏粒含量相对较高，而黏粒含量高的土壤利于土壤团聚体的形成，可改善土壤通气、透水性能，增强土壤毛管孔隙度；同时单位土粒表面积越大，土壤对水分子的吸附力越大，土壤的持水性能易增强。

5.3.7　结论

贝壳砂土壤中粗砂粒含量最高，其次是细砂粒，而石砾和粉黏粒含量较低。灌木林地和草地具有降低石砾、粗砂粒，增加细砂粒和粉黏粒含量的作用。不同植被类型土壤颗粒分形维数均值为 1.5845～1.9157，大小依次为酸枣林、杠柳林和草地，表层高于 20～40cm 土层。酸枣林、杠柳林及草地 0～40cm 土壤容重均值分别比裸地低 23.99%、14.53%和 10.47%；总孔隙度均值分别比裸地增加 16.96%、16.70%和 1.30%。植被恢复措施对贝壳砂表层的孔隙结构、疏松程度改善较好，草地及灌木林地的蓄水性能均表现为 0～20cm 高于 20～40cm 土层。土壤颗粒分形维数与粉黏粒含量、毛管孔隙度、总孔隙度、饱和蓄水量、吸持蓄水量等呈极显著正相关，与细砂粒含量呈显著正相关，与粗砂粒含量和土壤容重呈极显著负相关，与石砾含量、非毛管孔隙度、滞留蓄水量的相关性不大。从土壤分形维数及其水分生态特征来看，贝壳堤 3 种植被类型的改良土壤物理性质及蓄水保土功能表现为灌木林好于草地，其中酸枣林好于杠柳林，0～20cm 好于 20～40cm 土层。

5.4　贝壳堤典型生境主要植被类型的土壤水文效应

贝壳堤生境下的植被恢复与重建可起到防风固沙、保持水土的功能，对改善区域生态环境和维持生态系统稳定具有重要意义。随着距离海岸带远近的不同，贝壳堤植被呈现一定的地带性特征，目前对贝壳砂生境不同植被类型下的生态水文物理特性尚不明确，以至于基于土壤水文功能和蓄水保土效益为经营目的的植被模式配置受到较大限制。土壤层是森林水文作用的第三个活动层，被称为大气降水的“蓄存库”和“调节器”，而土壤质地及植被类型的不同使土壤层蓄水保土能力有较大差异。土壤水文物理特征是森林生态系统水分循环中林分结构与功能的综合体现，常被作为评价土壤质量的重要指标。土壤层的贮蓄及调节水分能力与土壤容重、孔隙度等基本物理指标和土层厚度密切相关。土壤水分入渗是明确地表径流调节机制及土壤侵蚀防治研究的重要指标，与土壤理化性质关系较大。黄河三角洲贝壳堤生境不同立地类型下的植被改善土壤水文物理性质及涵养水源能力的分析报道较少，在一定程度上限制了贝壳堤防护林植物材料的选择及其栽植管理。为此，选取距离泥质海岸带由近到远的向海侧的盐生灌草、滩脊地带的旱生灌草及向陆侧的盐生草本 3 种植被类型为研究对象，对其改良盐碱状况、土壤物理性状、渗透性能及土壤层贮蓄水分能力进行对比研究，以期为黄河三角洲贝壳堤水土保持防护林的空间布局及模式配置提供科学依据。

5.4.1　3 种植被类型的土壤容重和孔隙度

以距离海岸带远近不同选取 3 种典型植被类型，各植被类型基本状况见表 5-12。分别为向海侧分布的以柽柳、二色补血草为主的盐生灌草植被，滩脊地带分布的以酸枣、杠柳及狗尾草为主的旱生灌草植被，以及向陆侧分布的以翅碱蓬为主的盐生草本植被，并以滩涂贝壳砂裸地作为对照。由表 5-13 可以看出，在土壤垂直结构上，除滩涂裸地外，滩脊地带的旱生灌草、向海侧的盐生灌草植被及向陆侧的盐生草本植被 3 种植被类型的土壤容重均表现为 0～20cm 低于 20～40cm 土层，可见贝壳堤土壤表层土质较疏松，土壤紧实度降低，即植被覆盖下表层土的土壤孔隙度较大。这与其地表有枯落物分解形成一定厚度的腐殖质层有很大关系，土壤孔隙度较大也利于改善表层土的土壤结构，促其形成团粒结构。旱生灌草植被两个土层的土壤毛管孔隙度占总孔隙度的比例分别为 81.3%和 82.0%，而盐生灌草和盐生草本植被两个土层的比例分别为 74.2%、73.8%和 70.9%、71.7%。表明贝壳堤旱生灌草植被土壤中有效水的贮存容量较大，利于树木根系对水分的有效利用，有利于形成土壤微生物生存、土壤有机质分解、土壤养分形成与积累的物理环境。因此，黄河三角洲贝壳堤滩脊地带旱生灌草植被下的土壤可提供酸枣、杠柳等灌木利用土壤有效水分的潜力较大。

表 5-12　贝壳堤不同植被类型的基本状况

分布位置	植被类型	覆盖度/%	典型植被	平均树高/m	平均基茎/m	平均树龄/年
向海侧	盐生灌草	55	柽柳	1.58	1.12	5
			二色补血草			
滩脊地带	旱生灌草	60	酸枣	1.63	1.37	7
			杠柳	1.35	1.24	6
			狗尾草			
向陆侧	盐生草本	45	翅碱蓬			

表 5-13　不同植被类型的土壤容重和孔隙度

植被类型	土壤层次/cm	土壤容重/（g/cm³）	毛管孔隙度/%	非毛管孔隙度/%	土壤总孔隙度/%
向海侧盐生灌草	0～20	1.34	35.41	12.32	47.73
	20～40	1.38	31.90	11.34	43.24
滩脊地带旱生灌草	0～20	1.23	45.46	10.43	55.89
	20～40	1.29	43.71	9.57	53.28
向陆侧盐生草本	0～20	1.43	33.91	13.92	47.83
	20～40	1.48	28.44	11.23	39.67
滩涂裸地	0～20	1.61	24.30	14.05	38.35
	20～40	1.56	23.93	12.42	36.35

在 0～40cm 的土层内，旱生、盐生灌草植被及盐生草本植被的土壤容重均值分别比裸地降低 20.5%、14.2%和 8.2%，而 3 种植被类型下的土壤总孔隙度分别比裸地高 44.2%、20.2%和 15.6%。这可能与滩脊地带旱生灌草植被茂盛，凋落物丰厚，利于贝壳砂土壤的分解细化有关；而向海侧经常受海浪侵蚀，植被郁闭度低，柽柳退化严重，季节性淹水使草本植被生长也较弱；向陆侧盐分含量高，草本植被覆盖度低，从而土壤改良效应较弱。3 种植被类型下的土壤孔隙比分别表

现为旱生灌草地（1.20）＞盐生灌草地（0.83）＞盐生草地（0.78）＞裸地（0.60），不同植被类型的土壤上、下土层孔隙比的大小变化规律也基本一致。3 种植被类型土壤物理性质存在差异，可能与不同植被类型覆盖下的枯落物组成、分解状况和地下根系的生长发育不同有一定关系。从土壤容重和孔隙度综合分析，滩脊地带旱生灌草植被的土壤通气、透水及持水状况均比较协调，表明滩脊地带旱生灌草植被改良土壤基本物理性能最好。因此，在黄河三角洲贝壳堤 3 种植被类型中，土壤基本物理性状表现为滩脊地带的旱生灌草植被好于向海侧的盐生灌草植被，而向陆侧的盐生草本植被改良土壤容重和孔隙度效果较差。

5.4.2　3 种植被类型的土壤 pH 和含盐量

土壤含盐量和 pH 变化状况是黄河三角洲盐碱地反映植被改良土壤效应的重要参数。由图 5-16 可知，贝壳砂生境 3 种植被类型各土层的土壤 pH 和含盐量均低于滩涂裸地各土层的对应值，其中 0～40cm 土层土壤 pH 均值大小表现为旱生灌草＜盐生灌草＜盐生草本＜裸地，分别比裸地降低 11.6%、1.7%和 0.5%。旱生灌草、盐生灌草、盐生草本植被的土壤含盐量均值分别比裸地下降 88.2%、59.0%和 54.2%。这与向海侧和向陆侧微地形下土壤本身盐碱含量较高，而且地表覆盖度低、蒸发量大有关。而滩脊地带由于海拔较高，植被覆盖度高，在一定程度上抑制了地表蒸发，因此，滩脊地带灌草植被降盐功能较好。向海侧盐生灌草植被中柽柳为典型的泌盐植物，所以降盐抑碱功能好于向陆侧的单一草本植被。从垂直变化来看，3 种植被类型下的土壤含盐量均表现为 0～20cm 低于 20～40cm 土层；而 pH 除裸地和旱生灌草植被表土层高于 20～40cm 土层外，盐生灌草和草本植被均表现为表土层低于 20～40cm 土层。可见，在贝壳砂生境下，不同类型的

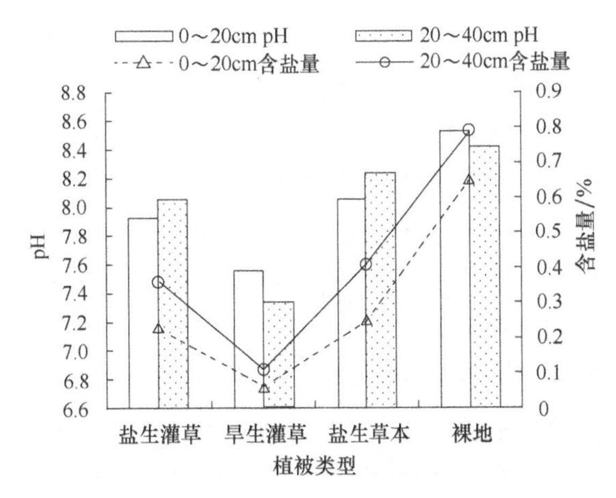

图 5-16　不同植被类型的土壤含盐量和 pH

植被对土壤均具有一定的降碱抑盐效果，表土层由于受枯枝落叶分解及覆盖的影响，改良盐碱效果好于 20～40cm 土层。

5.4.3　3 种植被类型的土壤入渗特征

土壤表层的入渗特征对地表径流的产生和流域产流量有重要影响，是分析地表径流产生与否的前提和基础。由图 5-17 可以看出，贝壳堤 3 种植被类型土壤表层的渗透能力表现为：向陆侧盐生草本＜滩脊地带旱生灌草＜向海侧盐生灌草＜裸地，其中初始入渗率分别比裸地的 10.34mm/min 下降 58.2%、44.9%和 25.9%；稳渗速率分别比裸地的 5.78mm/min 下降 66.3%、46.1%和 24.6%。一般来说，林地土壤的渗透性能越大，越利于降雨的下渗，不易形成地表径流，利于土壤水分的贮存，但由于沙地土壤孔隙较大，易漏水，保水性能差，因此，在一定程度上，土壤渗透性能的减弱有利于土壤水分的贮存。滩脊地带的旱生灌草和向陆侧的盐生灌草两种植被类型，均表现为土壤渗透性降低，即土壤沙性减弱，土壤表现出一定的保水性能，并且旱生灌草植被低于盐生灌草植被。但向陆侧的盐生草本植被，由于贝壳砂中混有较多的泥质盐碱土，土壤密实性较大，通气和透水性能降低，严重抑制了水分的下渗，因此其土壤贮蓄降雨的能力较弱。而滩涂裸地由于受海风的吹蚀，使其表层细小颗粒移动较大，表层土壤沙化严重，大颗粒贝壳砂较多，因此，初始入渗和稳定入渗能力均较强，漏水严重，不利于土壤水分的贮存。可见，贝壳堤滩脊地带旱生灌草植被改善土壤物理状况的效果最好，其土壤水分渗透能力比滩涂裸地明显降低，有利于土壤水分和肥力的保持，其次为向海侧的盐生灌草植被，而向陆侧盐生草本植被的土壤渗透能力最低，易形成地表径流。

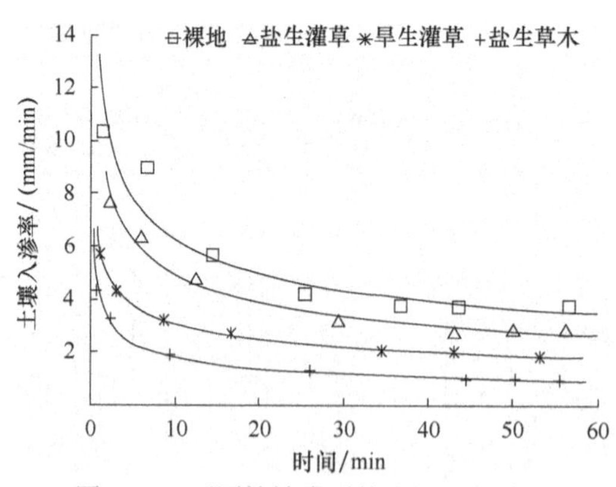

图 5-17　不同植被类型的土壤入渗过程

5.4.4　3 种植被类型的土壤蓄水性能

土壤蓄水能力的增强能有效渗蓄降水，防止水土流失。由表 5-14 可以看出，3 种植被类型下的土壤饱和贮水量表现为滩脊地带旱生灌草＞向海侧盐生灌草＞

向陆侧盐生草本，0～40cm 土层的土壤饱和贮水量分别是裸地的 1.46 倍、1.22 倍和 1.17 倍，表明不同植被类型在减少地表径流、增强贝壳砂土壤蓄水及防止水土流失等方面均有一定作用，但不同植被类型之间差别较大，其中作用最大的是滩脊地带旱生灌草植被，其次为向海侧的盐生灌草植被，而向陆侧的草本植被由于土壤通气和透水性能差，其土壤水分贮蓄及调节能力均较弱。土壤蓄水能力主要表现在土壤毛管贮水能力上，土壤毛管贮水能力越高，土壤蓄水能力就越强。旱生灌草、盐生灌草及盐生草本植被 0～40cm 土层的毛管贮水量分别是裸地的 1.85 倍、1.40 倍和 1.29 倍，表明不同植被类型均改善了土壤蓄水性能，但以滩脊地带旱生灌草植被的最好。

0～40cm 土层的非毛管贮水量大小表现为旱生灌草＜盐生灌草＜盐生草本＜裸地。表明贝壳堤滩脊地带更利于贮存供植物生长利用的土壤水分，向陆侧盐生草本植被的土壤蓄水能力较弱，这与其草本层植被覆盖度低，土壤盐分含量高有一定关系。从垂直结构来看，3 种植被类型的土壤蓄水能力均表现为 0～20cm 高于 20～40cm 土层，表明表层土壤贮存水分的能力较强，这与其枯枝落叶分解形成一定厚度的腐殖质层和根系微生物活动有一定关系。

表 5-14　不同植被类型的土壤蓄水性能

植被类型	土层深度/cm	毛管贮水量/mm	非毛管贮水量/mm	土壤饱和贮水量/mm
向海侧盐生灌草	0～20	70.82	24.64	95.46
	20～40	63.80	22.68	86.48
滩脊地带旱生灌草	0～20	90.92	20.86	111.78
	20～40	87.42	19.14	106.56
向陆侧盐生草本	0～20	67.82	27.84	95.66
	20～40	56.88	22.46	79.34
滩涂裸地	0～20	48.60	28.10	76.70
	20～40	47.86	24.84	72.70

5.4.5　3 种植被类型的土壤水文生态功能评价

贝壳堤 3 种植被类型土壤水文功能评价共选取 12 个指标，分别为土壤容重、总孔隙度、毛管孔隙度、非毛管孔隙度、孔隙比、pH、含盐量、初始入渗率、稳渗速率、毛管贮水量、非毛管贮水量和饱和贮水量。3 种植被类型下各指标的隶属函数值见表 5-15。由表 5-15 可知，向海侧盐生灌草下隶属函数值较高的指标为土壤容重、非毛管孔隙度、含盐量、初始入渗率、稳渗速率和非毛管贮水量，主要表现在土壤容重和渗透特征上。滩脊地带旱生灌草下隶属函数值较高的指标为土壤容重、毛管孔隙度、总孔隙度、孔隙比、pH、含盐量、毛管贮水量和饱和贮水量，主要表现在土壤孔隙结构、降盐抑碱和贮水量特征上。向陆侧盐生草本下隶属函数值较高的指标为非毛管孔隙度、含盐量和非毛管贮水量上。由隶属函数值总合计算可知，3 种植被类型的土壤水文功能表现为滩脊地带旱生灌草最好，其次为向海侧盐生灌草，而向陆侧盐生草本较差。

表 5-15　不同植被类型下各指标的隶属函数值

指标	植被类型			
	向海侧盐生灌草	滩脊地带旱生灌草	向陆侧盐生草本	滩涂裸地
土壤容重－	0.697	1.000	0.394	0.000
毛管孔隙度＋	0.466	1.000	0.345	0.000
非毛管孔隙度＋	0.565	0.000	0.796	1.000
土壤总孔隙度＋	0.402	0.852	0.316	0.000
孔隙比＋	0.393	1.000	0.300	0.000
pH－	0.473	1.000	0.316	0.000
含盐量－	0.669	1.000	0.614	0.000
初始入渗率＋	0.555	0.229	0.000	1.000
稳渗速率＋	0.629	0.305	0.000	1.000
毛管贮水量＋	0.466	1.000	0.345	0.000
非毛管贮水量＋	0.566	0.000	0.796	1.000
饱和贮水量＋	0.472	1.000	0.371	0.000
合计	6.353	8.386	4.594	4.000

注：＋正指标；－负指标

5.4.6　结论

黄河三角洲贝壳堤 3 种植被类型具有一定的改善土壤物理结构、增强土壤通气和透水性能的作用，使贝壳砂土壤容重减小、孔隙度增大，且这种作用效果在上层土壤明显高于下层土壤。与裸地相比，贝壳堤生境条件下的盐生灌草、旱生灌草及盐生草本 3 种植被类型土壤容重降低 8.2%～20.5%，总孔隙度增加 15.6%～44.2%，改善土壤物理孔隙状况以滩脊地带的旱生灌草最好，向陆侧的盐生草本最差。3 种植被类型对土壤均有一定的降碱抑盐效应，滩脊地带旱生灌草植被的土壤盐碱改良效果最好，其次为向海侧的盐生灌草植被，而向陆侧的盐生草本植被降盐抑碱效果较差，并且不同植被类型表土层降盐碱效果均好于 20～40cm 土层。

土壤渗透性能大小表现为向陆侧盐生草本＜滩脊地带旱生灌草＜向海侧盐生灌草＜裸地，其中稳渗速率分别比裸地下降 66.3%、46.1%和 24.6%。在以向海侧和滩脊地带贝壳砂为主的梯度带内，土壤渗透能力的降低在一定程度上有利于土壤保水保肥供植物利用；随着距离海岸带越来越远，土壤的渗透能力逐渐减弱。0～40cm 土层的土壤饱和贮水量和毛管贮水量均表现为滩脊地带旱生灌草＞向海侧盐生灌草＞向陆侧盐生草本＞裸地，而非毛管贮水量则与之相反。3 种植被类型的土壤贮水能力均为 0～20cm 高于 20～40cm 土层。

0～40cm 土层的土壤饱和贮水量表现为滩脊地带旱生灌草、向海侧盐生灌草和向陆侧盐生草本分别是裸地的 1.46 倍、1.22 倍和 1.17 倍。在垂直层次上，贝壳堤不同植被类型改良盐碱、土壤孔隙状况及贮水性能均表现为 0～20cm 好于 20～40cm 土层。采用模糊数学隶属函数评价，从土壤的水分物理指标及盐碱改良状况综合来看，贝壳堤 3 种植被类型的土壤水文功能表现为：贝壳堤滩脊地带旱生灌草植被的土壤贮蓄水分及降盐改土能力最好，其次为向海侧的盐生灌草，而向陆侧的盐生草本较差。

参 考 文 献

高红贝，邵明安．2011．温度对土壤水分运动基本参数的影响．水科学进展，22（4）：484-494.

关红杰，冯浩．2009．砂石覆盖厚度和粒径对土壤蒸发的影响．灌溉排水学报，28（4）：41-44.

郭全恩，王益权，车宗贤，等．2012．温度及矿化度对土壤持水性能的影响．灌溉排水学报，31（6）：52-55.

黄冠华，詹卫华．2002．土壤颗粒的分形特征及其应用．土壤学报，39（4）：490-497.

李德成，张桃林．2000．中国土壤颗粒组成的分形特征研究．土壤与环境，9（4）：263-265.

李红丽，万玲玲，董智，等．2012．沙柳沙障对沙丘土壤颗粒粒径及分形维数的影响．土壤通报，43（3）：540-545.

李田，刘庆，田家怡，等．2010．黄河三角洲贝壳堤岛二色补血草生长和保护酶特性对盐胁迫的响应．水土保持通报，30（1）：85-88.

刘庆，孙景宽，田家怡，等．2009．黄河三角洲贝壳堤岛贝壳沙中微量元素含量及形态特征．水土保持学报，23（4）：204-207，212.

刘新平，张铜会，何玉惠，等．2008．不同粒径沙土水分扩散速率．干旱区地理，31（2）：249-253.

刘艳丽，李成亮，高明秀，等．2015．不同土地利用方式对黄河三角洲土壤物理特性的影响．生态学报，35（15）：5183-5190.

刘阳，陈波，杨新兵，等．2012．冀北山地典型森林土壤颗粒分形特征．水土保持学报，26（3）：159-163，168.

刘志杰，张晓龙，李萍，等．2010．滨州贝壳堤岛与湿地系统保护现状及其管理对策．海洋开发与管理，27（1）：65-68.

吕圣桥，高鹏，耿广坡，等．2011．黄河三角洲滩地土壤颗粒分形特征及其与土壤有机质的关系．水土保持学报，25（6）：134-138.

苏永中，赵哈林．2004．科尔沁沙地农田沙漠化演变中土壤颗粒分形特征．生态学报，24（1）：71-74.

孙蓓，马玉莹，雷廷武，等．2013．农地耕层与犁底层土壤入渗性能的连续测量方法．农业工程学报，29（4）：118-124．

田家怡，谢文军，孙景宽．2009．黄河三角洲贝壳堤岛脆弱生态系统破坏现状及保护对策．环境科学与管理，34（8）：138-143．

王德，傅伯杰，陈利顶，等．2007．不同土地利用类型下土壤粒径分形分析——以黄土丘陵沟壑区为例．生态学报，27（7）：3081-3089．

王贤，张洪江，程金花，等．2011．重庆四面山几种林地土壤颗粒分形特征及其影响因素．水土保持学报，25（3）：154-159．

吴承祯，洪伟．1999．不同经营模式土壤团粒结构的分形特征研究．土壤学报，36（2）：162-167．

吴凤平，王辉，卢霞，等．2009．砂石含量及粒径对红壤水分扩散率的影响．水土保持学报，23（2）：228-231．

夏江宝，孔雪华，陆兆华，等．2012．滨海湿地不同密度柽柳林土壤调蓄水功能．水科学进展，23（5）：628-634．

夏江宝，田家怡，张光灿，等．2009．黄河三角洲贝壳堤岛 3 种灌木光合生理特征研究．西北植物学报，29（7）：1452-1459．

夏江宝，谢文军，陆兆华，等．2010．再生水浇灌方式对芦苇地土壤水文生态特性的影响．生态学报，30（15）：4137-4143．

夏江宝，张淑勇，王荣荣，等．2013．贝壳堤岛 3 种植被类型的土壤颗粒分形及水分生态特征．生态学报，33（21）：7013-7022．

夏自强．2001．温度变化对土壤水运动影响研究．地球信息科学，（4）：19-24．

辛继红，高红贝，邵明安．2009．土壤温度对土壤水分入渗的影响．水土保持学报，23（3）：217-220．

许景伟，李传荣，夏江宝，等．2009．黄河三角洲滩地不同林分类型的土壤水文特性．水土保持学报，23（1）：173-176．

张富仓，张一平，王国栋，等．1996．温度对土壤水分性状的影响研究．应用基础与工程科学学报，4（2）：144-151．

张富仓，张一平，张君常．1997．温度对土壤水分保持影响的研究．土壤学报，34（2）：160-169．

张平究，赵永强．2012．退耕还湖后安庆沿江湿地土壤颗粒分形特征．生态与农村环境学报，28（2）：128-132．

赵世平，刘建生，杨改强，等．2008．粒径对土壤水分特征曲线的影响研究．太原科技大学学报，29（4）：332-334．

赵艳云，胡相明，刘京涛．2012．贝壳堤地区微生物分布特征及其与植被分布的关系．水土保持通报，32（2）：267-270．

Gardner W R, Hillel D, Benyamini Y. 1970. Post irrigation movement of soil water: Ⅰ. Redistribution. Water Resources Research, 6 (3): 851-861.

Li X Z, Shao M A, Jia X X, et al. 2015. Depth persistence of the spatial pattern of soil-water storage along a small transect in the Loess Plateau of China. Journal of Hydrology, 529 (3): 685-695.

Liu X, Zhang G C, Heathman G C, et al. 2009. Fractal features of soil particle-size distribution as affected by plant communities in the forested region of Mountain Yimeng, China. Geoderma, 154 (1-2): 123-130.

Six J, Elliott E T, Paustian K. 2000. Soil structure and soil organic matter Ⅱ. A normalized stability index and the effect of mineralogy. Soil Science Society of America Journal, 64 (3): 1042-1049.

Tyler S W, Wheatcraft S W. 1989. Application of fractal mathematics to soil water retention estimation. Soil Science Society of American Journal, 53:987-996.

Xia J B, Zhang, G C, Zhang S Y, et al. 2014. Photosynthetic and water use characteristics in three natural secondary shrubs on Shell Islands, Shandong, China. Plant Biosystems, 148 (1): 109-117.

第 6 章　贝壳堤旱柳和柽柳光合效率的土壤水分阈值效应

6.1　贝壳堤旱柳光合效率的土壤水分临界效应及其阈值分级

黄河三角洲贝壳堤滩脊地带以旱生灌木和草本植物为主，土壤水分是灌草植被生长的关键因子。为优化贝壳堤植被恢复模式和增强植被的防风固沙、保持水土功能，引进落叶乔木旱柳作为贝壳堤防护林材料进行试验栽植。但在黄河三角洲贝壳堤滩脊地带，还缺乏旱柳在多级水分梯度下的连续性观测，从而导致旱柳生长与土壤水分的定量关系及其光合生理过程尚不明确，以至于现有的树木抗旱生理生态研究成果在应用于贝壳堤造林树种选择、栽植管理和适地适树等方面受到较大限制。光合参数是反映植物对逆境生理过程响应的主要指标，通过研究植物光合特征对土壤水分的响应有助于阐明植物在环境变化中的生理适应性。植物光合作用过程不但与物种本身遗传特性决定的叶片结构和生理机能有关，还受光照、温度、CO_2 浓度及土壤水分等生态因子的影响。土壤水分是影响植物生理过程和植物分布的重要生态因子，对植物的光合作用、水分利用及光能利用影响较大。干旱生境内，植物可通过气孔优化调控和调节叶片运动等形态、生理途径，使碳同化过程和水分丧失达到平衡。提高水分利用效率是植物在干旱地区生存和繁衍的主要适应策略。依据生态学的限制因子法则，植物光合生理过程对土壤水分的需求应存在不同水平的限值，水分过多或过少均影响其光合特性。近年来，国内外对不同造林树种抗旱生理学特性方面的研究日益深入，研究内容涉及不同水分亏缺程度下植物的解剖结构、生理生化因子的变化及其对水分胁迫的适应特征与机制等，但对不同土壤水分下植物光合生理过程的研究多局限于聚乙二醇（PEG）生境或单一盆栽模拟，以少数 3～4 个如轻度、中度和重度胁迫下的试验设计为主，而对系列土壤水分梯度下的生理生态响应过程、实际生境下的土壤水分光合生产力水平及树木生长适宜的水分条件还不十分清楚。鉴于此，为揭示贝壳砂生境旱柳叶片光合效率参数对土壤水分的响应规律和适应机制，确定维持旱柳不同光合能力和水分利用效率的水分阈值，以二年生旱柳幼苗为试验材料，在野外实际贝壳砂生境内采用人工给水和自然耗水相结合的方法，测定分析系列水分梯度下旱柳叶片的主要光合效率参数及其水分临界点，评价土壤水分有效性，为旱柳在黄河三角洲贝壳堤的适地选择和水分管理提供理论依据。

6.1.1 不同水分条件下旱柳叶片净光合速率的光响应特性

直角双曲线修正模型可较好模拟贝壳砂生境旱柳叶片净光合速率（P_n）的光响应特性，除土壤相对含水量（*RWC*）为23.4%时 R^2 为0.989外，其他水分下 R^2 均大于0.995。由图6-1可知，P_n 随 *RWC* 增加先升高后降低，在 *RWC* 为88.0%时达最高水平。低水分 *RWC*≤34.2%和高水分 *RWC*≥88.0%范围内，P_n 在高光强 *PAR*＞1400μmol/（m^2·s）时表现出光抑制；其他水分下，P_n 在高光强下变化平稳。

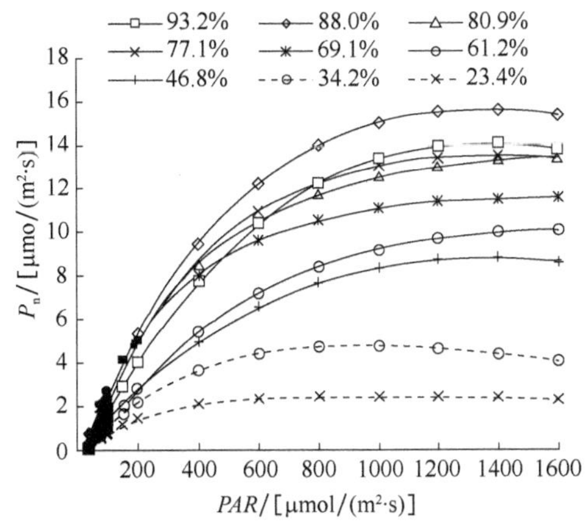

图6-1 系列水分梯度下旱柳叶片净光合速率的光响应模拟曲线

由表6-1可知，*RWC*＜61.2%时，旱柳叶片表观量子效率（*AQY*）随 *RWC* 增加维持在较低水平上，差异不显著（P＞0.05）；此后随 *RWC* 增加，*AQY* 上升显著，*RWC* 为69.1%时达到最大值。而高水分 *RWC*＞77.1%时，随 *RWC* 增加 *AQY* 显著下降（P＜0.05），表明在低水分或高水分下，旱柳叶片的光能转化能力降低，在弱光利用方面受到较大抑制。旱柳叶片光补偿点（*LCP*）随 *RWC* 增加先下降后上升，而光饱和点（*LSP*）呈现相反的变化规律，即低水分 *RWC*≤34.2%和高水分 *RWC*≥88.0%范围内，旱柳叶片 *LCP* 较高，*LSP* 较低，表明此水分范围内，旱柳叶片利用弱光和强光的能力均减弱，表现出极端水分胁迫下旱柳具有减弱对光的利用以补偿逆境水分条件的适应策略。*RWC* 为80.9%时旱柳叶片 *LSP* 最高，光照生态幅最宽，利用强光能力较强。旱柳叶片最大净光合速率（P_{max}）随 *RWC* 增加呈明显上升趋势，*RWC* 为88.0%时的 P_{max} 最高值是 *RWC* 为23.4%时最低值的6.4倍，表明高水分环境下，旱柳具有较强的光合潜能。旱柳叶片暗呼吸速率（R_d）随 *RWC* 增加波动较大，*RWC* 为77.1%时达最大值，表明适宜水分条件下，旱柳叶片可增加呼吸作用对光合产物的消耗。最高水分 *RWC* 为93.2%和重度干旱胁迫 *RWC* 为23.4%时，R_d 均较低，且前者为后者的1.7倍，表明水分胁迫下旱柳呼吸作用降低明显，并且干旱胁迫更抑制了对光合产物的消耗，这利于维持植物正常的生理活性或实现干物质积累。光抑制项 β 和光饱和项 γ 随 *RWC* 降低表现出相反的变化规律，在 *RWC*＜46.8%和 *RWC*＞88.0%时，β 值较大，表明水分胁迫下旱柳叶片易发生光抑制，对应 *LSP* 较小；在重度干旱胁迫 *RWC* 为 23.4%时，γ 值最大，表明干旱胁迫下旱柳叶片容易达到光饱和，利用强光能力减弱。

表 6-1 系列水分梯度下旱柳叶片净光合速率的光响应特征参数

RWC/%	*AQY*	β/[m²/(s·μmol)]	γ/[m²/(s·μmol)]	*LCP*/[μmol/(m²·s)]	*LSP*/[μmol/(m²·s))	P_{max}/[μmol/(m²·s)]	R_d/[μmol/(m²·s)]
93.2	0.030[c]	2.70[c]	5.14[a]	38.9[e]	1367[b]	14.06[ef]	1.13[cd]
88.0	0.037[d]	2.43[c]	7.77[ab]	36.6[e]	1348[b]	15.62[f]	0.70[b]
80.9	0.049[e]	0.98[a]	20.95[d]	31.8[d]	1775[d]	13.47[e]	1.64[e]
77.1	0.046[e]	1.79[b]	15.18[c]	19.2[b]	1370[b]	13.48[e]	1.93[f]
69.1	0.050[e]	0.99[a]	26.41[e]	18.6[ab]	1614[c]	11.56[d]	1.30[d]
61.2	0.023[b]	1.81[b]	8.67[b]	16.4[a]	1619[c]	10.06[d]	1.03[c]
46.8	0.017[a]	2.86[c]	4.32[a]	18.8[ab]	1354[b]	8.79[c]	0.32[a]
34.2	0.020[ab]	2.97[c]	16.52[c]	25.6[c]	946[a]	4.76[b]	0.79[b]
23.4	0.021[ab]	1.58[b]	48.00[f]	36.5[e]	958[a]	2.44[a]	0.66[b]

注：同列数据上标不同小写字母表示差异显著（P＜0.05）

6.1.2 旱柳叶片主要光合参数的水分响应特性

6.1.2.1 旱柳叶片净光合速率和蒸腾速率的水分响应特性

旱柳叶片 P_n 和蒸腾速率（T_r）的水分响应规律类似（图 6-2），低水分下，随 *RWC* 增加 P_n 和 T_r 均上升较快；适宜水分下，T_r 和 P_n 先后达到最高水平，此后随 *RWC* 增加，两者均表现下降趋势，表明 P_n 和 T_r 对土壤水分具有明显的阈值效应。P_n 和 T_r 对 *RWC* 的响应过程符合二次方程模型，$P_n=-0.0038\,RWC^2+0.5557\,RWC-7.211$，$R^2=0.937$；$T_r=-0.0011RWC^2+0.1515\,RWC-0.0451$，$R^2=0.882$。由此模型可求解 P_n 和 T_r 最高水平的 *RWC* 分别为 73.1%和 68.9%，此时旱柳叶片达到 P_n 和 T_r 的最大值，分别为 13.10μmol/（m² • s）和 5.17mmol/（m² • s）。P_n 为 0 时对应的 *RWC* 分别为 14.4%和 131.8%，*RWC* 为 131.8%超过 100%，所以无实际的生物学意义，需删除，因此，*RWC* 低于 14.4%时，旱柳叶片均不能进行光合作用。根据拟合方程的积分式：$\overline{P_n}=\dfrac{1}{93.2-23.4}\int_{23.4}^{93.2}(-0.0038RWC^2+0.5557RWC-7.2118)\mathrm{d}RWC$，求出贝壳砂水分范围（*RWC* 为 23.4%～93.2%）内 P_n 平均值为 10.73μmol/（m² • s），对应的 *RWC* 分别为 48.1%和 98.1%。类似方法求出 T_r 平均值为 4.60mmol/（m² • s），对应的 *RWC* 分别为 46.1%和 91.6%。由此确定出旱柳叶片光合作用和蒸腾作用中

等以上水平的 *RWC* 范围分别为 48.1%～98.1%和 46.1%～91.6%。

6.1.2.2　旱柳叶片水分利用效率的水分响应特性

旱柳叶片瞬时水分利用效率（*WUE*）随 *RWC* 增加表现为先急剧升高后维持平稳状态（图 6-3），在 65%＜*RWC*＜95%时，*WUE* 维持在较高水平且变化不显著。*WUE* 对 *RWC* 的响应模型为：$WUE=-0.0005RWC^2+0.0801RWC-0.3714$，$R^2=0.841$。由此模型可求出 *WUE* 最高水平的 *RWC* 为 80.1%，此时旱柳叶片 *WUE* 最高为 2.84μmol/mmol。根据拟合方程的积分式：$\overline{WUE}=\frac{1}{93.2-23.4}\int_{23.4}^{93.2}(-0.0005RWC^2+0.0801RWC-0.3714)\mathrm{d}RWC$，求出贝壳砂水分范围内 *WUE* 平均值为 2.40μmol/mmol，对应的 *RWC* 分别为 50.4%和 109.8%，因 *RWC* 为 109.8%无实际的生物学意义，用实测最高值 93.2%代替，表明旱柳叶片 *WUE* 水平较高和具有相同有效性的水分范围是 *RWC* 为 50.4%～93.2%。旱柳叶片潜在水分利用效率（WUE_i）随 *RWC* 变化表现为低水分 *RWC*＜30%时，随 *RWC* 增加 WUE_i 明显上升，*RWC* 为 35%左右时达到较高值；*RWC* 为 45%时下降到较低值，此后缓慢上升，*RWC* 为 75%左右时达到较高值；高水分 *RWC*＞80%时，表现为明显下降，表明低水分和高水分下，旱柳叶片 WUE_i 都有降低趋势。

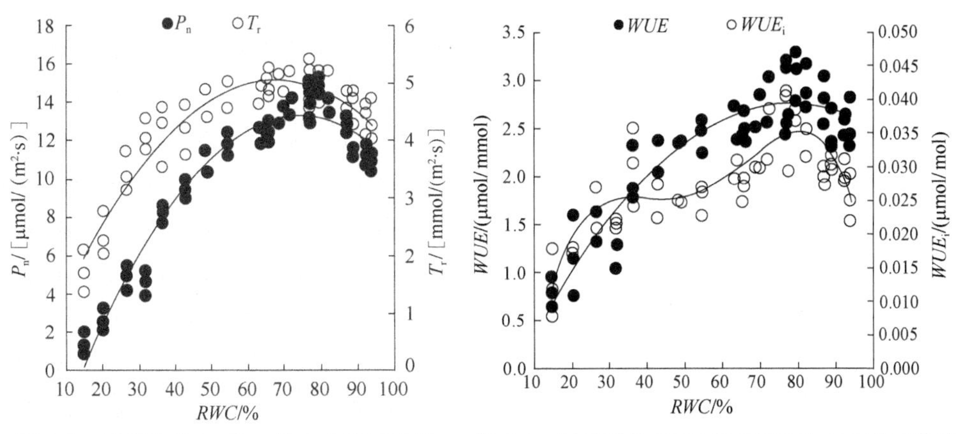

图 6-2　旱柳叶片 P_n 和 T_r 的水分响应曲线　　图 6-3　旱柳叶片 *WUE* 和 WUE_i 的水分响应曲线

6.1.2.3　旱柳叶片气孔导度、胞间 CO_2 浓度和气孔限制值的水分响应特性

植物叶片 P_n 的限制主要是由气孔或者叶肉细胞变化引起，可依据气孔限制理论，判断叶片 P_n 降低的主要原因是气孔因素还是非气孔因素（Farquhar et al., 1982）。由图 6-4 和图 6-5 可知，在 45%＜*RWC*＜95%范围内，随 *RWC* 降低，旱柳叶片气孔导度（G_s）和胞间 CO_2 浓度（C_i）表现为下降，而气孔限制值（L_s）

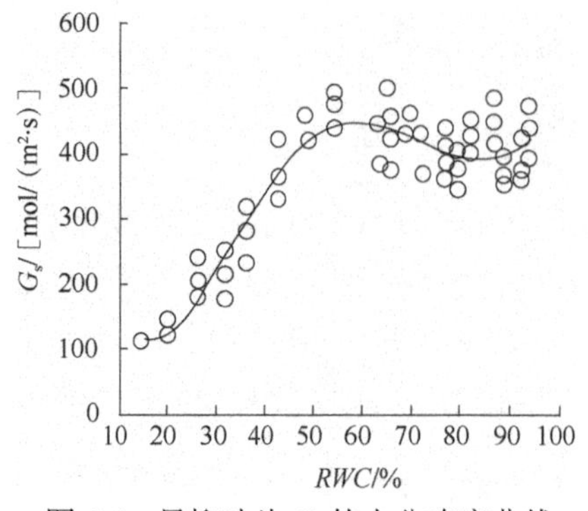

图 6-4　旱柳叶片 G_s 的水分响应曲线

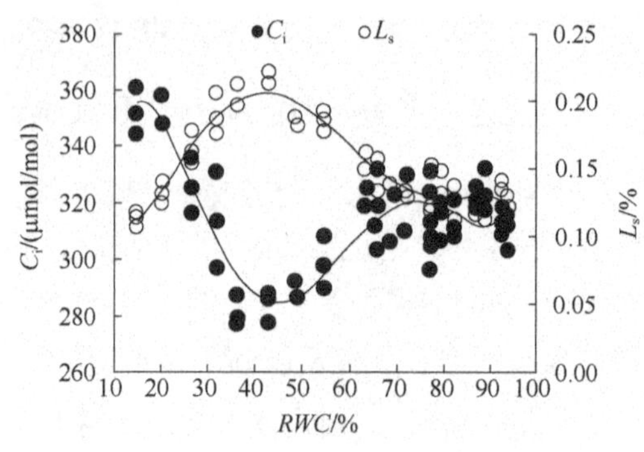

图 6-5　旱柳叶片 C_i 和 L_s 的水分响应曲线

表现为上升趋势，即水分条件较好时，旱柳叶片 P_n 下降以气孔限制为主。低水分 *RWC*<45%时，G_s 和 L_s 随 *RWC* 降低表现为下降，而 C_i 表现为明显上升趋势，表明该水分范围内，旱柳叶片 P_n 下降主要是叶肉细胞光合活性下降引起的。在实测值 *RWC* 为 42.9%时出现 C_i 最低值和 L_s 最高值，表明此土壤水分是旱柳叶片 P_n 下降由气孔限制为主转变为以非气孔限制为主的临界点。

6.1.2.4　旱柳叶片光合效率的水分阈值分级

将 P_n 和 *WUE* 获得最高值、最低值及平均值的 *RWC* 临界值作为土壤水分有效性分界点，结合 P_n 和 *WUE* 随 *RWC* 的响应规律，建立以 P_n 和 *WUE* 大小为标准的光合效率水分阈值分级(表 6-2)。该分级标准采用旱柳叶片 P_n 和 *WUE* 的土壤水分临界效应值，赋予 P_n 和 *WUE* 的土壤水分临界值明确的生理学意义，将 P_n 拟作产、*WUE* 拟作效来替代传统农业研究中产（生物量高低）和效（根系吸水难易）的概念，借鉴 P_n 光响应曲线中光补偿点和饱和点的含义，将 P_n 为 0 时的水分点称为“P_n 水分补偿点”；此时 *RWC* 为 14.4%，低于此水分条件，可描述为无产无效水。P_n 下降由气孔限制为主转变为非气孔限制为主时的 *RWC* 为 42.9%称为“P_n 水分气孔限制转折点”。P_n 和 *WUE* 为最大值时的 *RWC* 分别称为“P_n 水分饱和点”和“*WUE* 水分高效点”，*RWC* 分别为 73.1%和 80.1%，因此，*RWC* 在 73.1%～80.1%这一范围可描述为高产高效水。高产和高效指高的 P_n 和 *WUE*，其 *RWC* 大小主要依据求解的“P_n 水分饱和点”和“*WUE* 水分高效点”来确定；中产和中效指中等以上的 P_n 和 *WUE*，其 *RWC* 大小主要依据 P_n 和 *WUE* 与土壤水分之间的积分式求解的两参数平均值来确定；低产和低效以低于 P_n 和 *WUE* 均值的 *RWC* 来确定。据此，可确定出如表 6-2 所示的无产无效水、低产低效水、中产低效水、中产中效水和高产高效水 5 种光合效率水分阈值分级类型。

表 6-2　旱柳叶片光合效率的水分临界点及其阈值分级

土壤水分临界指标	水分临界点（*RWC*）	土壤水分有效性分级	水分阈值范围（*RWC*）
P_n 水分补偿点	14.4%	无产无效水	＜14.4%
P_n 水分气孔限制转折点	42.9%	低产低效水	14.4%～48.1%；＞93.2%
P_n 水分饱和点	73.1%	中产低效水	48.1%～50.4%
WUE 水分高效点	80.1%	中产中效水	50.4%～73.1%
P_n 均值点	48.1%，98.1%	中产中效水	80.1%～93.2%
WUE 均值点	50.4%，93.2%	高产高效水	73.1%～80.1%

6.1.3　土壤水分对旱柳叶片光合作用光响应参数的影响

光合作用光响应参数能较好地反映逆境条件下植物的光合潜能、光能利用率及光抑制水平高低等特性，而这些参数的变化与土壤水分密切相关。随 *RWC* 增加，旱柳叶片 *AQY*、*LSP* 和 P_{max} 表现为先升高后降低，*LCP* 表现为先降低后升高，但各指标峰值或谷值出现的水分临界点有一定差异，灌木辽东楤木（*Aralia elata*）（陈建等，2008）、山杏（*Prunus sibirica*）（夏江宝等，2011）和藤本植物美国凌霄（*Campsis radicans*）（Xia et al.，2011）等植物的光响应参数表现出类似变化规律。贝壳砂生境不同水分条件下，旱柳叶片 *LCP* 为 16.4～38.9μmol/（m^2 • s），*LSP* 为 946～1775μmol/（m^2 • s），具有阳生植物的特征；*AQY* 为 0.017～0.05，接近适宜生长条件下一般植物 *AQY* 的范围值 0.03～0.05。渍水胁迫下旱柳叶片 *LCP* 差异不显著（$P>0.05$），*RWC* 为 69.1%时 *LCP* 达到较低值 18.6μmol/（m^2 • s），*AQY* 达到最高水平 0.05，旱柳叶片利用弱光能力较强。旱柳叶片 *AQY*、*LSP*、P_{max} 和 R_d 均表现为渍水胁迫明显高于干旱胁迫，*RWC* 为 80.9%时 *LSP* 最高，光能利用效率最高，水分对光强的补偿效应显著。旱柳叶片光合能力最高出现在 *RWC* 为 88.0%时，高于饱和光强下模拟求解的 P_n 水分饱和点 *RWC* 为 73.1%，可见实测值与模拟值之间有一定差异，此水分条件下，旱柳光合能力的提高可能与 G_s 增大、改善植物水分状况以及无机离子的吸收和运输有关（王振夏等，2012；Juvany et al.，2013）。可见随水分条件改善，旱柳对光的利用能力在加强。

干旱胁迫（*RWC* 为 34.2%和 46.8%）和渍水胁迫（*RWC* 为 88.0%和 93.2%）下，光抑制项 β 差异不显著（$P>0.05$），均处于较高水平，表明此时旱柳 PSⅡ天线色素分子的光量子吸收截面可能较大，或处于激发态的平均寿命较长，光抑制现象明显。这种 PSⅡ天线色素分子处于激发态的长平均寿命，可对植物起到保护作用，表现为植物光量子利用较低和 P_n 下降（叶子飘等，2012）。重度干旱胁迫 *RWC* 为 23.4%，光抑制项 β 较小，而光饱和项 γ 较大，表明在水分严重亏缺时，旱柳很容易达到光饱和，过多吸收的光量子可能通过荧光和热耗散的形式耗散掉，表现出耐受高光强的适应特性，这可能是极端干旱条件下，旱柳为保护其自身的光合器官免受高光强伤害的一种生存策略。

6.1.4 旱柳叶片光合效率的土壤水分临界效应

水分胁迫下植物生长发育及光合作用受影响较大。中生及旱生植物在水分过多或过少条件下易造成植物光合能力下降，这可能与水分胁迫易导致植物光合产物运输受阻，光合产物在叶片中的积累对净光合速率形成一定的反馈抑制有关。适宜水分条件下植物光合性能表现最佳，如荒漠植物梭梭（*Haloxylon ammodendron*）在 *RWC* 为 50%时，其叶片和群体水平的光合能力最强，升高或降低土壤水分，梭梭光合能力都将下降（Gao et al.，2010）。贝壳砂生境旱柳叶片光合效率参数对土壤水分表现出明显的临界效应，水分条件是限制叶片气孔的关键因素。在贝壳砂水分范围 45%＜*RWC*＜95%时，旱柳体内水分状况随 *RWC* 的减少而变差，G_s 先升后降，限制了通过气孔进入叶片组织和羧化部位的 CO_2，表现为 C_i 降低，L_s 上升，P_n 和 T_r 也随之降低，表现出遭受干旱胁迫时，旱柳叶片采取关闭气孔的方式来减少蒸腾失水，这与藏北高寒草地的紫花针茅（*Stipa purpurea*）（郭亚奇等，2011）、荒漠植物梭梭（Gao et al.，2010）等植物受干旱胁迫时的表现类似。但由于 P_n、T_r 和 G_s 对土壤水分的变化幅度表现出不同步效应，致使旱柳叶片 *WUE* 和 WUE_i 表现为先升高后降低，其中 WUE_i 变化较为明显，表明 G_s 在此水分范围内对 *RWC* 变化较为敏感，P_n 下降以气孔限制为主。当 *RWC*＜45%时，随 *RWC* 降低 G_s 和 L_s 下降，C_i 升高，伴随 P_n、T_r、*WUE* 和 WUE_i 的下降（图 6-2～图 6-5），P_n 下降的主要原因是叶肉细胞羧化能力的降低。所以当贝壳砂水分在中度干旱胁迫以上时，P_n 下降可能是与磷酸三碳糖的消耗能力和光合磷酸化过程中磷酸根再生能力受限有关（郭亚奇等，2011）。*RWC* 为 42.9%的“P_n 水分气孔限制转折点”是旱柳叶片光合结构损害的临界点，长期处于此水分临界值以下，光合作用过程中的生物化学和光化学代谢途径容易受到明显伤害，如酶蛋白或膜系统遭受损伤，则植物复水也难以成活（靳欣等，2011）。比较其他研究，旱柳叶片光合机构受到破坏的临界点高于土石山区紫藤（*Wisteria sinensis*）（36.1%）（夏江宝等，2007）和黄土丘陵区山杏（37.3%）（张征坤等，2012），低于黄土高原半干旱区的金矮生苹果（48%）（Zhang et al.，2010）。可见植物叶肉细胞光合能力下降的临界点，除与植物本身的抗旱能力有关外，还与土壤质地和光照条件等生境密切相关。

旱柳叶片光合能力在模拟值 *RWC* 为 73.1% 时最强，但干旱胁迫 P_n 值明显低于渍水胁迫（图 6-1），即旱柳表现出一定的耐水湿特点。T_r 和 *WUE* 最大值时的模拟值 *RWC* 分别为 68.9%和 80.1%，表明随 *RWC* 增加，旱柳叶片首先出现较强的蒸腾作用，此时 G_s 也处于较高水平，P_n 处于上升状态，随后达到最高水平。但随 RWC 持续增加，植物根系的正常代谢可能受阻，或者是植物为获取生长所需碳而有限地消耗水分，使叶片以有限的水分散失来获得最大的 CO_2 同化量，表现出气孔最优化行为（Farquhar et al.，1982），致使气孔逐渐关闭以降低蒸腾失水。气孔关闭减少了 CO_2 的吸收，光合能力随之降低，但光合作用的限速过程是羧化反应，所以在渍水胁迫（模拟值 RWC 为 80.1%）下，旱柳叶片降低 G_s、T_r 和 C_i 来降低水分散失的同时加强 CO_2 同化，致使 WUE 达到最大值，表现出旱柳对渍水胁迫的积极响应策略。这与其他研究在轻度干旱或干旱初期，水分亏缺的植物会提高 WUE 来适应干旱生境的结论不一致（Gao et al.，2010；Zhang et al.，2010），这主要是因为 P_n 和 T_r 对土壤水分的不同步响应致使旱柳叶片 WUE 对水分胁迫的响应出现分化，干旱胁迫下旱柳叶片 P_n 降低的幅度远大于 T_r，使 WUE 处于较低水平，而渍水胁迫下正相反，表明贝壳砂生境下，干旱胁迫相对渍水胁迫更易造成旱柳叶片光合能力及水分利用效率的降低，WUE_i 在高水分（RWC＞60%）明显高于低水分（RWC＜45%）也证明了这一点，表明旱柳耐旱性不强，更倾向于一定的水湿环境。已有研究也证明，P_n、T_r 和 WUE 等气体交换参数与土壤水分并非呈现一定的线性关系，在水分过高或过低时，上述指标值均出现下降趋势（夏江宝等，2007；陈建等，2008；Xia et al.，2011）。但随植物种类和生境条件的不同，光合效率参数的水分临界点表现出较大差异，其中旱柳叶片“P_n 水分饱和点”RWC 为 73.1%，高于荒漠植物梭梭（50%）（Gao et al.，2010）、黄土丘陵区灌木山杏（67.6%）（夏江宝等，2011）和土石山区藤本植物紫藤（70.6%）（夏江宝等，2007）、美国凌霄（71.1%）（Xia et al.，2011），低于黄土高原半干旱区金矮生苹果（76%）（Zhang et al.，2010）、侧柏（76%）和刺槐（81%）（Zhang et al.，2012）。旱柳叶片“WUE 水分高效点”RWC 为 80.1%，明显高于山杏（67.6%）（夏江宝等，2011）、金矮生苹果（66.7%）（Zhang et al.，2010）、紫藤（55.8%）（夏江宝等，2007）、刺槐（64%）和侧柏（52%）（Zhang et al.，2012），低于美国凌霄（84.6%）（Xia et al.，2011），这进一步证明高水分环境下，旱柳更易实现光合能力和对水分的高效利用。

6.1.5　旱柳叶片光合效率的土壤水分有效性分级及评价

目前基于生理指标的土壤水分有效性分级主要有两大类，Ⅰ类可描述为聚类分析法，主要采用 P_n、T_r、WUE 和光能利用率等指标对所测定的系列土壤水分点（一般 7～8 个）进行聚类分析，依据类平均值大小，结合植物光合生理参数对土壤水分的响应规律进行光合效率水分阈值分级与评价（张淑勇等，2007；夏江宝等，2011），但由于所取的土壤水分点随机性较大，因此对土壤水分有效性的精确划分存在一定欠缺。Ⅱ类可描述为限值求解法，主要依据光合生理指标与土壤水分之间的定量关系，通过求解光合生理参数的水分低限值和高限值，对土壤水分有效性进行划分。在Ⅱ类分类方法中，确定出了维持植物光合效率的土壤水分低限值和高限值，但对中等水平的光合效率值未定量界定。本研究在采用Ⅱ类分类方法的基础上，引入数学模型积分求解 P_n 和 *WUE* 的均值，再用模型求解两参数均值对应的水分点作为中等光合效率的分界值，如将 P_n 水分补偿点和饱和点、*WUE* 水分高效点、P_n 水分气孔限制转折点等临界值作为分界点，据此可依据维持 P_n 和 *WUE* 水平高低的低限值、高限值和中等值进行光合效率水分阈值分级与评价（可描述为临界值分类法），确定出贝壳砂生境旱柳在 *RWC*＜14.4%时为无产无效水，14.4%～48.1%和 *RWC*＞93.2%为低产低效水，48.1%～50.4%范围内为中产低效水，50.4%～73.1%和 80.1%～93.2%范围内为中产中效水。*RWC* 在 73.1%～80.1%范围内为高产高效水，这一水分范围可使旱柳具有较高的光合能力，又抑制了蒸腾作用引起的低效耗水，保证了旱柳叶片的高效生理用水。比较其他植物维持较高 P_n 和 *WUE* 的土壤水分范围，贝壳砂生境旱柳的高产高效水分范围，均高于辽东楤木 *RWC* 为 44%～79%（陈建等，2008）、山杏 *RWC* 为 46.9%～74.5%（夏江宝等，2011）、美国凌霄 *RWC* 为 49.5%～71.1%（Xia et al.，2011）、刺槐 *RWC* 为 47.5%～64.0%和侧柏 *RWC* 为 40.5%～52.0%（Zhang et al.，2012），可见旱柳耐干旱能力较差，更适应水分环境较好的生境。

6.1.6 结论

旱柳叶片净光合速率、蒸腾速率、水分利用效率及光合光响应参数具有明显的水分临界效应。净光合速率、蒸腾速率、水分利用效率和潜在水分利用效率均随土壤水分的降低先升高后下降，但各指标水分临界值表现不同步，其中净光合速率水分气孔限制转折点和水分补偿点分别出现在相对含水量为 42.9%和 14.4%时；净光合速率和蒸腾速率的水分饱和点为 73.1%和 68.9%，水分利用效率的水分高效点为 80.1%。

水分胁迫下旱柳叶片具有明显的光抑制现象，可通过减弱对光的利用来适应水分逆境。随土壤水分的增加，表观量子效率、光饱和点和最大净光合速率表现为先升高后降低，但光补偿点相反。净光合速率、表观量子效率、光饱和点、最大净光合速率和暗呼吸速率均表现为渍水胁迫明显高于干旱胁迫。土壤相对含水量为 69.1%时，旱柳叶片光补偿点达到较低值［18.6μmol/（m^2 · s）］，表观量子效率最高（0.05），利用弱光能力较强。土壤相对含水量为 80.9%时，光饱和点达到最高［1775μmol/（m^2 · s）］，光照生态幅最宽，光能利用效率最高，水分对光强的补偿效应显著。

贝壳砂生境内，旱柳光合效率的土壤水分临界效应明显，水分过高或过低均导致旱柳叶片光合效率的降低，但旱柳在高水分环境下更易表现出较高的光合能力和水分利用特征。采用临界值分类法确定出旱柳光合效率的 5 级水分阈值，土壤相对含水量在 73.1%～80.1%范围内为高产高效水，此时旱柳具有较高的光合能力和高效生理用水特性。旱柳表现出一定的耐水湿而不耐干旱的适应特性，在淡水资源缺乏和季节性缺水严重的贝壳堤滩脊地带，旱柳的生长可能会导致和恶化土壤干旱，同时土壤水分的限制会严重抑制旱柳的光合积累和正常生理过程，容易引起其衰退或死亡，因此，栽植时需充分考虑其水分环境。

6.2　模拟贝壳砂水分变化对旱柳光合特性的影响

受自然因素和人为干扰的影响，黄河三角洲贝壳堤生态系统较为脆弱，有植被覆盖的贝壳堤面积锐减，生物多样性降低。为减少海岸侵蚀对贝壳堤的破坏，近年来在黄河三角洲贝壳堤开展了以工程措施及配套生物修复为主的生态恢复和重建工作，而植被恢复是贝壳堤生态系统实现自我保护和持续发展的主要措施。土壤水分是影响贝壳堤滩脊地带植被分布与生长状况的主要限制因子，而光合生理参数对植物水分生境变化有较强的敏感性，但贝壳堤植物光合特性的研究主要以不同树种和模拟少数干旱梯度下光合特性的比较为主，对贝壳砂生境植物光合生理过程与土壤水分的关系尚不明确，以至于现有的树木抗旱生理学在应用于黄河三角洲贝壳堤这一特殊生态系统中受到一定限制，对贝壳堤植物生长的水分条件尚不清楚。

光合作用效率是估算植物潜在生产力的重要指标，也是探索光合作用调节机制中光合机构运行状态的必要参数。水分利用效率是评价植物生长适宜程度的综合生理生态指标，土壤水分作为植物生长的重要生态因子，在植物光合生理过程中发挥着重要的作用。光合作用效率、水分利用效率是衡量植物能否适应干旱逆境的重要指标。旱柳是中国北方主要的道路防护林及沙荒造林树种，具有较好的防风固沙和保持水土功能，但在黄河三角洲贝壳堤多呈小灌木状分布。国内外学者对旱柳的研究主要集中在枝条氮、磷、钾含量（范晓龙和张吉立，2011）和生长、形态特性（何维明和董鸣，2001），而对贝壳堤旱柳生理生态特性的研究较少（夏江宝等，2009，2013），尚不清楚贝壳砂生境旱柳维持较好生长和高效生理用水的土壤水分条件。鉴于此，本研究以黄河三角洲贝壳堤主要防护林树种二年生旱柳苗木为试验材料，模拟设置贝壳砂生境下的系列水分梯度，测定分析多级土壤水分条件下旱柳苗木的光合特征参数、叶绿素含量及叶片水势等指标，探讨旱柳叶片主要光合生理参数对土壤水分的响应规律，明确维持旱柳较好生长和正常生理过程的适宜水分条件，以期为旱柳在黄河三角洲贝壳堤的立地选择和水分管理提供理论依据及技术参考。

6.2.1　不同土壤水分条件下旱柳叶片的光合参数

6.2.1.1　旱柳叶片净光合速率的光响应

由图 6-6 可知，直角双曲线修正模型得到的模拟曲线与实测值的变化趋势一致，模拟方程的决定系数 R^2 均在 0.96 以上。旱柳叶片的净光合速率对土壤相对含水量有明显的阈值响应：在一定的土壤水分范围（*RWC*＜70.5%）内，随着 *RWC* 的增大净光合速率（P_n）增大；*RWC* 继续增大（*RWC*＞77.7%）时，P_n 反而减小，因此，*RWC* 为 77.7%可视为 P_n 随土壤水分变化的转折点。在同一光强下，不同土壤水分下的 P_n 变化幅度较大，如在光合有效辐射（*PAR*）为 1000μmol/（m^2 • s）时，P_n 变幅为 1.82～18.26μmol/（m^2 • s）。分析表明，要维持旱柳叶片在强光下的光合生产能力，需要适宜的土壤水分进行耦合。维持旱柳较高光合生产能力的 *RWC* 为 50.1%～94.4%。当 *RWC* 小于 45.7%时，P_n 随光强升高很快到达最大值，但 P_n 较低，干旱胁迫对旱柳光合作用影响较大。当 *RWC* 大于 94.4%时，P_n 有减小趋势，受渍水胁迫抑制明显。

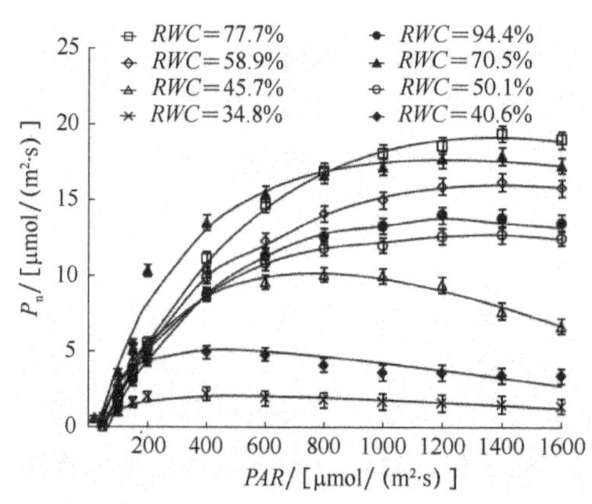

图 6-6　不同土壤水分条件下旱柳叶片净光合速率模拟值与实测值的光响应

6.2.1.2　旱柳叶片的光合光响应参数

由图 6-7 可知，不同土壤水分条件下旱柳叶片的光补偿点差异显著，随 *RWC* 的增加，旱柳叶片光补偿点（*LCP*）表现为先减小后增大，在 *RWC* 为 77.7%时，*LCP* 降低到最小值 30.1μmol/（m^2 • s）。各土壤水分下旱柳叶片 *LCP* 的平均值为 47.6μmol/（m^2 • s）。与平均值相比，*LCP* 最大值的增幅为 90.1%，*LCP* 最小值的减幅为 36.1%，在 *RWC* 为 45.7%～94.4%的范围内，*LCP* 均小于平均值。旱柳叶片光饱和点（*LSP*）随着 *RWC* 变化规律与 *LCP* 相反（图 6-7），*LSP* 随 *RWC* 的增加表现为先上升后下降，在 *RWC* 为 77.7%时 *LSP* 达到最大值 1378.9μmol/（m^2 • s）。

旱柳叶片 *LSP* 的平均值为 930.2μmol/（m^2 • s）。与平均值相比，*LSP* 最大值的增幅为 48.3%，*LSP* 最小值的减幅为 50.1%，在 *RWC* 为 50.1%～94.4%的范围内，*LSP* 均大于平均值。分析表明，贝壳砂生境干旱胁迫下旱柳叶片 *LCP* 高于渍水胁迫，可见水分条件的缺乏抑制了旱柳叶片对弱光的利用。干旱胁迫下旱柳叶片的 *LSP* 远低于渍水胁迫条件，水分条件的改善增强了旱柳叶片对强光的利用，表现出较好的水分补偿光强效应。

由图 6-8 可知，旱柳叶片表观量子效率（*AQY*）随 *RWC* 的变化呈典型单峰曲线。当 *RWC*＜70.5%时，*AQY* 随 *RWC* 增加而增大，在 *RWC* 为 70.5%时，*AQY* 达最大值，此后 *AQY* 随 *RWC* 的增加而减小。旱柳叶片 *AQY* 的平均值为 0.043。与平均值相比，*AQY* 最大值的增幅为 25.0%，*AQY* 最小值的减幅为 18.6%，在 *RWC* 为 50.1%～77.7%范围内，*AQY* 均大于平均值。旱柳叶片最大净光合速率（P_{max}）随 *RWC* 增加先增大后减小，*RWC* 为 77.7%时，P_{max} 达到最大值 19.2μmol/（m^2 • s）。各土壤水分条件下 P_{max} 平均值为 12.7μmol/（m^2 • s），在 *RWC*＞50.1%范围内 P_{max} 都大于平均值。分析表明，干旱和渍水胁迫均降低了旱柳叶片的光能利用效率和光合潜能，但高水分条件下的光能利用效率和最大光合能力显著高于干旱胁迫，表现出一定的耐水湿特点。

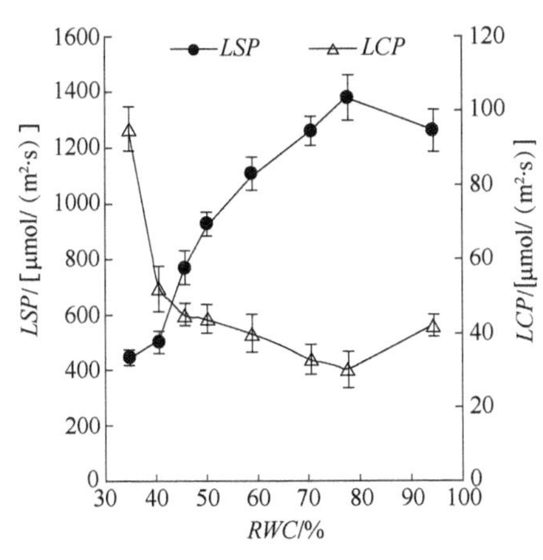

图 6-7　旱柳叶片光饱和点与光补偿点的水分响应

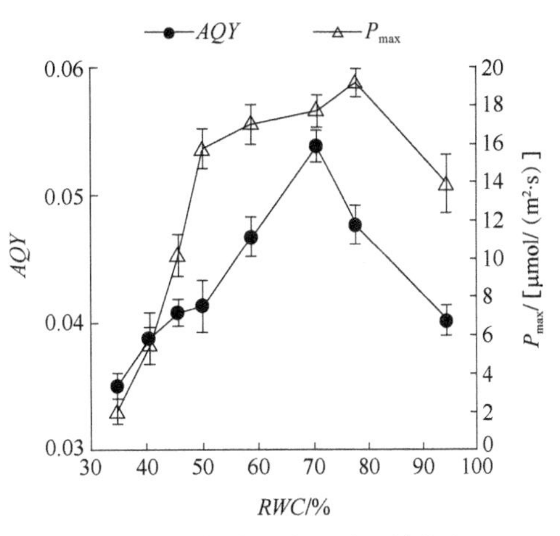

图 6-8　旱柳叶片表观量子效率和最大净光合速率的水分响应

上述分析表明，水分胁迫对贝壳砂生境旱柳叶片 *LCP*、P_{max}、*LSP* 和 *AQY* 影响较大，渍水胁迫下旱柳的光合生理活性优于干旱胁迫；干旱胁迫条件下，旱柳叶片 *LCP* 达最高，而 *AQY*、P_{max} 和 *LSP* 达最低，表现出较好的耐水湿不耐干旱的生理特性，在 *RWC* 为 50.1%～77.7%范围内，旱柳的光能利用率及光合能力可维持较高水平。

6.2.2　不同土壤水分条件下旱柳叶片的水分利用效率

由图 6-9 可知，旱柳叶片瞬时水分利用效率（*WUE*）与潜在水分利用效率（WUE_i）随 *RWC* 的增加先上升后下降。低水分条件下，旱柳叶片 WUE_i 随 *RWC* 的增加响应敏感，上升较快，在 *RWC* 为 40.6%时达到最大值 0.054μmol/mol，与最低值相比增幅为 90%；在 *RWC* 为 45.7%时 *WUE* 达到最大值 4.9μmol/mmol，与低水分条件 *RWC* 为 34.8%时相比，*WUE* 增幅为 21.0%。旱柳叶片 *WUE* 和 WUE_i 平均值分别为 4.0μmol/mmol 和 0.046μmol/mol，在 *RWC* 为 40.6%～58.9%范围内，*WUE* 与 WUE_i 都大于相应的平均值，维持较高的水分利用效率。分析表明，重度干旱胁迫（*RWC*≤34.8%）可显著降低旱柳叶片的水分利用效率，高水分条件（*RWC*≥77.7%）下，旱柳叶片的水分利用效率也受到一定抑制，但适度的干旱胁迫（*RWC* 为 40.6%～50.1%）可提高贝壳砂生境旱柳叶片的水分利用效率。

6.2.3　不同土壤水分条件下旱柳叶片的叶绿素含量和水势

由图 6-10 可知，贝壳砂生境旱柳叶片叶绿素含量随 *RWC* 变化呈抛物线型，随 *RWC* 的增加表现为先升高后下降的变化趋势。旱柳叶片叶绿素含量的平均值为 39.8%。与平均值相比，叶绿素含量的最小值（*RWC* 为 94.4%时）减幅为 15.0%，叶绿素含量的最大值（*RWC* 为 61.4%时）增幅仅为 5.1%。在 *RWC* 为 40.6%～77.7%范围内，叶绿素含量均大于平均值，维持在较高水平。

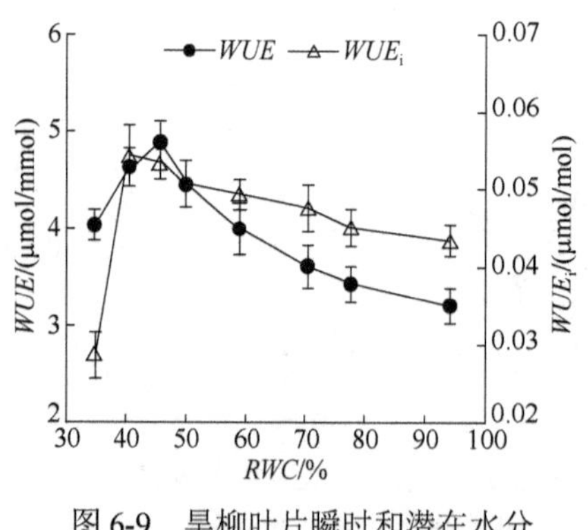

图 6-9　旱柳叶片瞬时和潜在水分利用效率的水分响应

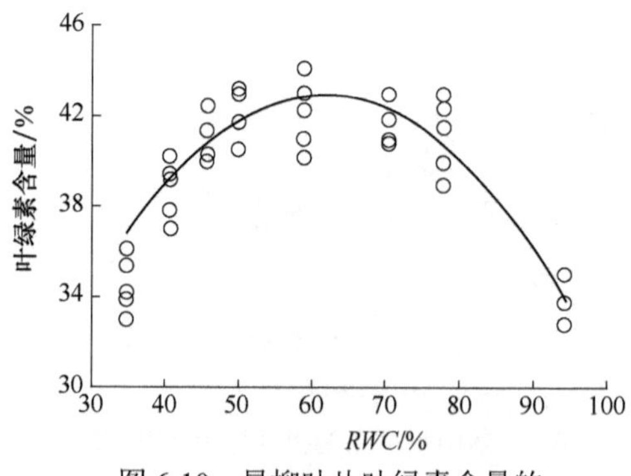

图 6-10　旱柳叶片叶绿素含量的水分响应

旱柳叶片水势随 *RWC* 的增加表现为先升高后下降（图 6-11），在干旱和渍水胁迫条件下，旱柳叶片水势明显下降。在 *RWC*＜40.6%时，叶片水势随 *RWC* 的增大显著上升，在 *RWC* 为 50.1%和 94.4%时分别达最大值－0.82MPa 和最小值－2.22MPa。旱柳叶片水势平均值为－1.22MPa，当 *RWC* 在 40.6%～77.7%范围内时，叶片水势均高于平均值。分析表明，贝壳砂生境旱柳叶片的叶绿素含量与

叶片水势随 *RWC* 的变化规律具有一致性，渍水胁迫较干旱胁迫对其抑制作用大。在 *RWC* 为 40.6%～77.7%范围内，旱柳叶片叶绿素含量与叶片水势维持在较高值。

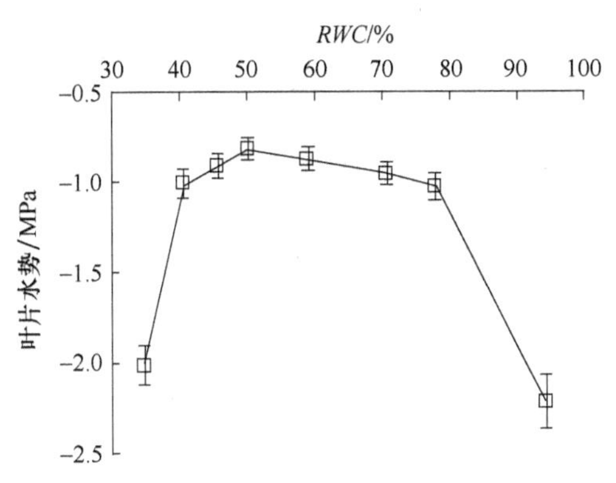

图 6-11　旱柳叶片水势的水分响应

6.2.4　贝壳砂生境旱柳叶片光合参数的水分阈值效应

植物叶片光合作用对土壤水分的响应特性可直接反映植物的抗旱耐湿能力和光合潜能。贝壳砂生境旱柳叶片光合作用的水分响应过程表明，适宜的土壤水分条件（*RWC* 为 50.1%～94.4%）可显著提高旱柳叶片的光合作用，过高和过低的土壤水分条件均抑制其光合作用。这与荒漠植物梭梭（Gao et al.，2010）、小叶扶芳藤（张淑勇等，2007）、辽东楤木（陈建等，2008）和山杏（夏江宝等，2011）的研究结论类似。可见，土壤水分对植物叶片光合作用的补偿效应和抑制效应显著，植物叶片 P_n 对土壤水分存在明显的阈值响应，维持植物较高光合生产力需有适宜的水分条件进行耦合。

植物叶片 *LCP*、*LSP*、*AQY* 和 P_{max} 可反映植物的光能利用能力和光合潜能，可用来评价植物对光环境的适应能力。光补偿点较低、光饱和点较高的植物对光环境的适应性较强；而光补偿点较高、光饱和点较低的植物对光照的适应性较弱。阳性植物光饱和点一般在 540μmol/（m^2 • s）以上，光补偿点在 36μmol/（m^2 • s）左右，而阴性植物光饱和点一般为 90～180μmol/(m^2 •s)，光补偿点为 10μmol/(m^2 •s)。贝壳砂生境下旱柳叶片的光饱和点为 445～1378μmol/（m^2 • s），光补偿点为 30～95μmol/（m^2 • s），呈现典型阳性植物的特征，对光环境的适应能力较强。旱柳叶片 *AQY* 的范围为 0.03～0.053，接近一般阳性植物正常生长条件下光合量子效率范围（0.03～0.06）（孙景宽等，2013）。不同水分条件下，旱柳叶片的光能利用差异较大，在 *RWC* 为 50.1%～77.7%范围内，旱柳叶片 *LCP* 较低，*LSP*、*AQY* 和 P_{max} 均维持在较高值，光照生态幅较宽，光能利用效率较高；而 *RWC*＜40.6%时，旱柳叶片光照生态幅较窄，干旱胁迫显著抑制了旱柳叶片的光能利用效率。相关研究表明，在适宜的水分条件下，珍珠油杏（陈志成等，2012）和小叶扶芳藤（张淑勇等，2007）随土壤水分的增加，*LCP* 下降，*LSP* 和 *AQY* 显著增加。土壤水分过高或过低，黄荆（*Vitex negundo*）、黄栌（*Cotinus coggygria* Scop.）、连翘（*Forsythia suspensa*）和蔷薇（*Rosa* spp）4 种灌木的光照生态幅和 *AQY* 显著下降（陈建，2008）。水分亏缺和水分过多都会导致山杏叶片 P_{max}、*LSP* 和 *AQY* 降低（夏江宝等，2011）。由此可见，土壤水分可显著影响植物的光能利用效率和光照生态幅，干旱和渍水胁迫条件下，植物叶片多表现为 *LCP* 升高，*LSP*、*AQY* 和 P_{max} 显著降低，即光照生态幅变窄，光能利用效率降低，水分胁迫抑制光能效应明显，对光环境的适应能力变差；而适宜水分条件可提高其光强利用范围和光能利用率，水分对光强利用的补偿效应显著。

植物叶片 *WUE* 反映的是植物消耗单位数量的水分所同化的 CO_2 数量，它能准确地反映植物叶片的瞬间或短期 CO_2 交换情况（安玉艳等，2007）。潜在水分利用效率可反映叶片单位气孔导度变化对净光合速率的影响（Hubick and Farquhar，1989；曹生奎等，2009）。水分利用效率的变化是植物抗旱策略的重要组成部分（Hubick and Farquhar，1989），可反映植物生长与水分消耗的平衡关系；WUE_i 比 *WUE* 对逆境胁迫响应更敏感，更能揭示植物受到的限制类型。相关研究表明，在适度水分亏缺下小叶扶芳藤（张淑勇等，2007）、辽东楤木（陈建等，2008）和山杏（夏江宝等，2011）等植物叶片的 *WUE* 均显著提高；柏木（*C. ifunebris*）幼苗叶片 WUE_i 随干旱胁迫的增加变化不显著（刘锦春，2008），苎麻叶片 WUE_i 在轻度和中度干旱胁迫下上升，在重度干旱胁迫下显著降低（黄承建等，2012），而焕铺木（*Woonyoungia septentrionalis*）叶片 WUE_i 随土壤水分的降低，呈增高趋势（曾小平等，2004）。本研究中，贝壳砂生境适度水分亏缺可提高旱柳叶片的 *WUE* 和 WUE_i，轻度干旱胁迫（*RWC* 为 45.7%）下 *WUE* 达最大值，中度干旱胁迫（*RWC* 为 40.6%）下 WUE_i 达最大值，重度干旱胁迫下 *WUE* 和 WUE_i 均显著降低。因此，随着植物种类和生境条件的不同，植物叶片 *WUE* 和 WUE_i 随土壤水分的变化规律差异较大，但多表现为适度的干旱胁迫可提高植物的水分利用效率，而重度水分胁迫抑制植物的高效生理用水。

贝壳砂生境旱柳叶片的光合特征参数与土壤水分密切相关，可从提高植物光合生产能力、水分及光能利用的角度来分析旱柳生长适宜的土壤水分条件。旱柳叶片维持较高光能及水分利用效率的适宜 *RWC* 为 50.1%～77.7%，对应的 *PAR* 应为 800～1600μmol/（m^2 · s），在此水分范围内，提高水分或者增大光强都能显著提高旱柳的光合生产能力。而当土壤水分低于或者高于该范围都可抑制旱柳的光合生产能力，可认为 *RWC* 为 50.1%～77.7%是维持旱柳苗木较好生长的适宜水分条件，这一水分范围接近小叶扶芳藤（44.2%～72.2%）（张淑勇等，2007）、辽东楤木（49.0%～75.1%）（陈建等，2008）和山杏（46.9%～74.5%）（夏江宝等，2011）维持正常生长发育的适宜水分条件。可见，旱柳对土壤水分的适应能力较强，具有较宽的水分生态幅，表现出较好的耐水湿能力。

植物叶绿素含量可用来检测和评价植物的健康水平及其对环境因子的响应特性。叶片水势代表着植物水分运动的能量水平，是判断和预测植物水分亏缺、衡量植物抗旱性能的重要生理指标。叶片叶绿素含量的消长规律可反映叶片的生理活性变化，当绿色植物的环境发生变化时，叶绿素含量即会出现变化，从而影响有机物的积累（邢艳秋等，2011）。抗旱性越强的植物，叶绿素含量降低的幅度越小，叶片水势下降幅度也较小（王庆彬等，2009）。贝壳砂生境轻度干旱胁迫（*RWC* 为 45.7%）和中度干旱胁迫（*RWC* 为 40.6%）时旱柳叶片叶绿素含量和叶片水势降低幅度较小，但重度干旱胁迫（*RWC* 为 34.8%）时，叶片水势显著下降，这与重度干旱胁迫下羊草（*Leymus chinensis*）叶绿素含量显著下降（李林芝，2010），元宝枫幼树（*Acer truncatum*）（邓勋飞等，2005）和灌木霸王（*Zygophyllum xanthoxylum*）（冯燕等，2011）叶片水势显著下降的结论一致。可见，干旱胁迫下，植物主要是通过降低叶片水势来促进根系对土壤水分的吸收，而贝壳砂生境高水分条件 *RWC* 为 94.4%时旱柳叶片水势下降，可能与短期渍水胁迫造成根系缺氧致使根系吸水受阻有关。

6.2.5　结论

直角双曲线修正模型可以较好地模拟旱柳叶片净光合速率的光响应过程，维持旱柳较高光合作用的土壤相对含水量为 50.1%～94.4%，适宜 *PAR* 为 800～1600μmol/（m^2·s），土壤水分对旱柳叶片光合作用所需的光强补偿效应显著。随土壤水分的降低，旱柳叶片净光合速率、光饱和点、表观量子效率及最大净光合速率均表现为先升高后降低。干旱和渍水胁迫条件下，旱柳叶片的光补偿点升高，光饱和点降低，光照生态幅变窄，光能利用效率降低，水分对光能利用的抑制效应明显。随土壤水分的降低，旱柳叶片瞬时和潜在水分利用效率均表现为先升高后降低，分别在土壤相对含水量为 45.7%和 40.6%时达到最大值，适度的干旱胁迫可显著提高旱柳叶片的水分利用效率。干旱和渍水胁迫均显著降低旱柳叶片的叶绿素含量和叶片水势，随土壤水分的降低两者均表现为先升高后降低，叶绿素含量和叶片水势分别在土壤相对含水量为 58.9%和 50.1%时达到最高值。旱柳叶片净光合速率、光合光响应特征参数、水分利用效率、叶片叶绿素含量和叶片水势与土壤水分具有显著的阈值响应关系，维持旱柳较高光合能力和水分利用效率的适宜土壤相对含水量为 50.1%～77.7%，贝壳砂生境旱柳进行光合生理过程所需的水分生态幅较宽，表现出耐水湿不耐干旱的生长特性。

6.3　极端贝壳砂水分胁迫对柽柳光合效率及耗水特征的影响

全球气候变化呈加剧趋势，局部地区气温显著升高，短期强降雨和长期干旱等灾害性天气事件频繁发生（Li et al.，2011）。山东省北部沿海地区气象站近 50 年降雨观测数据表明：该区域降雨日数和降雨强度都有减小趋势，但降雨强度的变异系数较大（董旭光等，2014），强降雨或长期干旱可能会增大土壤水分环境的变异性。黄河三角洲贝壳堤向海侧和向陆侧以盐生灌草植被为主，仅在海拔较高的贝壳堤滩脊地带形成以灌木和草本植物为主的旱生植物群落，土壤水分是制约贝壳堤滩脊地带灌木植被生长发育和群落演替的关键生态因子。贝壳砂蓄水持水能力较弱，因紧邻泥质海岸带潜水埋深较浅且易受潮汐、强降雨和蒸降比较大等自然因素的影响，导致贝壳堤滩脊地带土壤干湿变化频繁，土壤重度干旱或渍水胁迫发生频度越来越高。极端土壤水分环境对植物光能和水分利用效率影响较大，优势植物可通过改变正常的生理代谢节律以适应逆境条件。因此，从光合和水分生理的角度探讨植物叶片气体交换参数、叶绿素荧光参数以及树干液流特征对土壤水分胁迫的适应规律，有助于进一步了解水分逆境对贝壳堤优势植物生存、生长及耗水性能的影响。

植物叶片光补偿点、光饱和点、最大净光合速率等指标是植物光合生理过程对逆境条件响应的主要指示性参数，而初始荧光、实际光化学效率、非光化学淬灭系数等指标是探索植物光合作用调节机制中光系统运行状态的必要参数。土壤水分是影响植物光合作用的重要生态因子，只有在适宜的土壤水分条件下，植物才能维持较高光合生产力（Gao et al.，2010；夏江宝等，2013；王荣荣等，2013；Xia et al.，2014）。水分逆境下植物会遭受光合碳同化过程与水分丧失不平衡导致的光抑制，也易导致活性氧产生与清除平衡被破坏而出现的膜脂过氧化。植物通过改变树干液流速率和调节树干液流启动-停止时间，启动酶促防御活性氧的保护机制和提高水分利用效率等生理过程来适应水分逆境。近年来，国内外对不同水分胁迫下植物光合生理过程的研究日益深入，在水分处理上可概括为两大类方法：一类是传统的以轻度、中度和重度胁迫下的水分适应性处理为主，探讨长期水分胁迫条件下植物光合生理参数的响应规律及其作用机制（刘亚丽等，2011；董果等，2014）；另一类是设置系列短时间的多级水分梯度，探讨植物光合生理参数对土壤水分的阈值效应（高源等，2013；王荣荣等，2013；夏江宝等，2013）。但对极端天气或自然微生境条件导致的渍水胁迫、干湿交替和重度干旱胁迫等土壤水分逆境下植物光合作用过程的研究较少，而过高或过低的土壤水分如何影响贝壳砂生境柽柳的光合生理过程，以及柽柳生长对土壤水分逆境的耐受性如何是当前黄河三角洲贝壳堤植被恢复与重建工作中亟须解决的主要问题。

柽柳是黄河三角洲贝壳堤的主要灌木树种，具有较好的防风固沙和保持水土功能。而贝壳堤的柽柳如何通过调节光合作用及水分生理过程以适应水分逆境条件尚不清晰，难以阐释贝壳堤极端水分条件下柽柳光合效率参数的响应规律及其耗水过程。鉴于此，以三年生柽柳实生苗为研究对象，模拟设置贝壳砂生境渍水胁迫、干湿交替和重度干旱胁迫 3 种水分处理，测定分析不同水分处理下柽柳叶片气体交换、叶绿素荧光和树干液流等参数，探讨水分胁迫对柽柳光合参数及耗水特征的影响，揭示贝壳砂生境柽柳光合效率及水分生理过程对极端水分胁迫的响应规律，以期为柽柳在黄河三角洲贝壳堤的栽植经营和水分管理提供理论依据和技术参考。

6.3.1 柽柳叶片净光合速率、蒸腾速率和水分利用效率的光响应

如图 6-12A 所示，直角双曲线修正模型可以很好地拟合渍水胁迫、干湿交替、重度干旱胁迫下柽柳叶片的净光合速率-光响应过程，其决定系数 R^2 分别为 0.998、0.999、0.995。因此，将 P_n 拟合值用于净光合速率-光响应过程的分析。渍水胁迫、干湿交替柽柳叶片的 P_n-PAR 呈现相似的变化规律：当 PAR≤200μmol/(m^2·s）时，柽柳叶片受到低光强的影响，P_n 较小；随着 PAR 的增大［400～1000μmol/（m^2·s）］，P_n 显著增大并保持相对较高水平；当 PAR 继续增大，P_n 受到高光强的抑制而逐渐减小。重度干旱胁迫下，柽柳叶片 P_n 随 PAR 增大变化幅度不大，柽柳叶片 P_n 一直维持在较低状态［小于 1.3μmol/（m^2·s）］。3 种水分处理的 P_n 均值有差异，表现为重度干旱胁迫 P_n 均值最小［（0.83±0.04）μmol/（m^2·s）］，干湿交替和渍水胁迫 P_n 均值比较接近，分别为（4.18±0.07）μmol/（m^2·s）和（4.17±0.08）μmol/（m^2·s）。可见，渍水胁迫与干湿交替柽柳叶片的光合生产力差异很小，而重度干旱胁迫严重影响了柽柳叶片的光合生产力。

图 6-12B 表明，3 种水分处理的柽柳叶片蒸腾速率 T_r 对 PAR 的响应规律有所差异。低光强［PAR≤200μmol/（m^2·s）］下，随着 PAR 的增大，3 种水分处理的柽柳叶片 T_r 不断增大。随着 PAR 继续增大，重度干旱胁迫柽柳叶片 T_r 呈减小趋势；渍水胁迫柽柳叶片 T_r 有小幅升高，并维持在 3mmol/（m^2·s）左右；干湿交替柽柳叶片 T_r 呈现先升高后下降的趋势，在 PAR 为 1000μmol/（m^2·s）时，T_r 有最大值 2.85mmol/（m^2·s）。3 种水分处理的柽柳叶片 T_r 光响应均值差异显著（P<0.05），表现为干湿交替、渍水胁迫柽柳叶片分别是重度干旱胁迫 T_r 均值［（1.38±0.12）mmol/（m^2·s）］的 1.78 倍和 1.95 倍。柽柳叶片最大耗水能力表现为重度干旱胁迫［（1.57±0.21）mmol/（m^2·s）］＜干湿交替［（1.85±0.31）mmol/（m^2·s）］＜渍水胁迫［（3.06±0.26）mmol/（m^2·s）］。分析表明，不同的土壤水分条件下，柽柳叶片蒸腾速率对高光强的敏感性不同，重度干旱胁迫的柽柳植株比干湿交替和渍水胁迫植株更容易受到强光的迫害。

图 6-12C 表明，3 种水分处理的柽柳叶片水分利用效率的光响应规律类似，表现为：当 PAR≤400μmol/(m^2·s）时，3 种水分处理的柽柳叶片 WUE 随着 PAR 增大上升较快，此后 WUE 随着 PAR 升高而上升放缓；当 PAR≥1000μmol/(m^2·s）后，WUE 表现出下降的趋势。干湿交替、渍水胁迫的 WUE 光响应均值分别是重

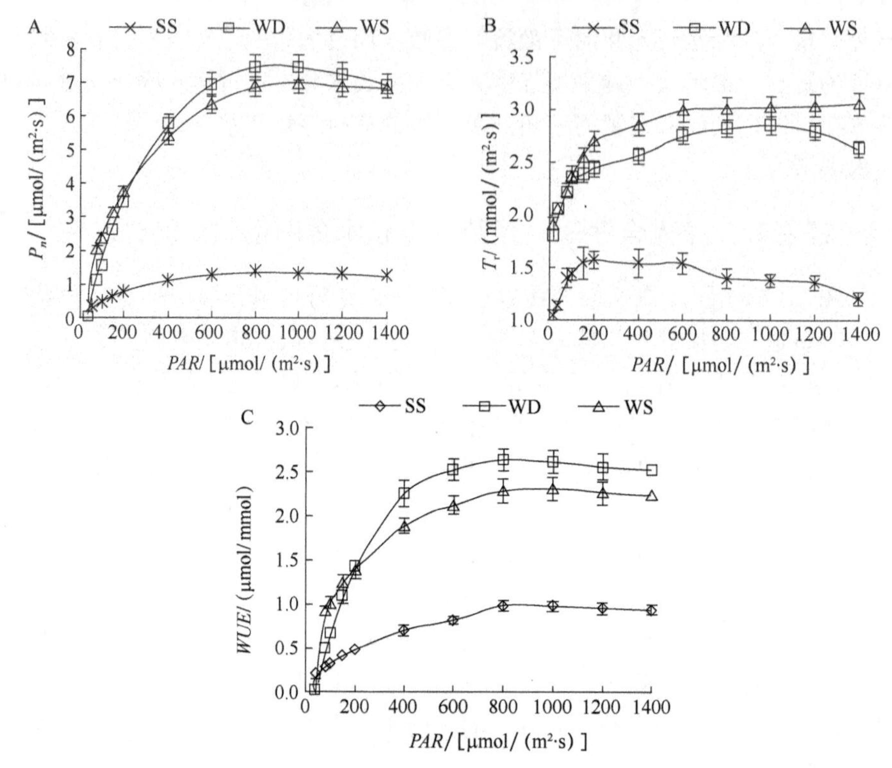

图 6-12　不同水分处理下柽柳叶片净光合速率（A）、蒸腾速率（B）和水分利用效率（C）的光响应

SS 为重度干旱胁迫；WD 为干湿交替；WS 为渍水胁迫。后同

度干旱胁迫［（0.58±0.03）μmol/mmol］的 2.63 倍和 2.45 倍。3 种水分处理的柽柳叶片 *WUE* 光响应最大值差异显著（$P<0.05$），表现为干湿交替［（2.65±0.13）μmol/mmol］＞渍水胁迫［（2.31±0.12）μmol/mmol］＞重度干旱胁迫［（1.02±0.05）μmol/mmol］。可见，土壤水分条件显著影响柽柳叶片的水分利用效率，并且干湿交替条件下柽柳水分利用效率最高，其次为渍水胁迫，而重度干旱胁迫显著降低了柽柳叶片的水分利用效率。

6.3.2　柽柳叶片光合光响应参数

由表 6-3 可知，柽柳叶片的 *AQY* 在渍水胁迫与干湿交替条件下差异不显著（$P>0.05$），重度干旱胁迫下 *AQY* 最低，仅为干湿交替的 29.03%或渍水胁迫的 25.71%；即重度干旱胁迫下柽柳叶片光能利用效率很低，而渍水胁迫和干湿交替对柽柳叶片的光能利用效率接近。一般植物自然条件 *AQY* 的范围是 0.03～0.05，可见，贝壳砂生境 3 种水分处理的柽柳叶片 *AQY* 都处于较低的水平，不利于柽柳叶片充分发挥其光合生产能力。

表 6-3　柽柳叶片净光合速率的光响应特征参数

水分处理	AQY	β/［m^2/（s·μmol）］	γ/［m^2/（s·μmol）］	LCP/［μmol/（m^2·s）］	LSP/［μmol/（m^2·s）］	P_{max}/［μmol/（m^2·s）］
重度干旱胁迫	0.009±0.001^{a}	3.24±0.60^{c}	60.05±5.43^{b}	39.83±3.32^{b}	805.55±30.43^{a}	1.38±0.22^{a}
干湿交替	0.031±0.004^{b}	1.12±0.12^{a}	4.32±0.98^{a}	27.42±4.65^{a}	952.46±70.78^{c}	7.45±0.87^{b}
渍水胁迫	0.035±0.004^{b}	1.70±0.09^{b}	6.21±1.12^{a}	36.55±2.31^{b}	887.37±90.67^{b}	7.02±0.56^{b}

注：同列不同小写字母表示差异显著（P<0.05）

3 种水分处理的柽柳叶片光抑制项 β，以干湿交替最小，重度干旱胁迫、渍水胁迫分别是干湿交替的 2.89 倍和 1.51 倍，差异显著（P<0.05）；干湿交替和渍水胁迫柽柳叶片的光饱和项 γ 差异不显著（P>0.05），重度干旱胁迫柽柳叶片的光饱和项 γ 最大，是干湿交替 γ 的 13.90 倍。3 种水分处理下，β、γ 呈现相似的变化规律，这表明重度干旱胁迫比干湿交替和渍水胁迫更容易使柽柳达到光饱和，且更容易发生光抑制，而干湿交替的水分条件利于柽柳对强光的利用。

重度干旱胁迫和渍水胁迫柽柳叶片 LCP 差异不显著（P>0.05），而干湿交替的 LCP 较小；3 种水分处理的柽柳叶片 LSP 差异显著（P<0.05），表现为干湿交替>渍水胁迫>重度干旱胁迫。可见，土壤水分状况影响柽柳叶片对强光、弱光的利用能力。P_{max} 在一定程度上体现植物光合生产能力的大小，干湿交替、渍水胁迫的 P_{max} 分别是重度干旱胁迫的 5.39 倍和 5.08 倍，可见，重度干旱胁迫下柽柳叶片的光合生产能力较差，渍水胁迫与干湿交替柽柳叶片的光合生产能力接近。

6.3.3　柽柳叶片叶绿素荧光参数

由表 6-4 可知，干湿交替和渍水胁迫柽柳叶片的叶绿素 a、叶绿素 b 含量差异不显著（P>0.05），即两种水分条件下柽柳叶片对光能捕获能力相似，而重度干旱胁迫柽柳叶片的叶绿素 a、叶绿素 b 含量均最小，叶绿素 a/叶绿素 b 为 3.54，已经打破了叶绿素 a/叶绿素 b 约为 3 的动态平衡值（李伟和曹坤芳，2006），这表明重度干旱胁迫下柽柳叶片光能捕获能力显著降低。

表 6-4　柽柳叶片叶绿素荧光特征参数

水分处理	叶绿素 a/（mg/g）	叶绿素 b/（mg/g）	F_v/F_m	Φ_{PSII}	qP	NPQ
重度干旱胁迫	0.78±0.08^{a}	0.22±0.07^{a}	0.631±0.05^{a}	0.262±0.01^{a}	0.466±0.02^{a}	0.814±0.05^{b}
干湿交替	1.21±0.18^{b}	0.40±0.06^{b}	0.828±0.03^{b}	0.706±0.02^{b}	0.869±0.05^{c}	0.702±0.02^{a}
渍水胁迫	1.17±0.12^{b}	0.39±0.10^{b}	0.806±0.03^{b}	0.669±0.01^{b}	0.787±0.01^{b}	0.705±0.03^{a}

注：同列不同小写字母表示差异显著（P<0.05）

重度干旱胁迫柽柳叶片的最大光化学效率 F_v/F_m 小于 0.8，说明柽柳叶片光系统遭受到不可逆的损伤；干湿交替和渍水胁迫柽柳叶片的 F_v/F_m 差异不显著（$P>0.05$），且都大于 0.8，这说明光抑制可能是光系统反应中心的钝化作用，最大光化学效率的降低只是叶片的一种保护性反应。3 种水分处理的柽柳叶片实际光化学效率 $\Phi_{PSⅡ}$ 同 F_v/F_m 变化规律一致。重度干旱胁迫柽柳叶片 $\Phi_{PSⅡ}$ 最小，干湿交替和渍水胁迫柽柳叶片的 $\Phi_{PSⅡ}$ 无显著差异（$P>0.05$），分别是重度干旱胁迫柽柳叶片 $\Phi_{PSⅡ}$ 的 2.69 倍和 2.55 倍。

3 种水分处理的柽柳叶片的光化学淬灭系数 qP 差异显著（$P<0.05$），表现为干湿交替＞渍水胁迫＞重度干旱胁迫；非化学淬灭系数 NPQ 却表现为重度干旱胁迫最大，干湿交替与渍水胁迫接近。结合 $\Phi_{PSⅡ}$、qP、NPQ 综合分析可知，重度干旱胁迫下柽柳叶片 PSⅡ反应中心的钝化作用可能失效，光系统损伤。而干湿交替、渍水胁迫下柽柳叶片 F_v/F_m、$\Phi_{PSⅡ}$、NPQ 参数差异均不显著（$P>0.05$），两种水分处理条件的柽柳叶片光合生产能力相似。

6.3.4 柽柳树干液流速率日变化与日累积液流量

由图 6-13A 可知，在不同水分处理下，柽柳树干液流速率的日变化规律有所差异。夜间（0:00～6:00、19:00～24:00），3 种水分处理的柽柳树干液流速率变化规律基本相似，波动幅度很小；渍水胁迫（WS）下柽柳夜间平均树干液流速率为（3.89±0.87）g/h，是干湿交替（WD）的 2.01 倍，而重度干旱胁迫（SS）下柽柳夜间树干液流微弱。日间（6:00～18:00），从 6:00 开始，3 种水分处理的柽柳树干液流速率都开始快速上升；在中午 12:00 左右，重度干旱胁迫、干湿交替、渍水胁迫柽柳植株树干液流速率先后达到最大值，分别为（22.36±0.31）g/h、（29.88±0.52）g/h、（20.42±0.38）g/h，且日间平均树干液流速率表现为渍水胁迫［（12.34±0.21）g/h］＜重度干旱胁迫［（15.06±0.18）g/h］＜干湿交替［（18.87±0.34）g/h］。在傍晚（18:00～19:00）3 种水分处理的柽柳有短暂相等的树干液流速率［约为（4.1±0.10）g/h］。

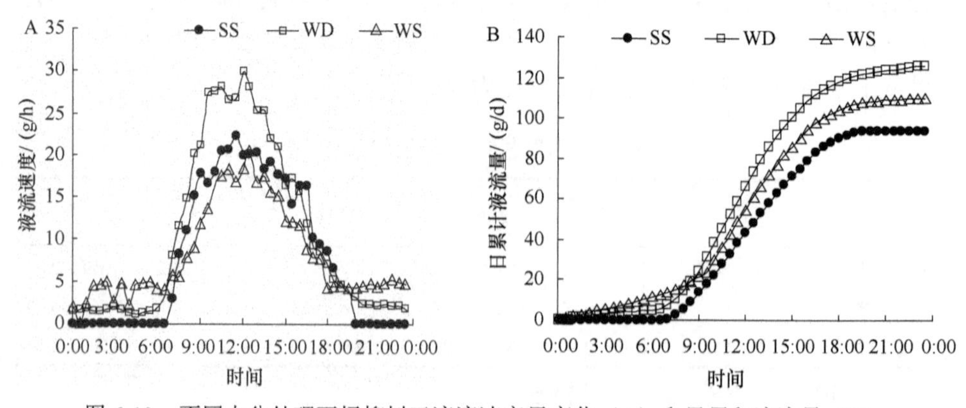

图 6-13 不同水分处理下柽柳树干液流速率日变化（A）和日累积液流量（B）

由图 6-13B 可知，柽柳植株在不同水分处理下日累积液流量差异显著（$P<0.05$）。干湿交替、渍水胁迫下的日累积液流量分别比重度干旱胁迫的日累积液流量［(94.11±5.02) g/d］增加了 34.12%和 17.07%。3 种水分处理柽柳植株的日间累积液流量差异显著（$P<0.05$），表现为干湿交替［(115.73±7.01) g/d］>重度干旱胁迫［(91.99±3.87) g/d］>渍水胁迫［(85.6±5.30) g/d］，分别占整日累积液流量的 91.68%、97.75%、80.60%。

可见，不同的土壤水分条件显著影响柽柳植株树干液流速率的日动态。与渍水胁迫柽柳树干液流速率相比，重度干旱胁迫、干湿交替显著增大了日间液流速率，降低了夜间液流对日累积液流量的贡献率；日间液流量的增多有助于缓解蒸腾拉力，以维持叶片正常的水汽交换过程和降低叶温。

6.3.5　极端土壤水分条件对柽柳光能利用的影响

叶绿素是植物光能吸收和传递的重要功能物质，只有叶绿体捕获足够的光能，植物叶片才能有较高的光合生产力。干旱胁迫下，三叶漆（*Terminthia paniculata*）幼苗叶片叶绿素含量显著减少且破坏了叶绿素 a 与 b 的动态平衡（李伟和曹坤芳，2006）。在过高、过低的水分条件下，旱柳叶片叶绿素含量显著下降（高源等，2013）。本研究发现，贝壳砂生境干湿交替柽柳叶片叶绿素含量最高，而重度干旱胁迫叶片叶绿素含量仅为渍水胁迫的 64.1%。光补偿点和光饱和点反映了植物对光能的适应情况。柽柳叶片的光补偿点在重度干旱胁迫、渍水胁迫下分别比干湿交替增大 45.25%、33.29%，而光饱和点分别减小 15.42%、6.83%。可见，水分胁迫下，柽柳叶片叶绿素含量显著下降，对弱光、强光的利用能力减弱。而较低的叶绿素含量、失衡的叶绿素比，以及较差的强光适应能力，都会导致柽柳叶片光能获取能力的显著下降。柽柳叶片降低叶绿素含量、减少光能的捕获量，可能是贝壳砂生境柽柳在非适宜水分条件下对强光的一种自我保护机制和适应策略。

叶片 AQY、F_v/F_m、$\Phi_{PSⅡ}$等指标可反映植物光能利用能力和潜在的光合生产能力的大小。叶片 qP、NPQ 分别反映了植物光合反应中心活性的高低与保护自身能力的强弱，二者间此消彼长的关系可揭示植物光系统的异常情况。相关研究表明，侧柏叶片 AQY、F_v/F_m、$\Phi_{PSⅡ}$随着干旱胁迫的加剧均表现为下降趋势（董果等，2014），酸枣叶片 NPQ 随渍水胁迫程度加剧而增大（王荣荣等，2013），土壤水分胁迫对脂松（*Pinus resinosa*）叶片 F_v/F_m、$\Phi_{PSⅡ}$、qP 有显著影响（刘亚丽等，2011）。本研究发现，重度干旱胁迫下柽柳叶片 AQY、$\Phi_{PSⅡ}$最低，干湿交替或渍水胁迫下叶片 AQY、$\Phi_{PSⅡ}$比较接近，而干湿交替与渍水胁迫下柽柳叶片净光合速率均值也比较接近。3 种水分处理的柽柳叶片净光合速率与 AQY、F_v/F_m、$\Phi_{PSⅡ}$、qP 大小规律一致，与 NPQ 相反。可见，水分胁迫条件下，柽柳叶片光系统受损，热散耗增多，光能利用效率降低，光合生产力较低；重度干旱胁迫下柽柳叶片光系统损伤，更多的能量被热散耗，光合生产力极低。

强光环境下大部分光能被热散耗，光抑制不足以破坏光系统，但强光与其他重度环境胁迫共同存在时，光系统损伤的潜在危险性增加；同时植物体可启动热耗散、增强抗氧化能力等适应机制来保护光系统。干湿交替和渍水胁迫下，高光强引发光抑制，但柽柳叶片主动关闭气孔，关闭 PSⅡ反应中心，部分未关闭的中心则作为激发能的淬灭器来散耗多余的光能，从而保护柽柳叶片免受破坏。重度干旱胁迫下柽柳叶片光系统损伤，低光强下可达到光饱和；随光强的持续增强，光系统损伤程度加剧，更多的日间液流被用来推动水裂解释放电子维持电子传递效率、增大非化学淬灭效率以释放过多热量和维持叶片温度，从而降低机体迫害程度（董果等，2014）。当土壤水分持续降低，过大的水气压差导致柽柳日间水分亏缺更加严重，生理需水量增大；高光强可能彻底破坏光系统（Kilao et al.，2000），其结果是叶片消耗体内的有机物而逐渐枯萎，重度干旱胁迫下柽柳叶片逐渐发黄枯萎也呈现了这一特征。

6.3.6 极端土壤水分条件对柽柳水分利用的影响

蒸腾作用产生的水分能量梯度差决定了土壤-植物-大气连续系统（SPAC）的水流通量，影响植物根部吸收土壤水分；树干液流速率反映的是植物水分运输效率，能在很大程度上反映植物蒸腾耗水能力，植物叶片水分利用效率反映的是植物消耗单位数量水分所同化的 CO_2 数量，是评价植物水分生产力的重要指标。植物蒸腾耗水过程可用树干液流速率和蒸腾速率来共同表征，由外界环境因子与内在生理机制共同作用，能够反映植物对外界环境的适应能力。

相关研究发现，植物叶片的蒸腾速率随土壤水分的升高先增大后减小，蒸腾速率最大值对应着特定的水分条件（王荣荣等，2013；夏江宝等，2013）。本研究发现，贝壳砂生境柽柳在高水分条件下耗水过多，水分利用率并非处于最大状态；而干湿交替下柽柳耗水低，光合生产能力最高，致使水分利用效率最高；重度干旱胁迫下蒸腾耗水较低，但此时净光合速率更低，导致水分利用效率最低。在 9:00～11:30 光合作用测定过程中，树干液流速率表现为干湿交替＞重度干旱胁迫＞渍水胁迫，而此时段树干液流累积量为干湿交替＞渍水胁迫＞重度干旱胁迫。在 0:00～8:30 时段内，液流累积量大小规律为渍水胁迫＞干湿交替＞重度干旱胁迫，这与 3 种水分处理柽柳叶片的蒸腾速率大小规律一致。可见，由早前液流累积量所转化形成的树干储存水可能是3种水分处理下柽柳树干液流速率与叶片蒸腾速率规律不一致的原因（金鹰等，2011；Phillips et al.，2003）。树木有一定的高度，水分由根部到叶片的路径中有水分传输阻力，液流计感应的水分不能立即运输到柽柳叶片，柽柳叶片利用原有储存水进行水汽交换。蒸腾速率是叶片尺度的瞬时水分耗散，树干液流速率是整株植物 30min 内的平均水分输送；蒸腾速率更容易受到外界环境要素微小变化的影响，植株的株高、冠幅、生物量都会影响柽柳植物的树干液流速率。这些差异共同导致了蒸腾速率和树干液流速率大小规律的不一致。

本研究发现，在土壤水分胁迫条件下，树干液流速率与土壤水分、蒸腾速率呈显著正相关；夜间液流累积量与土壤水分相关性显著，也与蒸腾速率、净光合速率、水分利用效率有一定的相关性（表 6-5）。夏江宝等（2014）研究发现，在贝壳砂生境系列水分梯度下，酸枣树干液流速率、日累积液流量都与蒸腾速率呈显著正相关，这与本研究结果类似。花旗松（*Pseudotsuga menziesii*）、黄松（*Pinus ponderosa*）和白栎（*Quercus garryana*）树干储存水的使用主要集中在最有利于光合作用的上午时段（Phillips et al.，2003）。植物蒸腾的主要驱动因素是光合有效辐射、水汽压亏缺，随着光合有效辐射的增加，水汽压浓度差变大，植株需要更多的液流用来满足叶片蒸腾需要。重度干旱胁迫下柽柳夜间液流微弱，日间必须有较大的树干液流速率；而大部分的水分用于维持叶片正常的温度和减小水汽压差，且光合结构遭到强光的损害，净光合速率显著下降。渍水胁迫下柽柳叶片日间液流速率小于干湿交替，但夜间液流累积量所转化形成的树干储存水大于干湿交替，日间较小的树干液流速率就可缓解叶片水分亏缺。渍水胁迫下柽柳体内较多的水分固然可以维持较高的蒸腾速率，但有可能稀释叶绿素或者破坏叶绿素结构而导致净光合效率降低（李伟和曹坤芳，2006）。干湿交替下柽柳有稳定的夜间液流、较高的日间液流，柽柳体内充足的水分保证了较高的净光合效率和水分利用效率。由此可见，夜间液流对柽柳的光合作用、蒸腾作用起着重要作用，夜间液流对树干储存水的补充以及柽柳生理代谢、生长生存有着积极意义，利用储存水缓冲树木蒸腾耗水是树木生存和生长过程中的一种自我调节机制。

表 6-5　土壤水分与柽柳树干液流、光合参数的相关系数

	土壤水分	液流速率	夜间液流累积量
液流速率	0.796*		
夜间液流累积量	0.811*	0.689*	
净光合速率	0.648	0.573	0.697
蒸腾速率	0.749*	0.772*	0.705
水分利用效率	−0.584	0.276	0.719

*$P<0.05$

6.3.7　结论

3 种贝壳砂水分条件对柽柳光合生理代谢和蒸腾耗水过程影响显著不同。干湿交替与渍水胁迫下柽柳叶片净光合速率、蒸腾速率和水分利用效率光响应过程相似，净光合速率均值接近，但蒸腾速率和水分利用效率均值都差异显著（$P<0.05$）；重度干旱胁迫下柽柳叶片净光合速率、蒸腾速率、水分利用效率光响应过程变化幅度较小，净光合速率、蒸腾速率和水分利用效率均值都最低。

干湿交替和渍水胁迫下柽柳叶片的表观量子效率和最大净光合速率差异均不显著（$P>0.05$），光合生产能力接近；重度干旱胁迫下叶片光补偿点增大，光饱和点减小，光照适应能力减弱，表观量子效率和最大净光合速率均最小，光能利用效率低。干湿交替和渍水胁迫下柽柳叶片的最大光化学效率、实际光化学效率差异不显著（$P>0.05$），叶片光系统损伤的危险程度、光合反应中心活性接近；重度干旱胁迫下柽柳叶片 F_v/F_m 为 0.631，非光化学淬灭高达 0.814，叶片光系统损伤严重，强光抑制明显，热耗散消耗了主要光能，光合潜力显著降低。

柽柳树干液流日累积量在干湿交替、渍水胁迫下比重度干旱胁迫上升 34.12%、17.07%。3 种水分处理的树干液流日动态差异较大，重度干旱胁迫下夜间液流微弱；干湿交替下日间平均液流速率最大，为 18.87g/h，夜间液流累积量占整日液流累积量的 8.32%；渍水胁迫下夜间液流速率最大，为 3.89g/h，夜间液流累积量对整日累积量的贡献率为 19.40%，而日间液流速率最低。

干湿交替下柽柳可以维持较高的光合效率和水分利用效率，渍水胁迫抑制了柽柳光合效率和水分利用效率，高光强易引发光抑制，光合生理活性受到限制；重度干旱胁迫下高光强易导致柽柳光系统损伤，光合生产潜力和水分利用效率显著降低。柽柳能有效调整日、夜间树干液流速率、蒸腾速率和水分利用效率等耗水过程来适应极端水分逆境，以保证自身水分平衡和机体正常的生理代谢活动。柽柳在贝壳砂生境干湿交替和渍水胁迫下的光合作用和水分生理适应性好于重度干旱胁迫，水分极度亏缺下光能利用能力变差，水分利用不可持续，在贝壳堤滩脊地带栽植时需充分考虑其水分逆境条件。

参考文献

安玉艳，梁宗锁，韩蕊莲，等. 2007. 土壤干旱对黄土高原 3 个常见树种幼苗水分代谢及生长的影响. 西北植物学报，27（1）：91-97.

曹生奎，冯起，司建华，等. 2009. 植物叶片水分利用效率研究综述. 生态学报，29（7）：3882-3892.

曾小平，赵平，蔡锡安，等. 2004. 不同土壤水分条件下焕墉木幼苗的生理生态特性. 生态学杂志，23（2）：26-31.

陈建，张光灿，张淑勇，等. 2008. 辽东楤木光合和蒸腾作用对光照和土壤水分的响应过程. 应用生态学报，19（6）：1185-1190.

陈建. 2008. 四种灌木植物光合效率对土壤水分响应的过程与机制. 泰安：山东农业大学硕士学位论文.

陈志成，王志伟，王荣荣，等. 2012. 不同土壤水分条件下珍珠油杏的光合光响应特征. 西北植物学报，32（10）：2102-2107.

邓勋飞，张后勇，何男，等. 2005. 水稻叶水势与不同水分处理定量关系研究. 浙江大学学报

（农业与生命科学版），31（5）：581-586.
董果，戴勐，赵勇，等. 2014. 侧柏叶温及叶绿素荧光特性对土壤水分胁迫的响应. 中国水土保持科学，12（1）：68-74.
董旭光，顾伟宗，孟祥新，等. 2014. 山东省近 50 年来降水事件变化特征. 地理学报，69（5）：662-671.
范晓龙，张吉立. 2011. 寒地旱柳早春萌芽期枝条氮磷钾含量变化研究. 中国农学通报，27（16）：41-45.
冯燕，王彦荣，胡小文. 2011. 水分胁迫对幼苗期霸王叶片生理特性的影响. 草业科学，28（4）：577-581.
高源，夏江宝，赵自国，等. 2013. 模拟贝壳砂水分变化对旱柳光合特性的影响. 西北植物学报，33（12）：2467-2473.
郭亚奇，阿里穆斯，高清竹，等. 2011. 灌溉条件下藏北紫花针茅光合特性及其对温度和 CO_2 浓度的短期响应. 植物生态学报，35（3）：311-321.
何维明，董鸣. 2001. 不同气温条件下旱柳（*Salix matsudana* Koidz）幼苗的水分和构型特征. 生态学报，21（7）：1084-1090.
黄承建，赵思毅，王龙昌，等. 2012. 干旱胁迫对苎麻光合特性和产量的影响. 中国麻业科学，34（6）：273-277.
金鹰，王传宽，桑英. 2011. 3 种温带树种树干储存水对蒸腾的贡献. 植物生态学报，35（12）：1310-1317.
靳欣，徐洁，白坤栋，等. 2011. 从水力结构比较 3 种共存木本植物的抗旱策略. 北京林业大学学报，33（6）：135-141.
李林芝. 2010. 呼伦贝尔草甸草原不同土壤水分梯度下羊草光合生理特性研究. 兰州：甘肃农业大学硕士学位论文.
李伟，曹坤芳. 2006. 干旱胁迫对不同光环境下的三叶漆幼苗光合特性和叶绿素荧光参数的影响. 西北植物学报，26（2）：266-275.
刘锦春. 2008. 重庆石灰岩地区柏木幼苗对水分胁迫的生理生态适应性研究. 重庆：西南大学博士学位论文.
刘亚丽，王庆成，杨远彪. 2011. 水分胁迫对脂松幼苗叶绿素荧光特征的影响. 植物研究，31（2）：175-179.
孙景宽，陆兆华，夏江宝，等. 2013. 盐胁迫对二色补血草光合生理生态特性的影响. 西北植物学报，33（5）：992-997.
王庆彬，王恩姮，姜中珠，等. 2009. 黑土区常见树种水分生理适应性及抗旱特性. 东北林业大学学报，37（1）：12-14.
王荣荣，夏江宝，杨吉华，等. 2013. 贝壳砂生境酸枣叶片光合生理参数的水分响应特征. 生态学报，33（19）：6088-6096.

王振夏，魏虹，李昌晓，等．2012．土壤水分交替变化对湿地松幼苗光合特性的影响．西北植物学报，32（5）：980-987．

夏江宝，田家怡，张光灿，等．2009．黄河三角洲贝壳堤岛3种灌木光合生理特征研究．西北植物学报，29（7）：1452-1459．

夏江宝，张光灿，刘刚，等．2007．不同土壤水分条件下紫藤叶片生理参数的光响应．应用生态学报，18（1）：30-34．

夏江宝，张光灿，孙景宽，等．2011．山杏叶片光合生理参数对土壤水分和光照强度的阈值效应．植物生态学报，35（3）：322-329．

夏江宝，张淑勇，赵自国，等．2013．贝壳堤岛旱柳光合效率的土壤水分临界效应及其阈值分级．植物生态学报，37（9）：851-860．

夏江宝，张淑勇，朱丽平，等．2014．贝壳堤岛酸枣树干液流及光合参数对土壤水分的响应特征．林业科学，50（10）：24-32．

邢艳秋，黄超，陈世宏．2011．SPAD 叶绿素仪在评价树木叶片光环境和健康水平上的应用初探．森林工程，27（1）：1-4．

叶子飘，康华靖．2012．植物光响应修正模型中的系数生物学意义研究．扬州大学学报（农业与生命科学版），33（2）：51-56．

张淑勇，周泽福，夏江宝，等．2007．不同土壤水分条件下小叶扶芳藤叶片光合作用对光的响应．西北植物学报，27（12）：2514-2521．

张征坤，张光灿，刘顺生，等．2012．土壤水分对山杏光合作用日变化过程的影响．中国水土保持科学，10（3）：99-104．

Farquhar G D, Sharkey T D.1982. Stomatal conductance and photosynthesis. Annual Review of Physiology, 33(1): 317-345.

Gao S, Su P X, Yan Q D, et al.2010. Canopy and leaf gas exchange of *Haloxylon ammodendron* under different soil moisture regimes. Science in China (Life Sciences), 53(6): 718-728.

Hubick K T, Farquhar G D.1989. Carbon isotope discrimination and the ratio of carbon gained to water lost in barley cultivars. Plant, Cell and Environment, 12(8): 795-804.

Juvany M, Müller M, Munné-Bosch S.2013. Plant age-related changes in cytokinins, leaf growth and pigment accumulation in juvenile mastic trees. Environmental and Experimental Botany, 87(1): 10-18.

Kilao M, Leit T, Koike T, et al.2000. Susceptibility to photoinhibition of three deciduous broadleaf tree species with different successional traits raised under various light regimes. Plant Cell and Environment, 23(1): 81-89.

Li Z Q, Niu F, Fan J W, et al.2011. Long term impacts of aerosols on the vertical development of clouds and precipitation. Nature Geoscience, 4(12): 888-894.

Phillips N, Bond B J, McDowell N G, et al.2003. Leaf area compounds height-related hydraulic costs of water transport in Oregon White Oak trees. Functional Ecology, 17(6): 832-840.

Xia J B, Zhang G C, Zhang S Y, et al.2014. Photosynthetic and water use characteristics in three natural secondary shrubs on Shell Islands, Shandong, China. Plant Biosystems, 148(1): 109-117.

Xia J B, Zhang S Y, Zhang G C, et al.2011. Critical responses of photosynthetic efficiency in *Campsis radicans* (L.) Seem to soil water and light intensities. African Journal of Biotechnology, 10(77): 17748-17754.

Zhang G C, Xia J B, Shao H B, et al.2012. Grading woodland soil water productivity and soil bioavailability in the semi-arid Loess Plateau of China. Clean–Soil, Air, Water, 40(2): 148-153.

Zhang S Y, Zhang G C, Gu S Y, et al.2010. Critical responses of photosynthetic efficiency of Goldspur apple tree to soil water variation in semiarid loess hilly area. Photosynthetica, 48(4): 589-595.

第7章　贝壳砂生境主要灌木树种光合效率的水分响应性

植物叶片的光合作用是植物最重要的生理活动，也是地球上最重要的化学反应过程。光合作用效率，是光合速率、光合碳同化的量子效率、光系统Ⅱ的光化学效率和光能利用率等一系列术语的总称，光合效率这个反映光合机构功能状况的基本参数，在光合作用研究中具有重要的研究和实际意义（许大全，2002）。植物光合作用是植物形成有机物的唯一途径，光合作用效率是植物生产力和作物产量高低的决定性因素（许大全，2002）。水分是植物光合作用的重要原料，水分亏缺对光合作用的影响决定产量的有无。植物光合作用对环境因子高度敏感，干旱胁迫，尤其是土壤水分的干旱胁迫，作为植物生长最为普遍的逆境因子之一，对植物的光合作用、水分代谢及物质转运等生理活动产生重要作用（李德全等，1999）。植物受到干旱胁迫时光合作用受到限制，光合效率下降，从而影响植物生产力。近年来，随着淡水资源的紧缺和干旱胁迫的加剧，干旱缺水已成为一个世界性问题，同时，温室效应引起的全球变暖加重了干旱的程度。据统计，全世界由于水分亏缺导致的减产超过其他因素造成减产的总和（汤章城，1983）。干旱缺水对植物产生极其严重的影响，干旱成为制约植被恢复与农林业发展的关键生态因子。如何保证植物在维持较高或者中等生产力水平的前提下，提高植物对土壤水分的利用效率成为农林业建设亟须解决的问题。对植被水分利用效率的提高和高水分利用效率植被的筛选成为干旱缺水地区植被立地选择和水分栽植管理的重要研究课题。

黄河三角洲贝壳堤作为古岸线遗迹的标志，是研究河流变迁的有力佐证；还是粉砂质、淤泥质海岸地区抵御风暴潮的天然屏障，能够有效阻止风暴潮水的入侵；其湿地系统贝类生物多样性丰富，但对环境变化敏感，一旦受到较强破坏就难以自我恢复。由于自然因素和人为干扰的影响，贝壳堤生态系统退化严重，而植被恢复是生态系统重建的主要措施之一。黄河三角洲贝壳堤向海侧由于海水侵蚀严重，植被稀少，多处于裸露状态。向陆侧贝壳砂含量少，盐碱土含量大，零星分布有碱蓬、二色补血草等盐生植物。唯有滩脊地带，海拔相对较高，地下水位较高，植被类型主要以旱生的灌木和草本植物为主。由于该区域贝壳砂中粗砂粒含量最高，其次是细砂粒，而石砾和粉黏粒含量较低，因此土壤孔隙度较大，涵蓄降水能力较差，加之该区域蒸降比较大，季节性缺水严重，从而导致该立地条件下植被生长长期受到水分胁迫的严重限制，植被生物多样性脆弱。

酸枣和杠柳是黄河三角洲贝壳堤滩脊地带的常见灌木，具有较强的防风固沙、保持水土的功能，可以作为黄河三角洲贝壳堤植被恢复与生态重建的优选树种。为丰富贝壳堤的植被恢复材料，新引进具有一定抗旱性的灌木树种叶底珠进行水分适应性研究。以往对酸枣的研究主要集中在培植技术（崔向东和毛向红，2010；崔向东等，2011），药用和经济价值（李会军等，1999；孙延芳等，2012）以及不同水分条件下酸枣幼苗生长、生理、生化特性（贺少轩等，2009；周自云等，2011）等方面；对杠柳的研究主要集中在药用、化学成分（史清华，2005；Zhang et al.，2012b），经济价值（Bamba et al.，2007；张显国和宗月香，2011）以及黄土丘陵干旱地区杠柳幼苗生长、生理、生态特性（杨朝瀚等，2006；An et al.，2007；安玉艳等，2011）等方面；对叶底珠的研究主要集中在化学成分和应用价值（马玉心，2003；陆小娟，2010；赉亮等，2010）以及培植、造林、管理技术（孙国儒等，2007；周庆林，2013）等方面。对贝壳砂生境酸枣、杠柳和叶底珠叶片光合生理参数与土壤水分的定量关系及响应机制研究较少，以至于植被抗旱生理研究在应用于黄河三角洲贝壳堤植被立地选择和水分栽植管理中受到较大限制。

目前，对于植物抗旱生理机制的研究较广泛，主要集中在植物叶片光合（气体交换）参数和叶绿素荧光参数等主要光合生理参数对土壤水分梯度变化的响应规律和作用机制方面（郑淑霞和上官周平，2006；王琰等，2011；Wang et al.，2012），大多局限于 3～8 个水分梯度下的试验结果（王云龙等，2004；韩瑞宏等，2007；高丽等，2009；夏江宝等，2011），缺乏对土壤水分连续变化的观测研究，从而导致对植物光合生理活动对不同土壤水分条件的响应机制及两者的定量关系等方面的研究尚浅。大量研究表明，植物在其他环境因素适宜而水分胁迫条件下光合作用效率往往下降，植物叶片光合生理参数的动态变化能够反映植物光合作用的限制机理，而且土壤水分变化梯度划分越详细，植物光合生理活动对土壤水分动态变化的阈值响应越清晰。气孔限制理论（Farquhar and Sharkey，1982）认为，限制植物光合作用的因素分为气孔因素和非气孔因素两大类，气孔因素指叶片气孔的关闭程度及由此引起的气体交换难易程度，对光合作用的影响是暂时的、可恢复的；非气孔因素指光合机构的受损程度及由此引起的光合活性下降，对光合作用的影响是破坏性的、不可逆的。植物通过气孔限制降低光合作用，是其耐旱策略之一，而非气孔限制决定了光合作用的实际状态和潜力（李倩等，2012）。在水分胁迫条件下植物光合效率下降，有研究表明其原因以气孔限制为主，或以非气孔限制为主，也或是气孔限制与非气孔限制共同作用的结果（裴斌等，2013）。不同的研究结果由试验植物种类、试验处理方式以及试验测定指标的不同导致，而且植物光合生理活性对水分胁迫的响应机制较为复杂，涉及生理、生化与生态等诸多因子的影响。因此，在系列水分梯度下综合分析植物叶片光合生理参数的动态变化，是深入研究植物光合生理抗旱机制的有效途径。

在我国干旱缺水地区，如何筛选出具有较高生产力的植被或者在保持中等生产力水平的同时具有较高水分利用效率的植被，成为植被恢复与生态重建的核心问题。黄河三角洲贝壳堤滩脊地带海拔相对较高，地下水位较低，贝壳砂土壤孔隙度大、粗砂粒含量最高，涵蓄降水能力差，加之该区域蒸降比较大，季节性缺水严重，从而导致该立地条件下植被生长受到干旱缺水的严重限制，植被类型以旱生的灌木和草本植物为主，生态系统脆弱。酸枣和杠柳是贝壳堤滩脊地带的两种常见灌木树种，叶底珠是新引进的灌木试验树种，目前，贝壳砂生境不同水分胁迫下主要灌木树种叶片光合生理活动与土壤水分的定量关系及响应过程尚不明确，以至于现有的树木抗旱生理研究在应用于黄河三角洲贝壳堤的适地适树及物种配置中受到较大限制。

本研究以黄河三角洲贝壳堤滩脊地带主要灌木酸枣、杠柳和叶底珠的 3 年生苗木为试验材料，通过盆栽控水试验模拟贝壳砂生境系列水分条件，测定不同水分条件下 3 种灌木叶片主要气体交换参数的光响应过程、光响应特征参数以及叶绿素荧光参数，定量评价不同光合光响应模型对 3 种灌木叶片净光合速率光响应过程及其特征参数的拟合效果，深入探讨 3 种灌木叶片光合特性对土壤水分的响应规律，并根据 3 种灌木叶片光合参数的光响应过程、叶绿素荧光参数以及净光合速率光响应最优模型的拟合结果，探讨 3 种灌木叶片光合作用的水分响应特性，明确贝壳砂生境 3 种灌木苗木生长适宜的水分条件，以期为黄河三角洲贝壳堤主要灌木树种的立地选择及水分栽植管理提供理论依据和技术参考。

7.1 主要灌木树种光合作用的光响应模型比较

7.1.1 酸枣叶片光合作用的光响应模型适应性

在 *RWC* 为 31.94%，*PAR* 为 40μmol/（m^2 • s）时，酸枣 P_n 实测值为 0，直角双曲线模型、非直角双曲线模型、指数模型和直角双曲线修正模型的拟合值分别为 −0.17μmol/（m^2 • s）、−0.05μmol/（m^2 • s）、−0.09μmol/（m^2 • s）和 −0.08μmol/（m^2 • s），直角双曲线模型对此水分和光照条件下酸枣 P_n 的拟合效果较差，其他 3 个模型拟合效果较好。由表 7-1 可知，在其他水分和光照条件下，4 个模型对酸枣 P_n 模拟的相对误差（*RE*）平均值表现为：直角双曲线修正模型（3.859%）＜非直角双曲线模型（4.130%）＜指数模型（5.473%）＜直角双曲线模型（11.990%），表明直角双曲线修正模型对酸枣 P_n 光响应过程的拟合效果最好，非直角双曲线模型和指数模型次之，直角双曲线模型最差，与 4 个模型 R^2 的排列规律基本一致。4 个模型对酸枣光合光响应（P_n 光响应）特征参数模拟的 *RE* 平均值表现为：直角双曲线修正模型（18.933%）＜非直角双曲线模型（24.679%）＜指数模型（37.908%）＜直角双曲线模型（64.547%），与 4 个模型对酸枣 P_n 光响应过程拟合效果优劣的顺序一致，但各模型对酸枣 P_n 光响应特征参数模拟的 *RE* 平均值均高于对酸枣 P_n 光响应过程模拟的 *RE* 平均值，可见 4 个模型对 P_n 光响应过程的模拟较为容易，对光响应特征参数的模拟较为困难。对酸枣不同 P_n 光响应特征参数拟合的最优模型为：非直角双曲线模型对 R_d、*AQY* 和 *LCP* 的拟合效果最好，*RE* 平均值分别为 14.861%、18.056%和 1.553%，直角双曲线修正模型对 P_{max} 和 *LSP* 的拟合效果最好，*RE* 平均值分别为 0.461%和 4.128%。

表 7-1　不同模型对酸枣叶片光合光响应过程及其特征参数的拟合效果

P_n 光响应模型	R^2/%	*RE* 平均值/%						
		P_n 拟合效果	参数拟合效果	R_d	*AQY*	*LCP*	P_{max}	*LSP*
直角双曲线模型	99.250	11.990	64.547	79.619	115.142	2.386	48.658	76.932
非直角双曲线模型	99.861	4.130	24.679	14.861	18.056	1.553	22.680	66.247
指数模型	99.867	5.473	37.908	35.191	46.014	7.441	18.598	82.294
直角双曲线修正模型	99.983	3.859	18.933	36.523	51.921	1.631	0.461	4.128

注：相对误差（*RE*）=|（拟合值–实测值）/实测值|×100%。其中，不包括实测值为 0 时的情况（王荣荣等，2013b）

利用直角双曲线模型、非直角双曲线模型、指数模型和直角双曲线修正模型对酸枣叶片 P_n 光响应过程进行拟合。不同水分条件下 4 个模型均能较好地模拟酸枣叶片 P_n 的光响应过程，决定系数（R^2）均大于或等于 99.25%，但各种模型之间存在一定差异，在不同水分条件下 R^2 的平均值表现为：直角双曲线修正模型（99.983%）＞指数模型（99.867%）＞非直角双曲线模型（99.861%）＞直角双曲线模型（99.250%）。为精确判定 4 个模型对酸枣 P_n 光响应过程及光响应特征参数的拟合效果，对酸枣 P_n 光响应过程及其特征参数的模型拟合值与实测值的 *RE* 进行求解，*RE* 越大表明模型拟合值偏离实测值的程度越大，*RE* 越小表明模型拟合效果越好。

综上所述，直角双曲线修正模型对不同水分条件下酸枣叶片 P_n 光响应过程拟合效果较好，故采用该模型的 P_n 拟合值代替酸枣 P_n 实测值进行后面的研究。依据不同模型对不同水分条件下酸枣叶片 P_n 光响应特征参数的拟合精度，本研究中对酸枣叶片 R_d、*AQY* 和 *LCP* 的分析采用非直角双曲线模型，对酸枣叶片 P_{max} 和 *LSP* 的分析采用直角双曲线修正模型。

7.1.2　杠柳叶片光合作用的光响应模型适应性

由表 7-2 可知，不同水分条件下 4 个模型均能较好地模拟杠柳叶片 P_n 的光响应过程，决定系数（R^2）均大于或等于 99.445%，同时不同模型之间存在一定差异，在不同水分条件下 R^2 的平均值表现为：非直角双曲线模型（99.891%）＞直角双曲线修正模型（99.889%）＞指数模型（99.782%）＞直角双曲线模型（99.445%），与 4 个模型对酸枣叶片拟合效果不同，非直角双曲线模型对杠柳叶片拟合结果的决定系数最大。4 个模型对不同水分和光照条件下杠柳叶片 P_n 拟合的 *RE* 平均值表现为：非直角双曲线模型（6.853%）＜指数模型（8.412%）＜直角双曲线修正模型（9.565%）＜直角双曲线模型（14.374%），与 R^2 所反映的情况基本一致，表明非直角双曲线模型对杠柳 P_n 光响应过程的拟合效果最好，直角双曲线修正模型和指数模型次之，直角双曲线模型最差。

表 7-2　不同模型对杠柳叶片光合光响应过程及其特征参数的拟合效果

P_n 光响应模型	R^2/%	*RE* 平均值/%						
		P_n 拟合效果	特征参数拟合效果	R_d	*AQY*	*LCP*	P_{max}	*LSP*
直角双曲线模型	99.445	14.374	59.746	58.642	107.090	7.266	50.919	74.810
非直角双曲线模型	99.891	6.853	28.477	16.441	24.472	4.179	27.173	70.120
指数模型	99.782	8.412	31.150	21.861	40.504	13.204	19.874	60.307
直角双曲线修正模型	99.889	9.565	24.548	35.609	63.803	6.007	0.759	16.562

对杠柳不同 P_n 光响应特征参数拟合的最优模型为：杠柳叶片的 R_d、*AQY* 和 *LCP* 采用非直角双曲线模型的拟合效果最好，*RE* 平均值分别为 16.441%、24.472%和 4.179%，杠柳叶片的 P_{max} 和 *LSP* 采用直角双曲线修正模型的拟合效果最好，*RE* 平均值分别为 0.759%和 16.562%。4 个模型对杠柳叶片 P_n 光响应特征参数模拟的 *RE* 平均值表现为：直角双曲线修正模型（24.548%）＜非直角双曲线模型（28.477%）＜指数模型（31.150%）＜直角双曲线模型（59.746%），这与 4 个模型对杠柳 P_n 光响应过程拟合效果优劣顺序存在一定差异。另外，4 个模型对杠柳 P_n 光响应特征参数模拟的 *RE* 平均值均高于对杠柳 P_n 光响应过程模拟的 *RE* 平均值，可见 4 个模型对 P_n 光响应过程的模拟较为容易，对光响应特征参数的模拟较为困难。

综上所述，非直角双曲线模型对不同水分条件下杠柳叶片 P_n 光响应过程拟合效果较好，故采用该模型的 P_n 拟合值代替杠柳 P_n 实测值进行后面的相对分析。依据不同模型对不同水分条件下酸枣叶片 P_n 光响应特征参数的拟合精度，对杠柳叶片 R_d、*AQY* 和 *LCP* 的分析采用非直角双曲线模型，对杠柳叶片 P_{max} 和 *LSP* 的分析采用直角双曲线修正模型。

7.1.3　叶底珠叶片光合作用的光响应模型适应性

由表 7-3 可知，不同水分条件下 4 个模型均能较好地模拟叶底珠叶片 P_n 的光响应过程，决定系数（R^2）均大于或等于 93.767%，不同模型间存在差异，在不同水分条件下 R^2 的平均值表现为：直角双曲线修正模型（99.964%）＞指数模型（98.922%）＞非直角双曲线模型（97.089%）＞直角双曲线模型（93.767%）。4 个模型对不同水分和光照条件下叶底珠叶片 P_n 的 RE 平均值表现为：非直角双曲线模型（9.873%）＜直角双曲线修正模型（15.822%）＜指数模型（18.474%）＜直角双曲线模型（24.797%）。结合 R^2 排序可知，直角双曲线修正模型和非直角双曲线模型对叶底珠 P_n 光响应过程的拟合效果较好，直角双曲线模型最差。

表 7-3　不同模型对叶底珠叶片光合光响应过程及其特征参数的拟合效果

P_n 光响应模型	R^2/%	RE 平均值/%						
		P_n 拟合效果	特征参数拟合效果	R_d	AQY	LCP	P_{max}	LSP
直角双曲线模型	93.767	24.797	101.876	185.192	186.381	23.714	42.334	71.761
非直角双曲线模型	97.089	9.873	18.282	11.665	8.662	4.256	10.388	56.440
指数模型	98.922	18.474	52.567	99.105	77.674	17.197	17.192	51.667
直角双曲线修正模型	99.964	15.822	38.461	87.571	69.036	21.445	2.572	11.679

对叶底珠不同 P_n 光响应特征参数拟合的最优模型为：非直角双曲线模型对 R_d、AQY 和 LCP 的拟合效果最好，RE 平均值分别为 11.665%、8.662%和 4.256%，直角双曲线修正模型对 P_{max} 和 LSP 的拟合效果最好，RE 平均值分别为 2.572%和 11.679%。4 个模型对叶底珠 P_n 光响应特征参数模拟的 RE 平均值表现为：非直角双曲线模型（18.282%）＜直角双曲线修正模型（38.461%）＜指数模型（52.567%）＜直角双曲线模型（101.876%），与 4 个模型对叶底珠 P_n 光响应过程拟合效果优劣的顺序基本一致，同时仍可以发现 4 个模型对叶底珠叶片 P_n 光响应过程的模拟较为容易，对光响应特征参数的模拟较为困难。

综上所述，非直角双曲线模型对不同水分条件下叶底珠叶片 P_n 光响应过程拟合效果较好，采用该模型的 P_n 拟合值代替叶底珠 P_n 实测值进行后面的相对分析。依据不同模型对不同水分条件下酸枣叶片 P_n 光响应特征参数的拟合精度，对叶底珠叶片 R_d、AQY 和 LCP 的分析采用非直角双曲线模型，对叶底珠叶片 P_{max} 和 LSP 的分析采用直角双曲线修正模型。

7.1.4　植物叶片光合光响应模型应用评价

光合作用光响应曲线的测定及其模拟，作为植物光合生理生态学研究的重要手段之一，可获得光合作用表观量子效率、暗呼吸速率、光补偿点、光饱和点和最大净光合速率等重要生理参数，这些参数有助于确定植物光合作用机构是否运转正常、遮阴或强光环境下的光合作用能力及光适应性的判别等，因此，模型的建立及应用引起了众多学者的关注（叶子飘，2010；Chen et al.，2011；郎莹等，2011）。目前，光合作用光响应模型主要有直角双曲线模型、非直角双曲线模型、指数模型和直角双曲线修正模型等，由于模型的推导机理不同，各种模型存在一定的优缺点，如非直角双曲线模型引入反映光合曲线弯曲程度的参数，使拟合结果更加符合生理学意义（陆佩玲等，2001）；直角双曲线修正模型可以合理地描述叶片的光抑制，具有普遍应用性（Ye，2007）。水分胁迫对植物光合光响应曲线影响较大（韩刚和赵忠，2010），对不同水分条件下山杏（郎莹等，2011）、栾树（陈志成等，2012）和玉米（朱永宁等，2012）等植物的光合光响应模型已有研究。

植物光合作用光响应曲线模拟已被广泛应用在植物生理学研究中，光合光响应曲线的确定，对了解光反应过程的效率非常重要（Prado and Moraes，1997；Ye，2007）。许多学者提出了不同的光合光响应模型，从经验模型到机理模型，从简单模型到复杂模型等，其中以非直角双曲线模型应用较为广泛（Aspinwall et al.，2011；Xia et al.，2011；江浩等，2011；刘柿良等，2012）。不同模型在具体应用时存在较大差异，本研究表明，非直角双曲线模型的拟合效果好于直角双曲线模型，但两者拟合的杠柳叶片 P_{max} 均大于实测值。非直角双曲线模型考虑到光合光响应曲线的弯曲程度，拟合结果较符合生理学意义，而直角双曲线模型未考虑弯曲程度，为使曲线更加符合实测点的分布，必须提高初始斜率，从而降低了模型的拟合精度（陆佩玲等，2001）。这两个模型曲线均为渐近线，没有极值，根据两模型公式无法直接求出 P_{max}，而是利用非线性最小二乘法进行估算，如果光合光响应曲线在饱和光强之后下降，估算的 P_{max} 必大于实测值（叶子飘，2010），对栾树（陈志成等，2012），木豆、山合欢、车桑子（段爱国和张建国，2009），冬小麦（Yu et al.，2004）和玉米（朱永宁等，2012）等植物的研究也表现出类似规律，可见直角双曲线和非直角双曲线模型对乔木、灌木和农作物估算的 P_{max} 均大于实测值。另外，这两个模型和指数模型不能直接求解 LSP，估算结果通常小于实测值，这 3 个模型对贝壳砂生境下杠柳叶片的拟合效果也证实了这一结论。直角双曲线修正模型函数存在极值，能直接求解 P_{max} 和 LSP，并能较好地拟合光抑制阶段的光合光响应过程，故逐渐被应用（Zu，2011；郎莹等，2011）。本研究也表明干旱胁迫下酸枣和杠柳直角双曲线修正模型拟合效果最好。

对光合光响应模型的评价多采用传统的定性描述，在一定程度上降低了对模型及其参数的精确判定。为此，有学者对模型评价进行了定量研究，如根据相关系数（r）和均方根误差（$RMSE$）（李永秀等，2011）、决定系数（R^2）（张利阳等，2011）、均方根误差（MSE）和平均绝对误差（MAE）（Chen et al.，2011）等指标进行判定，这些评价指标通常未对评价对象进行无量纲化处理，在对 P_n 光响应过程与 P_n 特征参数的模型拟合效果之间进行对比时，或者在对各特征参数的模型拟合效果之间进行对比时具有一定的局限性。本研究根据酸枣、杠柳和叶底珠叶片 P_n 光响应过程及其特征参数的拟合值与实测值的相对误差进行定量评价，*RE* 以无量纲的形式解决了以上问题，对不同植物叶片光合光响应模型适应性评价更加详细、精确。例如，在对 4 个模型定性分析和 R^2 分析的基础上，根据光合光响应参数的拟合值与实测值的相对误差（云连英和曹勃，2007）进行定量评价，以明确不同参数求解的最佳模型，确定出干旱胁迫下杠柳叶片 R_d 和 *LCP* 的求解可优先选择非直角双曲线模型，P_{max} 和 *LSP* 优先选择直角双曲线修正模型。从 *RE* 平均值来看，直角双曲线修正模型对杠柳叶片 P_n 光响应的整体拟合效果最佳，其次是非直角双曲线模型和指数模型，而直角双曲线模型拟合效果最差。

本研究表明，直角双曲线修正模型对不同水分条件下酸枣叶片 P_n 光响应过程拟合效果较好，非直角双曲线模型对不同水分条件下杠柳叶片和叶底珠叶片 P_n 光响应过程拟合效果较好，指数模型拟合效果次之，直角双曲线模型对 3 种灌木叶片 P_n 光响应过程的拟合效果均为最差，本研究对 3 种灌木模型适应性研究与藏川杨（王圣杰等，2011）和冬小麦（李永秀，2011）对这 4 个模型适应性的研究结果基本一致。研究同时发现，4 个模型对 P_n 光响应过程的模拟较为容易，对光合光响应特征参数的模拟较为困难，可见，植物叶片光合光响应特征参数的模型适应性研究更具必要性。本研究中，直角双曲线修正模型对 3 种灌木叶片的 P_{max} 和 *LSP* 的模拟效果最好，非直角双曲线修正模型对 3 种灌木叶片的 R_d、*AQY* 和 *LCP* 的模拟效果最好，表明非直角双曲线模型较适合植物叶片 P_n 光响应低光强阶段的拟合，直角双曲线修正模型较适合植物叶片 P_n 光响应高光强阶段的拟合，这与直角双曲线修正模型函数存在极值，对高光强下 P_n 光响应特征参数的拟合效果较好（Ye，2007），非直角双曲线模型在直角双曲线模型的基础上引入反映光合曲线弯曲程度的参数，使其拟合效果更加符合生理学意义有关（陆佩玲等，2000）。

土壤水分是影响植物光合生理过程的重要因子，对植物的光合作用、水分代谢及物质运移等生理活动有重要影响（An et al.，2007；夏江宝等，2011），同时对植物光合光响应模型的适应性具有一定影响。栾树、山杏、玉米等植物叶片的光合光响应模拟对不同水分胁迫均呈现一定的响应规律。本研究发现，随干旱胁迫的不同，4 个模型对杠柳叶片光响应的拟合效果存在一定差异。直角双曲线模型和指数模型的拟合效果均随干旱胁迫的加剧而变差，适合水分条件适宜时应用，这与杠柳叶片在水分充足时呈现饱和趋近型，对 P_{max} 和 *LSP* 拟合较好有关。非直角双曲线模型拟合效果随干旱胁迫的加剧而趋好，适合水分条件较差时应用，这与干旱胁迫下对 R_d 和 *LCP* 拟合较好有关。直角双曲线修正模型对干旱胁迫响应不敏感，在各干旱胁迫下的拟合效果均优于其他模型，适合不同水分条件下的应用，特别是重度干旱胁迫下，杠柳叶片利用高光强能力减弱，*LSP* 较低，较好地拟合了光抑制现象，这与该模型参数添加光抑制项 β 和光饱和项 γ 有一定关系（叶子飘和康华靖，2012），使该模型在拟合光抑制和光饱和阶段时表现出优越性。直角双曲线修正模型在不同水分条件下对栾树、山杏和玉米等植物的光合光响应模拟也表现出相似结论，尤其适用于水分过多或者严重干旱时植物光抑制阶段的拟合。可见，不同光合光响应模型对干旱胁迫具有不同的适应性，在选用时应根据实际生境条件或植物材料的不同，从几个模型中选出拟合效果最好的一个或综合几个模型，如分段函数法的应用（段爱国和张建国，2009），以提高对各模型参数估计的准确性。

7.2 主要灌木树种光合光响应过程及其特征参数的水分响应性

7.2.1 酸枣叶片光合光响应过程及其特征参数的水分响应性

图 7-1 表明，随着干旱胁迫的加剧，酸枣叶片 P_n 对 *PAR* 表现出不同的响应规律。弱光［$PAR<400\mu mol/(m^2 \cdot s)$］下，酸枣叶片 P_n 在不同水分条件下表现基本一致，均随 *PAR* 的增强迅速升高，对 *PAR* 响应敏感，对 *RWC* 响应较不敏感。而在强光下，酸枣叶片 P_n 光响应过程对土壤水分的响应呈现一定的规律性。相同光强下，随着 *RWC* 逐渐增大，酸枣叶片 P_n 先增大后减小，P_n 对 *RWC* 的响应整体上可划分为 3 个阶段，当水分条件较低时，随 *RWC* 的增加 P_n 整体较低且上升缓慢；当水分条件较为适宜时，P_n 上升速度最快，对 *RWC* 响应敏感，酸枣 P_n 在 *RWC*＝73%时达到最大值；当水分条件较高时，P_n 上升再次趋缓，可见水分过高或过低均会抑制酸枣的光合作用。

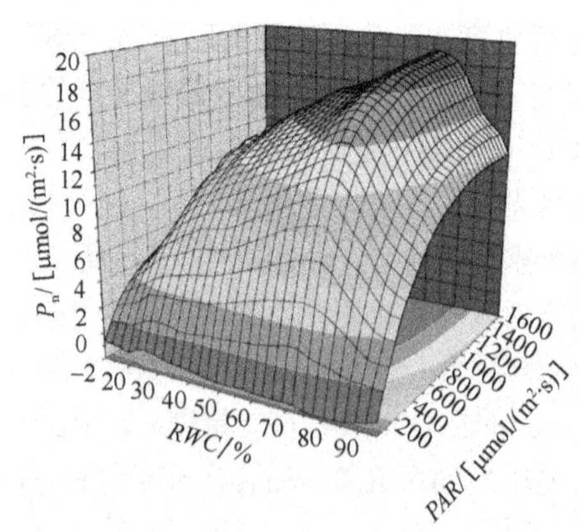

图 7-1 酸枣叶片净光合速率对光强和土壤水分的响应

净光合速率（P_n）值为直角双曲线修正模型拟合值的平均值

对酸枣叶片 P_n 光响应特征参数与土壤水分定量关系进行拟合，通过对比发现四次方程的拟合效果较好，R^2 为 0.830～0.985。随土壤含水量的逐步增多，酸枣叶片 P_{max}、R_d、AQY 和 LSP 呈先增大后减小的趋势，LCP 呈先减小后增大的趋势，不同光合参数对土壤水分的响应阈值存在一定差异（图 7-2）。根据拟合函数求解极值，可知酸枣 P_{max} 在 RWC 为 69%时达到最大值 18.1μmol/（m^2·s）。根据拟合函数的积分结果求得试验土壤水分范围（RWC 为 11%～95%）内 P_{max} 的平均值为 14.6μmol/（m^2·s），对应的 RWC 为 38%和 88%，可知 P_{max} 在 RWC 为 38%～88%内维持较高水平，超出此水分范围后，P_{max} 随干旱或渍水胁迫的加剧迅速减小，酸枣光合潜力减弱。采用同样方法可求得，酸枣 R_d、AQY 和 LSP 分别在 RWC 为 73%、69%和 71%时达到最大值 2.8μmol/（m^2·s）、0.064 和 1410μmol/（m^2·s），三参数均随干旱（RWC＜40%）或渍水（RWC＞90%）胁迫的加剧而减小。酸枣 LCP 在 RWC 为 56%时降至最小值 42μmol/（m^2·s），随干旱（RWC＜40%）或渍水（RWC＞90%）胁迫的加剧而增大，表明酸枣的呼吸代谢活性以及对光能的利用能力均受到水分胁迫的限制。酸枣光响应特征参数均在 RWC 为 56%～73%内达到最适程度，表明该水分范围有利于增强酸枣叶片的光合活性。

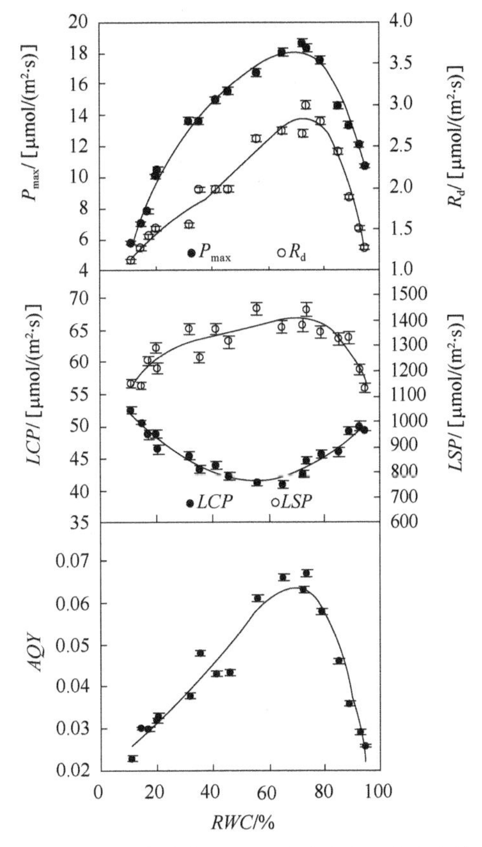

图 7-2　不同水分条件下酸枣叶片光合光响应特征参数的实测点与拟合曲线（平均值±标准误）

7.2.2　杠柳叶片光合光响应过程及其特征参数的水分响应性

图 7-3 表明，杠柳叶片 P_n 随 PAR 的增大而增大。当 PAR≤400μmol/（m^2·s）时，杠柳 P_n 在不同水分条件下均较低，差异不显著，但对 PAR 响应敏感，光响应曲线上升速度快，此时低光强是抑制光合作用的主要因素；当 PAR＞400μmol/（m^2·s）时，杠柳 P_n 上升速度趋缓，在不同水分条件下的差异显著，对 RWC 响应敏感，在水分适宜时较高且不易达到光饱和，在水分过多或过少时较低且容易出现光饱和及光抑制。杠柳叶片在 RWC 为 45%～93%，PAR＞500μmol/（m^2·s）时，P_n 光响应高于 8.2μmol/（m^2·s），在 RWC 为 76%，PAR 为 1400μmol/（m^2·s）时，P_n 达到最大值 11.4μmol/（m^2·s）。

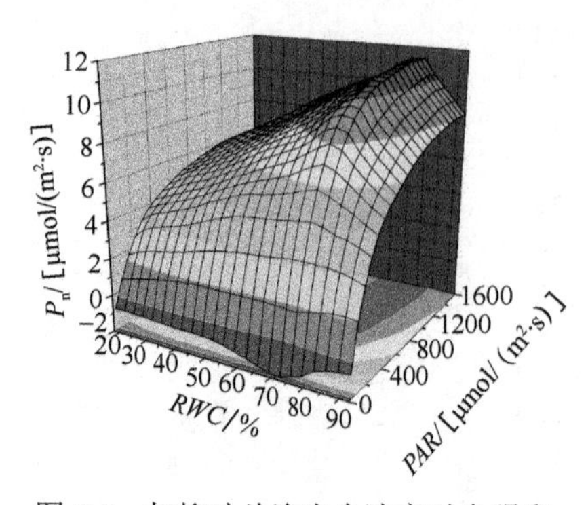

图 7-3　杠柳叶片净光合速率对光强和土壤水分的响应

净光合速率值为直角双曲线修正模型拟合值的平均值

对杠柳叶片 P_n 光响应特征参数与土壤水分定量关系的拟合主要采用三次方程和四次方程，R^2 为 0.749～0.949。随土壤含水量的逐步增多，杠柳叶片 P_{max}、R_d、AQY 和 LSP 呈先增大后减小的趋势，LCP 呈先减小后增大再减小的趋势，不同参数对土壤水分的响应阈值存在一定差异（图 7-4）。根据拟合函数求解极值，可知杠柳 P_{max} 在 RWC 为 74%时达到最大值 11.1μmol/（m^2·s），此水分条件下杠柳叶片光合潜力最大。杠柳 R_d 在 RWC 为 69%时达到最大值 2.2μmol/（m^2·s），此水分条件下杠柳叶片呼吸活性最强。杠柳 AQY 在 RWC 为 58%时达到最大值 0.039，此水分条件下杠柳叶片对弱光的吸收、利用、转化能力较强。杠柳 LSP 在 RWC 为 77%时达到最大值 1855μmol/（m^2·s），此水分条件下杠柳叶片对强光的适应性最强。杠柳 LCP 在 RWC 为 69%时达到最大值 62μmol/（m^2·s），此水分条件下杠柳叶片对弱光的适应性较弱；杠柳 LCP 在 RWC 为 33%～69%的范围内，随 RWC 逐渐减小而减小；在 RWC 为 69%～93%的范围内，随 RWC 逐渐增大而减小，表明杠柳叶片能够在轻度干旱以及水分过多的条件下逐渐增强对弱光的适应性。杠柳 LCP 在 RWC 为 33%时出现转折，在 RWC 为 18%～33%的范围内，随 RWC 继续减小而增大，表明 RWC 为 33%可能是杠柳叶片光合作用的重要水分转折点，水分含量低于该水分点时，干旱胁迫对杠柳光合机构造成伤害，杠柳叶片对弱光的适应性再次减弱。杠柳光合光响应特征参数均在 RWC 为 58%～77%

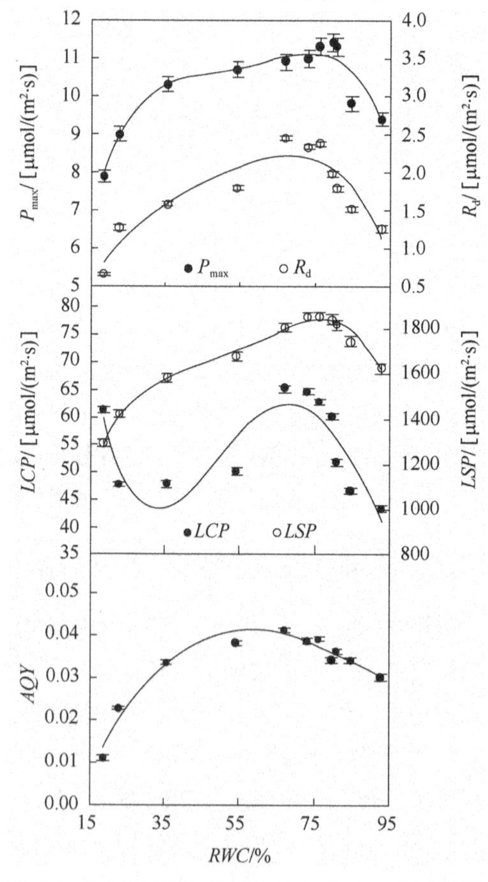

图 7-4　不同水分条件下杠柳叶片光合光响应特征参数的实测点与拟合曲线（平均值±标准误）

内达到极值，表明该水分范围对杠柳叶片光合活性的影响较大。

7.2.3 叶底珠叶片光合光响应过程及其特征参数的水分响应性

叶底珠叶片 P_n 对光强和土壤水分的响应过程与酸枣和杠柳叶片基本一致，在低光强［PAR≤300μmol/（m^2 • s）］下主要受光强抑制，随 PAR 逐渐升高而迅速升高；在高光强下主要受土壤水分影响，在水分过少或过多的条件下均会受到抑制，在 RWC 为 66%时达到最大值（图 7-5）。

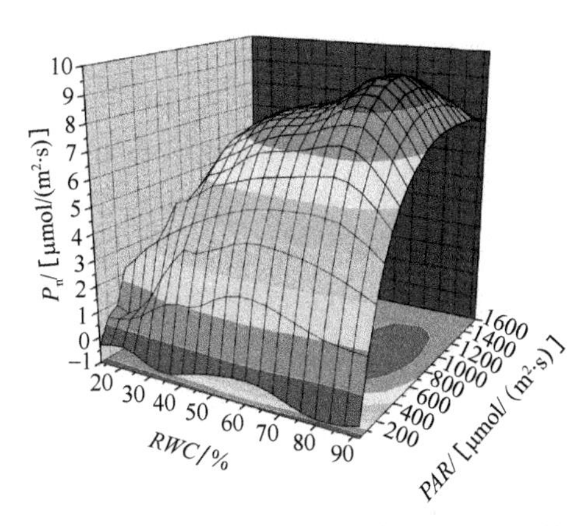

图 7-5　叶底珠叶片净光合速率对光强和土壤水分的响应

净光合速率值为直角双曲线修正模型拟合值的平均值

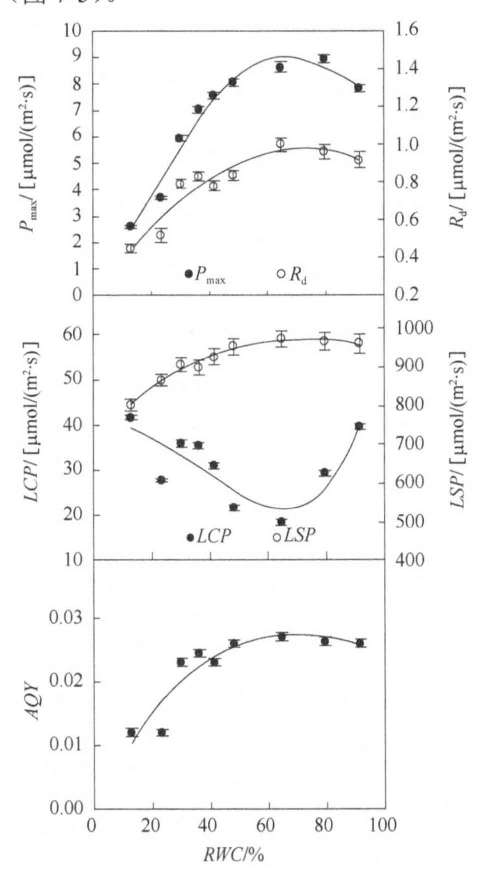

图 7-6　不同水分条件下叶底珠叶片光合光响应特征参数的实测点与拟合曲线（平均值±标准误）

叶底珠叶片 P_n 光响应特征参数与土壤水分定量关系的模拟采用四次方程进行拟合，R^2 为 0.706～0.979。随土壤含水量的逐步增多，叶底珠叶片 P_{max}、R_d、AQY 和 LSP 呈先增大后减小的趋势，LCP 呈先减小后增大的趋势（图 7-6）。根据拟合函数求解极值，可知叶底珠 P_{max}、R_d、AQY 和 LSP 分别在 RWC 为 66%、74%、68%和 75%时达到最大值 9.0μmol/（m^2 • s）、0.98μmol/（m^2 • s）、0.027 和 974μmol/（m^2 •s），叶底珠 LCP 在 RWC 为 66%时达到最小值 22μmol/（m^2 • s）。由此可知，叶底珠光合光响应特征参数均在 RWC 为 66%～75%内达到最适程度，表明适宜水分条件有利于增强叶底珠叶片的光合活性。

7.2.4 叶底珠叶片光合作用对 CO_2 浓度及土壤水分的响应

植物光合生理活动受多种因素的影响，其中土壤水分、CO_2 浓度和光合有效辐射是植物生理活动的物质和能量基础，也是影响植物生长、发育、繁殖和分布的重要生态环境因子，因此研究植物光合作用对 CO_2 浓度和土壤水分的响应特征是研究生态系统碳循环和水循环的基础（Mateos-Naranjo et al.，2010）。特别是目前大气 CO_2 浓度逐年升高，导致全球雨热分布的时空格局也发生巨大变化，引起不同地区水资源改变，由此将导致地球上大多数干旱地区更加干旱（Lenihan et al.，2008；肖国举等，2007）。植物光合作用对 CO_2 浓度和土壤水分的响应特征研究对全球变化条件下食物安全保障、生态环境建设与改善都具有重要现实意义（张淑勇等，2014）。

近年来受自然因素和人类活动的过度干扰，贝壳堤脆弱生态系统受到严重破坏，虽然植被恢复措施较为明显，但仍存在树种单一、成活率低和生长缓慢等问题，原因之一是对一些新引进的优良树种认识不足，特别是在黄河三角洲贝壳堤滩脊地带淡水资源缺乏的条件下，亟须开展新引进植物材料光合生理特性与土壤水分作用关系的研究。研究植物如何适应土壤干旱、光因子胁迫及大气 CO_2 浓度升高是揭示其对生存环境生态适应性机制的有效途径。研究表明，CO_2 浓度升高提高了植物的光合作用，增大了气孔阻力，减少蒸腾作用，并可明显提高水分利用效率（Jr et al.，2011；Sinha et al.，2011）。Vurro 等（2009）的研究表明，较高浓度的 CO_2 对 O_3 造成的伤害有改善作用，也有研究表明大气中 CO_2 倍增对植物盐害具有缓解效应（Elizabeth and Alistair，2007），因此，CO_2 浓度升高有可能增强植物的抗逆性。鉴于黄河三角洲贝壳堤滩脊地带植物生长的限制因子主要是水分，因此研究贝壳砂生境叶底珠对 CO_2 浓度及土壤水分的响应和适应机制十分必要（张淑勇等，2014）。

国内外学者就光合作用对 CO_2 浓度变化的响应特征进行了大量研究（Elizabeth and Alistair，2007；Jr et al.，2011；Sinha et al.，2011；张绪成等，2011；周先容等，2012）。但研究多为在简单的 CO_2 倍增或自然光照条件下，或仅考虑少数几个水分胁迫和 CO_2 浓度升高的作用，缺乏在系列土壤水分梯度和 CO_2 浓度连续变化条件下，植物光合生理生态特性对土壤水分和 CO_2 浓度响应规律的研究。因此，监测新引进灌木树种叶底珠光合特性对土壤水分和 CO_2 浓度的响应特征（张淑勇等，2014），研究其光合作用参数与土壤水分的定量关系，探讨贝壳砂干湿交替生境条件下叶底珠光合的适应特点，为恢复和营造贝壳砂生境的植被保护和改善生态环境、促进水资源的可持续利用提供参考数据。

7.2.4.1 叶底珠叶片净光合速率对 CO_2 浓度的响应

选取土壤相对含水量在 23.6%～94.4%进行叶底珠叶片光合作用对 CO_2 浓度及土壤水分的响应性分析。在不同土壤水分条件下，P_n 对低 CO_2 浓度（C_i＜200μmol/mol）

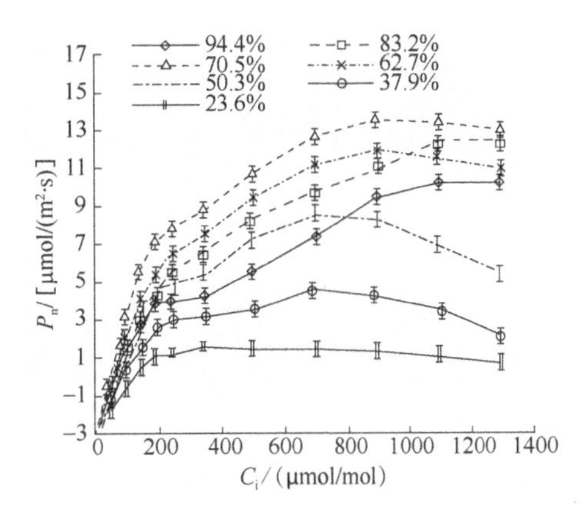

图 7-7　叶底珠叶片净光合速率对 CO_2 浓度的响应

的响应规律基本相似（图 7-7），即 P_n 随着 CO_2 浓度的增加呈正比迅速上升，受土壤水分的影响较小，表明此时 CO_2 浓度可能是光合作用的主要限制因子。随着 CO_2 浓度的增加，不同土壤水分条件下 P_n 对 CO_2 浓度的响应表现出不同的变化规律。首先，在 *RWC*＞70.5%时，P_n 随着 CO_2 浓度的增加而上升，当 CO_2 浓度达到 1000μmol/mol 左右时，P_n 出现饱和现象，然后略为下降，P_n 没有显著差异（$P>0.05$），维持在较高水平。其次，在 23.6%＜*RWC*≤70.5%的水分范围内，P_n 随着 CO_2 浓度的增加而上升，当 CO_2 浓度达到饱和后，P_n 出现迅速下降的趋势，这可能是由于叶片来不及吸收和利用较高浓度的 CO_2，同时 CO_2 同化过程的一系列酶促反应速率跟不上而成为了 P_n 的限制过程；在此水分范围内，P_n 下降的幅度各处理有所差异，随着 *RWC* 的增加，下降的幅度逐渐减小，如 *RWC* 分别为 50.3%和 70.5%时，P_n 下降的幅度分别为 26.9%和 1.5%。在 *RWC*＜37.9%（达到 23.6%）时，随着 CO_2 浓度的增加 P_n 一直维持在较低的水平，说明在 CO_2 充足的条件下，土壤水分是 P_n 主要限制因素。P_n 对 *RWC* 的响应表现为，在 *RWC*＜70.5%时，P_n 随着 *RWC* 的增大而上升；此后随着 *RWC* 的增大，P_n 反而下降，因此 *RWC* 为 70.5%可作为 P_n 变化的转折点。

以上分析表明，在不同 CO_2 浓度条件下，如果要提高叶底珠的光合生产力，必须有适宜的土壤水分条件进行耦合，维持较高光合生产力的土壤水分条件 *RWC* 为 50.3%～83.2%，此水分范围内适宜的 CO_2 浓度为 700～1100μmol/mol，其中 P_n 最大值出现在 *RWC* 为 70.5%左右，对应 CO_2 浓度为 900μmol/mol 左右。在土壤水分条件稍充足或者轻度水分胁迫时，可获得中等的光合生产力，但当 *RWC*＜37.9%时，P_n 明显降低，叶底珠的正常生长受到明显抑制。

7.2.4.2　叶底珠叶片净光合速率的土壤水分阈值

为揭示叶底珠叶片 P_n 发生显著变化的土壤水分临界点，取正常 CO_2 浓度（350μmol/mol）和倍增 CO_2 浓度（700μmol/mol）时对应的 P_n 值进行分析，其 P_n 对 *RWC* 的响应结果符合二次方程（图 7-8）。由此方程可确定出正常 CO_2 浓度和倍增 CO_2 浓度条件下，叶底珠最大 P_n 分别为 7.6μmol/（m^2·s）和 11.2μmol/（m^2·s），维持 P_n 最高水平的土壤含水量分别在 *RWC* 为 68%和 70%时。CO_2 浓度为

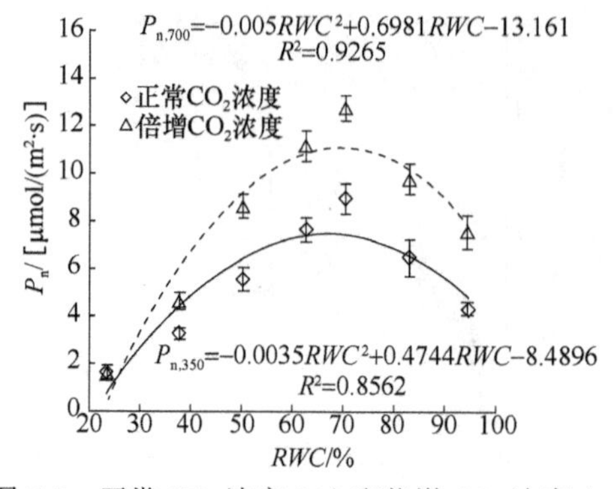

图 7-8 正常 CO_2 浓度（A）和倍增 CO_2 浓度（B）下叶底珠叶片净光合速率的土壤水分响应

350μmol/mol，P_n 为 0 时对应的两个土壤含水量值分别为 21%和 114%；CO_2 浓度为 700μmol/mol，P_n 为 0 时对应的两个土壤含水量值分别为 23%和 117%。*RWC* 为 114%和 117%超过 100%，所以无实际的生物学意义，需删除，因此，*RWC* 低于 21%（正常 CO_2 浓度下）和 23%（倍增 CO_2 浓度下）时，叶底珠叶片均不能进行光合作用。根据拟合方程的积分式：

$$\overline{P_{n,350}}=\frac{1}{94.4-23.6}\int_{23.6}^{94.4}\left(\frac{-0.0035}{3}x^3+\frac{0.4744}{2}x^2-8.4896x\right)dx$$

$$\overline{P_{n,700}}=\frac{1}{94.4-23.6}\int_{23.6}^{94.4}\left(\frac{-0.005}{3}x^3+\frac{0.6981}{2}x^2-13.161x\right)dx$$

求出试验土壤含水量范围内（*RWC* 为 23.6%～94.4%），CO_2 浓度为 350μmol/mol 和 700μmol/mol 时 P_n 的平均值分别为 5.9μmol/（m^2 • s）和 8.6μmol/（m^2 • s），其对应的 *RWC* 分别为 45.5%和 90.0%，47.0%和 92.6%，因此，正常 CO_2 浓度下维持叶底珠较高光合生产力水平的 *RWC* 范围在 45.5%～90.0%，其中最适宜的 *RWC* 为 68%。随着 CO_2 浓度的增加，P_n 平均值明显提高，增加的幅度在 51%左右，但土壤水分范围及最适宜的土壤水分增加不明显，仅增加了 2%。说明在适宜的土壤水分条件下，CO_2 浓度是叶底珠叶片光合作用的主要限制因素。

7.2.4.3 叶底珠叶片光合特征参数对土壤水分的响应

叶底珠苗木光合-CO_2 响应特征参数对 *RWC* 响应规律有所差异（图 7-9A 和 C），表观最大净光合速率（P_{max}）和羧化效率（*CE*）具有较为相似的变化规律，均呈抛物线趋势，即随着 *RWC* 的增加，P_{max} 和 *CE* 呈直线上升的趋势，如 *RWC* 由 50.3%到 70.5%时，P_{max} 和 *CE* 分别增加了 49.8%和 37.1%；当 *RWC* 增加到一定临界值（约 70.5%）时，两者均达到最大值，分别为 20.6μmol/（m^2 • s）和 0.0525μmol/（m^2 • s）（表 7-4）；随着 *RWC* 的持续增加，P_{max} 和 *CE* 反而呈现迅速下降的趋势，表明 *RWC* 过高或过低均会导致叶底珠最大光合能力和对 CO_2 的同化能力降低。

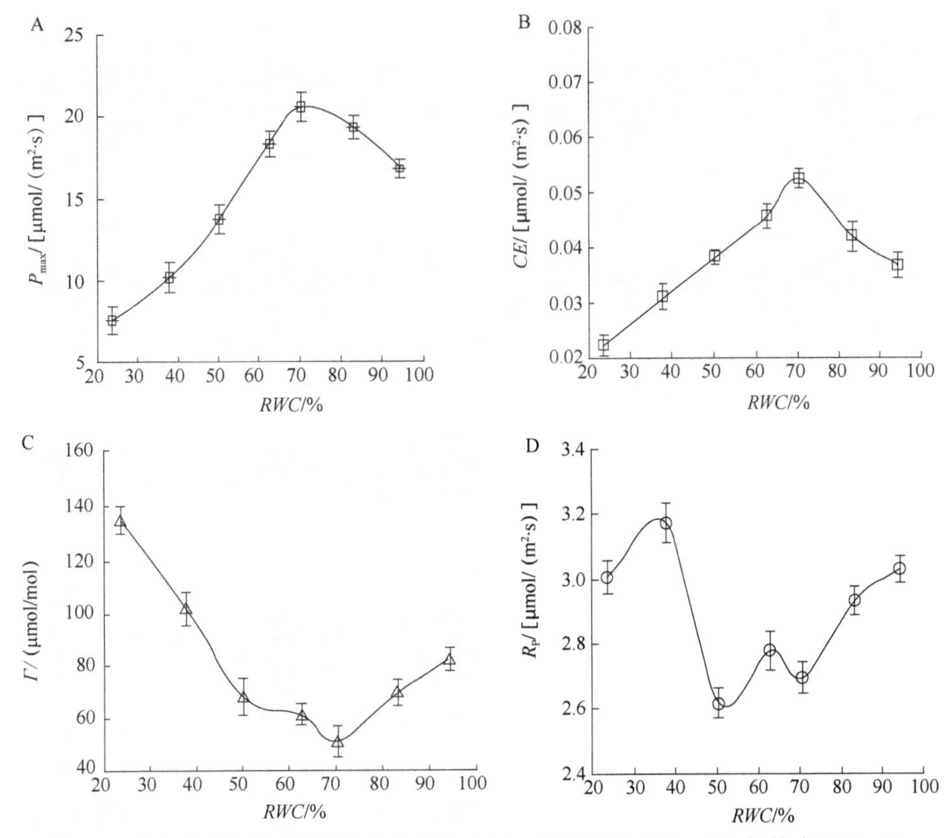

图 7-9　叶底珠叶片表观最大净光合速率（A）、羧化效率（B）、CO_2 补偿点（C）及光呼吸速率（D）对土壤水分的响应

表 7-4　不同供水条件下叶底珠叶片净光合速率对 CO_2 浓度响应的特征参数

RWC/%	拟合方程	P_{max}/[μmol/(m²·s)]	*CE*/[μmol/(m²·s)]	R_p/[μmol/(m²·s)]	Γ/(μmol/mol)	R^2
94.4	$P_n=0.0367\times C_i-3.0311$	16.8[c]	0.0367[c]	3.0311[b]	82.6[c]	0.9847
83.2	$P_n=0.0420\times C_i-2.9318$	19.3[b]	0.0420[b]	2.9318[b]	69.8[d]	0.9990
70.5	$P_n=0.0525\times C_i-2.6953$	20.6[a]	0.0525[a]	2.6953[d]	51.3[e]	0.9854
62.7	$P_n=0.0457\times C_i-2.8161$	18.3[b]	0.0457[b]	2.8161[c]	61.6[d]	0.9960
50.3	$P_n=0.0383\times C_i-2.6175$	13.8[d]	0.0383[c]	2.6175[d]	68.3[d]	0.9904
37.9	$P_n=0.0311\times C_i-3.1730$	10.2[e]	0.0311[d]	3.1730[a]	102.0[b]	0.9924
23.6	$P_n=0.0223\times C_i-3.0074$	7.6[f]	0.0223[e]	3.0074[b]	134.9[a]	0.9733

注：不同小写字母表示同一列数据差异显著（$P<0.05$）

CO_2补偿点（Γ）对 *RWC* 的响应过程（图 7-9C）与 P_{max} 和 *CE* 呈现相反的规律，呈反抛物线变化。在 *RWC* 为 70.5%时，Γ 达到最低值（51.3μmol/mol）（表 7-4）。除 *RWC* 为 70.5%外时，在 *RWC* 为 50.3%～83.2%时，Γ 差异不显著（P>0.05）。随着 *RWC* 的增加或减少，Γ 均明显增大，在 *RWC* 为 23.6%时，Γ 达到最大值（134.9μmol/mol）（表 7-4）。

光呼吸速率（R_p）对 *RWC* 的变化具有阈值响应（图 7-9D）。在 *RWC* 为 50.3%，R_p 达到最小值［2.6175μmol/（m^2 • s）］（表 7-4），随着 *RWC* 的增加，R_p 缓慢增加，如 *RWC* 为 62.7%时，R_p 增加了 6%左右；但随着 *RWC* 的下降，R_p 增加明显，如 *RWC* 为 37.9%时，R_p 增加了 21.2%。表明适度的水分胁迫迫使其呼吸消耗减小，有利于光合产物的积累。

7.2.4.4 不同水分条件下植物光合作用的 CO_2 浓度响应规律

植物的生理过程对大气 CO_2 浓度变化非常敏感，尤其是光合作用、蒸腾速率和羧化效率，会在很短的时间内做出响应。研究表明，短期 CO_2 浓度升高在一定程度上能够促进植物的光合作用，增加气孔阻力，减少水分蒸腾（Jr et al.，2011； Sinha et al.，2011），本研究也证明了这一点。随着 CO_2 浓度的增加，叶底珠苗木的叶片净光合速率逐渐增加。CO_2 浓度增加对植物净光合速率的正效应会减缓干旱对光合作用的不利影响，以增强植物对干旱胁迫的抵御能力。随着土壤水分含量的降低，叶底珠叶片净光合速率的 CO_2 饱和点从缓慢下降变成直线下降。较低水分条件下，叶底珠叶片净光合速率增加幅度较小，因此在 CO_2 浓度增加的情况下，应该增加水分灌溉，以充分利用 CO_2 浓度升高对叶片净光合速率的正效应。上述分析表明，在水分充足或较低水分条件下，大气 CO_2 浓度升高都能明显提高植物的净光合速率。大量研究表明，植物对土壤水分亏缺有一定的适应性和抵抗性，植物比较活跃的各种生理活动是在适度的水分亏缺范围之内（许大全，2002），这一范围因植物种类及其生理过程不同而异。本研究表明，在不同的 CO_2 浓度范围内，维持叶底珠苗木叶片净光合速率较高的土壤相对含水量在 50.3%～83.2%，其中最适宜光合作用的土壤相对含水量为 70.5%。这一范围既保证了叶底珠苗木维持较高的光合作用水平和正常的生长发育，又防止了蒸腾作用引起的大量耗水，从而达到水分的高效利用。

CO_2 浓度饱和时的最大净光合速率在一定程度上反映了净光合速率对短期 CO_2 浓度达到饱和时的潜在光合能力。本研究表明，叶底珠苗木在不同水分条件下的最大净光合速率具有明显的阈值响应，在土壤相对含水量为 70.5%左右时达到最大值，水分增加或减少都会显著降低最大净光合速率。这可能是由于适宜的土壤水分含量有利于碳素同化速率的增加，即增加了 CO_2 对 Rubisco 酶结合位点的竞争从而提高羧化效率，以及通过抑制光呼吸提高净光合速率。植物的光合能力是用来表征不同植物或者作物品种的重要生理指标，在最佳或者最适的环境条件下，叶片的最大净光合速率可反映叶片的最大光合能力。不同植物的最大光合能力有所差异，杨梅（张喜焕等，2006）、芦苇（梁霞等，2006）和胡杨（周洪华等，2009）的最大净光合速率分别为 41.2μmol/（m^2 • s）、51.8μmol/（m^2 • s）和 26.7μmol/（m^2 •s）。本研究得出，叶底珠苗木的最大光合速率为 20.6μmol/（m^2 •s），明显低于以上几种植物，可见不同植物对高浓度 CO_2 响应所表现出的光合特性差异较大。不同植物光合能力随着 CO_2 浓度的增加而增加，但不同的植物增加程度不同，尤其是不同光合途径的植物差异很明显。大多数有关 C_4 植物的研究表明，大气 CO_2 浓度升高对 C_4 植物的光合作用及生长没有很大促进（Kimball et al.，2002；Tang et al.，2009）。对 CAM（景天酸代谢）植物的研究相对较少，其结果也不尽一致（Kimball et al.，2002；Jiang et al.，2012）。Cure（1986）和 Kimball（2002）等综合了大量的实验结果计算出 CO_2 浓度倍增后，C_4 植物净光合速率只增加了 4%，而 C_3 植物的净光合速率则可提高 66%。通过本研究结果来看，叶底珠苗木在 CO_2 倍增条件下，除重度水分胁迫下，净光合速率增幅均超过 40%，在 *RWC* 为 94.4%时，增幅为 75%，与 Cure（1986）、Kimball（2002）等的研究结果基本一致。

羧化效率反映了植物在给定条件下对 CO_2 的同化能力。本研究结果表明，叶底珠苗木羧化效率对 *RWC* 具有一定的阈值响应，在 *RWC* 为 62.7%～70.5%时达到较高值［平均为 0.049μmol/（m^2 • s）］，超过此范围，羧化效率均会下降，且羧化效率在高水分条件下降的幅度明显小于在低水分条件，表明低水分条件降低了苗木对 CO_2 的同化能力。CO_2 补偿点是了解和衡量光合作用和呼吸作用两者关系的一个重要生理指标，在不同时期和不同环境条件下 C_3 植物对 CO_2 响应有明显的变化。在一定的温度范围内，CO_2 补偿点随温度升高而升高，随着 CO_2 浓度的降低而下降（Pfanz et al.，2007；Jensen et al.，2011）。本研究结果表明，叶底珠苗木在 *RWC* 为 50.3%～83.2%时，CO_2 补偿点相差不大，变动幅度为 51.3～69.8μmol/mol，随土壤水分含量的降低，CO_2 补偿点明显升高，在严重水分胁迫下达到 134.9μmol/mol。可见叶底珠苗木在不同水分条件下对 CO_2 浓度表现出一定的弹性适应。不同植物对 CO_2 的同化能力以及 CO_2 补偿点有所差异，这可能与植物本身的特性有关，也可能与植物所处的环境条件有关。光呼吸曾被认为是对光能的消耗，不利于干物质积累。随着研究的深入，人们逐渐认识到光呼吸对保证植物进行正常的光合作用是十分重要的。但对于光呼吸的光保护作用一直存在争议（Noguès and Alogre，2002）。本研究结果表明，在 *RWC* 为 50.3%～70.5%时，光呼吸速率维持在较低值，以提高植物的生物产量，有利于干物质的积累。随着土壤水分含量的降低，光呼吸速率急剧增加，以保证在过剩光能下光合机构的正常运行，这与 Kozaki（1999）及 Wingler 等

（1999）的研究结果一致，光呼吸很可能是一种耗散过剩光能以保护光合机构免受强光破坏的途径。

7.3　主要灌木树种水分胁迫的气孔限制机理分析

气孔限制理论认为，限制植物光合作用的因素分为气孔因素和非气孔因素，前者指叶片气孔的关闭程度及由此引起的气体交换难易程度，对光合作用的影响是可逆的；后者指光合机构的受损程度及由此引起的光合活性下降，对光合作用的影响是不可逆的。

根据气孔限制理论（Farquhar and Sharkey，1982），利用植物叶片主要气体交换参数，如 P_n、G_s、C_i 和 L_s，可以很好地判断气孔限制和非气孔限制对植物光合作用的影响程度，通常情况下，当 P_n、G_s 和 C_i 减小，L_s 增大时，表明植物光合作用主要受气孔限制，光合机构受到的破坏是可逆的，环境适宜时光合作用能够恢复到正常水平；当 P_n、G_s 和 L_s 减小，C_i 增大时，表明植物光合作用主要受到非气孔限制的不可逆破坏，环境适宜时无法恢复到正常水平。

7.3.1　酸枣叶片气孔导度、胞间 CO_2 浓度和气孔限制值的水分响应性

如图 7-10 所示，酸枣叶片气孔导度（G_s）对光强和土壤水分的响应规律与酸枣叶片的光合光响应规律类似，在低光强下，酸枣叶片对光强响应敏感，在高光强下对水分响应敏感，在 *RWC* 为 74%时达到最大值，这与酸枣能够通过敏感的气孔开闭机制协调碳同化有关。酸枣叶片胞间 CO_2 浓度（C_i）随 *PAR* 的增大而减小，随 *RWC* 的增大呈“减小—增大—平稳—减小”的趋势。酸枣叶片气孔限制值（L_s）对光强和土壤水分的响应规律与 C_i 基本相反，随 *PAR* 的增大而增大，随 *RWC* 的增大呈“增大—减小—平稳—增大”的趋势。

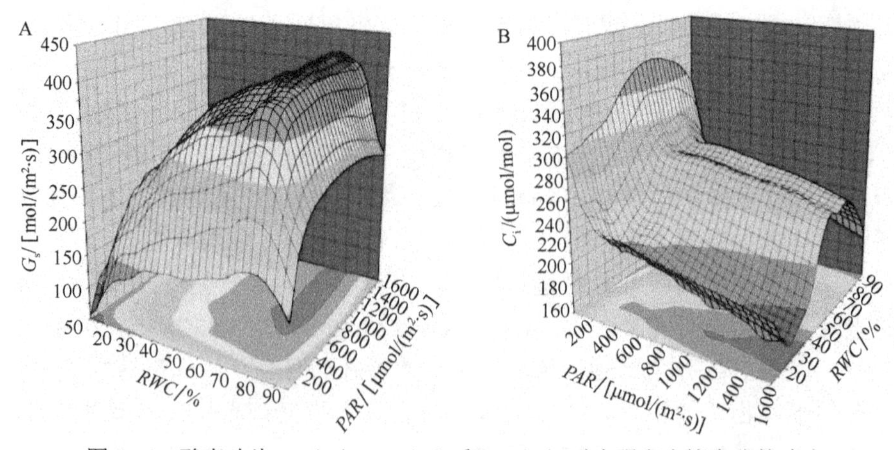

图 7-10　酸枣叶片 G_s（A）、C_i（B）和 L_s（C）对光强和土壤水分的响应

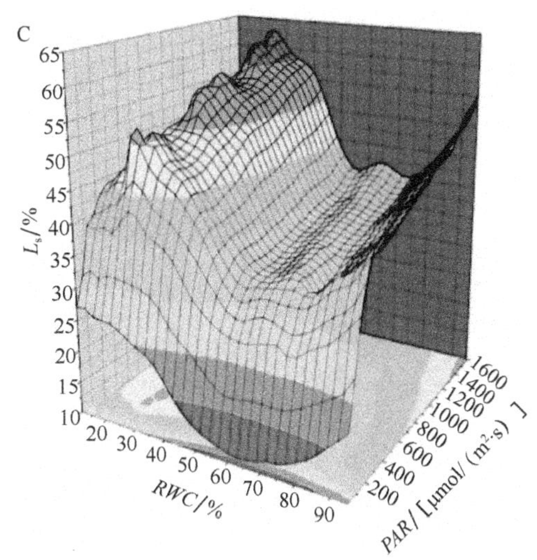

图 7-10　酸枣叶片 G_s（A）、C_i（B）和 L_s（C）对光强和土壤水分的响应（续）

根据气孔限制和非气孔限制的判定方法（Farquhar and Sharkey，1982），当 *RWC* 为 55%～80%时，酸枣叶片 P_n 和 G_s 较高，C_i 和 L_s 较稳定，表明此水分范围内酸枣光合作用的限制因素较少，土壤水分条件较适宜；当 *RWC* 为 25%～55%或 80%～95%时，随着干旱或渍水胁迫的加剧，P_n、G_s 和 C_i 减小，L_s 增大，表明此水分范围内酸枣光合作用主要受气孔限制；当 *RWC* 为 11%～25%时，随干旱胁迫的加剧，P_n、G_s 和 L_s 减小，C_i 增大，表明此水分范围内酸枣光合作用主要受非气孔限制。

7.3.2　杠柳叶片气孔导度、胞间 CO_2 浓度和气孔限制值的水分响应性

如图 7-11 所示，杠柳叶片 G_s 对光强和土壤水分的响应规律与杠柳叶片的光合光响应规律类似，弱光、水分亏缺以及水分过多均对杠柳 G_s 具有一定的抑制作用，适宜的光照和水分条件有利于 G_s 的增大。杠柳叶片在 *PAR*＜200μmol/（m^2·s），*RWC*＜45%时，G_s 小于 214mol/（m^2·s）；在 *PAR*＞1000μmol/（m^2·s），*RWC* 为 60%～93%时，G_s 大于 283mol/（m^2·s）；在 *PAR* 为 1600μmol/（m^2·s），*RWC* 为 76%时，G_s 达到最大值 316mol/（m^2·s）。当 *PAR*≤300μmol/（m^2·s）时，杠柳叶片 C_i 随 *PAR* 的增大迅速减小，对 *PAR* 响应敏感；当 *PAR*＞300μmol/（m^2·s）时，杠柳 C_i 光响应下降趋缓。C_i 在 *RWC* 为 55%～78%的范围内较高且差异不显著（$P>0.05$），在 *RWC* 由 78%增至 93%以及由 55%降至 35%的范围内逐渐下降，在 *RWC*＜35%时逐渐上升。杠柳叶片 L_s 的变化趋势与 C_i 基本相反，杠柳 L_s 在 *RWC* 为 55%～78%的范围内较低且差异不显著（$P>0.05$），在 *RWC* 由 78%增至 93%以及由 55%降至 35%的范围内逐渐升高，在 *RWC*＜35%时逐渐下降。综上所述，当 *RWC* 为 55%～78%时，杠柳叶片 P_n 和 G_s 较高，C_i 和 L_s 较稳定，表明此水分范围内杠柳

光合作用的限制因素较少，土壤水分条件较适宜；当 *RWC* 为 35%～55%或 78%～93%时，P_n、G_s和 C_i减小，L_s增大，表明此水分范围内杠柳光合作用主要受气孔限制；当 *RWC* 为 14%～35%时，P_n、G_s和 L_s减小，C_i增大，表明此水分范围内杠柳光合作用主要受非气孔限制。

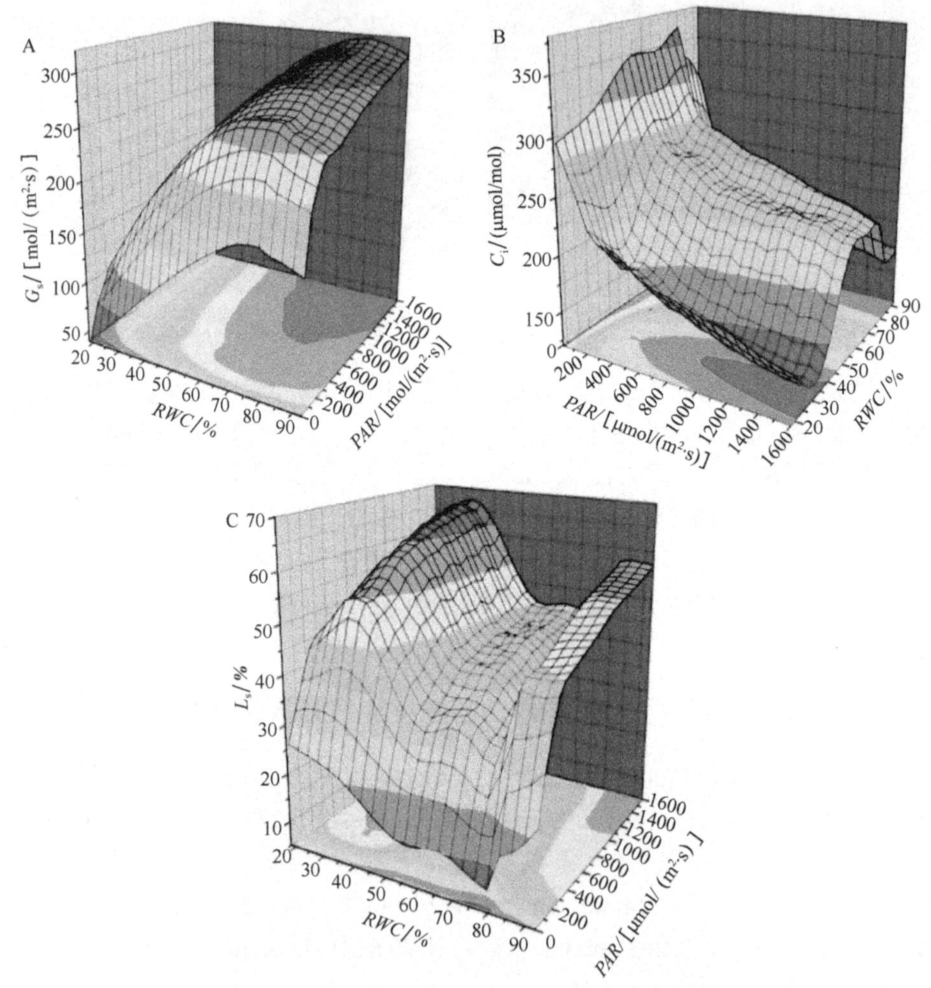

图 7-11　杠柳叶片 G_s（A）、C_i（B）和 L_s（C）对光强和土壤水分的响应

7.3.3　叶底珠叶片气孔导度、胞间 CO_2 浓度和气孔限制值的水分响应性

如图 7-12 所示，叶底珠叶片 G_s对光强和土壤水分的响应规律与叶底珠叶片的光合光响应规律类似，弱光、水分亏缺及水分过多均对叶底珠 G_s具有一定抑制作用，适宜的光照和水分条件有利于 G_s的增大，G_s在 *PAR* 为 1200mol/（m^2 · s），

RWC 为 75%时，达到最大值 278mol/（m^2 • s）。叶底珠叶片 C_i 随 *PAR* 的增大而减小，随 *RWC* 的增大呈“减小—增大—平稳—减小”的趋势，叶底珠叶片 L_s 与 C_i 基本相反，随 *PAR* 的增大而增大，随 *RWC* 的增大呈“增大—减小—平稳—增大”的趋势，C_i 和 L_s 在 *RWC* 为 55%～75%的范围内较为稳定，在 *RWC* 为 40%时出现明显转折。综合叶底珠叶片 G_s、C_i 和 L_s 对土壤水分的响应规律可知，当 *RWC* 为 55%～75%时，叶底珠 P_n 和 G_s 较高，C_i 和 L_s 较稳定，表明此水分范围内叶底珠光合作用的限制因素较少，土壤水分条件较适宜；当 *RWC* 为 40%～55%或 75%～92%时，P_n、G_s 和 C_i 减小，L_s 增大，表明此水分范围内叶底珠光合作用主要受气孔限制；当 *RWC* 为 13%～40%时，P_n、G_s 和 L_s 减小，C_i 增大，表明此水分范围内叶底珠光合作用主要受非气孔限制。

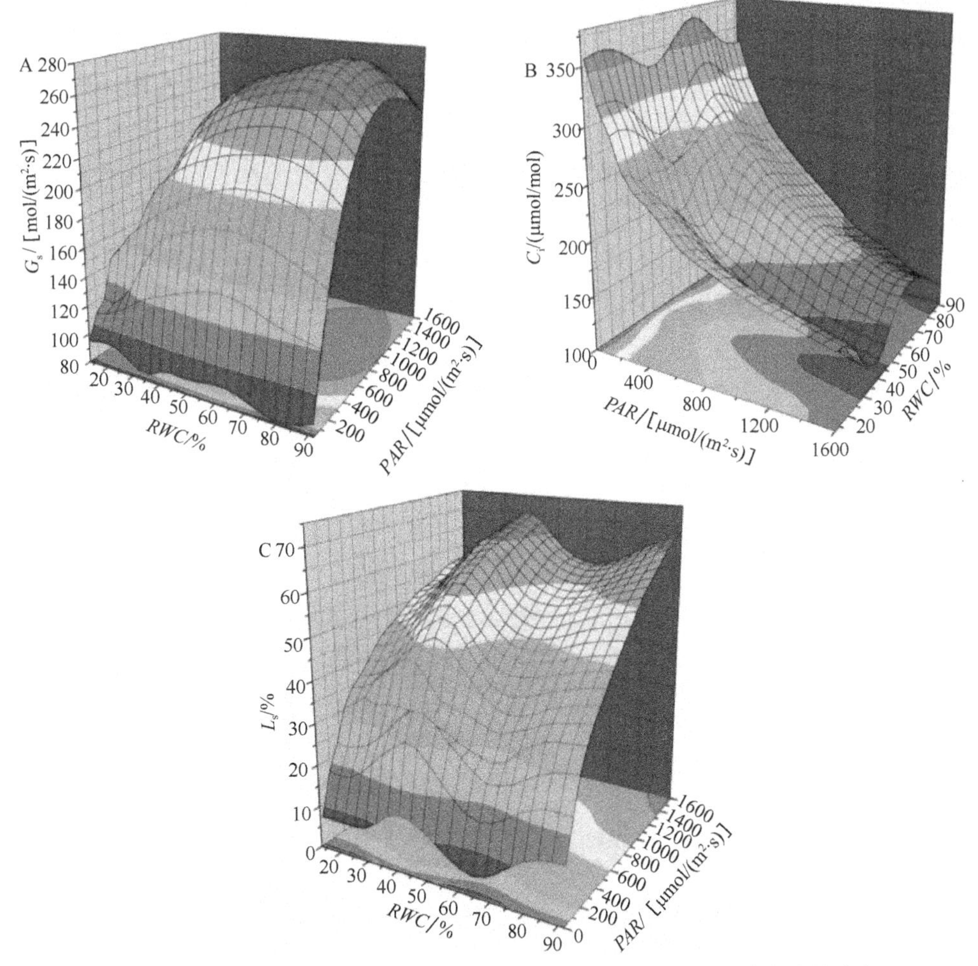

图 7-12　叶底珠叶片 G_s（A）、C_i（B）和 L_s（C）对光强和土壤水分的响应

7.3.4　水分逆境下植物叶片光合作用的气孔限制机理

植物通过气孔限制降低光合作用是其耐旱策略之一，而非气孔限制决定了光合作用的实际状态和潜力（李倩等，2012）。植物光合作用气孔限制转折点的判定对于确定植物光合生理需水的下限具有重要意义。根据气孔限制理论，本研究中，酸枣、杠柳和叶底珠气孔限制转折点分别出现在 *RWC* 为 25%、35%和 40%时，表明酸枣、杠柳和叶底珠叶片光合机构分别在 *RWC*＜25%、*RWC*＜35%和 *RWC*＜40%时受到不可逆的损伤，严重影响光合作用的正常运行。

本研究发现，酸枣、杠柳和叶底珠在轻度干旱或渍水胁迫时，光合作用主要受气孔限制，在严重干旱胁迫时，光合作用主要受非气孔限制，其转折点分别出现在 *RWC* 为 25%、35%和 40%时。其他研究发现，金矮生苹果（张光灿等，2004）和沙棘（裴斌等，2013）的转折点分别出现在 *RWC* 为 48%和 39%时，可见，不同树种发生气孔限制转折的水分条件不尽相同，这与不同树种光合机构的耐旱性能有关。酸枣气孔限制转折点出现在严重干旱胁迫时，表明酸枣较其他灌木而言，其光合机构对干旱胁迫的适应能力较强，光合潜力较大；杠柳和叶底珠则处于中等水平，其光合机构的耐旱能力低于酸枣，与金矮生苹果和沙棘较为接近。

7.4　主要灌木树种叶绿素荧光参数的水分响应性

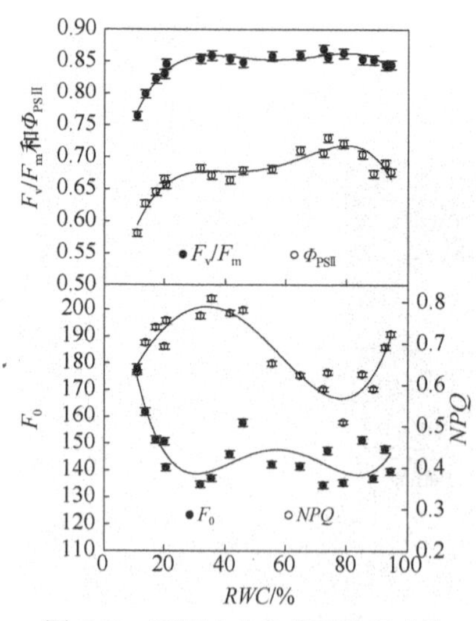

图 7-13　不同水分条件下酸枣叶片 F_v/F_m、Φ_{PSII}、F_0 和 *NPQ* 的实测点与拟合曲线（平均值±标准误）

7.4.1　酸枣叶片叶绿素荧光参数的水分响应性

对酸枣叶片的潜在光化学效率（F_v/F_m）、实际光化学效率（Φ_{PSII}）、初始荧光（F_0）和非光化学淬灭系数（*NPQ*）与土壤水分定量关系的拟合采用四次方程（图 7-13），其中，F_v/F_m 和 Φ_{PSII} 拟合效果较好，R^2 分别为 0.952 和 0.901；*NPQ* 拟合效果次之，R^2 为 0.858；F_0 拟合效果较差，R^2 为 0.689。

F_v/F_m 表征 PSⅡ反应中心完全开放时原初光能的转换效率，反映 PSⅡ光化学效率的最大潜力；Φ_{PSII}表征作用光存在时 PSⅡ实际的光化学效率，比 F_v/F_m 更容易受到外界因素的影响。酸枣 Φ_{PSII}的变化幅度大于 F_v/F_m，数值小于 F_v/F_m，两指标均在 *RWC* 为 80%时达到最大值，此时酸枣 PSⅡ光化学效率最高。酸枣 F_v/F_m 在 RWC 为 32%～95%内保持较高水平，差异不显著（$P>0.05$），$\Phi_{PSⅡ}$在 RWC 为 32%～95%内随干旱或渍水胁迫的加剧小幅度减小，表明 $\Phi_{PSⅡ}$的降低并非由 PSⅡ受损引起，而是酸枣光合作用减弱后对 PSⅡ反馈抑制的结果。F_v/F_m 和 $\Phi_{PSⅡ}$均在 $RWC<30\%$时随干旱胁迫的加剧迅速减小，表明酸枣 PSⅡ受到一定程度的损伤，光化学效率降低。F_0 表征 PSⅡ反应中心完全开放时的荧光强度，PSⅡ反应中心受到不易逆转的破坏会引起 F_0 的增加（Krause，1988）。酸枣 F_0 在 $RWC<25\%$时随干旱胁迫的加剧迅速增大，表明酸枣 PSⅡ在严重干旱胁迫时受到不易逆转的破坏，同时 F_v/F_m 作为表征光抑制的重要指标（Demmig-Adams and Adams，1992），表明酸枣叶片在 $RWC<25\%$时出现明显光抑制。NPQ 表征 PSⅡ天线色素吸收的光能中以热的形式耗散掉的部分，热耗散是植物在光合作用达到光饱和、光合机构无法吸收过多光能情况下的一种保护机制（Gilmore and Yamamoto，1991）。酸枣 NPQ 在 RWC 为 30%～95%的范围内随干旱或渍水胁迫的加剧而增大，表明酸枣光能利用效率减弱，热耗散能力增强，酸枣在水分逆境中具有通过热耗散消耗过剩光能实现自身光保护的生理策略。NPQ 在 $RWC<25\%$时随干旱胁迫的加剧而减小，表明酸枣热耗散能力减弱，PSⅡ受到不可逆的破坏。综上所述，酸枣叶片叶绿素荧光参数在 RWC 为 80%时达到最适程度，荧光动力学机制良好运行；酸枣叶片叶绿素荧光参数在 RWC 为 25%时出现显著转折，荧光动力学机制在 $RWC<25\%$时受到破坏，该水分阈值与酸枣光合作用发生非气孔限制的水分阈值一致。

7.4.2　杠柳叶片叶绿素荧光参数的水分响应性

对杠柳叶片 F_v/F_m、$\Phi_{PSⅡ}$、F_0 和 NPQ 与土壤水分定量关系的拟合采用四次方程，R^2 为 0.568～0.824。由图 7-14 可知，杠柳 $\Phi_{PSⅡ}$的变化幅度大于 F_v/F_m，数值小于 F_v/F_m，可见杠柳 $\Phi_{PSⅡ}$对土壤水分的敏感程度大于 F_v/F_m，但杠柳 F_v/F_m 和 $\Phi_{PSⅡ}$对土壤水分的响应规律基本一致，均随水分胁迫的加剧而减小，尤其是在 $RWC<35\%$的范围内迅速下降，表明严重水分胁迫对杠柳叶片潜在光化学效率和实际光化学效率造成显著影响；两指标在 RWC 为 35%～80%的范围内保持较高水平，在 RWC 为 80%时达到最大值，此水分条件下杠柳 PSⅡ反应中心光化学效率最高。杠

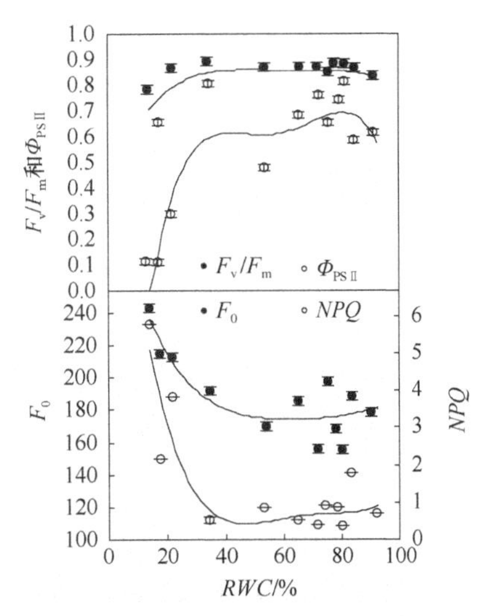

图 7-14　不同水分条件下杠柳叶片 F_v/F_m、$\Phi_{PSⅡ}$、F_0 和 NPQ 的实测点与拟合曲线（平均值±标准误）

柳 F_0 和 NPQ 对土壤水分的响应规律基本一致，均随水分胁迫的加剧而增大，杠柳 F_0 在 RWC<35%的范围内逐渐升高，表明杠柳叶片 PSⅡ可能在该水分范围内受到破坏，杠柳 NPQ 在 RWC<35%的范围内大幅度升高，表明杠柳叶片热耗散能力增强，干旱胁迫下能够通过热耗散消耗过剩光能实现自身光保护；杠柳 F_0 和 NPQ 在 RWC>35%的范围内保持较低水平且小幅度波动状态，表明杠柳叶片光合机构在该水分条件下对外界环境保持敏感响应，尚未造成不可逆的损伤。综上所述，RWC<35%时，杠柳叶片 PSⅡ反应中心受到不可逆的破坏，叶绿素荧光动力学机制不能正常运行，RWC>35%时，杠柳叶片 PSⅡ反应中心能够保持正常运行并对水分胁迫做出响应，该水分临界点与杠柳光合作用发生非气孔限制的临界点一致。

7.4.3　叶底珠叶片叶绿素荧光参数的水分响应性

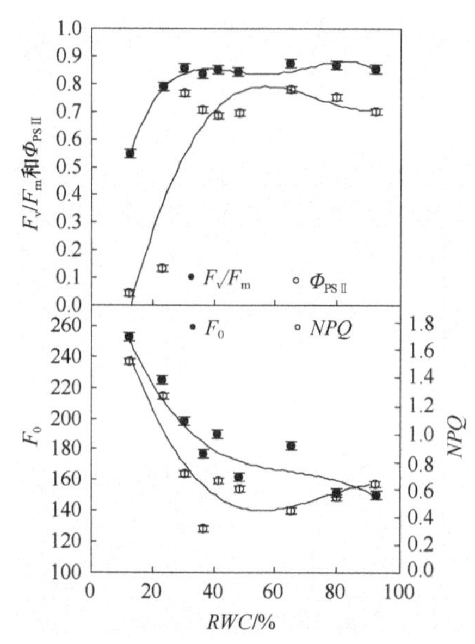

图 7-15　不同水分条件下叶底珠叶片 F_v/F_m、$\Phi_{PSⅡ}$、F_0 和 NPQ 的实测点与拟合曲线（平均值±标准误）

对叶底珠叶片的 F_v/F_m、$\Phi_{PSⅡ}$、F_0 和 NPQ 与土壤水分定量关系的拟合采用四次方程，R^2 为 0.820～0.977。由图 7-15 可知，叶底珠 $\Phi_{PSⅡ}$ 的变化幅度大于 F_v/F_m，数值小于 F_v/F_m，但两指标对土壤水分的响应规律基本一致，均随水分胁迫的加剧而减小，尤其是在 RWC<40%的范围内迅速下降，表明该水分胁迫对叶底珠叶片潜在光化学效率和实际光化学效率造成显著影响；两指标在 RWC>40%的范围内保持较高水平且小幅度波动，该水分条件下叶底珠 PSⅡ反应中心光化学效率较高，受水分胁迫不显著。叶底珠 F_0 和 NPQ 对土壤水分的响应规律基本一致，均在 RWC<40%的范围内随水分胁迫的加剧而增大，在 RWC>40%的范围内保持较低水平且小幅度波动，表明 RWC<40%时叶底珠叶片 PSⅡ光合作用减弱，热耗散能力增强，同时光合机构受到一定程度的损伤；RWC>40%时叶绿素荧光动力学机制能够保持正常运行。因此，RWC 为 40%是叶底珠叶片荧光动力学机制的重要水分临界点，与叶底珠光合作用发生非气孔限制的临界点一致。

植物叶绿素荧光技术分析也是进行气孔限制机理研究的有效手段之一，在对小麦（孟庆伟等，1996）、玉米（张仁和，2011）、李树（胡学华等，2007）和 8 种阔叶树种（郑淑霞和上官周平，2006）等植物气孔限制机理的研究中有广泛应用。植物叶绿素吸收的光能主要通过光合电子传递、叶绿素荧光发射和热耗散 3 种途径，它们之间存在着此消彼长的关系（Rohacek，2002），叶绿素荧光分析可以间接反映植物叶片 PSⅡ反应中心对光能的吸收、传递和转化的情况，同时叶绿素荧光技术因具有快速、灵敏、无损伤的特征而逐渐受到重视（张仁和，2011）。本研究表明，酸枣、杠柳和叶底珠叶片主要叶绿素荧光参数（F_v/F_m、Φ_{PSII}、F_0和 NPQ）均在一定程度的干旱胁迫下对土壤水分做出显著响应。例如，在 RWC<25%时，随着干旱胁迫的加剧，酸枣叶片 F_v/F_m、Φ_{PSII}、F_0迅速下降，NPQ 迅速上升，表明酸枣叶片叶绿素荧光动力学机制在 RWC<25%时受到不可逆的破坏，同时发现杠柳和叶底珠叶绿素荧光动力学机制分别在 RWC<35%和 RWC<40%时受到不可逆的破坏，上述 3 个水分阈值与对应树种发生非气孔限制的水分阈值保持一致。

7.5　酸枣和叶底珠树干液流的水分响应特性

植物从根部吸收的水分，通过液流作用进入叶片，其中 99.8%以上通过蒸腾作用散失到空气中（罗中岭，1997），因此树干液流量在很大程度上反映了植物的蒸腾耗水能力。植物的液流速率是植物的固有特征，在相似的环境条件下，不同植物的液流速率差异较大。研究植物的液流特征可以帮助深入了解该植物的水分利用规律。目前植物液流的测定方法主要是热技术法，包括热平衡、热脉冲（刘奉觉等，1997）、热扩散（孙慧珍等，2002）等，操作方便，对植物生长状态干扰小，可以对液流进行连续测定。热技术法与其他植物蒸腾测量方法的对比试验证明了热技术法在实际测量中的可靠性（Steven et al.，1998）。因此，热技术法在树木水分耗散特征研究上得到了广泛应用。

树干液流参数能准确地反映植物的蒸腾耗水特性，在揭示树干储存水对蒸腾的贡献（金鹰等，2011）、树木的水分利用（徐先英等，2008；周翠鸣等，2011）及耗水的精确测算（王文栋等，2012；郭宝妮等，2012；夏江宝等，2014）等方面发挥了重要作用。树干液流测定所需的热技术已比较成熟，能较为准确地估算单木（许浩等，2007；黄德卫等，2012）或林分（郭宝妮等，2012）的耗水量，其中，基于热平衡原理的热扩散探针法是测定灌木（许浩等，2007；徐先英等，2008；王文栋等，2012）或乔木幼苗（王翠等，2008）树干液流的主要技术。目前对树干液流的研究，主要集中在不同区域不同树种树干液流特征、树木耗水量（Ford et al.，2007；许浩等，2007；郭宝妮等，2012）及其与环境因子的分析（黄德卫等，2012；王文杰等，2012；朱仲龙等，2012）、树干液流径向分布格局（Poyatos et al.，2007；徐飞等，2012），以及树干液流对温度上升（Kellomäki and Wang，1998）、降雨格局变化（Burgess，2006）、大气 CO_2 浓度升高（Leuzinger and Kerner，2007）等的环境响应，但缺少树干液流对贝壳砂生境土壤水分从田间持水量到凋萎含水量变化过程的响应性研究。贝壳砂生境酸枣树叶底和珠干液流对系列土壤水分梯度的响应过程研究（夏江宝等，2014），可以提供植物水分生理过程对水分胁迫的相关信息，对判定植物的水分耐受性具有重要意义。

7.5.1 酸枣树干液流的水分响应特性

（1）酸枣树干液流速率日动态对土壤水分的响应

选取土壤相对含水量在17%～90%的树干液流参数进行分析。由图7-16可知，随土壤水分的降低，酸枣树干液流速率差异极显著（$P<0.01$），树干液流速率日均值（1.07～8.13g/h）和日峰值（4.48～37.66g/h）总体表现为先升高后降低，其中在*RWC*为52%～90%时，树干液流速率维持在较高值，日均值为5.14～8.07g/h。液流速率最高值37.66g/h出现在*RWC*为62%时的中午时刻12:00，同时日均液流速率达最高（8.13g/h）。随干旱胁迫的加剧（*RWC*为41%～17%），液流速率下降较大，此水分段日均液流速率为1.07～4.01g/h，在*RWC*为17%时达到最低1.07g/h。可见贝壳砂生境下，酸枣的树干液流速率对土壤水分响应敏感。

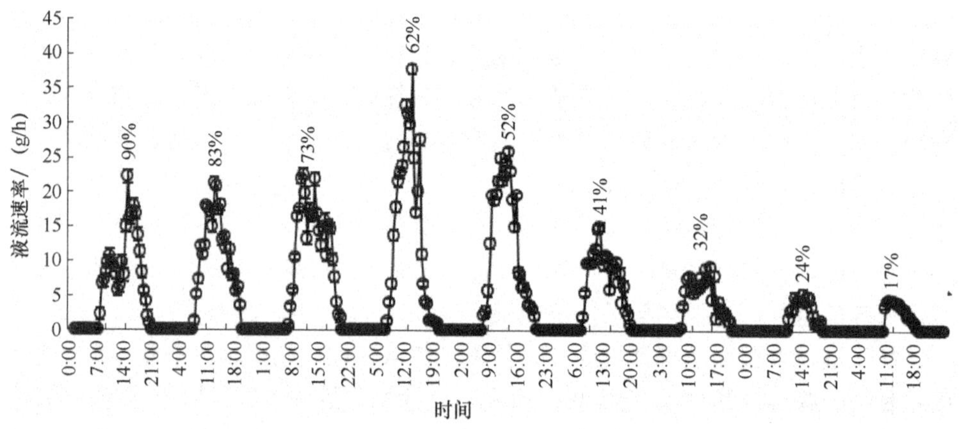

图7-16 不同土壤水分条件下酸枣树干液流速率的日动态

从树干液流速率日动态来看，酸枣昼夜液流速率差异较大，白天液流速率明显高于夜间，在*RWC*为73%～90%和32%～41%范围内呈现一定的“午休”现象。各土壤水分条件下，酸枣苗木从傍晚19:00～清晨5:30液流速率均为0，清晨6:00产生微弱液流，启动后逐步升高，在9:00～15:00左右形成多个小峰组成的“高峰平台”，总体呈宽峰型；在11:00～13:30左右达到峰值，随后逐渐下降。液流启动时间随土壤水分的减少，具有一定的滞后现象，而结束时间明显提前，达到峰值时间水分充足时早于水分缺乏时，如在*RWC*为52%～90%时，液流启动时间在清晨6:00，结束在18:30；*RWC*为32%～41%时，液流启动时间在清晨6:30，结束在18:00；*RWC*为17%～24%时，液流启动时间在上午9:00，结束在17:00。随土壤水分的减少，液流日变化幅度表现为先升高后降低，在*RWC*为62%时，变化幅度最高，此后随干旱胁迫的加重，变化幅度由 25.77g/h 降至 4.48g/h。表明干旱胁迫的加重在一定程度上抑制了酸枣的水分损耗，酸枣表现出适应干旱逆境的生存策略。

（2）酸枣树干日液流量对土壤水分的响应

由图 7-17 可以看出，不同土壤水分条件下，酸枣树干日累积液流量变化趋势类似，呈现“S”型，昼夜差异极显著（$P<0.01$）。在 0:00～5:30 日累积液流量为 0，在 8:30～15:00 日累积液流量上升较快，斜率较大，随后日累积液流量保持平稳变化趋势，即树干液流微弱，夜间酸枣不产生液流。日液流量随土壤水分的变化差异极显著（$P<0.01$），随 *RWC* 的增加，日液流量逐渐增大，在 *RWC* 为 62%时达到最高值 95.91g/d，此后随 *RWC* 的持续增加，日液流量下降较大，表明酸枣并不适应水湿环境。与 *RWC* 为 62%时的最高日液流量相比，高水分条件 *RWC* 为 90%、83%和 73%时的日液流量差异显著（$P<0.05$），分别降低 35.7%、26.2%和 16.3%；低水分条件 *RWC* 为 32%、24%和 17%时，日液流量分别降低 67.6%、89.5%和 94.8%，即低水分（*RWC*<41%）条件时随干旱胁迫的加重，或高水分（*RWC*>73%）条件时随土壤水分的增加，酸枣日耗水量均呈现下降趋势。可见，贝壳砂生境土壤水分对酸枣的蒸腾耗水影响较大，干旱比高水分条件更易导致酸枣液流速率的下降。

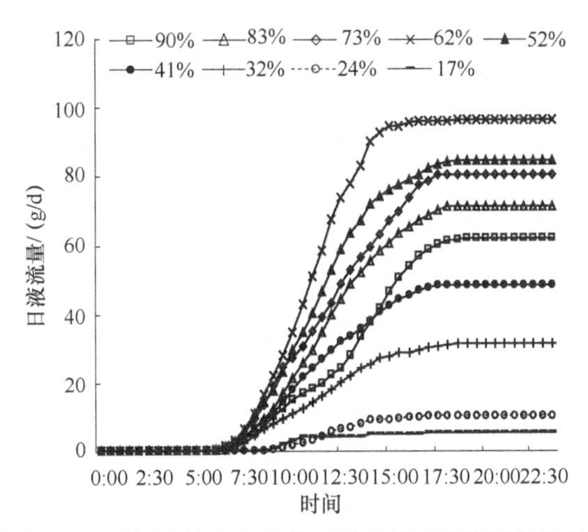

图 7-17　不同土壤水分条件下酸枣树干液流日累积量

（3）酸枣树干液流密度对土壤水分的响应

树干液流密度是树木蒸腾耗水的量化参数，也是衡量树木耗水能力的一个重要指标（王翠等，2008）。由图 7-18 可知，酸枣树干液流密度平均值和最大值均表现为土壤水分充足时高于水分缺乏时，随土壤水分的减少，树干液流密度呈现先逐步升高后下降的单峰型。具体表现为：酸枣树干平均液流密度随 *RWC* 的减小，先逐步升高，在高水分 *RWC* 为 90%和 83%时维持较低值，差异不显著（$P>0.05$），

在 *RWC* 为 62%时达到峰值 24.72g/（cm^2•h）。此后随干旱胁迫的加剧急速下降，在 *RWC* 为 17%～24%时平均液流密度达到最低值，分别比最高值下降了 86.9%和 88.1%。酸枣树干最大液流密度变化趋势和平均液流密度类似，最高值 115.31g/（cm^2•h）出现在 *RWC* 为 62%时，*RWC* 为 73%～90%时的树干最大液流密度平均值比最高值降低 41.7%；*RWC* 为 52%、41%和 32%时分别比最高值降低 31.6%、60.4%和 75.6%；*RWC* 为 17%～24%时的树干最大液流平均密度比最高值降低 87.1%。分析表明，贝壳砂生境水分过多或过少均影响酸枣树干液流密度，干旱胁迫更易造成酸枣树干液流密度的降低。

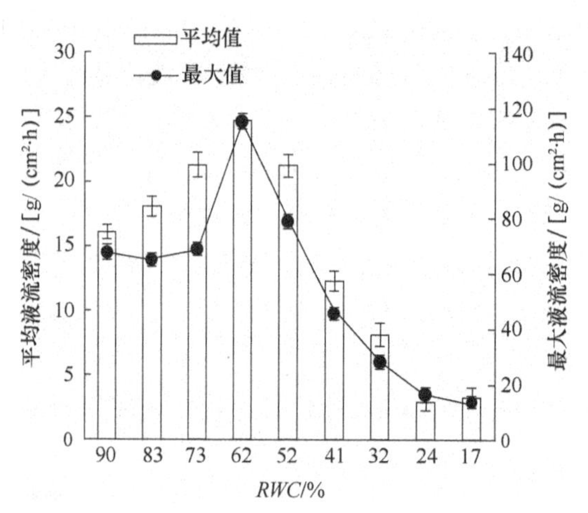

图 7-18　不同土壤水分条件下酸枣树干液流密度

7.5.2　叶底珠树干液流的水分响应特性

（1）叶底珠液流速率的日变化

叶底珠液流速率表现出明显的日变化特征，白天（6:00～20:00）液流速率高，变化幅度大；夜间液流速率低，波动较小。在典型晴天里（2012 年 7 月 17 日，土壤相对含水量为 66.1%）叶底珠液流速率日动态呈宽的多峰型（图 7-19）：液流速率从凌晨 4:30～5:00 开始逐渐上升，6:00 以后上升速度加快，这与太阳辐射强度增加，气孔开放，蒸腾作用加强有关；11:00 前后达到日液流速率峰值（26.97g/h），11:00～16:00 液流速率维持在较高水平（日液流速率峰值的 70%以上）；下午 16:30 以后，随着太阳辐射强度减弱，气孔逐渐关闭，液流速率开始快速下降，

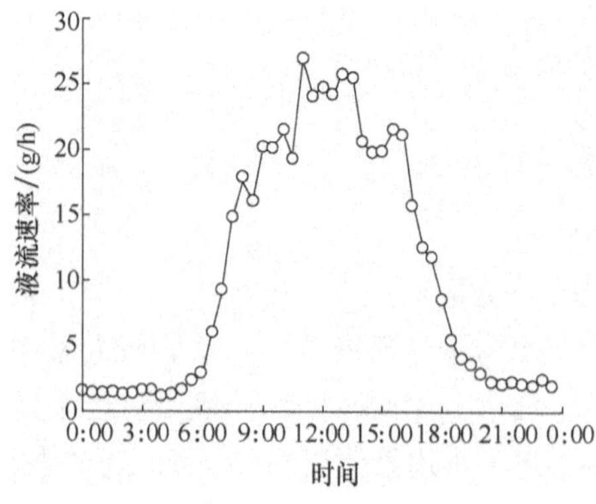

图 7-19　典型晴天叶底珠液流速率的日变化

20:00～20:30 液流速率降到一个较为稳定的水平；夜间仍有液流活动，但速率较低，夜晚平均液流速率（1.89g/h）仅为白天平均液流速率（16.61g/h）的 11.41%；日液流速率极低值（1.22g/h）出现在凌晨 4:00，为日液流速率峰值的（26.97g/h）的 4.54%。叶底珠夜间仍能维持一定的液流，与植物通过根压吸水，补充白天蒸腾失水及自身生理活动需水有关（刘健等，2007）。

（2）叶底珠液流速率对土壤水分的响应

在不同土壤水分条件下，叶底珠液流呈现出相似的日变化特征，白天液流速率高，变化剧烈，夜晚维持较为稳定的、微弱的液流（图 7-20）。

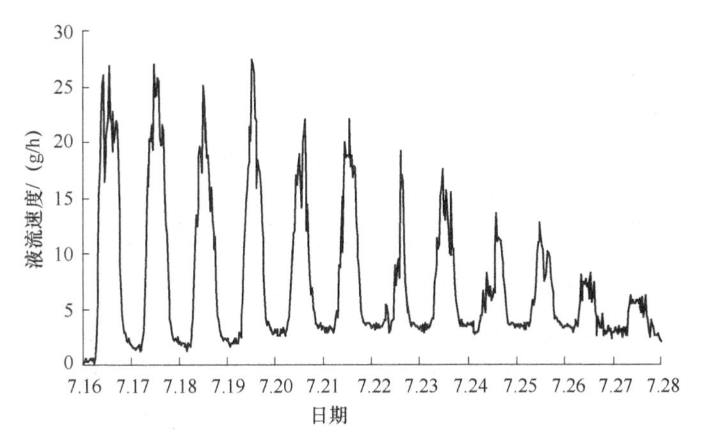

图 7-20　不同土壤水分条件下叶底珠液流速率的日变化规律

随土壤含水量降低，叶底珠日液流速率峰值呈下降趋势（图 7-20），散点图显示二者为非线性关系（图 7-21），用半对数模型（线性到对数模型）可以得到较好的拟合，拟合方程为：$y=13.375\ln(x)-29.834$；$R^2=0.9471$，其中 y 表示日液流速率峰值，x 表示土壤相对含水量。

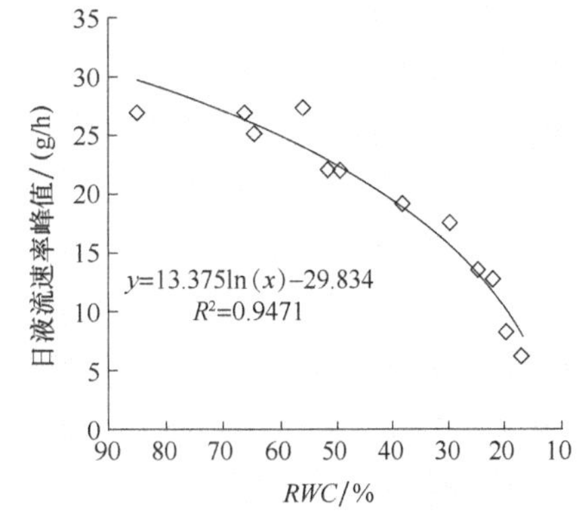

图 7-21　叶底珠日液流速率峰值与土壤相对含水量的关系

日液流速率峰值一般出现在 11:00～14:30（表 7-5），这与此期间太阳辐射强度大、气温较高有关。7 月 27 日，在 *RWC* 为 16.8% 时液流速率峰值出现在 8:00，这是试验期间叶底珠凋萎前一天，此时土壤含水量已经接近叶底珠凋萎水分点，植物处于严重的水分亏缺胁迫之下，在 8:00 之后即使太阳辐射增强，也无法加快从土壤中吸收水分的速度。随土壤含水量降低，未发现日液流速率峰值的出现时间有规律性变化。

表 7-5　不同土壤水分条件下叶底珠日液流速率峰值

日期	*RWC*/%	日液流速率峰值/（g/h）	日液流速率峰值出现时间
7 月 16 日	85.0±0.3	26.92	12:30
7 月 17 日	66.1±0.2	26.97	11:00
7 月 18 日	64.5±0.2	25.12	11:30
7 月 19 日	56.2±0.1	27.38	12:00
7 月 20 日	51.6±0.2	22.06	14:30
7 月 21 日	49.5±0.2	22.05	13:00
7 月 22 日	38.1±0.1	19.13	14:00
7 月 23 日	29.8±0.2	17.56	11:00
7 月 24 日	24.8±0.2	13.60	13:30
7 月 25 日	22.0±0.1	12.72	11:00
7 月 26 日	19.6±0.1	8.21	12:30
7 月 27 日	16.8±0.1	6.19	8:00

（3）叶底珠日累积液流量对土壤水分的响应

随土壤含水量的降低，叶底珠日液流量总体呈下降趋势，二者为非线性关系（图 7-22A），用半对数模型（线性到对数模型）拟合，得到拟合方程，$y=99.439\ln(x)-183.79$；$R^2=0.8893$。其中，y 表示日液流量；x 表示土壤相对含水量。

叶底珠昼液流量（6:00～20:00）与土壤含水量呈极显著（$P<0.01$）线性正相关（图 7-22B），相关系数 $r=0.944$。说明随土壤含水量降低，叶底珠日液流量逐渐减少的原因可能是土壤水分亏缺胁迫导致其白天液流量减小，昼液流量占日液流量的比例从 95.2%下降到 70.0%。

叶底珠夜间（20:00～6:00）的液流量与土壤含水量关系较为复杂（图 7-22C）。在土壤含水量较高时（49.5%～85.0%）与其呈极显著负相关（$r=-0.962$，$P<0.01$），说明土壤含水量高于 49.5%时，随土壤含水量下降，叶底珠根系夜间吸水能力逐渐上升，这可能是由于其白天地上部分的蒸腾失水及生理活动需水导致的水分亏缺随土壤含水量降低而增大所致。在土壤相对含水量为 22.0%～49.5%时，夜液流量与土壤含水量呈显著负相关（$r=-0.935$，$P<0.05$），回归方程为 $y=-0.0304x+35.652$（$R^2=0.8748$），说明夜液流量随土壤含水量的变化波动较小，维持在较为稳定的水平（34.1～35.0g）。在土壤含水量较低时（16.8%～22.0%），夜液流量随土壤含水量降低呈下降趋势，但相关性分析显示二者相关性不显著（$r=0.993$，$P>0.05$），这可能与该范围水分梯度个数太少（3 个）有一定关系。夜液流量在土壤相对含水量为 22.0%时达到最大值，此时夜间平均液流速率为 3.18g/h。

随土壤含水量降低，叶底珠白天（6:00～20:00）和夜晚液流量的差别逐渐缩小（图 7-22D）。在土壤相对含水量为 85%时，叶底珠白天液流量是夜晚液流量的

19.8倍；当土壤含水量降到38%时，昼、夜液流量之比只有2.9倍。昼、夜液流量之比与土壤相对含水量的相关性分析表明，在土壤相对含水量较高时（49.5%～85.0%），二者呈极显著线性正相关（r=0.984，P<0.01）；在土壤相对含水量较低时（16.8%～38.1%），二者相关性不显著（r=0.513，P>0.05）。

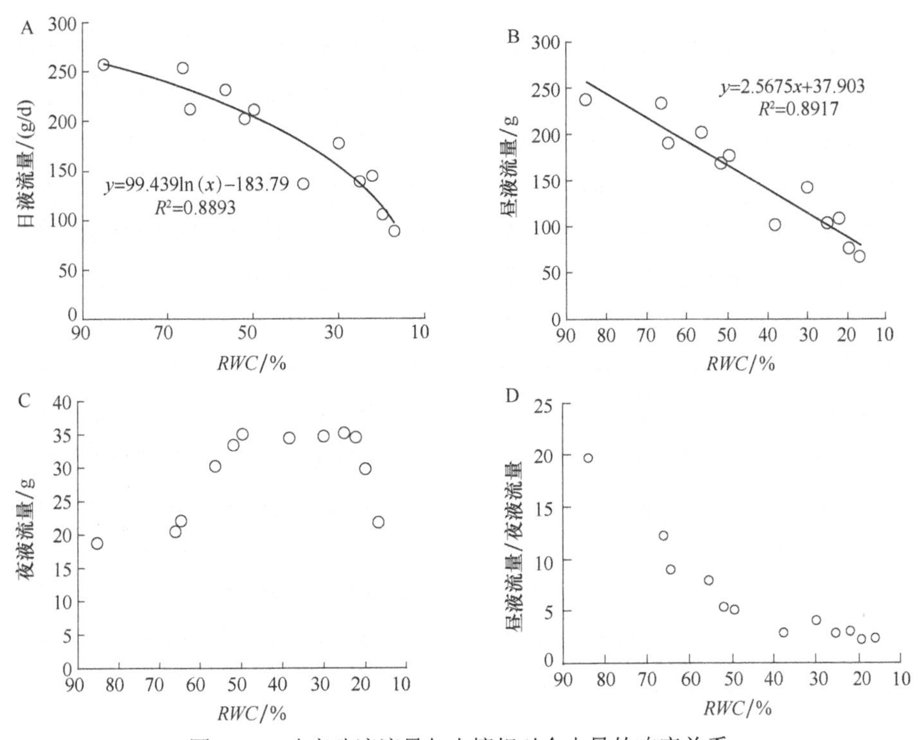

图7-22　叶底珠液流量与土壤相对含水量的响应关系

7.5.3　土壤水分对树木蒸腾耗水能力的影响

土壤水分是树木蒸腾作用的主要来源，树干液流对土壤水分响应敏感。研究表明，干湿季节土壤水分的不同导致荷木（*Schima superba*）树干液流存在显著差异，树干液流密度随土壤水分的降低明显下降（周翠鸣等，2011）；土壤湿度的增加，可显著提高多枝柽柳（*Tamarix ramosissima*）（许浩等，2007）、山合欢（*Albizia kalkor*）（王小菲等，2013）的树干液流速率。模拟土壤干旱试验也表明，去除1/2降雨后的土壤干旱能导致林分蒸腾年减少41%～44%，极度干旱条件下林分蒸腾可减少80%（Fisher et al.，2007）。但也有研究发现，干旱并未导致一些落叶树种树干液流的下降，只是在生长季后期叶片衰老和凋落提前；只有当土壤水分下降到一定阈值时，树木液流才开始下降，而水分阈值和液流下降速率由树木根系深度来决定（Pataki and Oren，2003；Otieno et al.，2005）。本研究发现，随土壤水分的降低，酸枣树干液流速率表现为先升高后降低，在高水分条件下，酸枣并未表现出最高的蒸腾速率和净光合速率，这可能与本实验采用薄膜覆盖土壤，在一定程度上切断了土壤通气，加剧了高水分条件下的根系缺氧，致使水分失衡，叶片气孔关闭，CO_2扩散阻力增加有一定关系。水分充足时，贝壳砂生境酸枣在一定程度上会抑制自身蒸腾，而沙漠地带的多枝柽柳则会充分利用水资源（许浩等，2007），可见酸枣不太适应高的水分环境。干旱胁迫下，酸枣树干液流速率随土壤水分的减小明显下降，与荷木、山合欢等结论类似，这可能与土壤到枝条的水力阻力增加和低的土壤水力导度限制植物根系吸水有关。

树干液流量 99.8%以上用于蒸腾耗水，日累积液流量直接反映树木的日蒸腾耗水能力。人工栽植梭梭的日耗水量与土壤水分具有显著相关性，日累积液流量随土壤水分的增大而升高（李妙伶等，2012）。贝壳砂生境酸枣树干液流速率、日液流量、液流密度与土壤水分均呈显著正相关（$P<0.05$）（表 7-6），日蒸腾耗水量对土壤水分表现出一定的阈值效应，并非水分充足时其日蒸腾耗水量最大，而是适宜水分条件下达到最高，重度干旱胁迫下明显降低。不同水分条件下酸枣的树干日累积液流量均呈现“S”型，树干液流昼夜差异较大，与水分充足时梭梭日累积液流量过程线近似直线不同，但与水分缺乏时的变化过程类似。表明土壤水分与树木日耗水量密切相关，但随着树种和环境因子的不同，树木液流日蒸腾耗水量与土壤水分的响应有较大差异。

表 7-6 土壤水分与酸枣树干液流及光合参数的相关系数

	土壤水分	液流速率	日液流量	液流密度
液流速率	0.757*			
日液流量	0.764*	0.998**		
液流密度	0.763*	0.999**	0.998**	
净光合速率	0.144	0.628	0.647	0.618
蒸腾速率	0.142	0.729*	0.730*	0.719*
水分利用效率	−0.161	−0.660	−0.660	−0.658

*$P<0.05$；**$P<0.01$

植物维持生理活动所需水分最终是通过根系从土壤中吸取，土壤水分条件对植物的液流特征有直接的影响。周翠鸣等（2011）研究表明荷木的液流与土壤水势有较好的相关性。Irvine 等（1998）研究表明番茄液流速率与土壤含水量相关性达到显著水平。本研究叶底珠的日液流量随土壤含水量降低而降低，二者呈对数正相关。

树干液流的变化规律受树木本身的生物学特性和外界因子影响较大，在受土壤水分影响的同时，可能与其他因子存在协同作用，从而导致树干液流对土壤水分的响应和适应性表现出一定差异。除自身生物学特性、生理生态特征及土壤水分条件外，植物液流还受到其他因素的影响，如太阳辐射、气温、空气湿度、风速等。本研究在受控温室内进行，气温、空气湿度、风速等因子在各土壤水分条件下的差别不大，但太阳辐射在不同天气条件下有一定差异。太阳辐射能够影响气孔开闭，液流启动和峰值出现的时间与太阳辐射强度紧密相关。柳杉液流在晴天启动时间早，持续时间长，液流量大，阴雨天液流启动晚（蒋文伟等，2012）；黄柳和小叶锦鸡儿在阴天或多云天气液流启动推迟，峰值减小（岳广阳等，2006）；梭梭、柽柳和白刺 3 种灌木在阴雨天气条件下，液流速率降低，液流量减少（徐先英等，2008）。本研究中，7 月 17 日是晴天，7 月 16 日是多云天气，二者相比，虽然 7 月 17 日土壤相对含水量（66.1%）较低，但太阳辐射强度高，日液流量也更高；7 月 22 日是阴雨天气，太阳辐射强度极低，其日液流量低于土壤含水量更低的 7 月 23～25 日的日液流量。

7.5.4　土壤水分对树木液流速率日动态的影响

树木液流速率日动态可表征植物生理用水对环境因子的响应过程和规律，不但能够反映树木本身的瞬时蒸腾耗水特性，也是确定树体储存水对蒸腾耗水贡献程度的主要参数。本研究在可控温室内进行，通过水泵供水、湿帘和循环风扇等控制温室内的温度和空气相对湿度，使温度和空气相对湿度等环境因子基本一致，温室内空气相对湿度平均为 45%+6%，大气温度平均为 25℃+4℃，差异均不显著（$P>0.05$）。测定期间，不同土壤水分下的光合有效辐射日动态见图 7-23，光合有效辐射日动态变化差异不显著（$P>0.05$）。因此，未考虑这些环境因子对树干液流的影响，而将土壤水分作为影响酸枣树干液流变化的主要变量进行分析。由于土壤水分和环境因子可能协同影响树干液流日动态，未作综合测定分析也是

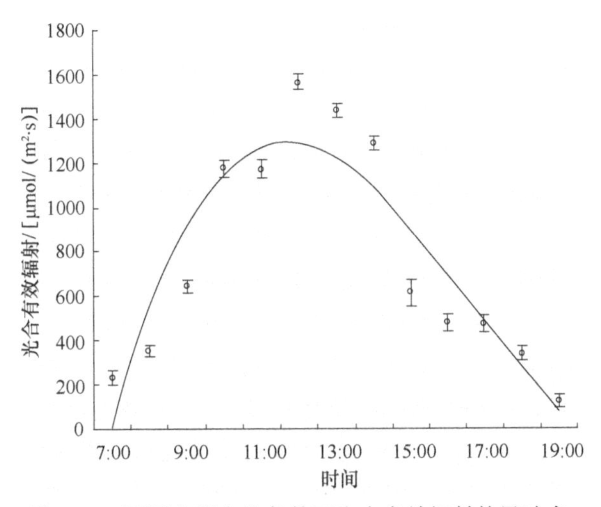

图 7-23　不同土壤水分条件下光合有效辐射的日动态

本研究的缺憾。树干液流速率日动态曲线以单峰、双峰和多峰格型居多，多呈现“昼高夜低”的变化规律（许浩等，2007；徐先英等，2008；李妙伶等，2012；王文栋等，2012）。研究发现，太阳辐射、水压亏缺、空气相对湿度、气温和风速等气象因子和土壤水分状况是直接影响树干液流日动态的主要因素（Poyatos et al.，2007；王翠等，2008）。贝壳砂生境酸枣和华北石质山区的酸枣（史文兵等，2012）、干热河谷山合欢（王小菲等，2013）液流速率日动态曲线均具有明显的昼夜变化，表现为“宽峰”或“几”字形的波动状，呈现具有一定宽度的单峰型，在 9:00～15:00 左右形成“高峰平台”，这与荒漠典型植被梭梭（李妙伶等，2012）、干热河谷山合欢在晴天的树干液流速率日变化一致。

随生境条件不同或相同环境但树木种类的不同，树干液流启动、停止时间及活跃期差异较大。华北石质山区酸枣的液流启动时间在清晨 6:10～7:00，19:30 停止；干热河谷区山合欢湿季的树干液流主要集中在 8:00～18:00，启动时间在 7:30，20:00 降到最低点，活跃期持续接近 12h（王小菲等，2013）。贝壳砂生境下，随干旱胁迫的加重，酸枣树干液流启动时间具有一定的滞后现象，由高水分条件下的清晨 6:00 延迟至低水分条件下的上午 9:00，而结束时间由 18:30 提早到 17:00，树干液流活跃期由 12.5h 缩短至 8h，且达到峰值时间水分充足时提前于水分缺乏时，与山合欢湿季的液流启动和达到峰值时间均早于水分缺乏干季的变化规律类似。酸枣液流速率日变化幅度随干旱胁迫的加剧而变小，表现出因土壤水分不足影响植物根系吸水（徐先英等，2008），导致酸枣蒸腾耗水下降较大，以适应干旱逆境的策略。

干旱胁迫下干旱荒漠区多种灌木的树干液流在夜间仍存在微弱液流（徐先英等，2008；王文栋等，2012），主要是夜间无蒸腾拉力，由根部、树冠和叶片形成的水势差及根压的存在（王文栋等，2012）或外界环境的夜晚无光照、干旱高温及适度风速等因素引起（许浩等，2007；徐先英等，2008）。而贝壳砂生境酸枣夜间 19:00 至清晨 5:30 左右无液流产生，这与湿润半湿润地区的橡树（*Quercus palustris*）（Makiko et al.，2008）、湿地松（*Pinus elliottii*）（涂洁等，2007）和华北石质山区的酸枣（史文兵等，2012）夜间液流基本停止的结论类似，可能与树木体内储存一定的水分有关（Zhou et al.，2002）。

由于自身生物学特性的差异，不同植物液流日变化规律也有所不同。干旱荒漠区的沙冬青液流于 8:00～9:00 开始启动，9:00 左右达到峰值，然后迅速下降，20:00 左右蒸腾作用几乎停止，夜间仅有小的波动（郭树江等，2011）。黄柳、小叶锦鸡儿液流启动时间分别为 4:30 和 5:30，在 13:00 左右到达各自液流速率峰值，20:30 降为最低，晚间均具有明显的液流活动现象（岳广阳等，2006）。荒漠人工植被区的 18 年柠条液流早晨 6:00 左右启动，12:00 左右达到峰值，然后缓慢下降，夜间有液流现象；而 8 年油蒿 8:00 启动，14:00～16:00 达到峰值，然后迅速下降为 0，夜间无液流现象（黄磊和张志山，2011）。本研究发现在典型晴天里，叶底珠液流加速启动时间为早晨 6:00～6:30，晚上 20:00～20:30 降到一个较为稳定的水平，夜间维持一定的液流活动。

白桦（孙慧珍等，2002）、榆叶梅、疏花蔷薇、紫穗槐（王文栋等，2012）、印楝（段爱国等，2011）等植物的日液流速率呈单峰型，黄柳、小叶锦鸡儿（岳广阳等，2006）等日液流速率呈多峰曲线。本研究发现叶底珠液流速率日变化呈宽的多峰型。而也有研究发现，叶底珠的蒸腾速率日变化主要呈单峰型，峰值多出现在 10:00 或 14:00（李薛飞，2011）。虽然根系吸收的水分通过液流到达植物叶片后，绝大部分通过蒸腾作用散失，液流量可以在很大程度上反映植物蒸腾耗水量，但是由于水分通过液流传输到冠层蒸腾有一定的时间迟滞，所以蒸腾速率日变化与液流速率日变化曲线往往并不吻合（岳广阳等，2006）；另外，用快速称重法测得的部分叶片的蒸腾速率日变化，不足以代表整个树冠层的叶片蒸腾，也就难以反映植物液流的动态变化特征。

7.6 主要灌木树种光合效率的水分阈值分级

7.6.1 酸枣叶片光合效率的水分阈值分级

将植物光合作用效率和水分利用效率赋予“产”和“效”的光合生产力意义（Zhang et al.，2012a），并根据植物光合作用“产”和“效”的相互关系进行土壤水分生产力分级与评价。

由图 7-24 知，酸枣叶片水分利用效率（*WUE*）随土壤水分逐步升高而先增大后减小，在 *RWC* 为 73%时达到最大值，在 *RWC*＜73%时随干旱胁迫的加剧而减小，在 *RWC*＞73%时随水分逐渐增大而减小，因此，将 *RWC* 为 73%作为酸枣光合作用高效临界点。酸枣叶片主要光合参数和叶绿素荧光参数均在 *RWC* 为 56%～80%内达到最适程度，因此，将 *RWC* 为 56%作为酸枣高产起点，将 *RWC* 为 80%作为高产终点。酸枣 P_n 下降原因由气孔限制为主转变为非气孔限制为主的土壤水分点出现在 *RWC* 为 25%时，同时酸枣叶绿素荧光动力学机制在 *RWC*＜25%时受到破坏，因此，将 *RWC* 为 25%作为划分低产和中产的临界点。综合上述光合生理参数的土壤水分关键临界点，采用数学交集求解原理，确定出贝壳砂生境酸枣土壤水分生产力级别：*RWC* 在 11%～25%内为低产低效水，*RWC* 在 25%～56%和 80%～95%内为中产中效水，*RWC* 在 56%～80%内为高产高效水（表 7-7）。

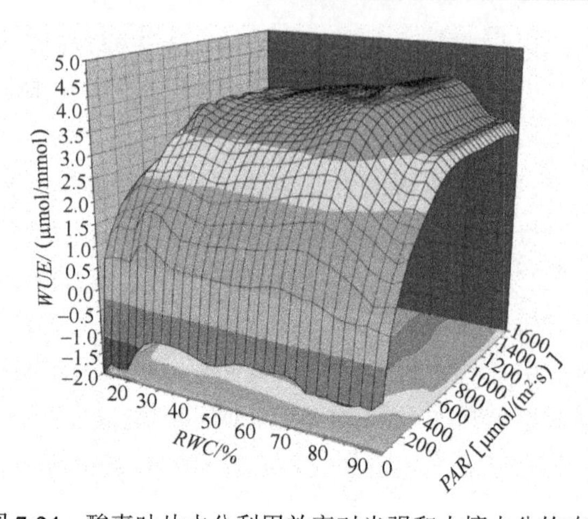

图 7-24　酸枣叶片水分利用效率对光强和土壤水分的响应

表 7-7　酸枣土壤水分生产力分级体系

RWC 范围	*RWC* 关键临界点	土壤水分生产力分级水分阈值	土壤水分生产力级别
11%～95%	$RWC_{\text{气孔限制转折点}}=25\%$	11%～25%	低产低效水
	$RWC_{\text{高产起点}}=56\%$	25%～56%	中产中效水
	$RWC_{\text{高效点}}=73\%$	56%～80%	高产高效水
	$RWC_{\text{高产终点}}=80\%$	80%～95%	中产中效水

7.6.2　杠柳叶片光合效率的水分阈值分级

由图 7-25 知，杠柳叶片 *WUE* 在高光强下对土壤水分的响应规律波动性较大，随土壤水分逐渐增多先减小，后增大，再减小。杠柳 *WUE* 在 *RWC* 为 50%时降至最小值，在 *RWC* 为 79%时增至最大值，因此，将 *RWC* 为 50%作为杠柳光合作用低效临界点，将 *RWC* 为 79%作为杠柳光合作用高效临界点。杠柳叶片主要光合

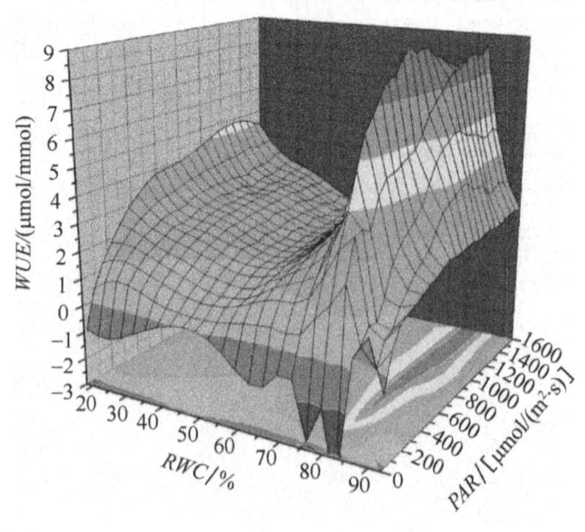

图 7-25　杠柳叶片水分利用效率对光强和土壤水分的响应

参数和叶绿素荧光参数均在 *RWC* 为 58%～80%内达到最适程度，因此，将 *RWC* 为 58%作为杠柳高产起点，将 *RWC* 为 80%作为高产终点。杠柳净光合速率气孔限制转折点以及荧光机制破坏临界点出现在 *RWC* 为 35%时，因此，将 *RWC* 为 35%作为划分低产和中产的临界点。综上所述，确定出杠柳土壤水分生产力级别：*RWC* 在 18%～35%内为低产中效水，*RWC* 在 35%～58%内为中产低效水，*RWC* 在 58%～80%内为高产高效水，*RWC* 在 80%～93%内为中产中效水（表 7-8）。

表 7-8　杠柳土壤水分生产力分级体系

RWC 范围	*RWC* 关键临界点	土壤水分生产力分级水分阈值	土壤水分生产力级别
18%～93%	$RWC_{\text{气孔限制转折点}}=35\%$	18%～35%	低产中效水
	$RWC_{\text{低效点}}=50\%$	35%～58%	中产低效水
	$RWC_{\text{高产起点}}=58\%$	58%～80%	高产高效水
	$RWC_{\text{高效点}}=79\%$ $RWC_{\text{高产终点}}=80\%$	80%～93%	中产中效水

7.6.3　叶底珠叶片光合效率的水分阈值分级

由图 7-26 知，叶底珠叶片 *WUE* 随土壤水分逐步增多先增大后减小，在 *RWC* 为 75%时达到最大值，在 *RWC*＜75%时随干旱胁迫的加剧而减小，在 *RWC*＞75%时随水分逐渐增大而减小，因此，将 *RWC* 为 75%作为叶底珠光合作用高效临界点。叶底珠叶片主要光合生理参数均在 *RWC* 为 66%～75%内达到最适程度，因此，将 *RWC* 为 66%作为叶底珠高产起点，将 *RWC* 为 75%作为高产终点。叶底珠净光合速率气孔限制转折点以及叶绿素荧光机制破坏临界点出现在 *RWC* 为 40%时，因此，将 *RWC* 为 40%作为划分低产和中产的临界点。综合上述光合生理参数土壤水分关键临界点，采用数学交集求解原理，确定出贝壳砂生境叶底珠土壤水分生产力级别：*RWC* 在 13%～40%内为低产低效水，*RWC* 在 40%～66%内为中产中效水，*RWC* 在 66%～75%内为高产高效水，*RWC* 在 75%～92%内为中产高效水（表 7-9）。

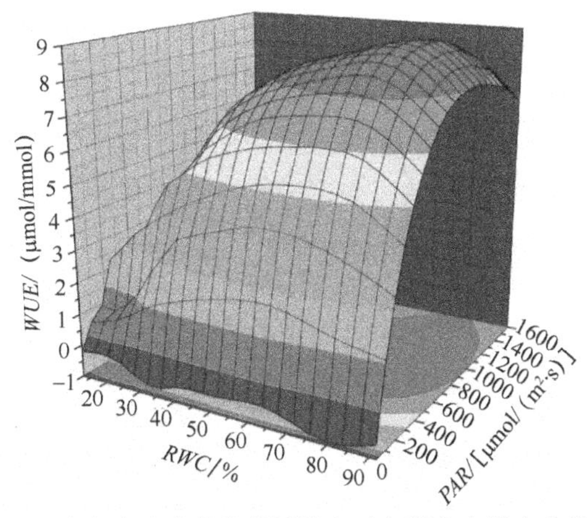

图 7-26　叶底珠叶片水分利用效率对光强和土壤水分的响应

表 7-9　叶底珠土壤水分生产力分级体系

RWC 范围	*RWC* 关键临界点	土壤水分生产力分级水分阈值	土壤水分生产力级别
13%～92%	$RWC_{气孔限制转折点}$=40%	13%～40%	低产低效水
	$RWC_{高产起点}$=66%	40%～66%	中产中效水
	$RWC_{高效点}$=75%	66%～75%	高产高效水
	$RWC_{高产终点}$=75%	75%～92%	中产高效水

7.7　土壤水分对植物叶片光合作用效率的影响

光合作用和蒸腾作用是植物主要的气体交换过程，土壤水分是影响植物光合生理过程的主要限制因素，干旱胁迫可导致叶片光合作用和林分蒸腾下降，但相关研究表明，植物净光合速率、蒸腾速率及水分利用效率与土壤水分并非简单的线性关系，而是对土壤水分表现出一定的阈值效应（Zhang et al.，2010，2012a；Xia et al.，2011；夏江宝等，2009，2011）。

植物叶片 P_n、T_r 和 *WUE* 与土壤水分的响应关系随水分设置梯度的多少，在研究结论上有一定的差异。主要可分为两大类。一类是模拟设置充足供水、轻度、中度及重度胁迫 4 种水分处理（Du et al.，2010；刘刚等，2010；邓丽娟等，2011）。例如，随干旱胁迫的加剧，黄栌（*Cotinus coggygria* var. *cinerea*）叶片的 P_n、T_r 和 *WUE* 明显降低（刘刚等，2010）。另一类是设置系列水分梯度，发现辽东楤木（*Aralia elata*）（陈建等，2008）、梭梭（Gao et al.，2010）、美国凌霄（*Campsis radicans*）（Xia et al.，2011）、山杏（夏江宝等，2011）等植物光合生理参数与土壤水分具有一定的阈值响应关系，适宜的土壤水分可显著提高群体和叶片的光合能力，而在干旱胁迫和高水分条件下，植物的光合作用和蒸腾作用均受到一定的抑制，这与贝壳砂生境酸枣叶片 P_n 和 T_r 的变化规律类似。但随植物类型和生境条件的不同，达到最高值的土壤水分有较大差异，如辽东楤木、美国凌霄和山杏 P_n 最高值的 *RWC* 分别为 65%、71.1%和 67.6%，维持 T_r 最高值的 *RWC* 分别为 65.9%、71.1%和 74.5%，而贝壳砂生境，酸枣叶片 P_n 和 T_r 最高值分别出现在 *RWC* 为 62%和 52%，均低于上述树种，表明酸枣具有一定的耐旱性，在相对低的水分条件下，可实现光合产物的有效积累。

低水分条件下辽东楤木和山杏叶片的 *WUE* 明显高于高水分条件下，即干旱胁迫在一定程度上可提高植物的水分利用效率，而美国凌霄 *WUE* 在水分充足时达到最高值。在贝壳砂生境低水分和高水分条件下，酸枣具有高效用水的生理特性，但此时酸枣叶片 P_n 较低，不利于维持较高的光合生产力、较低的 T_r 值，也容易导致蒸腾耗水过低而使叶片温度升高，如长时间维持这种水分状况，对植物正常的生理活动产生不利影响。可见，植物叶片 *WUE* 随 *RWC* 变化表现出较大差异，

这与 P_n 和 T_r 对土壤水分的响应敏感程度不一致有关，贝壳砂生境酸枣在遭受水分胁迫时，P_n 和 T_r 都表现为下降趋势，但 T_r 对 RWC 响应更加敏感，下降幅度高于 P_n，因此能保持高的水分利用效率。贝壳砂生境酸枣树干液流速率、日液流量和液流密度与 T_r 呈显著正相关，树干液流速率与 P_n、WUE 相关性不显著。树干液流密度随土壤水分的变化趋势和 P_n、T_r 类似，均随 RWC 的增加先升高后降低，但各指标达到峰值的水分点不同，P_n 和树干液流密度均在 RWC 为 62%时达到最高值，而 T_r 在 RWC 为 52%时达到最高值，即叶片水平上的蒸腾速率和单株水平上的液流量虽呈显著相关性，但仍表现出一定的不同步，因此，在由叶片水平推算单株或林分水平上的耗水量时，需充分考虑这种差异的存在。

净光合速率-光响应曲线的测定及其分析，是植物光合生理研究的重要手段，可获得 AQY、LCP、LSP、P_{max} 和 R_d 等重要光合生理参数，这些参数有利于确定植物光合机构是否运转正常、强光或遮阴环境下的光合作用能力及光适应特性的判别等，对于研究植物叶片光合作用效率具有重要意义。

植物叶片 P_{max} 是衡量叶片光合作用最大潜力的重要指标，在最佳或者最适的环境条件下，可表示叶片的最大光合能力。本研究表明，3 种灌木 P_{max} 均随土壤水分的逐步升高而先增大后减小，轻度干旱胁迫引起 P_{max} 的升高，而严重干旱胁迫和渍水胁迫导致 P_{max} 的降低。适宜水分条件下，酸枣、杠柳和叶底珠 P_{max} 的最大值分别为 18.1μmol/（m^2 • s）、11.1μmol/（m^2 • s）和 9.0μmol/（m^2 • s），可见，3 种灌木光合潜力依次为酸枣＞杠柳＞叶底珠。适宜水分条件下，辽东楤木 P_{max} 最大值为 7.92μmol/（m^2 • s），山杏 P_{max} 最大值为 13.30μmol/（m^2 • s），可见不同灌木之间光合潜力存在较大程度的差异，而贝壳砂生境酸枣光合潜力高于普通灌木。

植物叶片呼吸作用是植物分解光合作用固定的有机物、释放能量的生理活动，呼吸作用作为植物正常生长发育的物质和能量源泉，在植物生理生态中依然占据重要位置。3 种灌木 R_d 对土壤水分的响应规律与 P_{max} 基本一致，随土壤水分的逐步升高而先增大后减小，在适宜水分条件下的呼吸活性最强，具有增强呼吸作用从而提高叶片新陈代谢活性的生理策略，而在重度干旱胁迫和渍水胁迫下具有通过减弱呼吸作用、减少对光合作用固定的有机物的消耗量从而保留有机物的生理策略。例如，杠柳叶片 R_d 在重度干旱胁迫下较低，能够通过减弱呼吸作用以减少对光合产物的消耗，以适应土壤干旱条件。与辽东楤木 R_d 为 0.24～0.86μmol/（m^2 • s），山杏 R_d 为 0.67～1.92μmol/（m^2 • s）相比，不同水分条件下杠柳叶片 R_d 偏高，为 1.37～2.08μmol/（m^2 • s），这可能是贝壳堤干旱生境下杠柳生物量较低的原因之一。适宜水分条件下，酸枣、杠柳和叶底珠 R_d 的最大值分别为 2.8μmol/（m^2 •s）、2.2μmol/（m^2 •s）和 0.98μmol/（m^2 • s），其他研究中，辽东楤木 R_d 最大值为 0.9μmol/（m^2 • s），山杏 R_d 最大值为 1.9μmol/（m^2 • s），可见不同水分条件下不同树种的呼吸活性存在较大差异，其中，酸枣呼吸活性最强，杠柳呼吸活性较强，仅次于酸枣，叶底珠呼吸活性较弱。

植物叶片 *AQY* 反映植物光合作用对光能的利用效率，*AQY* 既受到光照、温度、水分等外界因素的影响，又受到碳代谢途径、呼吸作用、色素含量等内部因素的影响。*AQY* 传统的确定方法是利用直线方程拟合弱光强［*PAR*≤200μmol/（m^2 · s）］下的光响应数据得到的直线斜率表示（许大全，2002）。但有研究表明弱光强下植物叶片的 P_n 对光强的线性响应是一种近似，低于 *LCP* 时，光响应曲线的初始斜率靠近 *LCP* 附近，光合作用的量子效率值有一个突然的变化，以至量子效率值随着光强的增加而突然降低，这种现象称为 Kok 效应（叶子飘和王建林，2009；郎莹等，2011）。由于 Kok 效应的存在，传统方法确定的 *AQY* 会随 *PAR* 取值范围的变化而变化。缩小 *PAR* 取值范围，会出现实测数据点减少和误差增大的问题，扩大 *PAR* 取值范围，*AQY* 又会随 *PAR* 的增加而降低。干旱胁迫或者渍水条件会导致植物 *AQY* 降低（陈建等，2008；Xia et al.，2011），光能利用效率降低。例如，轻度干旱胁迫能够提高贝壳砂生境杠柳叶片 *AQY*，而中度和重度干旱胁迫明显降低 *AQY*，可见水分条件适宜时，杠柳可充分利用弱光环境，同时可通过降低对弱光的利用以适应干旱逆境。本研究表明，轻度水分胁迫导致 3 种灌木叶片 *AQY* 的升高，光能利用效率增强，而严重水分胁迫条件会导致植物 *AQY* 的降低，光能利用效率减弱，表明轻度干旱胁迫下贝壳砂 3 种灌木均具有增强光能利用效率的生理策略。辽东楤木叶片 *AQY* 与土壤含水量的定量关系曲线近似“∩”形，与本研究结果类似。适宜水分条件下，酸枣、杠柳和叶底珠 *AQY* 的最大值分别为 0.064、0.039 和 0.027，其中，酸枣 *AQY* 最高，高于一般植物 *AQY* 范围（0.03～0.05）的上限（李合生，2002），叶底珠 *AQY* 最小，低于一般植物 *AQY* 范围的下限。可见，3 种灌木中，酸枣叶片光合作用对光能的利用效率最高，其次是杠柳，叶底珠最低。

LSP 和 *LCP* 是衡量植物叶片对光强适应性及光能利用能力的两个重要光合生理指标，*LSP* 反映植物叶片对强光的适应性，*LCP* 反映植物叶片对弱光的适应性，*LSP* 与 *LCP* 差别越大，即光照生态幅越宽，植物叶片对光能的适应性越强。水分胁迫可能会导致植物叶片 *LCP* 增高和 *LSP* 降低，植物叶片利用弱光和强光的能力均降低，即光照生态幅变窄（Xia et al.，2011；陈建等，2008）。例如，水分充足时，杠柳叶片 *LCP* 最小，*LSP* 最大，利用弱光和强光的能力均为最强，光照生态幅最宽［1520μmol/（m^2 ·s）］，高于辽东楤木［774μmol/（m^2 ·s）］和山杏［1343μmol/（m^2 ·s）］的最宽生态幅，但低于乔木栾树的最宽生态幅［2167μmol/（m^2 · s）］（陈志成等，2012）。随干旱胁迫的加重，杠柳叶片光照生态幅逐渐变窄，表明杠柳叶片对光环境的适应性逐渐减弱。干旱胁迫下，柠条利用弱光能力增强，利用强光能力基本无变化，沙木蓼和杨柴利用弱光能力相对稳定，利用强光能力下降（韩刚和赵忠，2010），而杠柳利用弱光和强光能力均下降，表明杠柳光合作用在干旱胁迫下对光照的变化较为敏感，贝壳砂生境下杠柳具有降低光能利用率以适应干旱逆境的生

理策略。直角双曲线修正模型中的参数光抑制项 β 和光饱和项 γ 的生物学意义是 PSⅡ天线色素分子光量子吸收截面与其处于激发态平均寿命的乘积，β 值越大，表示植物越容易受到光抑制，γ 值越大，表示植物越容易达到光饱和（叶子飘和康华靖，2012）。随干旱胁迫的加重，杠柳叶片 β 和 γ 逐渐增大，表明杠柳叶片 PSⅡ天线色素分子的光量子吸收截面变大，且处于激发态的平均寿命较长，易出现光抑制现象（王荣荣等，2013b）。本研究表明，3 种灌木叶片 *LSP* 均随土壤水分的逐步升高而先增大后减小，在适宜水分条件下对强光的适应性最强；酸枣和叶底珠叶片 *LCP* 均随土壤水分的逐步升高而先减小后增大，在适宜水分条件下对弱光的适应性最强，而杠柳叶片 *LCP* 对土壤水分响应更加敏感，杠柳叶片 *LCP* 在 *RWC*＜33%时随 *RWC* 的减小而增大，说明 *RWC*＜33%的水分范围可能引起杠柳光合机构的损伤，与杠柳叶片在 *RWC*＜35%时受到非气孔因素限制的判断基本一致，可见不同植物对弱光和强光的利用能力以及对水分胁迫的响应规律存在一定差别。

根据贝壳砂生境 3 种常见灌木叶片光合作用效率对土壤水分的响应规律可知，3 种灌木不仅对水分逆境具有较强的生理适应性和可塑性，而且具有较高的光合能力。其中，酸枣叶片的光合作用效率最高，在适宜水分条件下具有较高的光合作用潜力、呼吸活性以及对光能的利用能力；杠柳对强光具有较强的适应性，光照生态幅较宽，光合作用效率次之；叶底珠光合作用效率最差，光合能力最弱。

7.8 植物光合效率的土壤水分有效性分级及评价

植物土壤水分生产力分级建立在植物水分生理学基础上，赋予植物光合作用效率和水分利用效率“产”和“效”的光合生产力意义，是植物光合生理水分有效性研究的重要手段。目前，不同植物在土壤水分生产力分级方法上存在一定差异。张光灿等（2003）和陈建等（2008）通过非线性回归分析、积分求解等方法确定植物主要光合参数（P_n、*WUE*、T_r 和 L_s 等）与土壤水分的定量关系及各参数的土壤水分关键临界点（极值、平均值、补偿点和转折点等），根据各临界点将土壤水分划分为不同的生产力级别。夏江宝等（2011）和张淑勇等（2007）依据植物主要光合参数（P_n、*WUE* 和 T_r 等）对系列土壤水分点进行聚类分析，结合主要参数对土壤水分的阈值效应，建立植物土壤水分生产力分级标准。本研究兼顾酸枣叶片主要气体交换参数、光合光响应特征参数以及叶绿素荧光参数的水分响应性，通过非线性回归分析确定主要灌木光合生理参数与土壤水分的定量关系及关键临界点，采用数学交集求解的方法确定植物土壤水分生产力级别，但各种分级方法适用于何种试验结果有待深入研究。

根据酸枣土壤水分生产力分级标准，当 *RWC* 为 11%～25%时为低产低效水，酸枣光合作用受到非气孔限制，以 PSⅡ反应中心为主的光合机构受到不可逆的破坏，酸枣光合生产力和水分利用效率均处于较低水平，严重影响酸枣苗木正常生长。当 *RWC* 为 25%～56%和 *RWC* 为 80%～95%时为中产中效水，在这两个水分范围内酸枣光合生产力因受到气孔因素的可逆胁迫而处于中等水平，水分利用效率随干旱或渍水胁迫的加剧存在不同程度地减弱。*RWC* 为 56%～80%时为高产高效水，主要光合生理参数均达到最适水平，光合生产力和水分利用效率均处于较高水平，同时，根据酸枣气孔限制机理可知，酸枣光合作用在 *RWC* 为 56%～80%内受到的限制因素较少，因此，将 56%～80%作为贝壳砂生境酸枣苗木生长较为适宜的土壤水分条件。

对于杠柳，*RWC* 在 18%～35%内为低产中效水，杠柳光合作用受到非气孔限制，以 PSⅡ反应中心为主的光合机构受到不可逆的破坏，杠柳光合生产力处于较低水平，水分利用效率处于中等水平，表明杠柳在一定程度上具有通过提高水分利用效率以适应严重干旱胁迫的生理策略。*RWC* 在 35%～58%内为中产低效水，*RWC* 在 80%～93%内为中产中效水，在这两个水分范围内杠柳光合生产力因受到气孔因素的可逆胁迫而处于中等水平，水分利用效率随干旱或渍水胁迫的加剧存在不同程度地减弱，在轻度干旱胁迫下处于较低水平，在渍水胁迫下处于中等水平。*RWC* 为 58%～80%时为高产高效水，杠柳光合作用限制因素较少，主要光合生理参数均达到最适水平，光合生产力和水分利用效率均处于较高水平，此范围是贝壳砂生境杠柳生长较为适宜的土壤水分条件。

对于叶底珠，*RWC* 在 13%～40%内为低产低效水，叶底珠光合作用受到非气孔限制，以 PSⅡ反应中心为主的光合机构受到不可逆的破坏，叶底珠光合生产力和水分利用效率均处于较低水平。*RWC* 在 40%～66%内为中产中效水，该水分范围内叶底珠光合生产力和水分利用效率因受到气孔因素的可逆胁迫而处于中等水平。*RWC* 为 66%～75%时为高产高效水，叶底珠光合作用限制因素较少，主要光合生理参数均达到最适水平，光合生产力和水分利用效率均处于较高水平，此范围是贝壳砂生境叶底珠生长较为适宜的土壤水分条件。*RWC* 为 75%～92%时为中产高效水，叶底珠光合生产力同样受到气孔因素的可逆胁迫，同时，此时叶底珠叶片的高水分利用效率是建立在高水分含量条件下的，因此，该水分范围不适于贝壳砂生境叶底珠苗木节水发展。

综上所述，黄河三角洲贝壳砂干旱生境酸枣、杠柳和叶底珠苗木生长较为适宜的土壤水分条件分别在 *RWC* 为 56%～80%、58%～80%和 66%～75%的范围内，其中，酸枣的水分生态幅最宽，其次是杠柳，水分生态幅略窄于酸枣，叶底珠的水分生态幅最窄。可见，在贝壳砂生境中，酸枣和杠柳对水分胁迫的适应性较强，叶底珠对水分胁迫的适应性最差。在干旱缺水地区，为有效提高水分利用效率，往往选择高产高效水或中产高效水作为植被生长较为适宜的土壤水分条件，而非高产中效水，如将 *RWC* 为 48%～64%和 41%～52%分别作为刺槐和侧柏适宜的土壤水分条件（张光灿等，2003）。维持其他植物适宜生长的 *RWC* 为：山杏，47%～75%；辽东楤木，44%～85%。其中，乔木刺槐和侧柏的水分生态幅较窄，且适宜较干旱的生境；贝壳砂生境酸枣和杠柳的水分生态幅较宽；而山杏和辽东楤木的水分生态幅最宽，对不同水分生境具有较好的适应性。可见，植物适宜生长的土壤水分范围因植物种类和生境条件的不同而存在较大差异，植物光合作用效率的土壤水分有效性研究对植物的立地选择及水分栽植管理具有重要指导意义。

7.9 结　论

7.9.1 三种灌木的光响应模型适应性

直角双曲线修正模型对不同水分条件下酸枣叶片 P_n 光响应过程拟合效果较好，非直角双曲线模型对不同水分条件下杠柳和叶底珠叶片净光合速率光响应过程拟合效果较好，直角双曲线模型对 3 种灌木叶片净光合速率光响应过程的拟合效果均为最差。直角双曲线修正模型对 3 种灌木叶片的最大净光合速率和光饱和点的模拟效果最好，非直角双曲线模型对 3 种灌木叶片的暗呼吸速率、表观量子效率和光补偿点的模拟效果最好，表明非直角双曲线模型较适合植物叶片净光合速率光响应低光强阶段的拟合，直角双曲线修正模型较适合植物叶片净光合速率光响应高光强阶段的拟合。其中，4 种模型对杠柳叶片光合作用光响应过程的拟合效果优劣顺序为：直角双曲线修正模型＞非直角双曲线模型＞指数模型＞直角双曲线模型，后 3 种模型均为没有极值的函数，故不能很好地拟合光响应曲线光抑制过程，并不能直接求解最大净光合速率和光饱和点。4 种光响应模型对干旱胁迫下杠柳幼苗光合变化具有不同的适应性，直角双曲线修正模型适应各种水分条件，直角双曲线模型和指数模型较适合轻度干旱胁迫条件，非直角双曲线模型较适合重度干旱胁迫条件。随干旱胁迫的加剧，光响应参数表观量子效率、暗呼吸速率和光补偿点先升高后下降，净光合速率、最大净光合速率和光饱和点逐渐下降。水分充足条件下，杠柳叶片光能利用最强，光照生态幅最宽；重度干旱胁迫下，杠柳叶片表现出明显的光饱和、光抑制现象，光能利用减弱，光合能力受到较大限制。

7.9.2 三种灌木的光合能力

酸枣叶片净光合速率、蒸腾速率和水分利用效率随土壤水分的增多先增大后减小，蒸腾速率对土壤相对含水量的敏感程度大于净光合速率，因而水分利用效率维持在较高水平。当土壤相对含水量为 25%～56%或 80%～95%时，随着干旱或渍水胁迫的加剧，酸枣叶片净光合速率下降主要以气孔限制为主；当土壤相对含水量为

11%～25%时，随干旱胁迫的加剧，酸枣叶片净光合速率下降，以非气孔限制为主，光合机构受到不易逆转的破坏。酸枣叶片最大净光合速率、暗呼吸速率、表观量子效率和光饱和点随土壤水分的增多先增大后减小，光补偿点、光抑制项和光饱和项则先减小后增大。在土壤相对含水量为 80%时，酸枣叶片 PSⅡ反应中心的光化学转化效率最高。当土壤相对含水量低于 32%时，表观量子效率和潜在光化学效率迅速减小，光抑制项迅速增大，酸枣光抑制明显。当土壤相对含水量低于 25%时，非光化学淬灭系数迅速减小，初始荧光迅速增大，酸枣 PSⅡ受到不可逆的破坏。

随土壤湿度的增加，杠柳叶片最大净光合速率、暗呼吸速率、表观量子效率和光饱和点先增大后减小，而光补偿点呈先减小后增大再减小的趋势。在 *RWC* 为 35%～55%或 78%～93%范围内，杠柳光合作用下降主要以气孔限制为主；在 *RWC* 为 14%～35%范围内，杠柳光合作用下降以非气孔限制为主。当 *RWC*＜35%时，干旱胁迫可对杠柳叶片潜在光化学效率和实际光化学效率造成显著影响，PSⅡ反应中心受到不可逆的破坏，叶绿素荧光动力学机制受阻较大。当 *RWC*＞35%时，杠柳叶片 PSⅡ反应中心能够保持正常运行并对水分胁迫做出响应，该水分临界点与杠柳光合作用发生非气孔限制的临界点一致。

叶底珠叶片净光合速率和光合作用特征参数对土壤水分变化具有阈值效应。维持叶底珠叶片较高光合生产力的土壤相对含水量为 50.3%～83.2%，CO_2 浓度为 700～1100μmol/mol，其中最适宜的土壤相对含水量为 70.5%，最大值出现在 CO_2 浓度为 900μmol/mol，而正常 CO_2 浓度和倍增 CO_2 浓度下维持叶底珠叶片较高光合生产力水平的土壤相对含水量范围分别为 45.5%～90.0%和 47.0%～92.6%。叶底珠叶片表观最大净光合速率和羧化效率随着土壤相对含水量的增加而呈抛物线变化。CO_2 补偿点呈现与最大净光合速率和羧化效率相反的变化规律，在土壤相对含水量为 70.5%时，CO_2 补偿点达到最低值 51.3μmol/（m^2·s）。光呼吸速率在 *RWC* 为 50.3%时达到最小值 2.62μmol/mol，随着 *RWC* 的增加，光呼吸速率增加缓慢。

3 种灌木叶片不仅对水分逆境具有较强的生理适应性和可塑性，而且具有较高的光合能力，其中，酸枣苗木在适宜水分条件下具有较高的光合作用潜力、呼吸活性以及对光能的利用能力，光合作用效率最高，杠柳光合作用效率次之，叶底珠光合作用效率较差。

7.9.3 酸枣和叶底珠树干液流的水分响应规律

贝壳砂生境酸枣树干液流对土壤水分具有阈值响应。酸枣树干液流速率、日累积液流量及树干液流密度均随土壤水分的降低先升高后下降，在土壤相对含水量为 62%时，日液流量达到最高值 95.91g/d，土壤相对含水量为 90%和 17%时的日液流量分别比最高值下降 35.7%和 94.8%。水分胁迫可明显抑制酸枣的日耗水量，在高水分条件和干旱胁迫下，酸枣日耗水量均表现为下降趋势，但干旱比高水分条件更易导致酸枣苗木液流速率及日耗水量的下降。酸枣液流速率日动态具有一定宽度的单峰型，昼夜差异明显，在 9:00～15:00 左右形成高峰平台，19:00～5:30 树木液流停止。在贝壳堤水分缺乏的生境下，随干旱胁迫的加重，酸枣可通过延迟树干液流启动时间、提早结束液流活动，以缩短日蒸腾作用时间，降低日耗水量，活跃期由一天的 12.5h 缩短至 8.0h，日蒸腾耗水量明显降低，对干旱胁迫表现出一定的水分生理调节能力和适应性。贝壳砂生境酸枣表现出一定的耐干旱不耐水湿的特性。

叶底珠液流速率表现出明显日变化节律性。典型晴天里，在土壤相对含水量较高（66.1%）时，液流速率早晨 6:00～6:30 开始迅速上升，白天呈现宽的多峰型，最大值出现在 11:00，晚上 20:00～20:30 液流速率降到一个较低水平，夜间维持一定的液流速率，日液流速率最低值出现在凌晨 4:00。叶底珠日液流量、日液流速率峰值与土壤相对含水量呈对数正相关；昼液流量（6:00～20:00）与土壤含水量呈极显著线性正相关（$r=0.944$，$P<0.01$）；夜液流量在土壤含水量较高时（49.5%～85.0%）与其呈极显著负相关（$r=-0.962$，$P<0.01$），在土壤相对含水量为 22.0%～49.5%时，维持在较为稳定的水平（34.1～35.0g），而在土壤含水量低于 22.0%时与其相关性不显著（$r=0.993$，$P>0.05$）；在土壤相对含水量为 22.0%时，夜液流量达最大值。随土壤含水量的降低，叶底珠白天和夜晚的液流量差别逐渐减小。

7.9.4 三种灌木光合作用的水分适应性

3 种灌木在轻度干旱或渍水胁迫时，光合作用主要受气孔限制；在严重干旱胁迫时，光合作用主要受非气孔限制；酸枣、杠柳和叶底珠叶片气孔限制与非气孔限制的转折点分别出现在土壤相对含水量为 25%、35%和 40%时。3 种灌木叶片叶绿素荧光参数在非气孔限制为主的水分阈值内发生显著变化，以 PSⅡ为主的光合机构受到损伤。酸枣光合机构对干旱胁迫的忍耐性最强，杠柳其次，叶底珠最差。

黄河三角洲贝壳砂干旱生境酸枣、杠柳和叶底珠苗木生长较为适宜的土壤水分条件分别在土壤相对含水量为 56%～80%、58%～80%和 66%～75%的范围内，其中，酸枣的水分生态幅最宽；杠柳次之，水分生态幅略窄于酸枣；叶底珠的水分生态幅最窄。贝壳砂生境 3 种灌木中，酸枣苗木对土壤水分变化的适应性较强，杠柳次之，叶底珠最差。

综上所述，黄河三角洲贝壳砂生境 3 种常见灌木叶片的光合作用对土壤水分逆境具有较强的生理适应性和可塑性。酸枣苗木生长较适宜的水分条件在土壤相对含水量为 56%～80%内，而酸枣苗木生长所允许的最大土壤水分亏缺在土壤相对含水量为 25%时；杠柳苗木生长较适宜的水分条件在土壤相对含水量为 58%～80%内，其生长所允许的最大土壤水分亏缺在土壤相对含水量为 35%时；叶底珠苗木生长较适宜的水分条件在土壤相对含水量为 66%～75%内，其生长所允许的最大土壤水分亏缺在土壤相对含水量为 40%时。3 种灌木中，酸枣苗木对贝壳砂生境土壤水分变化的适应性最强，对干旱生境的忍耐能力最强，并且适宜水分条件下光合作用效率最高；杠柳苗木对土壤水分的适应性、耐旱能力及光合效率水平均次于酸枣；叶底珠苗木最差。从适应干旱逆境条件下植物光合生理过程的有效程度进行评价，酸枣可以作为黄河三角洲贝壳堤滩脊地带植被恢复与生态重建的优选树种进行大量栽植。

参 考 文 献

安玉艳，梁宗锁，郝文芳．2011．杠柳幼苗对不同强度干旱胁迫的生长与生理响应．生态学报，31（3）：716-725.

贲亮，郭伟康，袁红艳，等．2010．叶底珠枝叶水提物对小鼠急性肝损伤的保护作用．四川中医，28（2）：25-26.

陈建，张光灿，张淑勇，等．2008．辽东楤木光合和蒸腾作用对光照和土壤水分的响应过程．应用生态学报，32（6）：1471-1480.

陈志成，王荣荣，王志伟，等．2012．不同土壤水分条件下栾树光合作用的光响应．中国水土保持科学，10（3）：105-110.

崔向东，毛向红．2010．植物生长调节剂对酸枣扦插繁殖的影响．北方园艺，（2）：10-13.

崔向东．2011．野生酸枣资源选优与快速繁殖技术研究．安徽农业科学，39（8）：4464-4466.

邓丽娟，沈红香，姚允聪．2011．观赏海棠品种对土壤干旱胁迫的响应差异．林业科学，47（3）：25-32.

段爱国，张建国，何彩云，等．2011．干热河谷印楝树干液流密度动态变化特征研究．西南农业学报，24（1）：263-265.

段爱国，张建国．2009．光合作用光响应曲线模型选择及低光强属性界定．林业科学研究，22（6）：765-771.

高丽，杨劼，刘瑞香．2009．不同土壤水分条件下中国沙棘雌雄株光合作用、蒸腾作用及水分利用效率特征．生态学报，29（11）：6025-6034.

郭宝妮，张建军，王震，等．2012．晋西黄土区刺槐林耗水特征．生态学杂志，31（11）：2736-2741.

郭树江，徐先英，杨自辉，等．2011．干旱荒漠区沙冬青茎干液流变化特征及其与气象因子的关系．西北植物学报，31（5）：1003-1010.

韩刚，赵忠．2010．不同土壤水分下 4 种沙生灌木的光合响应特性．生态学报，30（15）：4019-4026.

韩瑞宏，卢欣石，高桂娟，等．2007．紫花苜蓿（*Medicago sativa*）对干旱胁迫的光合生理响应．生态学报，27（12）：5229-5237.

贺少轩，梁宗锁，蔚丽珍，等．2009．土壤干旱对 2 个种源野生酸枣幼苗生长和生理特性的影响．西北植物学报，29（7）：1387-1393.

胡学华，蒲光兰，肖千文，等．2007．水分胁迫下李树叶绿素荧光动力学特性研究．中国农业生态学报，15（1）：75-77.

黄德卫，张德强，周国逸，等．2012．鼎湖山针阔叶混交林优势种树干液流特征及其与环境因子的关系．应用生态学报，23（5）：1159-1166.
黄磊，张志山．2011．荒漠人工植被区柠条和油蒿茎干液流动态研究．中国沙漠，31（3）：683-688.
江浩，周国逸，黄钰辉，等．2011．南亚热带常绿阔叶林林冠不同部位藤本植物的光合生理特征及其对环境因子的适应．植物生态学报，35（5）：567-576.
蒋文伟，杨广远，赵明水，等．2012．天目山柳杉树干液流的昼夜及季节变化．南京林业大学学报（自然科学版），36（5）：77-80.
金鹰，王传宽，桑英．2011．三种温带树种树干储存水对蒸腾的贡献．植物生态学报，35（12）：1310-1317.
郎莹，张光灿，张征坤，等．2011．不同土壤水分下山杏光合作用光响应过程及其模拟．生态学报，31（16）：4499-4509.
李德全，高辉远，孟庆伟，等．1999．植物生理学．北京：中国农业科学技术出版社.
李合生．2002．现代植物生理学．北京：高等教育出版社.
李会军，李萍，余国奠．1999．酸枣的研究进展及开发前景．中国野生植物资源，18（3）：15-19.
李妙伶，周宏飞，孙鹏飞．2012．准噶尔盆地南缘梭梭树干液流规律比较．干旱区研究，29（1）：101-108.
李倩，王明，王雯雯，等．2012．华山新麦草光合特性对干旱胁迫的响应．生态学报，32（13）：4278-4284.
李薛飞．2011．齐齐哈尔地区五种树木蒸腾速率研究．哈尔滨：东北林业大学硕士学位论文.
李永秀，杨再强，张福存．2011．光合作用模型在长江下游冬麦区的适用性研究．中国农业气象，32（4）：588-592.
梁霞，张利权，赵广琦．2006．芦苇与外来植物互花米草在不同 CO_2 浓度下的光合特性比较．生态学报，26（3）：842-848.
刘奉觉，郑世锴，巨关升，等．1997．树木蒸腾耗水测算技术的比较研究．林业科学，33（2）：119-125.
刘刚，张光灿，刘霞．2010．土壤干旱胁迫对黄栌叶片光合作用的影响．应用生态学报，21（7）：1697-1701.
刘健，赖娜娜，赵炳祥，等．2007．银杏树体茎流变化及其对环境因子的响应．中国农学通报，23（6）：232-237.
刘柿良，马明东，潘远智，等．2012．不同光强对两种桤木幼苗光合特性和抗氧化系统的影响．植物生态学报，36（10）：1062-1074.
陆佩玲，罗毅，刘建栋，等．2000．华北地区冬小麦光合作用的光响应曲线的特征参数．应用气象学报，11（2）：236-241.
陆佩玲，于强，罗毅，等．2001．冬小麦光合作用的光响应曲线的拟合．中国农业气象，22（2）：12-14.

陆小娟．2010．叶底珠叶化学成分的研究．长春：吉林大学硕士学位论文．
罗中岭．1997．热量法径流测定技术的发展与应用．中国农业气象，18（3）：52-57．
马玉心．2003．新型野生蔬菜——叶底珠．北方园艺，（4）：8．
孟庆伟，赵世杰，许长成，等．1996．田间小麦叶片光合作用的光抑制和光呼吸的防御作用．作物学报，22（4）：470-475．
裴斌，张光灿，张淑勇，等．2013．土壤干旱胁迫对沙棘叶片光合作用和抗氧化酶活性的影响．生态学报，33（5）：1386-1396．
史清华，马养民，秦虎强．2005．杠柳根皮化学成分及杀虫活性的初步研究．西北农业学报，14（6）：141-144．
史文兵，刘春鹏，马长明，等．2012．华北石质山区乔、灌木耗水特征比较．河北林果研究，27（3）：302-308．
孙国儒，刘孟军，张涛，等．2007．叶底珠野生条件下的管理措施及开发利用研究．河北林果研究，22（1）：89-92．
孙慧珍，周晓峰，赵惠勋．2002．白桦树干液流的动态研究．生态学报，22（9）：1387-1391．
孙延芳，梁宗锁，刘政，等．2012．酸枣果三萜皂苷抑菌和抗氧化活性的研究．食品工业科技，33（6）：139-142．
汤章城．1983．植物对水分胁迫的反应和适应性——Ⅱ植物对干旱的反应和适应性．植物生理学通讯，（4）：1-7．
涂洁，刘琪，王景．2007．应用热扩散式探针法对南方红壤丘陵区湿地松人工林耗水量的研究．福建林业科技，34（2）：75-80．
王翠，王传宽，孙慧珍，等．2008．移栽自不同纬度的兴安落叶松的树干液流特征．生态学报，28（1）：136-144．
王荣荣，夏江宝，杨吉华，等．2013a．贝壳砂生境酸枣叶片光合生理参数的水分响应特征．生态学报，33（19）：6088-6096．
王荣荣，夏江宝，杨吉华，等．2013b．贝壳砂生境干旱胁迫下杠柳叶片光合光响应模型比较．植物生态学报，37（2）：111-121．
王圣杰，黄大庄，闫海霞，等．4 种经验模型在藏川杨光响应研究中的适用性．北华大学学报，2011，12（2）：208-212．
王文栋，张毓涛，芦建江，等．2012．新疆乌拉泊库区 3 种灌木树干液流对比研究．新疆农业科学，49（11）：2035-2041．
王文杰，孙伟，邱岭，等．2012．不同时间尺度下兴安落叶松树干液流密度与环境因子的关系．林业科学，48（1）：77-85．
王小菲，孙永玉，李昆，等．2013．山合欢树干液流的季节变化．生态学杂志，32（3）：597-603．
王琰，陈建文，狄晓燕．2011．不同油松种源光合和荧光参数对水分胁迫的响应特征．生态学报，31（23）：7031-7038．

王云龙，许振柱，周广胜．2004．水分胁迫对羊草光合产物分配及其气体交换特征的影响．植物生态学报，28（6）：803-809．

夏江宝，田家怡，张光灿，等．2009．黄河三角洲贝壳堤岛三种灌木光合生理特征研究．西北植物学报，29（7）：1452-1459．

夏江宝，张光灿，孙景宽，等．2011．山杏叶片光合生理参数对土壤水分和光照强度的阈值效应．植物生态学报，35（3）：322-329．

夏江宝，张淑勇，朱丽平，等．2014．贝壳堤岛酸枣树干液流及光合参数对土壤水分的响应特征．林业科学，50（10）：24-32．

肖国举，张强，王静．2007．全球气候变化对农业生态系统的影响研究进展．应用生态学报，18（8）：1877-1885．

徐飞，杨风亭，王辉民，等．2012．树干液流径向分布格局研究进展．植物生态学报，36（9）：1004-1014．

徐先英，孙保平，丁国栋，等．2008．干旱荒漠区典型固沙灌木液流动态变化及其对环境因子的响应．生态学报，28（3）：895-905．

许大全．2002．光合作用效率．上海：上海科学技术出版社．

许浩，张希明，闫海龙，等．2007．塔克拉玛干沙漠腹地多枝柽柳茎干液流及耗水量．应用生态学报，18（4）：735-741．

杨朝瀚，王艳云，周泽福，等．2006．黄土丘陵区杠柳叶片气体交换过程对土壤水分的响应．林业科学研究，19（2）：231-234．

叶子飘，康华靖．2012．植物光响应修正模型中系数的生物学意义研究．扬州大学学报（农业与生命科学版），33（2）：51-57．

叶子飘，王建林．2009．基于植物光响应修正模型的水稻Kok效应研究．扬州大学学报（农业与生命科学版），30（3）：5-10．

叶子飘．2010．光合作用对光和CO_2响应模型的研究进展．植物生态学报，34（6）：727-740．

岳广阳，张铜会，赵哈林，等．2006．科尔沁沙地黄柳和小叶锦鸡儿茎流及蒸腾特征．生态学报，26（10）：3205-3213．

云连英，曹勃．2007．基于优化的相对误差意义下的数据拟合．统计与决策，21：15-16．

张光灿，刘霞，贺康宁，等．2004．金矮生苹果叶片气体交换参数对土壤水分的响应．植物生态学报，28（1）：66-72．

张光灿，刘霞，贺康宁．2003．黄土半干旱区刺槐和侧柏林地土壤水分有效性及生产力分级研究．应用生态学报，14（6）：858-862．

张利阳，温国胜，王圣杰，等．2011．毛竹光响应模型实用性分析．浙江农林大学学报，28（2）：187-193．

张仁和，郑友军，马国胜，等．2011．干旱胁迫对玉米苗期叶片光合作用和保护酶的影响．生态学报，31（5）：1303-1311．

张淑勇，夏江宝，张光灿，等．2014．黄河三角洲贝壳堤岛叶底珠叶片光合作用对 CO_2 浓度及土壤水分的响应．生态学报，34（8）：1937-1945.

张淑勇，周泽福，夏江宝，等．2007．不同土壤水分条件下小叶扶芳藤叶片光合作用对光的响应．西北植物学报，27（12）：2514-2521.

张喜焕，刘宁，郭建民．2006．杨梅属两种植物光合特性对 CO_2 浓度升高响应的比较研究．贵州科学，24（2）：71-74.

张显国，宗月香．2011．杠柳的繁殖与应用调查．河北林业科技，6：30-32.

张绪成，于显枫，马一凡，等．2011．高大气 CO_2 浓度下小麦旗叶光合能量利用对氮素和光强的响应．生态学报，31（4）：1046-1057.

赵自国，夏江宝，王荣荣，等．2013．不同土壤水分条件下叶底珠（*Securinega suffruticosa*）茎流特征．中国沙漠，33（5）：1385-1389.

郑淑霞，上官周平．2006．8 种阔叶树种叶片气体交换特征和叶绿素荧光特性比较．生态学报，26（4）：1080-1087.

周翠鸣，赵平，倪广艳，等．2011．基于树干液流和土壤-叶片水势梯度分析荷木干湿季整树水分利用特征．生态学杂志，30（12）：2659-2666.

周洪华，陈亚宁，李卫红，等．2009．干旱区胡杨光合作用对高温和 CO_2 浓度的响应．生态学报，29（6）：2797-2810.

周庆林．2013．科尔沁沙地沙生灌木叶底珠造林技术．林业科学，24（6）：151-152，134.

周先容，汪建华，张红，等．2012．CO_2 浓度升高和模拟氮沉降对青川箭竹叶营养质量的影响．生态学报，32（24）：7644-7653.

周自云，梁宗锁，李硕，等．2011．干旱-复水对酸枣相对含水量、保护酶及光合特征的影响．中国生态农业学报，19（1）：93-97.

朱永宁，张玉书，纪瑞鹏，等．2012．干旱胁迫下 3 种玉米光响应曲线模型的比较．沈阳农业大学学报，43（1）：3-7.

朱仲龙，贾忠奎，马履一，等．2012．休眠前期玉兰树干液流的变化及其对环境因子的响应．应用生态学报，23（9）：2390-2396.

An Y Y, Liang Z S, Han R L, et al. 2007. Effects of soil drought on seedling growth and water metabolism of three common shrubs in Loess Plateau, Northwest China. Frontiers of Foresty in China, 2(4): 410-416.

Aspinwall M J, King J S, McKeand S E, et al. 2011. Leaf-level gas-exchange uniformity and photosynthetic capacity among loblolly pine (*Pinus taeda* L.) genotypes of contrasting inherent genetic variation. Tree Physiology, 31(1): 78-91.

Bamba T, Sando T, Miyabashira A, et al. 2007. *Periploca sepium* Bunge as a model plant for rubber biosynthesis study. Zeitschrift Fur Naturforschung C, 62(8): 579-582.

Burgess S S O. 2006. Measuring transpiration responses to summer precipitation in a Mediterranean climate: a simple screening tool for identifying plant water-use strategies. Physiologia Plantarum, 127(3): 404-412.

Chen Z Y, Peng Z S, Yang J, et al. 2011. A mathematical model for describing light-response curves in *Nicotiana tabacum* L. Photosynthetica, 49(3): 467-471.

Cure J D, Acock B. 1986. Crop responses to carbon dioxide doubling: a literature survey. Agricultural and Forest Meteorology, 38(1): 127-145

Demmig-Adams B, Adams W W. 1992. Photoprotection and other responses of plants to high light stress. Annual Review of Plant Physiology and Plant Molecular Biology, 43: 599-626.

Du N, Guo W H, Zhang X R, et al. 2010. Morphological and physiological responses of *Vitex negundo* L. var. *heterophylla* (Franch.) Rehd. to drought stress. Acta Physiologiae Plantarum, 32(5): 839-848.

Elizabeth A A, Alistair R. 2007. The response of photosynthesis and stomatal conductance to rising CO_2: mechanisms and environmental interactions. Plant, Cell and Environment, 30(3): 258-270.

Farquhar G D, Sharkey T D. 1982. Stomatal conductance and photosynthesis. Annual Review of Plant Physiology, 33(33): 317-345.

Fisher R A, Williams M, Loladacosta A, et al. 2007. The response of an Eastern Amazonian rain forest to drought stress: results and modelling analyses from a throughfall exclusion experiment. Global Change Biology, 13(11): 2361-2378.

Ford C R, Hubbard R M , Kloeppel B D, et al. 2007. A comparison of sap flux-based evapotranspiration estimates with catchment-scale water balance. Agricultural and Forest Meteorology, 145(3/4): 176-185.

Gao S, Su P X, Yan Q D, et al. 2010. Canopy and leaf gas exchange of *Haloxylon ammodendron* under different soil moisture regimes. Science China Life Sciences, 53(6): 718-728.

Gilmore A M, Yamamoto H Y. 1991. Zeaxanthin formation and energy dependent fluorescence quenching in pea chloroplasts under artificially mediated linear and cyclic electron transport. Plant Physiology, 96(2): 635-643.

Irvine J, Perks M P, Magnani F, et a1. 1998. The response of *Pinus sylvestris* to drought: stomatal control of transpiration and hydraulic conductance. Tree Physiology, 8(6): 393-402.

Jensen A M, Löf M, Gardiner E S. 2011. Effects of above- and below-ground competition from shrubs on photosynthesis, transpiration and growth in *Quercus robur* L. seedlings. Environmental and Experimental Botany, 71(3): 367-375.

Jiang Y P, Cheng F, Zhou Y H, et al. 2012. Interactive effects of CO_2 enrichment and brassinosteroid on CO_2 assimilation and photosynthetic electron transport in *Cucumis sativus*. Environmental and Experimental Botany, 75(4): 98-106.

JrL H A, Kakani V G, Vu J C V, et al. 2011. Elevated CO_2 increases water use efficiency by sustaining photosynthesis of water-limited maize and sorghum. Journal of Plant Physiology, 168(16):

1909-1918.

Kellomäki S, Wang K Y. 1998. Sap flow in *Scots pine* growing under conditions of year-round carbon dioxide enrichment and temperature elevation. Plant Cell and Environment, 21(10): 968-981.

Kimball B A, Kobayashi K, Bindi M. 2002. Responses of agriculture crops to flee-air CO_2 enrichment. Chinese Journal of Applied Ecology, 77 (10): 293-368.

Kozaki A, Takeka G. 1999. Photorespiration protects C_3 plants from photooxidation. Nature, 384(6609): 557-560.

Krause G H. 1988. Photoinhibition of photosynthesis: an evaluation of damaging and protective mechanisms. Physiologia Plantarum, 74(3): 566-574.

Lenihan J M, Bachelet D, Neilson R P, et al.2008. Simulated response of conterminous United States ecosystems to climate change at different levels of fire suppression, CO_2 emission rate, and growth response to CO_2. Global and Planetary Change, 64(1-2): 16-25.

Leuzinger S T, Kerner C. 2007. Water savings in mature deciduous forest trees under elevated CO_2. Global Change Biology, 13(12): 1-11.

Makiko T, Tomobmi K, Yasuhiro U, et al. 2008. Spatial variations in xylem sap flux density in evergreen oak trees with radial-porous wood: comparisons with anatomical observations. Trees, 22(1): 23-30.

Mateos-Naranjo E, Redondo-Gómez S, Andrades-Moreno L, et al. 2010. Growth and photosynthetic responses of the cordgrass *Spartina maritima* to CO_2 enrichment and salinity. Chemosphere, 81(6): 725-731.

Noguès S, Alogre L. 2002. An increase in water deficit has no impact on the photosynthetic capacity of field-grown Mediterranean plants. Functional Plant Biology, 29(5): 621-630.

Otieno D O, Schmidt M W T, Kinyamario J I, et al. 2005. Responses of *Acacia tortilis* and *Acacia xanthophloea* to seasonal changes in soil water availability in the savanna region of Kenya. Journal of Arid Environments, 62(3): 377-400.

Pataki D E, Oren R. 2003. Species differences in stomatal control of water loss at the canopy scale in a mature bottom land deciduous forest. Advances in Water Resources, 26(12): 1267-1278.

Pfanz H, Vodnik D, Wittmann C, et al. 2007. Photosynthetic performance (CO_2-compensation point, carboxylation efficiency, and net photosynthesis) of timothy grass (*Phleum pratense* L.) is affected by elevated carbon dioxide in post-volcanic mofette areas. Environmental and Experimental Botany, 61(1): 41-48.

Poyatos R, Cermak J, Lorens P. 2007. Variation in the radial patterns of sap flux density in pubescent oak (*Quercus pubescens*) and its implications for tree and stand transpiration measurements. Tree Physiology, 27(4): 537-548.

Prado C H B A, Moraes J D. 1997. Photosynthetic capacity and specific leaf mass in twenty woody species of Cerrado vegetation under field condition. Photosynthetica, 33(1): 103-112.

Rohacek K. 2002. Chlorophyll fluorescence parameters: the definitions, photosynthetic meaning and mutual relationships. Photosynthetica, 40(1): 13-29.

Sinha P G, Saradhi P P, Uprety D C, et al. 2011. Effect of elevated CO_2 concentration on photosynthesis and flowering in three wheat species belonging to different ploidies. Agriculture, Ecosystems & Environment, 142(3-4): 432-436.

Steven J K, Peter J T, Greg M D. 1998. A comparison of heat pulse and deuterium tracing techniques for estimating sap flow in *Eucalyptus grandis* trees. Tree physiology, 18(10): 698-705.

Tang J, Xu L, Chen X, et al. 2009. Interaction between C_4 barnyard grass and C_3 upland rice under elevated CO_2: impact of mycorrhizae. Acta Oecologica, 35(2): 227-235.

Vurro E, Bruni R, Bianchi A, et al. 2009. Elevated atmospheric CO_2 decreases oxidative stress and increases essential oil yield in leaves of *Thymus vulgaris* grown in a mini-FACE system. Environmental and Experimental Botany, 65(1): 99-106.

Wang Z X, Chen L, Ai J, et al. 2012. Photosynthesis and activity of photosystem Ⅱ in response to drought stress in amur grape (*Vitis amurensis* Rupr.). Photosynthetica, 50(2): 189-196.

Wingler A, Quick W P, Bungard R A, et al. 1999. The role of photorespiration during drought stress: an analysis utilizing barley mutants with reduced activities of photorespiratory enzymes. Plant Cell and Environment, 22(4): 361-373.

Xia J B, Zhang S Y, Zhang G C, et al. 2011. Critical responses of photosynthetic efficiency in *Campsis radicans* (L.) Seem to soil water and light intensities. African Journal of Biotechnology, 10(77): 17748-17754.

Ye Z P. 2007. A new model for relationship between irradiance and the rate of photosynthesis in *Oryza sativa*. Photosynthetica, 45(4): 637-640.

Yu Q, Zhang Y Q, Liu Y F, et al. 2004. Simulation of the stomatal conductance of winter wheat in response to light, temperature and CO_2 changes. Annals of Botany, 93(4): 435-441.

Zhang G C, Xia J B, Shao H B, et al. 2012a. Grading woodland soil water productivity and soil bioavailability in the semi-arid Loess Plateau of China. Clean-Soil, Air, Water, 40(2): 148-153.

Zhang J, Gao W Y, Wang J, et al. 2012b. Effects of sucrose concentration and exogenous hormones on growth and periplocin accumulation in adventitious roots of *Periploca sepium* Bunge. Acta Physiologiae Plantarum, 34(4): 1345-1351.

Zhang S Y, Zhang G C, Gu S Y, et al. 2010. Critical responses of photosynthetic efficiency of goldspur apple tree to soil water variation in semiarid loess hilly area. Photosynthetica, 48(4): 589-595.

Zhou G Y, Huang Z H, Morris J, et al. 2002. Radial variation in sap flux density as a function of sapwood thickness in two eucalyptus(*Eucalyptus urophlla*) plantations. Acta Botanica Sinica, 44(12): 1418-1424.

Zu Y G, Wei X X, Yu J H, et al. 2011. Response in the physiology and biochemistry of Korean pine (*Pinus koraiensis*) under supplementary UV-B radiation. Photosynthetica, 49(3): 448-458.

第8章　贝壳堤优势灌木的水分利用策略

全球变暖是21世纪人类社会面临的最大环境问题和最复杂的挑战之一（Bardach，1989；Hegerl and Bindoff，2005）。全球变暖造成海水受热膨胀、极地冰雪融化及陆地冰川消融，是引起全球海平面上升的主要原因。海平面的上升导致沿海地下水含盐量升高，将会对海岸带生态系统产生显著影响。

海岸带植被处于海洋向陆地的过渡地带，可以防风消浪、促淤护岸，并且对环境变化响应敏感。生态系统中植物的生长状况和分布格局与植物可利用水分特征密切相关，尤其是在可利用水匮乏的区域，水分成为植物生长和分布最主要的限制性因子（Haase et al.，1999）。由于砂质海岸带土壤孔隙度大、持水能力低、含水量低、地下水位浅且含盐量高等特征，植物有效水资源相对不足。土壤可利用水成为影响海岸带植被分布、植物水分关系及群落生产力的关键生态因子之一（Williams et al.，1999；Armas et al.，2010），而海洋可以通过潮汐、海水入侵等影响海岸带土壤的植物可利用水。全球气候变暖以及由此引起的海平面上升将加剧海水入侵、海岸带侵蚀，明显改变海岸带土壤水分条件，进而对海岸带植物群落的结构和功能产生显著影响（Feagin et al.，2005；Saha et al.，2011）。

植物能通过一定适应机制吸收利用降水、雾水、地表径流水、土壤水和地下水等水分，但传统研究手段很难确定植物水分的来源及对不同水源的利用比例（Ehleringer and Dawson，1992；Dawson and Siegwolf，2007）。由于稳定同位素的分馏效应导致不同水源中氢稳定同位素（D）和氧稳定同位素（^{18}O）的丰度值各不相同，因此测定植物木质部水分和不同水源的D和^{18}O的丰度值可以判断植物吸收水分的来源和对不同水源的利用比例（Ehleringer and Dawson，1992），进而可以分析植物之间如何合理分配利用有限水资源。

目前，国内外运用稳定同位素技术对河岸带和海岸带植物水分策略的研究取得了许多与传统研究方法（黄建辉等，2005；孙双峰等，2006；Lin and Sternberg，1994；Dawson，1998；Corbin et al，2005；Ewe et al.，2007）不同的结论。这说明不同海岸带植物的水分来源存在时间、空间的变化，同一种植物在不同的海岸带生境中水分来源也存在差异。黄河三角洲海岸带由于地势平坦，海水入侵严重，并且随着微地貌变化土壤水文特征差异显著。在黄河三角洲海岸带区域，植物拥有充沛的水源，但由于所处的高渗透环境，植物反而处于生理干旱状态（王平等，

2017)。因此，研究黄河三角洲海岸带区域内植物对有限的可利用水资源的适应策略，对揭示海平面上升后植物群落结构和功能的变化以及群落潜在演替趋势具有一定理论意义。

8.1　贝壳堤降水及土壤盐分特征

8.1.1　贝壳堤降水特征

黄河三角洲贝壳堤降水年际差异显著，且具有明显的季节性（图 8-1）。该区域累年（1983～2012 年）年均降水量为 560.4mm，累年生长季（6～10 月）降水量为 451.9mm，累年最多降水量为 952.9mm，累年最少降水量为 237.5mm，7、8 月为雨季，两个月降水量占年降水量的 54.3%。2013 年，年降水量和生长季（6～10 月）降水量分别为 610.8mm 和 552.6mm，降水接近多年平均值。其中，6～8 月降水量占 2013 年全年降水量的 81.6%；7 月为全年降水量最高月份，达到 293.3mm。2014 年，年降水量和生长季（6～10 月）降水量分别为 302.4mm 和 230.0mm，与近 30 年累年年均降水量和累年生长季降水量相比分别减少 46.0%和 49.1%，属于较为干旱的年份；2014 年 7、8 月降水量与近 30 年累年月均降水量同期相比分别降低 80.4%和 26.1%。

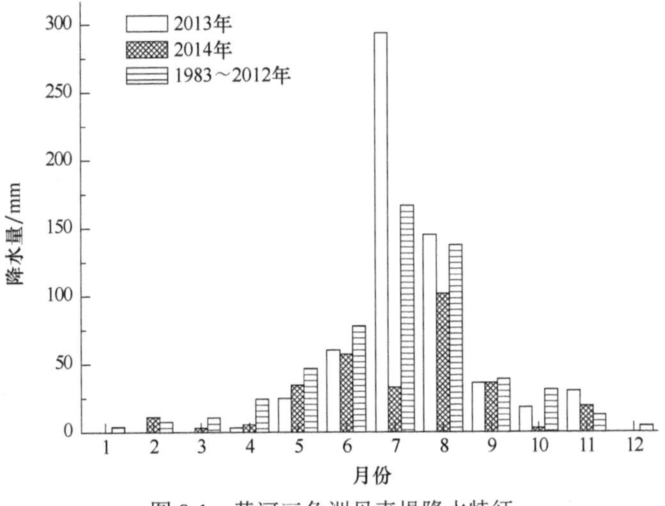

图 8-1　黄河三角洲贝壳堤降水特征

8.1.2　不同灌丛群落内土壤含盐量

贝壳堤土壤含盐量表现为由高潮线向陆地逐渐减少，随土壤深度增加而增加的变化特征（图 8-2）。在柽柳-酸枣共生灌丛内，各层土壤含盐量均较低，平均含盐量为 0.09%；虽然土壤含盐量随深度增加而增加，但不同土壤层间含盐量无显著差异（$P>0.05$）。柽柳单优灌丛内，由于地处高潮线附近，当涨潮时海水会渗透到土壤中，导致土壤含盐量随土壤深度增加而增加，且不同土壤层间差异显著（$P<0.05$）。0～40cm 土壤平均含盐量为 0.11%；随着土壤深度增加，土壤含盐量显著升高，40～100cm 土壤含盐量为 0.18%～0.26%。酸枣单优灌丛内，土壤含盐量也随深度增加而增加，但不同土壤层间含盐量无显著差异（$P>0.05$），0～100cm 土壤平均含盐量为 0.087%。

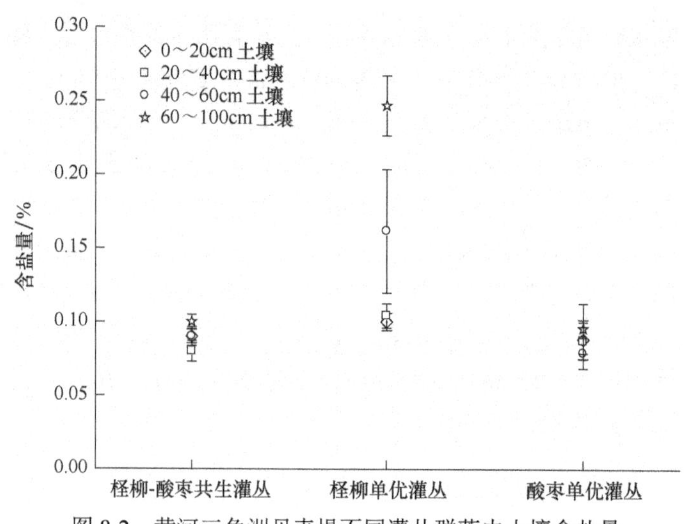

图 8-2 黄河三角洲贝壳堤不同灌丛群落内土壤含盐量

8.2 贝壳堤土壤水稳定同位素特征

8.2.1 土壤水氢和氧稳定同位素关系

全球大气水线（GMWL）与土壤水氢氧稳定同位素关系曲线（图 8-3）相比，在生长季的不同阶段，土壤水氢、氧稳定同位素关系曲线的斜率均小于全球大气水线的斜率，表明土壤水均因蒸发而产生稳定同位素分馏。随着生长季（6～10 月）的阶段不同，土壤水中氢和氧稳定同位素曲线关系与全球大气水线 $D=8^{18}O+10$ 的偏离差异不同，以气温高、生长旺盛的 7、8 月偏离最大，生长季初期和末期较小。2013 年 6 月，此阶段由于气温相对较低，且降水量近于常年平均值，因此土壤氢、氧稳定同位素关系曲线的斜率与大气水线偏离较小。7 月，土壤氢、氧稳定同位素关系曲线的斜率与大气水线偏离最大，表明土壤水受蒸散发引起的稳定同位素分馏最强，主要是由于 7 月蒸发量大，降雨少，土壤水分缺少雨水的补充，因此土壤稳定同位素富集。虽然 8 月降水量大，但气温高，蒸发作用强，土壤稳定同位素样品一般是在至少连续 5d 没有降雨的情况下采集，因此，土壤稳定同位素呈现较强的同位素分馏效应，但与 7 月相比稳定同位素富集程度显著减弱。9 月较之 7、8 月气温降低，蒸发强度减弱，同时由于采样前 3d 有累计 15.6mm 降雨事件，因此稳定同位素富集程度最弱。10 月由于降水显著低于常年月平均值，虽然气温已经显著下降，但经过长时间地表蒸发，稳定同位素的富集也较强烈。

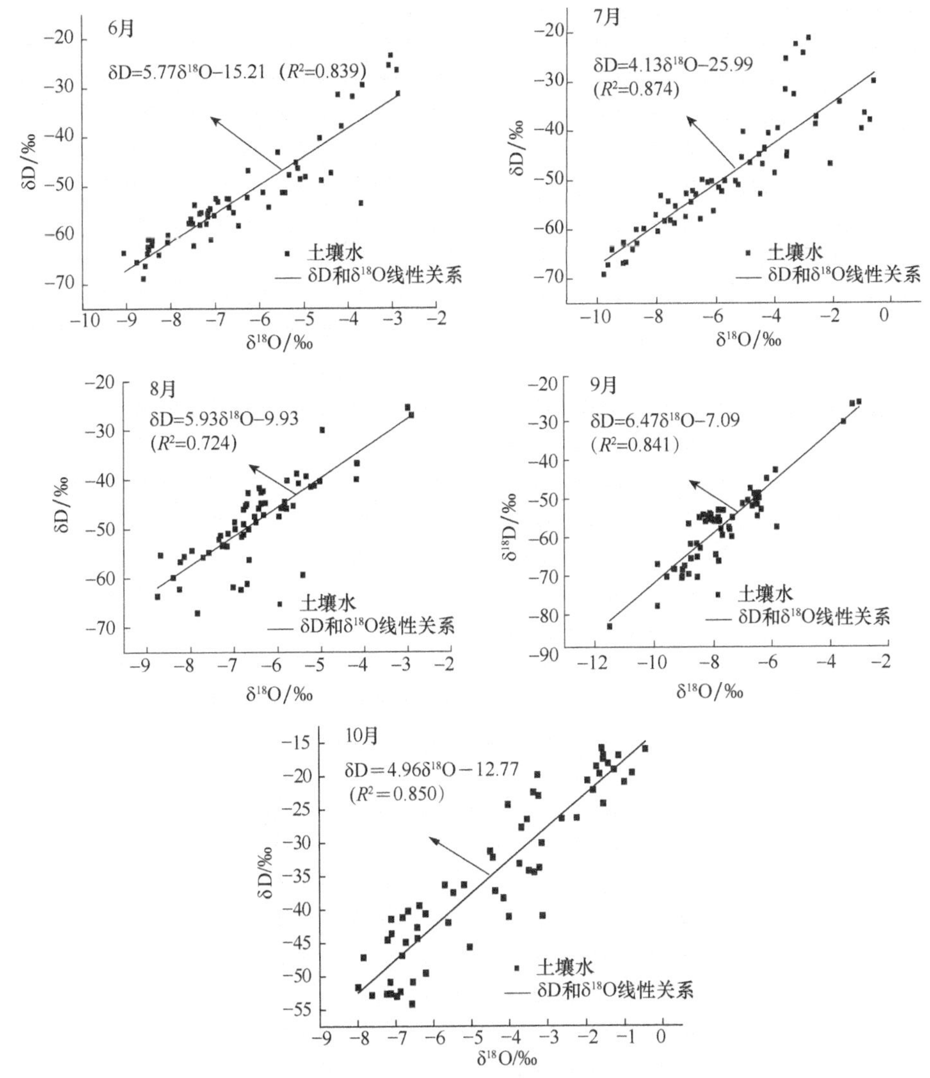

图 8-3　不同月份黄河三角洲贝壳堤土壤水 δD 和 $\delta^{18}O$ 关系

8.2.2　土壤水稳定同位素生长季动态

土壤水 $\delta^{18}O$ 值在时间和空间上都呈现显著差异（表 8-1）。从时间上看，采样期间各灌丛群落内土壤水 $\delta^{18}O$ 值以 10 月份最大，9 月份最小。从不同土壤层看，采样期间柽柳-酸枣共生灌丛和酸枣单优灌丛群落内土壤水 $\delta^{18}O$ 值，除 9 月外，其他月份都随着土壤深度的增加呈逐渐减小的趋势；柽柳单优灌丛群落内，土壤水 $\delta^{18}O$ 值呈现先减小后增大的趋势，0～40cm 土壤水 $\delta^{18}O$ 值显著低于 40～100cm 土壤水。从不同微地貌条件看，处于高潮线附近土壤水 $\delta^{18}O$ 值显著高于海拔相对较高滩脊处的土壤水 $\delta^{18}O$ 值。

表 8-1 黄河三角洲贝壳堤土壤水 $\delta^{18}O$ 值生长季动态

群落类型	土壤深度/cm	水分贡献率/%				
		6 月	7 月	8 月	9 月	10 月
柽柳＋酸枣共生灌丛	0～20	−4.40±0.20	−3.70±0.30	−5.70±0.30	−8.30±0.90	−4.90±0.50
	20～40	−6.40±0.10	−6.50±1.50	−6.60±0.30	−8.60±0.10	−7.00±0.70
	40～60	−7.10±0.40	−7.70±1.40	−6.70±0.20	−8.00±0.40	−7.50±0.80
	60～100	−8.10±0.10	−9.20±0.60	−7.20±0.30	−8.30±0.20	−7.90±0.80
柽柳单优灌丛	0～20	−4.90±0.50	−3.00±0.60	−5.10±0.50	−9.40±0.60	−2.90±0.20
	20～40	−5.30±1.00	−4.10±0.20	−5.50±0.20	−8.10±0.10	−2.80±0.10
	40～60	−3.50±0.80	−3.70±0.50	−3.80±0.20	−6.10±1.10	−1.20±0.10
	60～100	−3.10±0.20	−3.10±0.20	−2.90±0.40	−3.50±0.30	−1.40±0.10
酸枣单优灌丛	0～20	−6.40±0.01	−4.80±0.05	−6.10±0.01	−7.40±0.10	−4.90±0.05
	20～40	−7.10±0.01	−6.30±0.03	−7.10±0.02	−7.70±0.03	−5.30±0.05
	40～60	−7.50±0.01	−6.70±0.02	−8.10±0.03	−7.40±0.01	−6.60±0.00
	60～100	−8.50±0.01	−7.70±0.06	−8.50±0.01	−6.70±0.06	−7.50±0.07

在采样期间，黄河三角洲贝壳堤降水量少，蒸发是影响土壤氧同位素分馏的主导因子。2014 年 7 月份降水量只有 32.6mm，仅是累月平均值 19.6%，而此阶段气温高、蒸发量大，进而导致土壤水 ^{18}O 富集；9 月份与其他月份相比显著降低，是由于采样前 3 天有累计 15.6mm 降雨事件，土壤水被 $\delta^{18}O$ 值较低的雨水补充，加之本月与 7、8 月份相比气温下降、蒸发量降低，因此 ^{18}O 富集程度最弱。而海岸带土壤水由降雨和海水转化而来，降雨的 $\delta^{18}O$ 值低于海水，但由于降水量较小，只对表层土壤水 $\delta^{18}O$ 值产生影响，因此，9 月土壤水 $\delta^{18}O$ 值随土壤深度增加而增大，且各层土壤水 $\delta^{18}O$ 值显著低于其他月份。

高潮线附近的 $\delta^{18}O$ 值随着土壤深度的增加而逐渐增大，主要是因为海水（海水 $\delta^{18}O$ 值为−2.1‰～−1.0‰）的横向渗透对深层土壤水的影响导致 $\delta^{18}O$ 值偏高。在滩脊处，土壤水 $\delta^{18}O$ 值随着土壤深度的增加逐渐降低，这主要是由于滩脊地带上层土壤相对较强的蒸发作用导致 ^{18}O 在表层土壤中富集，$\delta^{18}O$ 值大于深层土壤水，这与曾巧等（2013）在黑河流域的研究结果一致。在不同的微地形生境下，

高潮线附近土壤水 $\delta^{18}O$ 值均高于滩脊处，主要是由于海水涨潮及其在土壤中的横向运移影响高潮线附近土壤水 $\delta^{18}O$ 值。

8.2.3　土壤水稳定同位素对降雨的响应

在降雨前，柽柳-酸枣共生灌木群落内土壤水 $\delta^{18}O$ 值随土壤深度的增加而增大（图 8-4）。在 20.4mm 中雨后，0～20cm 和 20～40cm 土壤水 $\delta^{18}O$ 值均显著降低（$P<0.05$），并且与雨水 $\delta^{18}O$ 值（−9.69‰）无显著差异，表明雨水渗透到了 40cm 深度的土壤；而 40～60cm、60～100cm 土壤水及地下水 $\delta^{18}O$ 值在降雨前后无显著变化（$P>0.05$）。第二次降雨（降雨量 3.0mm，$\delta^{18}O$=−9.96‰）后，0～20cm 土壤水 $\delta^{18}O$ 值降低至−9.82‰；第三次降雨（降雨量 6.6mm，$\delta^{18}O$=−5.94‰）后，0～20cm 土壤水 $\delta^{18}O$ 值显著升高（$P<0.05$）；而后续的这两次降雨对其他土壤层及浅层地下水 $\delta^{18}O$ 值无显著影响（$P>0.05$）。在首次降雨后，40～60cm 土壤水 $\delta^{18}O$ 值逐渐降低到第 4 天的最低值（−9.44‰），之后上升；60～100cm 土壤水及浅层地下水 $\delta^{18}O$ 值基本保持不变。

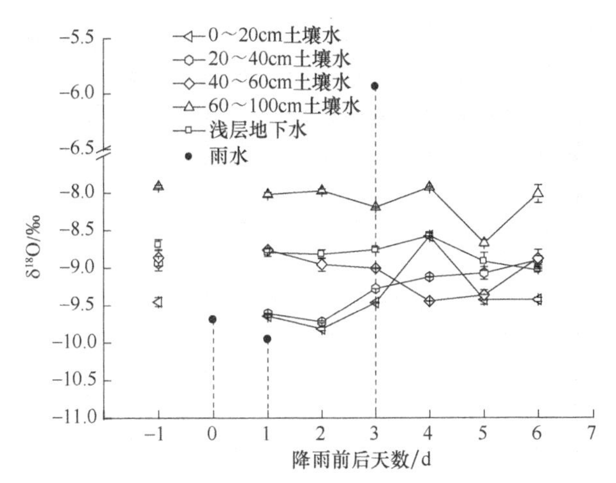

图 8-4　柽柳-酸枣共生灌木群落土壤水 $\delta^{18}O$ 值对降雨的响应

降雨前，高潮线附近的柽柳单优灌木群落内，土壤水 $\delta^{18}O$ 值随土壤深度增加逐渐升高（$P<0.05$），但 20～40cm 土壤水 $\delta^{18}O$ 值显著低于其他土壤层（$P<0.05$）（图 8-5）。中雨后，0～60cm 土壤水 $\delta^{18}O$ 值均显著降低（$P<0.05$）；而 60～100cm 土壤水和浅层地下水 $\delta^{18}O$ 值没有显著变化（$P>0.05$）。第二次降雨后，0～60cm 土壤水 $\delta^{18}O$ 值继续降低。第三次降雨后，0～20cm 和 40～60cm 土壤水 $\delta^{18}O$ 值均显著升高（$P<0.05$）。0～20cm 土壤水 $\delta^{18}O$ 值升高是降雨所致，而 40～60cm 土壤水 $\delta^{18}O$ 值升高，是 ^{18}O 富集的深层土壤水或浅层地下水通过毛细管作用水分向上运移所导致。

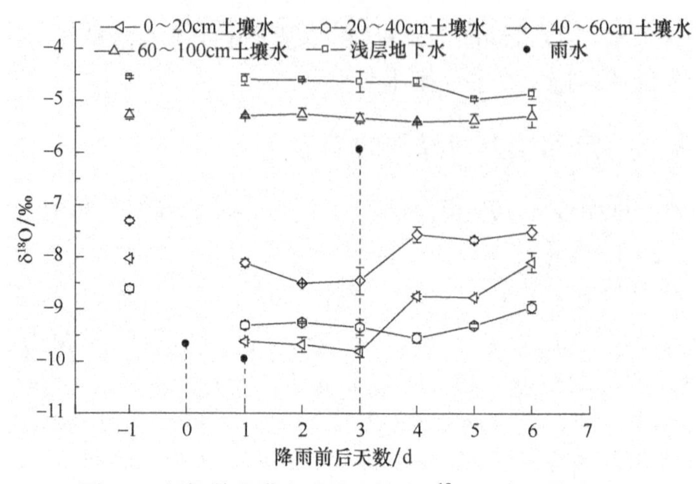

图 8-5 柽柳单优灌木群落土壤水 $\delta^{18}O$ 对降雨的响应

酸枣单优灌木群落内，0～60cm 土壤水 $\delta^{18}O$ 值在降雨前随着土壤深度增加而显著降低（$P<0.05$）（图 8-6）。降雨后第 1 天，0～40cm 深度土壤水 $\delta^{18}O$ 值显著降低（$P<0.05$）且与雨水 $\delta^{18}O$ 值接近，表明 0～40cm 土壤水被雨水补充。第二次降雨和初次降雨综合作用，导致 0～40cm 土壤水 $\delta^{18}O$ 值继续降低；第三次降雨（6.6mm，$\delta^{18}O$ 值－5.94‰）导致 0～40cm 土壤水的 $\delta^{18}O$ 值显著升高（$P<0.05$）。在第一次降雨后第 6 天，0～40cm 土壤水 $\delta^{18}O$ 值恢复到雨前水平；而 40～100cm 土壤水及浅层地下水 $\delta^{18}O$ 值在降雨前后都没有显著变化。

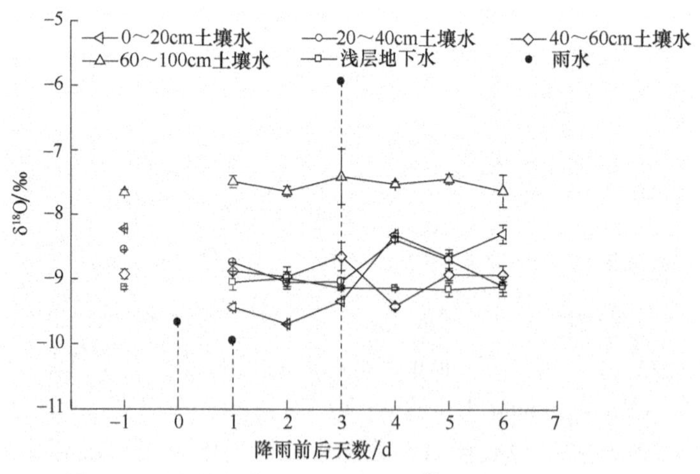

图 8-6 酸枣单优灌木群落土壤水 $\delta^{18}O$ 值对降雨的响应

降雨前，柽柳-酸枣共生灌木群落内，土壤水 $\delta^{18}O$ 值由上而下逐渐升高，是该区域土壤含水量较低，柽柳通过根系的水力提升作用补充上层土壤水分所致（鱼腾飞等，2017）。柽柳单优灌木群落内，40cm 以下土壤水 $\delta^{18}O$ 值高于上层土壤水，

主要是该区域 ^{18}O 富集的海水（海水 $\delta^{18}O$ 测定值为−2.1‰～−1.0‰）涨潮后横向渗透所致。酸枣单优灌木群落内，因为蒸发及酸枣蒸腾作用导致上层土壤水的 ^{18}O 富集，而酸枣根系不具有水力提升作用，海水的横向渗透影响也较小，导致土壤水 $\delta^{18}O$ 值随土壤深度增加而降低，这与其他学者的研究结果一致（曾巧等，2013；周海等，2014）。

降雨对不同植物群落下土壤水 $\delta^{18}O$ 值的影响，表明降雨在土壤中的运移过程存在差异，这与降雨量的大小、植物群落类型、土壤物理性状及植物根系构型等密切相关（Reynolds et al.，2000；Lee et al.，2007）。雨水来源于地表水分蒸发，水分蒸发过程中，形成的水汽 ^{18}O 贫化，因此雨水 $\delta^{18}O$ 值一般低于土壤水（Al-ameri et al.，2013）。一般而言，降雨对土壤水氧稳定同位素的影响随着土壤深度加深逐渐减弱（Xu et al.，2012），20.4mm 降雨对 0～40cm 土壤水氧稳定同位素的影响显著，对下层土壤水影响较小且滞后。此外，该区域降雨对土壤水 $\delta^{18}O$ 值的影响持续时间较短，中雨后第 3 天土壤水 $\delta^{18}O$ 值开始升高，第 6 天左右恢复到雨前水平，而降雨对 60～100cm 土壤水和浅层地下水 $\delta^{18}O$ 值没有显著影响。这是由于该区域生长季气温高、蒸发量大、土壤保水能力相对较弱（田家怡等，2011；夏江宝等，2013），雨水进入土壤后，上层土壤的毛细管作用及密集的植物根系截留了大部分降水，加之植物根系的迅速吸收和叶片蒸腾，导致中雨量以下降水很难渗透到 40cm 以下土壤中，因此，雨水对深层土壤水稳定同位素组成的影响并不显著（Xu et al.，2011）。

8.3　贝壳堤优势灌木的水分利用策略

植物的水分利用方式是植物对外界水文条件变化的一种响应机制，而土壤中可利用水的量对植物的水分利用方式有重要影响，对植物的生长和分布也有重要的限制作用（Ewe and Sternberg，2002；Chimner and Cooper，2004）。降雨作为黄河三角洲贝壳堤重要的淡水源，降雨量大小对土壤中可利用水量的补充程度不同，因此降雨量及土壤含水量对该区域植物的水分利用策略有着显著影响。

8.3.1　优势灌木稳定同位素对降雨的响应

降雨前，柽柳-酸枣共生灌丛内，柽柳、酸枣木质部水 $\delta^{18}O$ 值分别为−8.56‰±0.16‰（均值±标准误）、−8.33‰±0.11‰；柽柳单优灌丛内，柽柳木质部水 $\delta^{18}O$ 值为−8.80‰±0.04‰；酸枣单优灌丛内，酸枣木质部水 $\delta^{18}O$ 值为−9.05‰±0.18‰（图 8-7）。第一次降雨后第 1、2 天，所有灌木木质部水 $\delta^{18}O$ 值均显著降低（$P<0.05$）；第 3 天，所有灌木木质部水 $\delta^{18}O$ 值均显著上升（$P<0.05$）；第 6 天恢复到雨前水平。

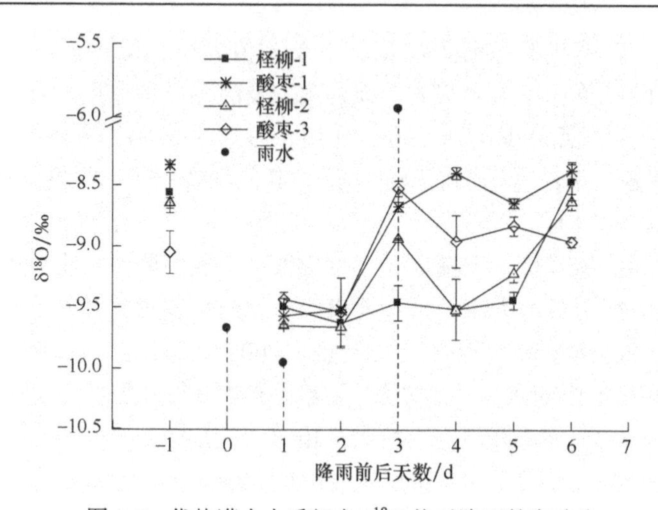

图 8-7　优势灌木木质部水 $\delta^{18}O$ 值对降雨的变响应

注：柽柳-1/酸枣-1、柽柳-2、酸枣-3 分别表示柽柳-酸枣共生灌丛的柽柳/酸枣样株、柽柳单优灌丛的柽柳样株、酸枣单优灌丛的酸枣样株

不同样地内灌木木质部水 $\delta^{18}O$ 值对降雨响应有所差异。柽柳-酸枣共生灌丛内，雨后第 1 天酸枣和柽柳木质部水 $\delta^{18}O$ 值之间没有显著差异（$P>0.05$），且酸枣更接近雨水 $\delta^{18}O$ 值；雨后第 2～5 天，两者木质部水 $\delta^{18}O$ 值差异显著，而雨前及雨后第 6 天则差异不显著。各样地内的柽柳木质部水 $\delta^{18}O$ 值在雨后第 2 天就和雨水 $\delta^{18}O$ 值差异显著，而酸枣则在第 3 天才出现显著差异。

第一次降雨后，所有灌木木质部水 $\delta^{18}O$ 值与雨水 $\delta^{18}O$ 值接近，说明这些灌木对降雨敏感并能充分利用雨水。但第二次和第三次降雨后，所有灌木木质部水 $\delta^{18}O$ 值均表现出与雨水 $\delta^{18}O$ 值的显著差异，表明植物对小雨并不利用，而是依赖更可靠的土壤水。柽柳和酸枣雨后 $\delta^{18}O$ 值波动的差异说明两者对降雨的利用策略不同。

8.3.2　优势灌木水分利用对降雨的响应

黄河三角洲贝壳堤的优势灌木表现出对雨水的充分利用，但不同灌木对各潜在水源的利用格局具有明显差异（表 8-2）。在降雨前，柽柳-酸枣共生灌丛内的酸枣以吸收利用土壤水为主，0～60cm、60～100cm 土壤层水分对酸枣水分贡献率分别为 32%、54.2%，浅层地下水的贡献率较小，只有 13.8%。降雨后第 1 天，酸枣有 82.9%和 10.2%水分来源于雨水和 0～40cm 表层土壤水。降雨后第 1 天，虽然有一次降雨，但由于降雨量只有 3.3mm，雨水仅对 0～40cm 土壤水有影响，雨水对酸枣水分的贡献率降低了 35.8%。降雨第 3 天以后，柽柳-酸枣共生灌丛内酸枣均以吸收利用 60～100cm 土壤水为主。酸枣单优灌丛内，酸枣在降雨前对各类潜在水源都有利用，但对 40～100cm 土壤水和浅层地下水的利用比例较高，分别为 42.1%和 33.3%。雨后前两天，雨水、0～20cm 土壤水的贡献率分别为 40.1%～

56.1%、22.0%～28.4%；雨后第 3 天开始，逐渐恢复到雨前的水分利用格局。

表 8-2　贝壳堤优势灌木水分利用格局对降雨的响应

群落类型	物种名	水源	降雨前后水分贡献率/%						
			−1d	1d	2d	3d	4d	5d	6d
柽柳-酸枣共生灌丛	柽柳	SW（0～20cm）	10.5	12.8	26.8	90.0	1.6	8.1	8.0
		SW（20～40cm）	16.0	9.1	23.8	6.0	5.1	4.3	13.0
		SW（40～60cm）	17.3	4.5	8.0	2.2	91.0	83.3	13.4
		SW（60～100cm）	35.0	2.3	3.9	0.5	0.7	1.6	54.2
		浅层地下水	21.2	4.7	7.0	1.3	1.5	2.7	11.3
		雨水	—	66.6	30.5	—	0.1	—	—
	酸枣	SW（0～20cm）	6.9	6.7	14.7	9.4	16.6	2.1	11.1
		SW（20～40cm）	12.6	3.5	17.3	11.2	9.9	4.0	17.9
		SW（40～60cm）	12.5	2.7	8.9	15.1	7.7	2.3	18.4
		SW（60～100cm）	54.2	1.3	4.2	42.5	45.0	85.3	37.1
		浅层地下水	13.8	2.9	7.7	21.9	18.8	6.2	15.5
		雨水	—	82.9	47.1	—	2.0	—	—
柽柳单优灌丛	柽柳	SW（0～20cm）	7.7	30.8	24.7	39.1	2.3	6.3	10.4
		SW（20～40cm）	87.4	4.7	9.8	33.2	96.7	91.0	79.6
		SW（40～60cm）	3.2	0.8	4.5	17.8	0.6	1.8	6.0
		SW（60～100cm）	1.0	0.01	1.1	5.3	0.1	0.5	2.1
		浅层地下水	0.7	0.0	0.9	4.6	0.1	0.4	1.8
		雨水	—	63.6	59.0	—	0.2	—	—
酸枣单优灌丛	酸枣	SW（0～20cm）	12.0	22.0	28.4	14.4	8.9	17.9	7.0
		SW（20～40cm）	12.6	5.4	9.8	17.2	9.6	19.4	32.7
		SW（40～60cm）	32.7	6.3	9.0	22.7	44.3	28.3	23.6
		SW（60～100cm）	9.4	2.0	3.6	29.5	5.0	5.0	3.8
		浅层地下水	33.3	8.2	9.1	16.2	29.7	29.4	33.0
		雨水	—	56.1	40.1	—	2.5	—	—

注：“—”表示没有数据；SW 表示土壤水。下同

不同群落内的柽柳也表现出了对降雨的不同响应（表 8-2）。柽柳-酸枣共生灌丛群落内，降雨前柽柳对各类潜在水源都有利用，但对 60～100cm 土壤的水分和浅层地下水的利用比例相对较高，贡献率分别为 35.0%和 21.2%。降雨后，柽柳 66.6%水分来自雨水；雨后第 2 天，柽柳对雨水的吸收仍高于对其他潜在水源的利用，但对雨水的利用比例显著下降；雨后第 3 天，柽柳转为以土壤水为主要水源，并随时间延长获取水分的深度逐渐增加；雨后第 6 天，柽柳水分利用格局恢复到降雨前状态。柽柳单优灌丛群落内，在降雨前柽柳有 95.1%的水分来源于 0～40cm 土壤水，且以 20～40cm 土壤水为主，而基本不利用 40cm 以下土壤水和浅层地下水；雨后

前 3d，雨水的贡献率为 59.0%～63.6%，并且对 0～20cm 土壤水的利用率显著增加，达到 24.7%～39.1%；雨后第 4 天，恢复为以 0～40cm 土壤层的水分为主。

植物对水分的利用策略是植物对外界水分条件变化响应机制，与环境中可利用水资源的量密切相关（Stratton et al.，2000）。本研究表明贝壳堤优势灌木水分利用策略受降雨量、土壤含水量及含盐量的显著影响。研究区内的柽柳和酸枣对雨水响应敏感，降雨后能迅速利用雨水，随着降雨后土壤水分的变化，两者又逐渐恢复到降雨前的水分利用格局。Ewe 等（2007）在对滨海湿地植物水分利用策略的研究中发现，在降雨丰富的湿季，表层土壤中以淡水为主，植物的水分主要来自于表层土壤水。本研究结果同样显示，在降雨后，柽柳和酸枣以雨水和表层（0～40cm）土壤水为主。但是，在相同降雨及生境条件下，柽柳对雨水的利用比例低于酸枣，柽柳以可靠的土壤水和浅层地下水为主要水分来源，说明两者水分利用策略有差异。

8.3.3　优势灌木水分来源的生长季动态

在生长季的不同阶段，黄河三角洲贝壳堤优势灌木表现出不同的水分利用策略以适应环境水分条件的变化（表 8-3）。不同灌丛群落内的酸枣均以土壤水为主，但其主要水分来源有所不同。柽柳-酸枣共生灌木群落内，酸枣对各潜在水源都有吸收利用，但对 0～60cm 土壤层水分利用比例较高，达到 60.5%～93.3%；在整个生长季，各潜在水源（0～20cm、20～40cm、40～60cm、60～100cm 土层土壤水和浅层地下水）的总体贡献率分别为 15%～83.8%、6.4%～43.0%、3.1%～25.1%、2.3%～21.4%、4.3%～18.1%。酸枣单优灌木群落内，除 9 月份外，酸枣 58.7%～74.2%的水分来自 60～100cm 土壤层，并且对浅层地下水的利用比例显著低于柽柳-酸枣共生灌木群落内的酸枣；在整个生长季，各潜在水源（0～20cm、20～40cm、40～60cm、60～100cm 土层土壤水和浅层地下水）的总体贡献率分别为 3.9%～21.4%、4.8%～26.0%、9.8%～22.7%、18.0%～74.2%、3.2%～11.8%。

柽柳-酸枣共生灌木群落内，柽柳以 40cm 以下土壤水和浅层地下水为主，两者占到柽柳水分来源的 72.6%～95.4%，而对 0～40cm 上层土壤水的利用率较低；在整个生长季，各潜在水源（0～20cm、20～40cm、40～60cm、60～100cm 土层土壤水和浅层地下水）对柽柳的总体贡献率分别为 1.3%～15.4%、3.3%～17.4%、5.7%～25.5%、16%～69.5%、9.2%～35.9%。柽柳单优灌木群落内，柽柳 40.7%～97.3%的水分来源于 0～40cm 的上层土壤水，对 40cm 以下深层土壤水、浅层地下水的利用率较低；在整个生长季各潜在水源（0～20cm、20～40cm、40～60cm、60～100cm 土层土壤水、浅层地下水）对柽柳的总体贡献率分别为 4.1%～42.4%、15.5%～93.2%、0.5%～18.4%、0.2%～25.2%、8.2%。

表 8-3 黄河三角洲贝壳堤优势灌木水分利用生长季动态

群落类型	植物名	水源	水分贡献率/%				
			6月	7月	8月	9月	10月
柽柳-酸枣共生灌丛	柽柳	SW（0～20cm）	1.3	8.9	2.9	15.4	2.5
		SW（20～40cm）	3.3	17.4	7.5	12.1	9.2
		SW（40～60cm）	5.7	25.5	9.4	20.7	20.5
		SW（60～100cm）	69.5	22.7	69.5	16.0	53.0
		浅层地下水	20.2	25.5	9.2	35.9	14.8
	酸枣	SW（0～20cm）	23.9	15.0	15.9	21.0	83.8
		SW（20～40cm）	25.1	21.8	19.6	43.0	6.4
		SW（40～60cm）	20.0	25.1	25.0	15.8	3.1
		SW（60～100cm）	13.7	21.4	21.3	12.4	2.3
		浅层地下水	17.3	16.8	18.1	7.7	4.3
柽柳单优灌丛	柽柳	SW（0～20cm）	22.9	25.2	4.1	42.4	41.1
		SW（20～40cm）	64.1	15.5	93.2	29.8	37.6
		SW（40～60cm）	5.6	18.4	0.5	12.6	7.1
		SW（60～100cm）	4.5	25.2	0.2	0.7	7.9
		浅层地下水	—	—	—	8.2	—
酸枣单优灌丛	酸枣	SW（0～20cm）	4.5	7.4	3.9	21.4	4.1
		SW（20～40cm）	6.7	8.0	6.6	26.0	4.8
		SW（40～60cm）	9.8	16.1	22.0	22.7	12.8
		SW（60～100cm）	74.2	58.7	64.4	18.0	73.9
		浅层地下水	4.7	9.8	3.2	11.8	4.4

2014 年，黄河三角洲贝壳堤年降水量和生长季（6～10 月）降水量分别为 302.4mm 和 230.0mm，与常年相比分别减少 46.0%和 49.1%，降水偏少，土壤含水量显著下降，贝壳堤的柽柳和酸枣改变水分来源以适应干旱胁迫。相对于不稳定的降水，无论是酸枣还是柽柳都更依赖于相对稳定的土壤水和浅层地下水，这与黑河临泽地区沙丘植物水分利用来源的研究结果一致（周辰昕等，2011），说明酸枣、柽柳对干旱胁迫具有主动适应能力。酸枣单优灌木群落内，酸枣以利用 60～100cm 土壤层水分为主，但与降雨充足的生长季相比，其对浅层地下水的利用却显著下降。这是因为在本研究开展期间的干旱季节，浅层地下水由于降雨减少无法得到补充，加之大量的水分蒸发，浅层地下水矿化度增加到 2.66g/L，成为咸水；而酸枣不是盐生植物，因此其以利用含水量较高且稳定的 60～100cm 土壤层水分为主。在降水充足的生长季，酸枣单优灌木群落内浅层地下水的矿化度为 17.9g/L，属于淡咸水，因此酸枣能够利用较多的浅层地下水。

在不同生境条件下，由于土壤水分、含盐量等条件差异，同一物种表现出不同的水分利用策略。在不同生境条件下柽柳对水分的利用存在很大差异，这与水分条件及柽柳拥有水平根系和深根系的二相性根系密切相关（Todd and Dawson，1996；Armas et al.，2010）。生长在滩脊的柽柳以深层土壤水（60～100cm）和浅层地下水为主要水源，因为这两种水源更加可靠。这与其他干旱条件下植物水分利用策略的研究结果一致（Ehleringer et al.，1991；Ewe et al.，2007）。Sternberg等（1991）研究表明，海岸带红树林对海水和淡水两种水分都有利用，但是本研究表明，在高潮线附近柽柳主要利用上层土壤水，对海水的利用率较低，这说明不同海岸带植物的水分来源也存在差异。高潮线附近表层土壤含水量相对较高，柽柳利用水平根系吸收表层土壤水来满足自身蒸腾作用的需要，同时避免深层土壤、浅层地下水及海水的盐分胁迫。

无论是降雨充足的生长季，还是降雨缺乏、干旱胁迫的生长季，高潮线附近的柽柳都主要利用0～40cm土壤层的水分。这是因为高潮线附近，浅层地下水的矿化度约为30g/L，接近海水的矿化度，40～100cm土壤含盐量达到0.21%～0.36%，这都显著影响柽柳根系的生长（张孝仁和徐先英，1993），进而限制柽柳对这些水分的利用。在降雨充足时，由于土壤水分充足（朱金方等，2015），滩脊的柽柳主要利用雨水和土壤水，没有固定的吸收水分的土壤层；在水分匮缺时，滩脊的柽柳以深层土壤水及矿化度较低的浅层地下水（矿化度为9.34g/L）为主，主要是为了避免干旱胁迫。柽柳的这种水分利用策略与海岸带红树林对海水和淡水两种水分都有利用的研究结果不同（Sternberg et al.，1991），这说明不同海岸带植物由于生理生态特征的差异，其水分利用策略也存在差异。

8.4　不同降雨条件下优势灌木的水分利用机制

降雨的不均匀分布导致生态系统内土壤水分在时间和空间上都有较大差异（Loik et al.，2004）。为了满足生长需求，多年生植物会通过调节根系分布和水分利用来获得土壤水以适应水分条件变化（Dawson，1993；Ehleringer et al.，1991）。因此，降雨的季节性及年际变化将影响群落内优势植物的水分利用格局，进而影响群落的结构和组成（Wu et al.，2014）。黄河三角洲贝壳堤湿地，不同季节及年际间降雨量差异显著，导致土壤含水量波动明显。我们选择不同年份生长季降雨量不同的两个相同月份分别作为水分充足（2013年7月降雨量为293.3mm）和水分亏缺（2014年7月降雨量为32.6mm）条件，对比研究贝壳堤优势灌木在不同水分条件下的水分利用机制。

8.4.1　不同降雨条件下土壤含水量

在水分充足时，柽柳-酸枣共生灌丛内土壤含水量随着土壤深度增加呈先降低后升高趋势，但波动范围仅为 6.53%～7.10%（图 8-8A）。由单因素方差分析表明，0～20cm、40～60cm、60～100cm 三层土壤含水量之间均无显著差异（P>0.05），土壤含水量平均为 6.87%；而 20～40cm 土壤含水量显著低于 40cm 以下土层的土壤含水量（P<0.05），但与 0～20cm 土壤含水量无显著差异（P>0.05）。在水分亏缺时，随着土壤深度增加土壤含水量先增加后降低，变化范围为 1.63%～2.06%，土壤剖面平均含水量仅为 1.82%；而 60～100cm 土壤含水量仅有 1.63%；与水分充足时相比，各层土壤含水量均显著降低（P<0.05）。

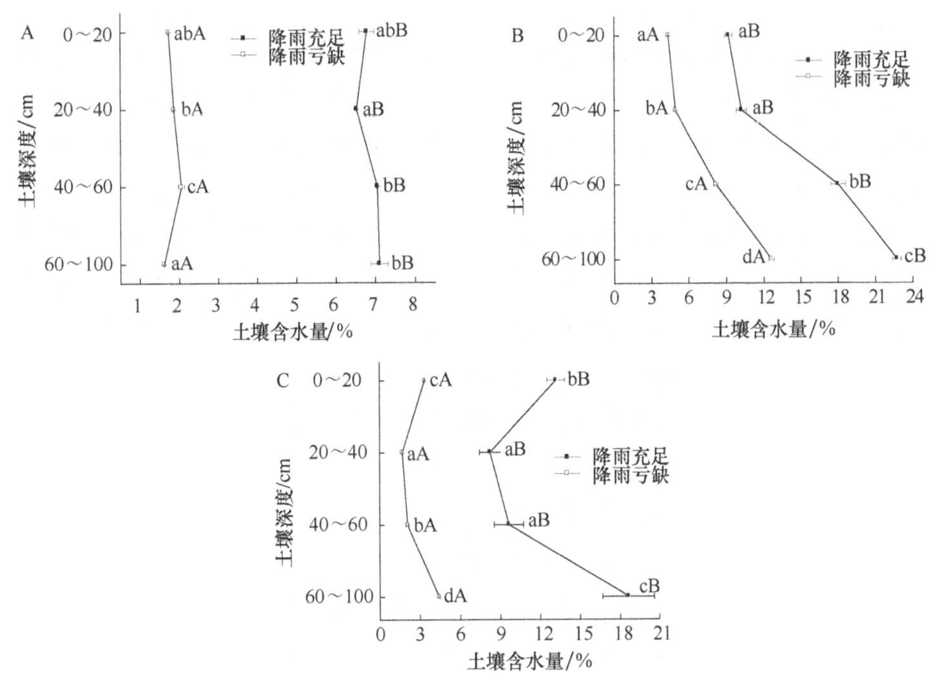

图 8-8　不同降雨条件下柽柳-酸枣共生灌丛（A）、柽柳单优灌丛（B）和酸枣单优灌丛（C）土壤含水量

不同小写字母表示同一降雨条件下不同深度土壤含水量之间差异显著（P<0.05）；不同大写字母表示同一深度不同降雨条件下土壤含水量之间差异显著（P<0.05）

在水分充足时，高潮线附近柽柳单优灌丛内土壤含水量表现出较为明显的垂直梯度变化，随着土壤深度增加土壤含水量逐渐升高，变化范围为 9.19%～22.75%（图 8-8B）。单因素方差分析表明，0～20cm 与 20～40cm 土壤含水量之间无显著差异（P>0.05），平均土壤含水量为 9.70%；而 40～60cm 与 60～100cm 土壤含水量之间差异显著（P<0.05），且均显著高于 40cm 以上土层的土壤含水量（P<0.05）。在水分亏缺时，土壤含水量垂直变化趋势也呈现随着土壤深度的增加土壤含水量呈升高趋势，变化范围为 4.36%～12.60%；各层土壤含水量之间

差异显著（$P<0.05$）。与水分充足时相比，各层土壤含水量均显著降低，且随着土壤深度的增加土壤含水量降低幅度增加，从上至下降低幅度分别为 4.82%、5.26%、9.82%、10.15%。

酸枣单优灌丛内，土壤含水量在水分充足时，随土壤深度增加先降低后升高，变化范围为 8.22%～18.65%（图 8-8C）。单因素方差分析表明，0～20cm 与 60～100cm 土壤含水量之间差异显著（$P<0.05$），且均显著高于 20～40cm 和 40～60cm 土壤含水量（$P<0.05$）。在水分亏缺时，土壤含水量也呈现先降低后升高趋势，变化范围为 1.68%～4.42%；土壤含水量虽不高，但彼此之间差异显著（$P<0.05$）。与水分充足时相比，各层土壤含水量均显著降低，从上至下土壤含水量降幅分别为 9.82%、6.53%、7.55%、14.22%。该群落内土壤含水量变化特征一是与土壤质地有关，表层土壤泥质化程度较高，并且有 5～10cm 的腐殖层，而下层土壤粗砂较多，持水能力较强；二是由于该区域次降雨量多为中雨以下，大部分雨水被上层土壤所截留，导致表层土壤含水量较下层土壤高。

降雨是黄河三角洲贝壳堤土壤水主要的来源，因此降雨量的变化导致不同灌丛内的土壤含水量差异显著。研究发现不同灌丛下土壤含水量垂直变化趋势不同，这主要与土壤颗粒组成、地表植被、地形等因素有关。不同灌木群落分布空间的异质性，导致相同降雨条件下不同灌丛内的土壤含水量存在显著差异。高潮线附近的柽柳单优灌丛内土壤含水量均显著高于滩脊上的其他灌木群落，主要是由于柽柳单优灌丛位于向海侧的高潮线附近，海水涨潮时，海水会横向渗透到该灌丛群落内的土壤和地下水中，使得土壤含水量明显高于其他灌木群落内土壤。而在滩脊，酸枣单优灌丛由于地势相对低于柽柳-酸枣共生灌丛，导致雨水汇集效应，同时土壤中细砂和极细砂含量较高，土壤持水能力相对较强，因此土壤含水量较柽柳-酸枣共生灌丛内土壤含水量高。柽柳-酸枣共生灌丛，土壤中粗砂和砾石占较大比例，土壤持水能力较弱，因此即使在水分充足时平均土壤含水量也仅为 7.0%左右；而在水分亏缺时土壤含水量仅为 2.0%左右，导致植物受严重的干旱胁迫。

8.4.2 不同降雨条件下土壤和地下水含盐量

在水分充足时，柽柳-酸枣共生灌丛内土壤含盐量变化范围为 0.085%～0.098%（图 8-9A）。0～20cm 和 40～60cm 土壤含盐量之间无显著差异（$P>0.05$），60～100cm 含盐量显著高于其他各层土壤（$P<0.05$）。在水分亏缺时，土壤含盐量变化范围为 0.057%～0.072%。0～20cm 土壤含盐量与 20～40cm 和 40～60cm 之间均无显著差异（$P>0.05$），60～100cm 土壤含盐量最低，仅有 0.057%。水分充足时各层土壤含盐量显著高于水分亏缺时（$P<0.05$），虽然不同水分条件下土壤含盐量差异显著但各层土壤含盐量都较低，表明柽柳和酸枣受盐分胁迫伤害较小。

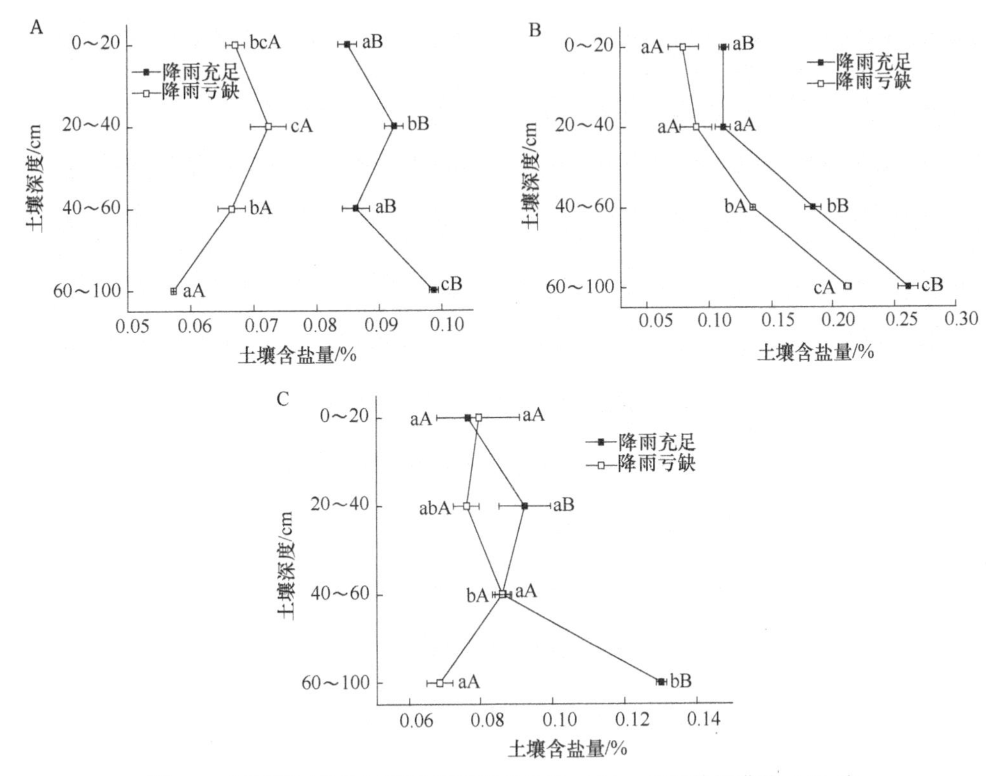

图 8-9　不同降雨条件下柽柳-酸枣共生灌丛（A）、柽柳单优灌丛（B）和酸枣单优灌丛（C）土壤含盐量

不同小写字母表示同一降雨条件下不同深度土壤含盐量之间差异显著（P<0.05）；
不同大写字母表示同一深度不同降雨条件下土壤含盐量之间差异显著（P<0.05）

在水分充足时，高潮线附近的柽柳灌丛内土壤含盐量随着土壤深度增加整体上显著升高，变化范围为 0.113%～0.262%（图 8-9B），0～20cm 和 20～40cm 土壤含盐量之间无显著差异（P>0.05），与 40cm 以下土壤含盐量之间差异显著（P<0.05）。深层土壤含盐量接近 0.3%，说明深层土壤对柽柳的盐分胁迫较大。在水分亏缺时，土壤含盐量也随土壤深度增加而升高，变化范围为 0.080%～0.212%，各层土壤含盐量均显著低于水分充足时（P<0.05）。

在水分充足时，酸枣单优灌丛下土壤含盐量波动较大，变化范围为 0.077%～0.130%（图 8-9C）。0～20cm、20～40cm、40～60cm 土壤含盐量之间无显著差异（P>0.05），平均含盐量为 0.085%；60～100cm 土壤含盐量显著高于上层土壤（P<0.05），可能是因为浅层地下水水位较浅，土壤受含盐地下水向上运移及蒸发影响，土壤含盐量显著增高。在水分亏缺时，土壤含盐量变化范围为 0.069%～0.086%，40～60cm 与 60～100cm 土壤含盐量之间差异显著（P<0.05），其他各层之间均无显著差异（P>0.05）。与水分充足时相比，0～20cm 和 40～60cm 土壤含盐量无显著变化，而 20～40cm 和 60～100cm 土壤含盐量显著降低，尤其是 60～100cm 土壤盐分降低幅度最大。这主要是因浅层地下水水位在水分亏缺时因蒸散发而下降，对 60～100cm 土壤水分输入减少所致。

三类灌木群落内浅层地下水含盐量在不同群落之间及同一群落（除柽柳-酸枣共生灌丛）不同水分条件之间都存在显著差异（图 8-10）。柽柳-酸枣共生灌丛内浅层地下水含盐量最低，且不同水分条件之间差异不显著（$P>0.05$），平均含盐量为 0.898%。酸枣单优灌丛内，浅层地下水含盐量较高，水分充足和水分亏缺时含盐量分别为 1.545%、1.793%。柽柳单优灌丛由于处于高潮线附近，水分充足时浅层地下水含盐量（1.745%）显著低于水分亏缺时（1.927%）（$P<0.05$），且浅层地下水含盐量显著高于滩脊各类灌木群落内浅层地下水，这主要是由于该柽柳灌丛处于高潮线附近，浅层地下水受海水影响显著所致。

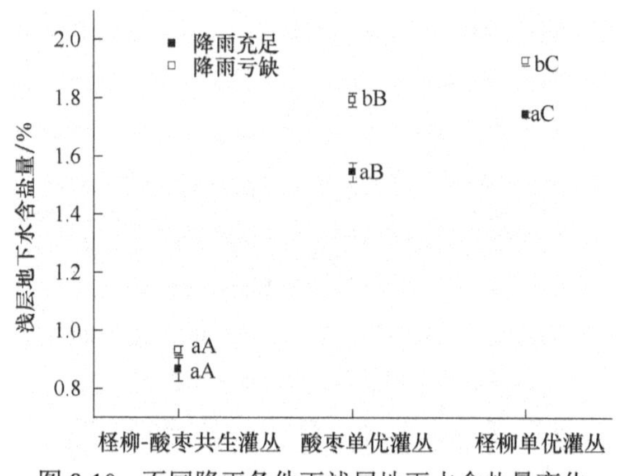

图 8-10　不同降雨条件下浅层地下水含盐量变化

不同小写字母表示不同降雨条件下同一灌丛内浅层地下水含盐量之间差异显著（$P<0.05$）；
不同大写字母表示同一降雨条件下不同群落内浅层地下水含盐量之间差异显著（$P<0.05$）

Media 等（2014）在对滨海地区土壤盐分变化的研究中发现，在水分亏缺时，含盐地下水受蒸发作用影响会通过土壤毛细管作用向上渗透，导致土壤表层盐分含量增加。而本研究结果与此结论相反，是因为本研究区域的土壤粗砂和砾石含量较高，土壤空隙较大，土壤毛细管作用减弱，含盐地下水通过毛细管作用进入上层土壤中的难度较大（Xie et al.，2012；夏江宝等，2013）。本研究还表明，高潮线附近柽柳单优灌丛内土壤含盐量高于滩脊各类灌丛群落内的土壤含盐量，且有显著的梯度差异。这是由于高潮线附近海水涨潮时，海水可通过横向渗透或直接到达该类灌丛群落内的土壤，导致土壤盐分含量较高。浅层地下水在不同水分条件之间的变化与土壤含盐量变化相反。这是由于降雨量充足时，雨水可通过土壤入渗到浅层地下水，进而降低浅层地下水含盐量。在降雨亏缺时，浅层地下水受土壤蒸发、植物蒸腾等影响，浅层地下水蒸发增加，水位下降，导致盐分含量增加。黄河三角洲贝壳堤虽然地处海岸带区域，但由于土壤颗粒组成中粗砂、砾含量较高，导致毛细管作用小，含盐地下水通过毛细管作用对上层土壤的含水量及含盐量影响较小，因此该区域的土壤含盐量水平较低，特别是贝壳堤滩脊处由于地势较高土壤含盐量更低，该区域的植物受盐分胁迫程度低于黄河三角洲其他区域植物。

8.4.3　不同降雨条件下潜在水源及植物水稳定同位素特征

在不同降雨条件下，黄河三角洲贝壳堤土壤水氢氧稳定同位素关系曲线的斜率都显著小于全球大气水线（$\delta D=8\delta^{18}O+10$）和全国大气水线（$\delta D=7.9\delta^{18}O+8.2$）的斜率（林光辉，2013），表明贝壳堤土壤蒸发显著，导致土壤水产生了同位素富集。土壤水氢、氧稳定同位素关系曲线与全球及全国大气水线偏离程度在降雨充足时大于降雨亏缺时，说明降水亏缺时，土壤蒸发引起的同位素富集程度更强（图 8-11）。

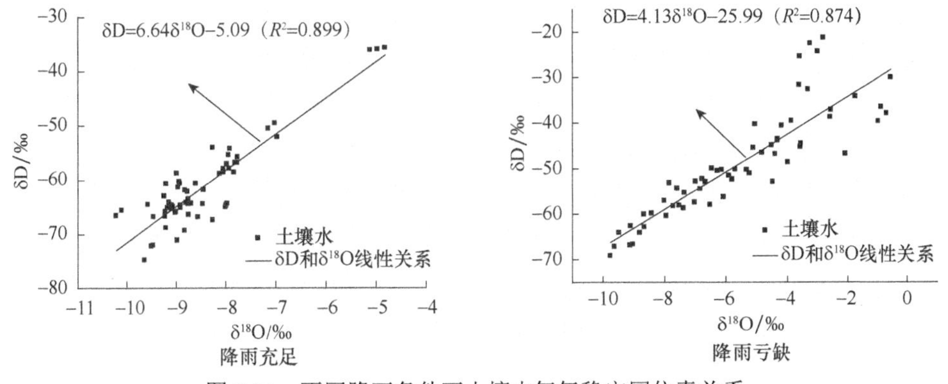

图 8-11　不同降雨条件下土壤水氢氧稳定同位素关系

柽柳-酸枣共生灌丛内，降雨充足时土壤水 $\delta^{18}O$ 值变化范围为−9.45‰～−7.91‰，随着土壤深度加深，土壤水 $\delta^{18}O$ 值逐渐升高，表明降雨对上层土壤水的稳定同位素组成影响最大（图 8-12A）。60～100cm 土壤水 $\delta^{18}O$ 值与浅层地下水 $\delta^{18}O$ 值之间差异显著（$P<0.05$），说明浅层地下水对 60～100cm 土壤水的影响较小。柽柳和酸枣木质部水 $\delta^{18}O$ 值之间差异不显著（$P>0.05$），且柽柳木质部水 $\delta^{18}O$ 值与浅层地下水之间无显著差异（$P>0.05$）；酸枣木质部水 $\delta^{18}O$ 值介于 60～100cm 土壤水和浅层地下水之间，且与两者 $\delta^{18}O$ 值差异显著（$P<0.05$）。在降雨亏缺时，柽柳-酸枣共生灌丛内土壤水 $\delta^{18}O$ 值变化范围为−7.37‰～−5.19‰。土壤水 $\delta^{18}O$ 值表现出与降水充足时相反的梯度变化，随着土壤深度增加 $\delta^{18}O$ 值逐渐减小。这主要是降雨量减少、土壤蒸发等，引起土壤水稳定氧同位素富集所导致。柽柳木质水 $\delta^{18}O$ 值介于 60～100cm 土壤水和浅层地下水 $\delta^{18}O$ 值之间；而酸

枣木质部水 δ^{18}O 值与 40～60cm 土壤水相接近。

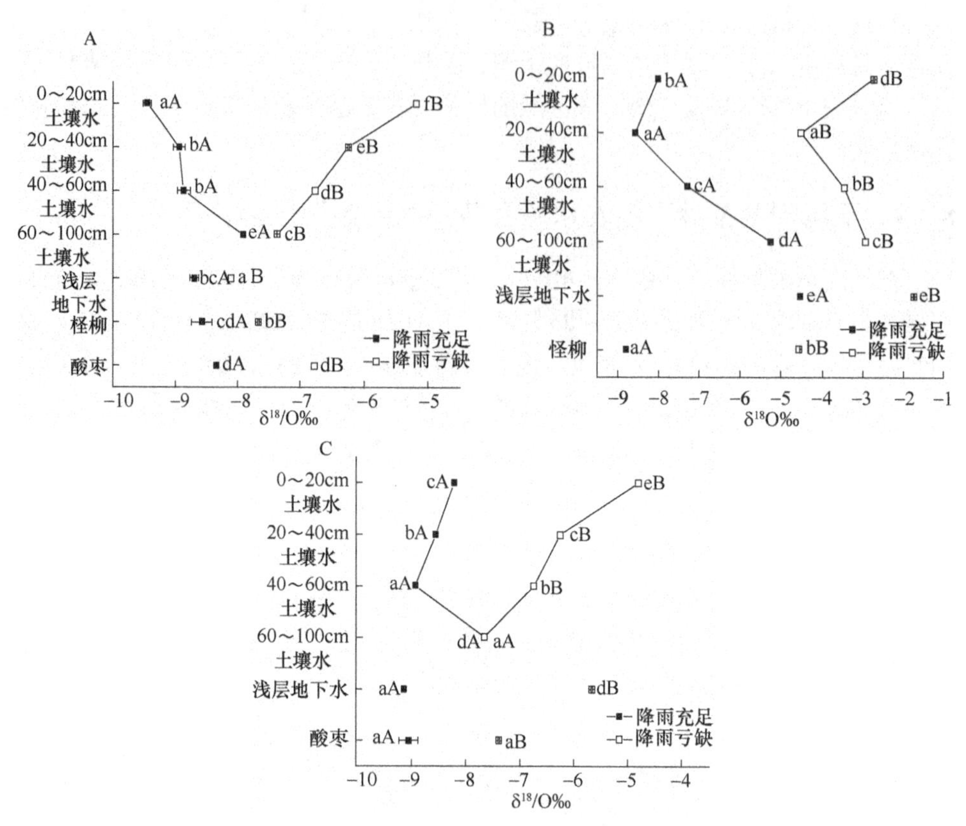

图 8-12　不同降雨条件下柽柳-酸枣共生灌丛（A）、柽柳单优灌丛（B）和酸枣单优灌丛（C）潜在水源及植物木质部水 δ^{18}O 值

不同小写字母表示同一降雨条件下各潜在水源、植物木质部水 δ^{18}O 值之间差异显著（$P<0.05$）；不同大写字母表示不同降雨条件下同一潜在水源、植物木质部水 δ^{18}O 值之间差异显著（$P<0.05$）

柽柳单优灌丛内，土壤水 δ^{18}O 值在降雨充足时的变化范围为－8.60‰～－5.27‰；随着深度增加，土壤水 δ^{18}O 值先下降后升高（图 8-12B）。浅层地下水 δ^{18}O 值显著高于土壤水的 δ^{18}O 值（$P<0.05$）。柽柳木质部水 δ^{18}O 值与 20～40cm 土壤水 δ^{18}O 值接近。在降雨亏缺时，土壤水 δ^{18}O 值垂直剖面变化趋势与降雨充足时相同，但变化范围为－4.55‰～－2.74‰，变幅较小。柽柳木质部水 δ^{18}O 值与 40～60cm 土壤水 δ^{18}O 值无显著差异（$P>0.05$）。各潜在水源和柽柳木质部水 δ^{18}O 值均显著高于降雨充足时。在不同降雨条件下，40cm 以下土壤水 δ^{18}O 值随着深度增加而升高，主要是由于该群落位于高潮线附近，而海水 δ^{18}O 值较高（δ^{18}O 为－6.0‰～－2.0‰），受海水影响土壤水、浅层地下水 δ^{18}O 值较高。

酸枣单优灌丛内，土壤水 δ^{18}O 值在降雨充足时的变化范围为－8.92‰～－7.66‰，0～60cm 土壤水 δ^{18}O 值随土壤深度增加而减小，60～100cm 土壤水 δ^{18}O 值显著高于其他各层土壤水（$P<0.05$）（图 8-12C）。这主要是由于群落内表层土壤泥质化程度高，浅根系草本植物盖度大，雨水主要被上层土壤截留，而渗透至 60cm 以下土壤中的较少；酸枣木质部水 $\delta^{18}O$ 值与 40～60cm 土壤水、浅层地下水 $\delta^{18}O$ 值无显著差异（$P>0.05$）。在降雨亏缺时，酸枣灌丛内土壤水 $\delta^{18}O$ 值为－7.68‰～－4.80‰，较降雨充足时变幅大，且随着土壤深度增加而逐渐减小。酸枣木质部水 $\delta^{18}O$ 值与 60～100cm 土壤水无显著差异。60～100cm 土壤水 $\delta^{18}O$ 值在不同降雨条件下保持相对稳定，其他层土壤水、浅层地下水、酸枣木质部水的 $\delta^{18}O$ 值均表现为降雨充足时显著低于降雨亏缺时（$P<0.05$）。

不同降雨条件下，黄河三角洲贝壳堤湿地土壤水和浅层地下水稳定同位素组成差异显著。各类灌丛内土壤水 $\delta^{18}O$ 值在降雨充足时多显著低于降雨亏缺时，这与降雨多少、地表蒸发等密切相关（Gazis and Feng，2004）。降雨在形成的过程中，由于 ^{18}O 移动性较弱且形成的水分子具有较强的结合能，地表水蒸发后在空气中形成的水汽多以 ^{16}O 为主，而 ^{18}O 含量较为贫化，因此雨水的 $\delta^{18}O$ 值一般低于地表水汽蒸发源，降雨量变化使得土壤水中稳定同位素组成产生差异（Zhang et al.，2005）。降雨充足时，土壤水受降雨影响发生 ^{18}O 贫化，而在降雨亏缺时，受蒸发影响，土壤水 ^{18}O 发生富集。一般情况下，随着土壤深度增加，因蒸发而引起的同位素富集程度越低（Shurbaji and Campbell，1997）。在降雨亏缺时，滩脊各类灌丛内土壤水 $\delta^{18}O$ 值分布特征与该结论相一致；而在降雨充足时，各类灌丛内由于土壤质地、地表植被盖度等因素的影响，降雨在各类灌丛群落内土壤中的渗透程度不同，导致各类灌丛间土壤水氧稳定同位素垂直分布规律存在差异。高潮线附近的柽柳单优灌丛内土壤水的 $\delta^{18}O$ 值随土壤深度增加而增大，并且显著高于滩脊相同深度土壤水的 $\delta^{18}O$ 值，且随土壤深度增加而差异越大。这主要是由于高 $\delta^{18}O$ 值海水对土壤水有影响，而滩脊地势相对较高，且距海较远，因此海水对滩脊土壤的影响较小。

8.4.4　不同降雨条件下优势灌木水分适应策略

不同水分条件下各潜在水源对酸枣水分的贡献率有较大差异（表 8-4）。在降雨充足时，柽柳-酸枣共生灌丛内的酸枣主要利用 60～100cm 土壤水（57.6%）；而酸枣单优灌丛内，酸枣对 0～60cm 土壤水和浅层地下水的利用比例分别达到 57.3%和 33.3%。在降雨亏缺时，柽柳-酸枣共生灌丛内的酸枣表现为从各潜在水源吸收水分；而酸枣单优灌丛内的酸枣 58.7%的水分来源于 60～100cm 土壤水。

酸枣是典型的耐旱植物，虽然其不耐盐分胁迫，但滩脊土壤含盐量多在 0.1%左右，所以酸枣能够在此生长。在土壤水分充足时，由于上层土壤水分充足且浅层地下水矿化度低，因此，酸枣单优灌丛内的酸枣主要利用上层土壤水和浅层地下水，柽柳-酸枣共生灌丛内的酸枣水分来源也相对固定。在土壤水分亏缺时，酸枣单优灌丛内的酸枣以稳定的深层土壤水为主要水源，因为浅层地下水的矿化度达到 17.9g/L，因此酸枣对其利用显著减少；而柽柳-酸枣共生灌丛内，酸枣利用各种潜在水源主要为了减少与柽柳竞争水分。随土壤含水量及浅层地下水矿化度变化，酸枣表现出的不同水分利用策略正是对其所处生境水盐变化的适应。

随水分条件的变化，不同灌丛群落内的柽柳也表现出了不同的水分利用方式（表 8-4）。在降雨充足时，柽柳-酸枣共生灌丛内的柽柳水分来源主要为 60～100cm 土壤水和浅层地下水，利用比例分别为 51.2%和 18.8%；高潮线附近的柽柳单优灌丛内，柽柳吸收利用的水分几乎全部来源于 20～40cm 土壤水（90.9%），对其他各层土壤水和浅层地下水的利用比例较小。在降雨亏缺时，柽柳-酸枣共生灌丛内的柽柳对土壤水的利用比例仅为 33.0%，浅层地下水（67.0%）替代土壤水成为其主要水分来源；柽柳单优灌丛内，柽柳对 20～40cm 土壤水的利用比例相比水分充足时降低了 58.0%，对其他各层土壤水和浅层地下水的利用比例均有所增加，其中以 20～60cm 土壤水为主要水源（58.4%）。

表 8-4 不同水分条件下黄河三角洲贝壳堤优势灌木水分利用策略

群落类型	植物名	水分条件	水分贡献率/%				
			0～20cm	20～40cm	40～60cm	60～100cm	浅层地下水
柽柳-酸枣共生灌丛	柽柳	SSW	6.2	12.0	11.8	51.2	18.8
		DSW	3.4	5.8	8.2	15.6	67.0
	酸枣	SSW	6.8	10.4	11.3	57.6	13.9
		DSW	15.0	21.8	25.1	21.4	16.8
柽柳单优灌丛	柽柳	SSW	5.0	90.9	2.4	0.9	0.8
		DSW	15.2	32.9	25.5	16.9	9.5
酸枣单优灌丛	酸枣	SSW	12.0	12.6	32.7	9.4	33.3
		DSW	7.4	8.0	16.1	58.7	9.8

注：SSW 表示土壤水分充足（sufficient soil water）；DSW 表示土壤水分亏缺（deficient soil water）

在降雨充足时，柽柳-酸枣共生灌丛内的柽柳对浅层地下水的吸收较少，在高潮线附近的柽柳单优灌丛内，由于下层土壤含盐量相对较高，柽柳优先选择利用上层 20～40cm 含盐量较低的土壤水，这说明土壤盐分对柽柳吸收水分有显著影响。两类生境下柽柳主要水分来源的差异是由于高潮线附近的深层土壤含盐量显著高于滩脊，这限制了该地的柽柳根系向深处生长，而柽柳的根系分布与其水分吸收密切相关（Nippert et al.，2010；Cui et al.，2015）。在降雨亏缺时，高潮线附近的柽柳由原来相对集中的水分来源转变为对各种潜在水源都有利用，以此获得足够的水分满足生长的需求；而滩脊的柽柳-酸枣共生灌丛下，由于地势和蒸散作用，土壤含水量降低到极低水平（朱金方等，2017），因此柽柳的主要水源转换为含盐量较低的浅层地下水。在贝壳堤研究区内，柽柳的伴生植物主要为浅根系植物（赵艳云等，2011），在降雨缺少的季节，柽柳水分利用策略避免了与其伴生植物之间的水分竞争，有利于浅根系植物的生长，促进贝壳堤内物种间的共存，提高了生态系统在逆境条件下的稳定性。同时，不同生境下随水分条件变化，柽柳水分来源的转变有利于增强柽柳对水胁迫的适应能力，提高生态系统中水资源的利用效率。

8.5　贝壳堤优势灌木的水分生态位

物种在长期的环境适应和种间竞争过程中形成了其在生态系统中的生态位。植物根系在土壤中的构型差异也形成了根系生态位（February et al.，2013）。在以降雨为主要水分来源的生境中，植物水分来源受降雨量季节性变化的影响较大，随着生境中可利用水分时空格局的变化，以及物种间对有限水资源的竞争，不同植物对水分的适应策略也随之改变，进而形成了植物水分生态位。水分生态位是资源生态位的一种表现形式，是植物在时间和空间水平上对水资源的利用状态，也是植物在环境中经过长期的发展和对环境的适应而形成的水分利用能力。水分生态位作为一种狭义的资源生态位，与环境中水资源的可利用性和分布密切相关，但植物的水分生态位并非固定不变的，而是随着环境中可利用水资源量的变化而自我调整。

8.5.1　优势灌木水分生态位的生长季动态

柽柳-酸枣共生灌丛内，酸枣的水分生态位宽度在 2014 年 6 月、7 月、8 月较大，而在 9 月、10 月明显减小（图 8-13A）。6 月、7 月降雨量较低，土壤水分亏缺，酸枣通过吸收利用各种水源以适应水分胁迫，因此其水分生态位宽度较大。虽然 8 月降雨量增加，但此时是全年平均气温最高的时期，植物蒸腾耗水量大，加之群落内柽柳等其他物种的水分竞争，酸枣通过增加水分生态位宽度减少种间竞争，以从土壤中获得足够的水分；9 月气温降低，进入酸枣成熟期，耗水量减少，酸枣水分生态位宽度逐渐下降；10 月气温进一步下降，酸枣逐渐进入落叶期，耗水量进一步减少，酸枣水分来源相对固定，因此其水分生态位宽度明显下降。酸枣单优灌丛内，酸枣的水分生态位宽度与柽柳-酸枣共生灌丛内的酸枣相比大多明显减小（图 8-13B）。6 月，酸枣水分生态位宽度值较低；7 月，随着气温升高，酸枣的水分需求量增大，相比 6 月水分生态位宽度值有所增加；8 月，降雨量增加的同时气温也升高，但酸枣的水分生态位宽度变化不大，说明土壤水分充足；9 月，酸枣水分生态位宽度显著增大，主要是由于采样前有一次降雨事件，上层土壤中可利用水的增加，增加了酸枣对上层土壤水的利用比例；10 月，酸枣进入生长的最后阶段，水分生态位宽度下降。

柽柳-酸枣共生灌丛内，柽柳的水分生态位宽度呈现先下降后上升的趋势（图 8-13C）。6 月降雨量较小，土壤含水量低，可利用水少，柽柳通过增加水分生态位宽度来吸收足够的水分用于生长，但其水分生态位宽度显著小于酸枣。虽然

7月、8月降雨量增加，但由于气温高，蒸发量大，土壤含水量显著降低，此时柽柳主要是以更为可靠的深层土壤水和浅层地下水作为主要水源，因此其水分生态位宽度减小。柽柳水分生态位宽度的变化避免了与酸枣的水分竞争，使得两者在水分亏缺的条件下都能够生存。9月、10月气温降低，柽柳生长量逐渐降低，水分生态位宽度因耗水量减少而变小。柽柳单优灌丛内，柽柳的水分生态位宽度在6月、8月、10月均较低，说明柽柳水分来源相对单一；而柽柳的水分生态位宽度在7月变大，是因为7月份降雨量与常年相比显著下降，土壤含水量低，柽柳得从不同水源吸收水分，因此水分生态位宽度增加（图8-13D）。

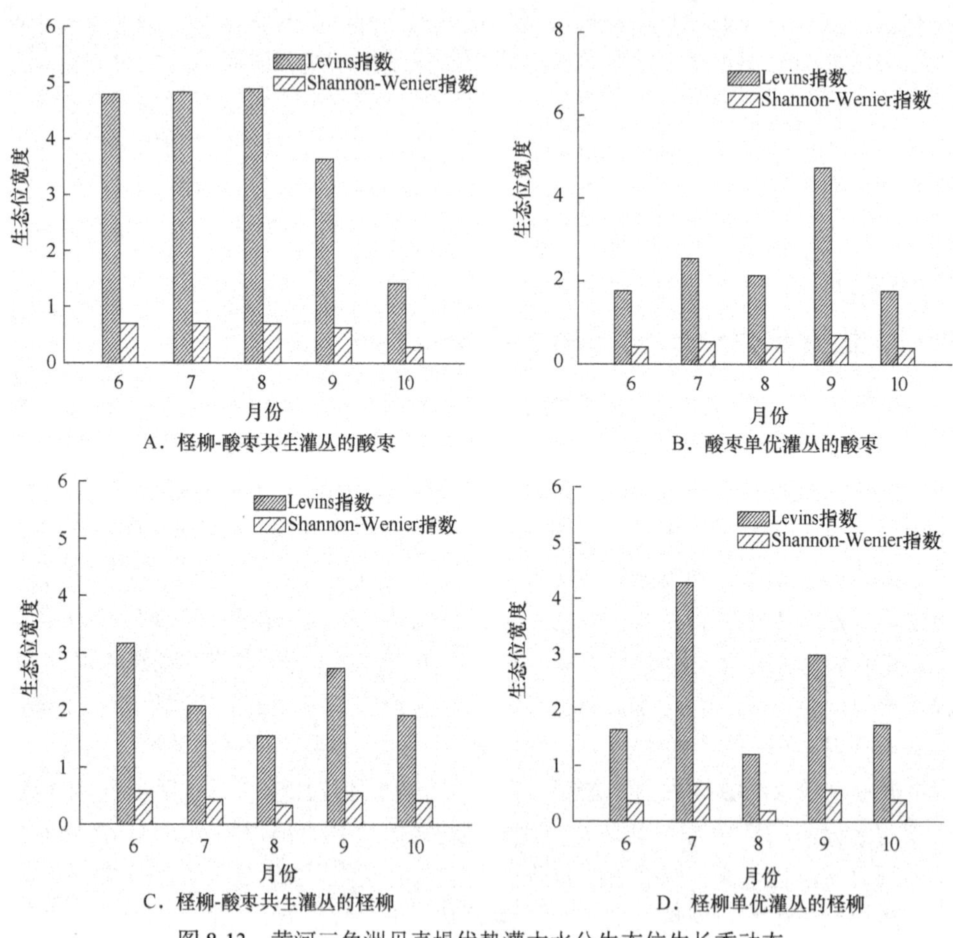

图8-13 黄河三角洲贝壳堤优势灌木水分生态位生长季动态

8.5.2 土壤水盈亏条件下优势灌木的水分生态位

不同土壤水分条件下，黄河三角洲贝壳堤优势灌木水分生态位差异显著，酸枣和柽柳表现了相反的变化趋势。柽柳-酸枣共生灌丛内，酸枣在土壤水分充足时的水分生态位宽度显著小于水分亏缺时，而柽柳在土壤水分充足时的水分生态位宽度显著大于水分亏缺时（图 8-14A、C）。土壤水分充足时，植物为了减少因水分吸收而造成的能量消耗，优先选择容易吸收利用的水分（Gao and Reynolds，2003），因此酸枣选择吸收的水源相对稳定，水分生态位宽度较小；而由于土壤含水量高，且柽柳具有二相性根系，其容易从各种潜在水源吸收水分，因此柽柳水分生态位宽度较大。在土壤水分亏缺时，土壤含水量显著下降，并且地下水矿化度很高，酸枣只有从各层土壤中吸收水分以满足生长所需，因此其水分生态位宽度变大；而柽柳是耐盐植物，其可以适应较强的盐分胁迫，在土壤水分亏缺时，其以相对稳定且矿化度较低的浅层地下水为主要水源，因此其水分生态位宽度变小。酸枣和柽柳在不同水分条件下的水分生态位宽度变化避免了两者之间的水分竞争，因此两种灌木通过生态位的分化实现了共生。

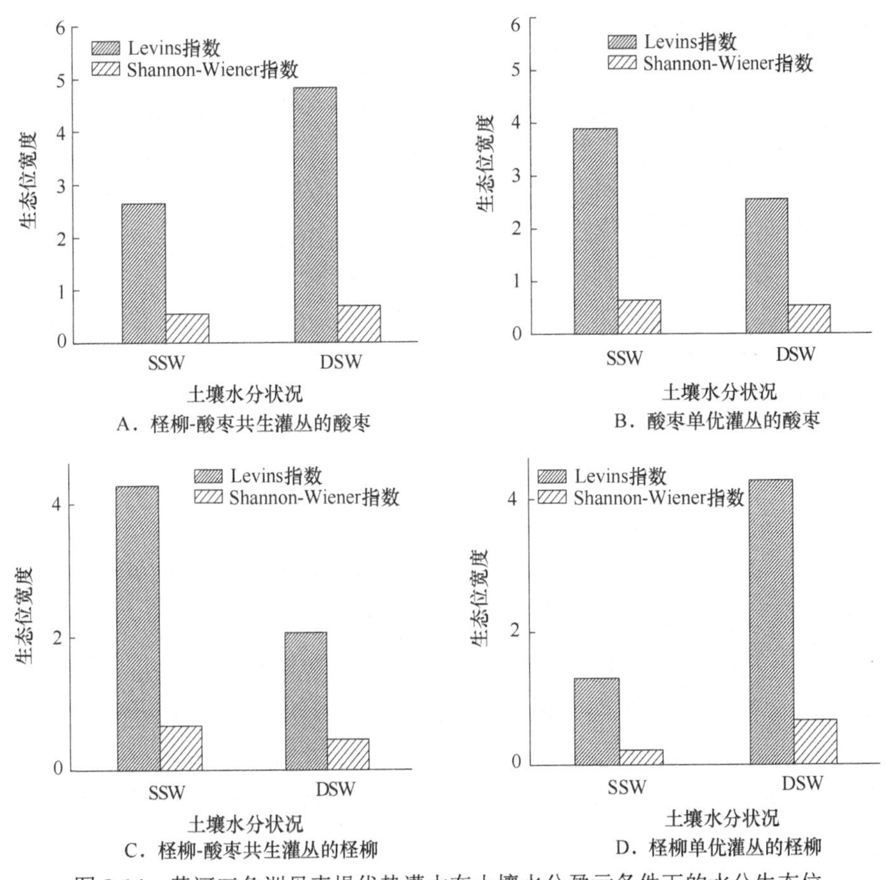

图 8-14　黄河三角洲贝壳堤优势灌木在土壤水分盈亏条件下的水分生态位

SSW 表示土壤水分充足；DSW 表示土壤水分匮缺

酸枣单优灌丛内，酸枣的水分生态位宽度在土壤水分充足时大于土壤水分亏缺时（图 8-14B）。这与柽柳-酸枣共生灌丛内酸枣水分生态位宽度的变化相反，主要是水分充足时酸枣可以较为容易地利用各种水源，水生态位宽度较大；而水分亏缺时，由于蒸发上层土壤含水量显著降低，浅层地下水矿化度较高，酸枣只能利用较为稳定的深层土壤水，水分生态位宽度变小。

高潮线附近的柽柳单优灌丛内，柽柳水分生态位宽度变化与滩脊柽柳-酸枣共生灌丛内柽柳的水分生态位宽度变化相反（图 8-14D）。高潮线附近土壤粗砂、砾石含量为 33.2%～57.0%，导致非毛管孔隙度大，土壤持水能力低。在水分充足时，上层土壤含水量相对较高，柽柳以上层土壤水作为主要水源以避免深层土壤及浅层地下水的盐分胁迫，所以其水分生态宽度较小；在水分亏缺时，由于土壤持水能力弱，含水量显著下降，仅依靠上层土壤水不能满足柽柳生长需求，柽柳转为从不同土壤层吸收水分，因此其水分生态位增加。

8.5.3　灌木的水分共生机制

Levins 生态位重叠指数分析表明，柽柳-酸枣共生灌丛内酸枣和柽柳的水分生态位分化与互补更为明确。从生长季不同阶段看（图 8-15A），在酸枣和柽柳生长初期（6 月）或土壤水分相对充足（9 月）时，由于生长需水量低或水源充足，酸枣和柽柳从相同水源吸收水分不会产生强烈竞争，因此两者的水分生态位重叠度高。水分生态位的重叠反映出两种灌木对水资源的交叉利用，提高对有限水资源的利用效率。在 7 月、8 月的生长旺季，气温高，植物生长需水量大，柽柳和酸枣的水分生态位重叠度降低，水分生态位出现分化，这是为了都获得充足的水分，降低因水分而造成种间竞争消耗。

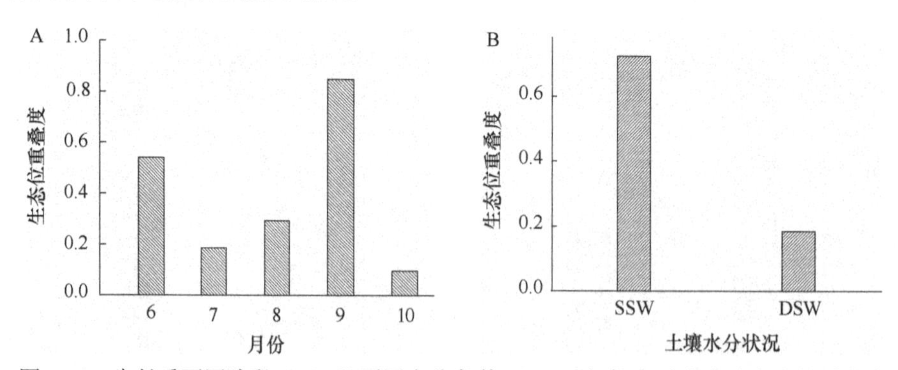

图 8-15　生长季不同阶段（A）及不同水分条件（B）下柽柳和酸枣水分生态位重叠度

随土壤水分盈亏条件变化，酸枣与柽柳种间水分生态位重叠度在土壤水分充足（SSW）时与亏缺（DSW）时相比差异显著（图 8-15B）。在土壤水分充足时，酸枣和柽柳的水分生态位重叠度高达 0.72，说明酸枣和柽柳利用的水分来源高度相近。虽然利用相同的水源会产生种间竞争，但是由于降雨量大，土壤水分充足，利用相近水源的两种灌木仍可以获得充足的生长所需水分，两者之间的水分竞争并不激烈。在土壤水分亏缺时，柽柳和酸枣的水分生态位显著分化，重叠度仅为0.18，表明酸枣和柽柳的水分来源有显著差异，对水资源的竞争较小，避免了因水分竞争而导致的消耗，增加了物种存活概率。

8.6　结　论

生长季不同月份，土壤水氢、氧稳定同位素关系曲线的斜率均小于全球大气水线的斜率，表明土壤水均因蒸发而产生稳定同位素分馏显著。但生长季的不同阶段偏离差异不同，以气温高、生长旺盛、蒸发量大的 7 月、8 月偏离最大。土壤水 $\delta^{18}O$ 值在 7 月、8 月最大，生长季初期、末期较小，并且一般随土壤深度增加而减小。但由于微地形、海水等影响，高潮线附近土壤水 $\delta^{18}O$ 值随土壤深度增加而增大，并且一般大于相同深度的滩脊土壤水 $\delta^{18}O$ 值。

中雨以上降雨显著改变黄河三角洲贝壳堤土壤水稳定同位素特征。降雨对 0～40cm 土壤水氧稳定同位素的影响显著，对下层土壤水影响较小且滞后。由于气温高、蒸发散量大、土壤保水能力相对较弱，降雨对 0～40cm 土壤水 $\delta^{18}O$ 值的影响仅持续 3d 左右时间；而降雨对 60～100cm 土壤水和地下水 $\delta^{18}O$ 值没有显著影响。

降雨后，所有灌木木质部水稳定同位素都与雨水稳定同位素接近，说明灌木对降雨敏感并能充分利用雨水。对小雨的响应不敏感，表明植物对小雨利用较少，而是依赖更可靠的土壤水。不同灌木木质部水稳定同位素对降水的响应有所差异。柽柳-酸枣共生灌丛内，酸枣和柽柳木质部水稳定同位素在降雨后没有显著差异，酸枣木质部水稳定同位素更接近雨水。此外，柽柳木质部水稳定同位素在雨后第 2 天就和雨水稳定同位素值差异显著，而酸枣则在第 3 天才出现显著差异。因此，酸枣利用了更多的雨水且受其影响时间更长，而柽柳对雨水的利用量和持续时间更短，两者对降雨有不同的利用策略。

降雨显著影响贝壳堤优势灌木的水分利用策略。降雨后，柽柳和酸枣都大量利用雨水，但酸枣对雨水的利用比例显著高于柽柳。随土壤含水量、土壤含盐量和浅层地下水矿化度变化，柽柳和酸枣都显著改变水分利用策略，表现了对胁迫环境较强的适应能力。在同一群落内的柽柳和酸枣，表现了生态位分化的水分利用策略，这种分化降低了因种间竞争产生的消耗。不同灌木主要水分来源的调节以及水分生态位的分化与互补，提高了灌木的竞争优势，有利于黄河三角洲贝壳堤逆境条件下生态系统稳定性的维持。

参 考 文 献

黄建辉，林光辉，韩兴国．2005．不同生境间红树科植物水分利用效率的比较研究．植物生态学报，29（4）：530-536.

林光辉．2013．稳定同位素生态学．北京：高等教育出版社.

孙双峰，黄建辉，林光辉，等．2005．稳定同位素技术在植物水分利用研究中的应用．生态学报，25（9）：2362-2371.

田家怡，夏江宝，孙景宽．2011．黄河三角洲贝壳堤岛生态保护与恢复技术．北京：化学工业出版社.

王平，刘京涛，朱金方，等．2017．黄河三角洲海岸带湿地柽柳在干旱年份的水分利用策略．应用生态学报，28（6）：1801-1807.

夏江宝，张淑勇，王荣荣，等．2013．贝壳堤岛 3 种植被类型的土壤颗粒分形及水分生态特征．生态学报，33（21）：7013-7022.

鱼腾飞，冯起，司建华，等．2017．黑河下游柽柳根系水力提升对林分蒸散的贡献．生态学报，37（18）：6029-6037.

曾巧，马剑英．2013．黑河流域不同生境植物水分来源及环境指示意义．冰川冻土，35（1）：148-155.

张效仁，徐先英．1993．柽柳属种间耐盐性比较实验．中国沙漠，13（1）：35-40.

赵艳云，胡相明，刘京涛，等．2011．黄河三角洲贝壳堤岛植被特征分析．水土保持通报，31（2）：177-180，185.

周辰昕，孙自永，余绍文．2011．黑河中游临泽地区沙丘植物水分来源的 D、^{18}O 同位素示踪．地质科技情报，30（5）：103-109.

周海，郑新军，唐立松，等．2014．盐生荒漠土壤水稳定氢、氧同位素组成季节动态．中国沙漠，34（1）：162-169.

朱金方，刘京涛，孙景宽，等．2017．贝壳堤岛不同生境下柽柳水分来源比较．生态学杂志，36（8）：2367-2374.

Al-ameri A, Schneider M, Abu L N, et al. 2013. The hydrogen (δD) and oxygen (δ^{18}O) isotopic composition of Yemen’s rainwater. Arabian Journal for Science and Engineering, 39(1): 423-436.

Armas C, Padilla F M, Pugnaire F I, et al. 2010. Hydraulic lift and tolerance to salinity of semiarid species: consequences for species interactions. Oecologia, 162(1): 11-21.

Bardach J. 1989. Global warming and the coastal zone. Climatic Change, 15(1-2): 117-150.

Chimner R A, Cooper D J. 2004. Using stable oxygen isotopes to quantify the water source used for transpiration by native shrubs in the San Luis Valley, Colorado USA. Plant and Soil, 260(1-2): 225-236.

Corbin J D, Thomsen M A, Dawson T E, et al. 2005. Summer water use by California coastal prairie grasses: fog, drought, and community composition. Oecologia, 145(4): 511-521.

Cui Y, Ma J, Sun W, et al. 2015. A preliminary study of water use strategy of desert plants in Dunhuang, China. Journal of Arid Land, 7: 73-81.

Dawson T E, Siegwolf R T W. 2007. Stable Isotopes as Indicators of Ecological Change. San Diego: Academic Press.

Dawson T E. 1998. Fog in the California redwood forest ecosystem inputs and use by plants. Oecologia, 117(4): 476-485.

Dawson T. 1993. Hydraulic lift and water use by plants: implications for water balance, performance and plant-plant interactions. Oecologia, 95(4): 565-574.

Ehleringer J R, Dawson T E. 1992. Water uptake by plants: perspectives from stable isotope composition. Plant, Cell & Environment, 15(9): 1073-1082.

Ehleringer J R, Phillips S L, Schuster W S F, et al. 1991. Differential utilization of summer rains by desert plants. Oecologia, 88(3): 430-434.

Ewe S, Sternberg D. 2002. Seasonal water-use by the invasive exotic, *Schinus terebinthifolius*, in native and disturbed communities. Oecologia, 133(4): 441-448.

Ewe S M, Sternberg Lda S, Childers D L. 2007. Seasonal plant water uptake patterns in the saline southeast Everglades ecotone. Oecologia, 152(4): 607-616.

Feagin R A, Sherman D J, Grant W E. 2005. Coastal erosion, global sea-level rise, and the loss of sand dune plant habitats. Frontiers in Ecology and the Environment, 3(7): 359-364.

February E C, Matimati I, Hedderson T A, et al. 2013. Root niche partitioning between shallow rooted succulents in a South African Semi Desert: implications for diversity. Plant Ecology, 214(9): 1181-1187.

Gao Q, Reynolds J F. 2003. Historical shrub-grass transitions in the northern Chihuahuan Desert: modeling the effects of shifting rainfall seasonality and event size over a landscape gradient. Global Change Biology, 9(10): 1475-1493.

Gazis C, Feng X H. 2004. A stable isotope study of soil water: evidence for mixing and preferential flow paths. Geoderma, 119(1-2): 97-111.

Haase P, Pugnaire F, Clark S C, et al. 1999. Environmental control of canopy dynamics and photosynthetic rate in the evergreen tussock grass *Stipa tenacissima*. Plant Ecology, 145(2): 327-339.

Hegerl G C, Bindoff N L. 2005. Warming the world's oceans. Science, 309(5732): 254-255.

Lee K S, Kim J M, Lee D R, et al. 2007. Analysis of water movement through an unsaturated soil zone in Jeju Island, Korea using stable oxygen and hydrogen isotopes. Journal of Hydrology, 345(3): 199-211.

Lin G H, Sternberg L S L. 1994. Utilization of surface water by red mangrove (*Rhizophora mangle* L.): an isotopic study. Bulletin of Marine Science, 54(1): 94-102.

Loik M E, Breshears D D, Lauenroth W K, et al. 2004. A multi-scale perspective of water pulses in dryland ecosystems: climatology and ecohydrology of the western USA. Oecologia, 141(2): 269-281.

Medina-Gómez I, Kjerfve B, Mariño I, et al. 2014. Sources of salinity variation in a coastal lagoon in a karst landscape. Estuaries and Coasts, 37(6): 1329-1342.

Nippert J B, Butler J J, Kluitenberg G J, et al. 2010. Patterns of *Tamarix* water use during a record drought. Oecologia, 162: 283-292.

Reynolds J, Kemp P, Tenhunen J. 2000. Effects of long-term rainfall variability on evapotranspiration and soil water distribution in the Chihuahuan Desert: a modeling analysis. Plant Ecology, 150(1-2): 145-159.

Saha A K, Saha S, Sadle J, et al. 2011. Sea level rise and south Florida coastal forests. Climatic Change, 107(1-2): 81-108.

Shurbaji A R, Campbell A R. 1997. Study of evaporation and recharge in desert soil using environmental tracers, New Mexico, USA. Environmental Geology, 29(3-4): 147-151.

Sternberg L S L, Ish-Shalom-Gordon N, Ross M, et al. 1991. Water relations of coastal plant communities near the ocean/freshwater boundary. Oecologia, 83: 305-310.

Todd E, Dawson J S P. 1996. Seasonal water uptake and movement in root systems of Australian phraeatophytic plants of dimorphic root morphology: a stable isotope investigation. Oecologia, 107: 13-20.

Williams K, Ewel K C, Stumpf R P, et al. 1999. Sea-level rise and coastal forest retreat on the west coast of Florida, USA. Ecology, 80(6): 2045-2063.

Wu Y, Zhou H, Zheng X J, et al. 2014. Seasonal changes in the water use strategies of three co-occurring desert shrubs. Hydrological Processes, 28(26): 6265-6275.

Xie W, Zhao Y, Zhang Z, et al. 2012. Shell sand properties and vegetative distribution on shell ridges of the southwestern coast of Bohai Bay. Environmental Earth Sciences, 67(5): 1357-1362.

Xu Q, Li H, Chen J Q, et al. 2011. Water use patterns of three species in subalpine forest, southwest China: the deuterium isotope approach. Ecohydrology, 4(2): 236-244.

Xu Q, Liu S R, Wan X C, et al. 2012. Effects of rainfall on soil moisture and water movement in a subalpine dark coniferous forest in southwestern China. Hydrological Processes, 26(25): 3800-3809.

Yang H, Karl A, Bai Y F, Han X G. 2011. Complementarity in water sources among dominant species in typical steppe ecosystems of Inner Mongolia, China. Plant and Soil, 340: 303-313.

Zhang X, Tian L, Liu J. 2005. Fractionation mechanism of stable isotope in evaporating water body. Journal of Geographical Sciences, 15(3): 375-384.

第 9 章 贝壳堤植被建植技术与管护对策

9.1 贝壳砂生境杠柳苗木高效培育技术

杠柳是黄河三角洲贝壳堤植物群落的建群种，也是该区域防潮减灾、防风固沙和保持水土等方面不可替代的树种，对改善区域生态环境和维护海岸带生态系统稳定发挥着重要作用。贝壳砂具有独特的层状物理结构，既不同于一般的石英砂，也与当地海岸带的滨海潮土类差别较大，贝壳砂土壤含纯贝壳为主的介质材料达 95%以上。

目前贝壳堤滩脊地带主要存在植物幼苗繁殖困难、成活率和保存率低等问题，造成植被覆盖率低，泥质海岸带防护林结构和功能低下。采取传统的直接播种造林或植苗造林，受干旱缺水和风力侵蚀等的影响，植物材料对贝壳砂这一特殊生境适应性差，导致栽植苗木或播种幼苗成活率和保存率低，特别是杠柳苗木根系不发达，杠柳幼苗易受到干旱胁迫，死亡率高，难以形成有效林分。因此，研发了贝壳砂生境杠柳苗木高效培育促根生长抗旱炼苗技术。该技术基于贝壳砂生境水盐运移规律、引种驯化和适地适树理论，在贝壳堤滩脊地带，采用土壤生物工程法，研制“微生境育苗床构建-抗干旱砂埋炼苗”一体化技术，即贝壳砂物理性状改良后，依据贝壳砂水分运移规律，采取砂埋压苗和平茬相结合的方法，促进杠柳根系的生长，增强杠柳的抗干旱和抗倒伏能力，提高杠柳成活率和保存率，以提高贝壳堤植被覆盖率和防风沙效能。

9.1.1 贝壳砂生境概况

杠柳苗木的培育必须在贝壳砂原生境进行。为提高杠柳苗木在贝壳砂生境的适应性，该育苗技术需在干旱缺水的贝壳砂实际生境进行育苗繁殖。在有原始植被生长的贝壳砂生境，选取滩脊地带具有一定坡度的背风面，以减小或避免海风的风力侵蚀，依据育苗需求，建设一定面积的育苗地。育苗原生境的土壤容重为 1.04～1.22g/cm^3，平均为 1.18g/cm^3；土壤总孔隙度为 53.53%～56.66%，平均为 54.67%；土壤含盐量为 0.28%～0.32%，平均为 0.30%；pH 为 7.37～7.43，平均为 7.40。总体表现为土壤容重低，非毛管孔隙度大，降雨入渗快，保水能力差。

9.1.2 贝壳砂生境育苗床改造构建技术

9.1.2.1 构建防风蚀栅栏

为避免风力侵蚀造成的贝壳砂砂埋和植物折断等的影响，需在育苗地四周建以树枝、芦苇等材料捆扎组成的栅栏，高度为 2.0m，其中地下埋深为 0.6m，以保证育苗地不受砂埋和风力侵蚀的影响。育苗地具体大小可依据所需苗木数量进行实际设计。

9.1.2.2 配置混合贝壳砂土

育苗所用的贝壳砂土壤需有一定的粒径和比例要求。因贝壳砂孔隙度大，蓄水和持水能力较差，需对原生境贝壳砂进行粒级配比改良。为减小贝壳砂土壤的孔隙度和渗透性，增强其蓄水保土能力。结合当地实际情况，具体操作方法为：将通过降雨淋洗后原生境的滨海潮土，在含盐量降低到 0.1%以下后，挖掘出土壤，然后经过夏季暴晒和冬季的冰雪冻土后，在第二年春季进行晾干、压匀，过筛剔除粉黏粒，仅选用 0.1～2.0mm 的土壤石砾、粗砂粒和细砂粒；同时将 0～40cm 的原生境贝壳砂挖出，过 2.0mm 筛。将过筛后的贝壳砂和滨海潮土按照 2∶1 的比例进行配比混匀，按粒径大小和比例配置后的贝壳砂土壤简称为混合贝壳砂土，混合贝壳砂土的土壤容重可达 1.25～1.40g/cm^3，土壤总孔隙度为 40%～50%，水气关系比较协调，蓄水保土和持水性能较好。

9.1.2.3 组建育苗床体

为防止潜水水位升高造成的贝壳砂盐分上升，在育苗地内，首先挖掘 60cm 深的贝壳砂穴，然后进行育苗床体的组建（图 9-1）。①在 60cm 的深穴内，将底层的 20cm 深穴，按照 2∶3 的比例分为上下两层进行不同隔盐层和抑制因地下水上升导致盐分升高的填充处理，首先铺设原生境大于粒径 2.0mm 的贝壳砂以及海岸带表面未分解的贝壳，厚度控制在 12cm。②然后在其上方 13～20cm 共 8cm 的深度层内，铺设用可分解无纺布做成的填充砖，填充砖规格为 30cm×20cm×4cm [长×宽×厚（高）]。填充砖四周用直径 1.0cm 的木条进行支撑固定，砖体内部填充材料以当地晒干的杂草、枯枝落叶和秸秆等原材料为主，原材料晾干、扎碎，粗度不超过 1.0cm，填充到袋内并进行压实处理，用麻绳进行编钻加固，以进一步增大底层土壤的非毛管孔隙度，防止因地下水上升导致的土壤盐分上升。③贝壳砂穴底部按比例进行 20cm 的填充后，在其上层的 21～60cm 育苗地内均匀铺设按粒径大小和比例配置的混合贝壳砂土。

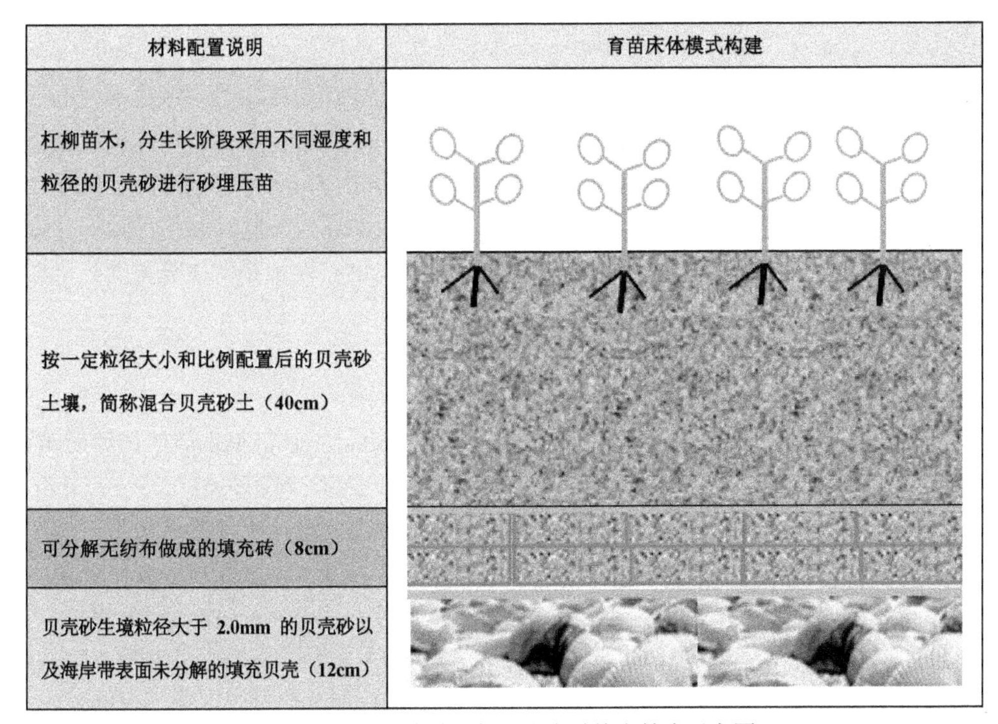

图 9-1 贝壳砂生境杠柳苗木高效培育技术示意图

9.1.3 贝壳砂生境促根生长抗旱炼苗技术

9.1.3.1 种子采集

为保证杠柳在贝壳砂生境的适应性，尽量采集贝壳堤生态系统内杠柳群落成熟的杠柳种子，在杠柳种子的成熟期 10 月上旬选取不同的母株进行采集，以免普荚果开裂后种子飞散。将采集的杠柳种子混合，自然晾干后，剥去外壳，挑取饱满的纯净种子用于发芽育苗。

9.1.3.2 播种时间及挖穴深度

考虑到黄河三角洲贝壳堤植物材料的生物学特性，在 4 月中旬左右开始播种，播种前用 35～45℃的温水浸泡 2～3h，去除开始浸泡后漂浮的杠柳种子；为防止病虫害发生，采用高锰酸钾消毒。挖 2.0cm 深的条沟，宽度为 5.0cm，每条沟的旁边留有高于地表面 5cm、宽 10cm 的垄，以利于收集雨水保水抗旱，即进行隔垄条沟播种。

9.1.3.3 播种密度、覆土厚度及浇水灌溉

在挖好的条沟内均匀播种，播种密度控制在 300 粒/m^2；播种后用当地收集的

雨水进行饱和灌溉，然后进行 2.0cm 厚度的混合贝壳砂土覆盖；在覆土第 3 天后再进行一次灌溉，灌溉水分渗透深度至少为 5cm。以后每隔 2～3d 浇（喷）水 1 次，保持贝壳砂湿润，直至杠柳发芽出苗；杠柳出苗后，每隔 3～5d 浇（喷）水 1 次，直至幼苗出齐后可逐步减少浇水次数，保证幼苗正常生长即可。同时依据幼苗生长状况，在幼苗的根茎部每隔 5～7d，撒埋一次 5mm 厚度的湿润贝壳粗砂粒（0.25～1.0mm），最终湿润贝壳砂埋深厚度达到 2cm，即随着幼苗的成长，在幼苗根茎部埋贝壳粗砂粒达 2cm 厚，通过砂埋以促进杠柳根系的生长发育，同时增强其抗倒伏能力。

9.1.3.4 炼苗定苗措施

幼苗正常生长 1 年后，逐步减少浇水次数，开始贝壳砂干旱生境的持续炼苗，剔除生长较差的残次幼苗，按照植株生长 5cm 高用贝壳砂干细砂粒（0.25～0.1mm）埋深 1cm 厚的比例进行压埋，以模拟自然生境的砂埋，进一步增强其根系的抗旱能力，最终控制用贝壳砂干细砂粒埋深杠柳幼苗达到 6～7cm 即可。同时，从春季开始进行逐年平茬（或截杆）处理（连续进行 3 年），以控制其地上部分的生长，年度内控制杠柳主杆高度在 20～30cm 即可；杠柳苗木从播种到成苗生长 3 年后，定植苗木控制在 150～200 株/m^2 为宜。第 4 年后，采用该贝壳砂生境培育的苗木，在贝壳砂适宜生境的雨季，按传统方法进行植苗造林即可。

9.1.4 效果分析

9.1.4.1 土壤物理结构改良效果较好

贝壳砂本身孔隙度大，土壤容重低，蓄水保水和持水能力较差。在 0～40cm 的加入混合贝壳砂土，混合贝壳砂土具体材料和配比为：0.1～2.0mm 的土壤石砾、粗砂粒和细砂粒的滨海潮土，过 2.0mm 筛后的贝壳砂；滨海潮土和贝壳砂按照 2∶1 的比例进行配比混匀后，贝壳砂土壤容重显著提高，孔隙度显著降低，特别是非毛管孔隙度降低 30%以上，显著降低了无效大孔隙，其中混合贝壳砂土的土壤容重为 1.25～1.40g/cm^3，土壤总孔隙度为 40%～50%，水气关系比较协调，可形成较好的土壤物理结构。

9.1.4.2 有效涵蓄降雨量，持水性能显著提高

通过配比滨海潮土，贝壳砂土壤物理结构显著改善，随土壤容重增大，孔隙度减小，贝壳砂的实际饱和含水量有所降低，但毛管蓄水量显著提高 15%以上，毛管蓄水量主要用来贮存植物生理用水。随非毛管孔隙度的降低，贝壳砂降雨入渗能力显著降低 18%～22%，有效涵蓄降雨量提高 35%～40%；同时，通过贝壳砂独特的

层状物理结构，其持水能力也显著提高，植物有效水分的利用率显著提高。

9.1.4.3　杠柳幼苗成活率和保存率高

通过上述独特的育苗床体构建，贝壳砂的土壤物理结构和盐碱含量较适宜杠柳的发芽和生长。杠柳发芽率达 90%以上，通过贝壳砂砂埋压苗，杠柳苗木根系发达，生长 3 年的杠柳苗木成活率达 80%以上。在相同的管理措施下，采用贝壳砂生境培育的抗干旱和耐砂埋苗木，植苗造林栽植 2 年后，在贝壳砂生境栽植时成活率和保存率均提高 50%以上。

9.2　贝壳堤植被恢复的主要单项技术

9.2.1　基于植被空间格局分析和水分适应性的树种优化配置技术

黄河三角洲贝壳堤处于海陆相接的地区，生境条件极其恶劣，其生态系统稳定性与植物群落的恢复与重建关系密切。沿海向陆方向，物种分布和植被格局呈现典型的带状分布格局，并与地貌类型密切相关。柽柳和大穗结缕草一般分布在高潮线附近，砂引草在沙堤前丘，小灌木（杠柳和酸枣）、乌蔹莓和蒙古蒿仅在沙堤顶部及丘后出现，野青茅只分布在丘间低地，不同地貌位置也对应迥异的植被类型。结合研究的优势灌木光合效率的水分阈值效应，在今后的植被保护和恢复过程中，贝壳堤丘顶、丘后背风坡及丘间低地是受风暴潮影响较弱、物种孕育的重要地区，应该继续封育，从而促使沙堤生态系统稳定和自然演替正向进行。高潮线附近是柽柳群落和大穗结缕草群落，可以抵挡盐沫的频繁袭击，是促淤生长和保证沙堤稳定的第一道防线，应该引起足够重视并进行重点保护；滩脊地带（特别是沙丘顶部和沙丘背风坡）应注重抗旱优势灌木酸枣和杠柳的栽植，这对于加强前丘和高潮线之间的物种交流以及促使物种拓殖具有重要意义。从适应干旱逆境条件下植物光合生理过程的有效程度进行评价，酸枣可以作为贝壳堤滩脊地带植被恢复与生态重建的优选树种进行大量栽植。从改良土壤和防风固沙的角度进行考虑，在贝壳堤向海侧、向陆侧应以柽柳苗木栽植为主，以改善土壤孔隙和提高团聚体形成为基础，促进贝壳砂土壤良好结构的形成，达到灌木林生长与土壤蓄持水分之间的良好互馈效应。从水分生态位的角度来看，贝壳堤以柽柳-杠柳和柽柳-酸枣树种配置较好。

在黄河三角洲贝壳堤向海侧、向陆侧和滩脊地带的不同微地貌下，可实行群落结构优化与组建技术，应因地制宜、适地适树地引种及选育耐盐碱、耐干旱、经济价值较高、具有一定防护功能的植物材料。根据盐碱条件、海拔高度和淹水频率等水文条件的不同，进行灌草植被模式的高效经营和配置研究。通过实验研究，有计划地在贝壳堤向海侧发展以柽柳、碱蓬、大穗结缕草、海篷子、芦苇等为主的耐盐碱、耐水湿的灌草植被，在潮上带营造耐盐、耐湿、耐瘠薄的先锋植物，以消浪、促淤、造陆、保堤。滩脊立地条件相对较好，可发展以杠柳、酸枣为主的灌木林带，同时利用贝壳堤丰富的野生药用植物资源，进行生态经济型灌草植被模式的营建。滩脊向陆侧、水产养殖场可采取微工程措施，营建刺槐、白蜡、紫穗槐、沙棘、沙枣等防护林带及混交林。同时可在新植林地或幼龄林间隙地，建立刺槐、杨树、白蜡与田菁、苜蓿、大豆、牧草等林副、林农栽培模式，形成经济-景观-复合型植被栽培模式。在贝壳堤外围可建设海堤基干林带，固土护堤、防潮抗灾、防风、防雾、避灾。

9.2.2　基于产效结合的贝壳堤优势灌木水分适宜条件判识技术

明确贝壳砂生境优势灌木光合生产力分级及土壤水分有效性等级，精准判定优势灌木生长适宜的水分条件是贝壳堤植物水分栽植管理的关键环节。本判定技术需设置多个系列水分梯度，以至少 8 个水分梯度为宜，在测定分析系列水分梯度下主要灌木树种光合效率参数的基础上，通过数学模拟、统计分析等方法，建立基于“产（净光合速率）效（水分利用效率）”结合的优势灌木生长适宜的水分范围。一种方法可描述为聚类分析法，主要采用净光合速率、蒸腾速率、树干日液流量、水分利用效率和光能利用率等指标对所测定的系列土壤水分点进行聚类分析，依据类平均值大小，结合植物光合生理参数对土壤水分的响应规律进行土壤水分阈值分级与评价（Xia et al.，2014；Zhang et al.，2014）。另外一种方法可描述为限值求解法或临界值分类法，通过数学模型精准确定主要光合效率参数与土壤水分之间的定量关系，求解主要光合参数的土壤水分关键临界值（极值、平均值、补偿点和转折点等），建立植物“光合效率水分临界点”，结合植物光合效率参数的水分响应规律，构建不同植物“光合生产力水分阈值分级与评价标准”（Zhang et al.，2010；Zhang et al.，2012），并将此应用到树木栽植的水分管理中。采用上述两种方法，可明确贝壳砂生境 3 种优势灌木维持高光合生产力的土壤水分范围。具体贝壳堤生态系统优势灌木的适宜水分范围可见第 7 章 7.6 部分。

9.2.3　贝壳堤自然封育、人工促进恢复技术

黄河三角洲贝壳堤现有的灌草植被是泥质海岸防护林体系中的重要组成部分，其封存状况对贝壳堤生态系统的生态建设有较大影响。因此，应坚持“封造并举，灌、草结合”的方针，把封育保护好贝壳堤现有灌草植被作为首要任务。特别是目前贝壳堤滩脊生存的以天然柽柳、杠柳以及酸枣等为主的固沙灌木植物和潮间带上以芦苇、碱蓬、补血草等为主的草甸带，现有面积较大、植被覆盖率高、固沙保土蓄水性能强，是极宝贵的植被资源，必须提高对它们的重视程度，

教育干部群众采取有效管护措施，加大保护力度，消除人类破坏性干扰，以尽快改变贝壳堤生态脆弱状况。其次应有目的地实施自然恢复人工促进技术，主要利用当地的野生植物资源，采取人工促进天然更新或人工辅助繁育更新措施，可提高天然植被的发展能力。主要技术有地表翻耕、人工断根促萌、人工补墒等。如在稀疏分布野生柽柳的退化贝壳堤盐碱荒地上开沟，沟内土壤受雨水淋洗而脱盐，柽柳天然下种后更新效果良好。对柽柳、白刺、枸杞、芦苇、补血草等价值较高的灌草植物种，可用去杂播种、人工植苗或播种的方法进行扩繁，是灌草带建设见效较快的方法。贝壳堤稀疏的灌草植被主纯丛或纯一群落的连片种类较少，难以规模化保护，对此，可在相近生境的荒地，人工去杂以保留优势种，然后在贝壳堤空隙地补播优势种，逐步使其发育成纯一群落。同时，可依据所栽植不同品种的生物学和生态学性状，培育不同品系，以适应贝壳堤的气候和地理环境。通过人工移栽或播种，在贝壳堤生境条件相对较好的区域建设稳定的种子和种苗基地，开展以乡土植物为主的繁育。

9.2.4　贝壳堤高效植苗造林技术

黄河三角洲贝壳堤向陆侧养殖场附近的道路，距海相对较远，风力小，贝壳砂含量较少，可实行冬季造林，截干造林。冬季造林后土壤冻化能保墒，防止返盐；截干造林可减少树木蒸腾，保持根系所需水分，以有效防止水分流失，提高造林成活率。贝壳堤向陆侧含盐量高，造林成活率低。苗木深栽能有效提高造林苗木的抗盐碱、耐旱能力，栽植穴以 20～40cm 深为宜，造林苗木最好带土坨。

造林后覆膜与覆草处理，可提高造林成活率和保存率。在条件允许的情况下，造林时对穴内客土浇水，进行泥浆搅拌造林，再在造林穴上覆盖表层松土并踩严，确保“大苗深栽法”的成活率达到 95%以上。覆膜的成活率、保存率比覆草略高，且前期新梢生长量显著好于覆草，而覆草有利于通气，可以培肥土壤，故两种方法常结合使用，即植苗后先覆膜，雨季后再覆草，促进苗木生长发育。

对于树种老化严重，需要重新引种、扶壮的情况，则可选择优势单株进行无性扩繁（韩友志等，2007）。贝壳堤春季风力大，极易造成苗木水分的过度蒸腾，起苗造林时，修去苗木侧枝的一部分，保留树冠长度的 1/3～1/2，可以提高造林成活率。健壮大龄苗木是提高成活率的保证。在含盐量 0.3%～0.4%的盐碱地造林，绒毛白蜡二年生苗木造林成活率较一年生苗木造林成活率高 15%，三年生苗木造林成活率较二年生苗木造林成活率高 5%。优质大苗的培育可选择耐碱、抗旱、速生的优良种源进行无性繁殖，通常采用水培和砂培，当苗高 1.7～2.5m、地径 1.3～2.0cm 时造林效果最好。

黄河三角洲贝壳堤向陆侧、附近的水产养殖场外围区域，造林初期林地还比较暴露，易受风沙侵袭，土壤水分也易蒸发，盐碱含量高。因此，造林后尽量套种部分小灌木、草本植物，如紫穗槐、柽柳、沙棘等，增加初期覆盖面积，提高造林保存率。形成立体栽培的新型植被建设模式，待防护林乔木树种郁闭后自动淘汰林下灌木。

9.2.5 贝壳堤柽柳冲浪林带建设技术

加快柽柳冲浪林带建设，是黄河三角洲贝壳堤防护林体系营建的主要植被恢复措施之一。贝壳堤柽柳资源丰富，天然下种容易。柽柳冲浪林带建设宜采取“以封为主，封育结合”的方法，充分利用现有的柽柳资源，通过自然下种形成天然的防护屏障（刘春杰，2006；徐化凌，2008）。人工冲浪林带可采用多树种混交造林，形成乔灌草复层林结构，增加物种多样性，并保护枯枝落叶层，促进微生物生长，扩大有机质来源，改善土壤结构，提高地力，逐渐达到土壤脱盐、培肥、增强生物活性的效果，以利于冲浪林带持续长效发挥作用。同时，开展贝壳堤柽柳冲浪林带工程建设中盐碱地造林配套技术，耐盐碱、抗海风海雾物种的引种、育种及残次、低效林的更新改造技术，植物主要病虫害防治技术等的研究，提高贝壳堤脆弱生态区的造林成活率、保存率，丰富造林树种和品种资源，提高植被恢复工程的科技含量。

9.3 贝壳堤生态系统的管护对策

9.3.1 强化贝壳堤岛与湿地自然保护区的建设与管理

我们要强化自然保护区的建设与管理，进一步加强建设保护管理机构，理顺管理体制，建立和完善自然保护区管理制度，依法保护和管理；充实保护管理专职队伍，提高其业务素质和管理水平；加强保护设施建设，设立保护界桩、标牌；加大对自然保护区建设的资金投入，确保其正常的经费支出；引进资金和人才，增强保护区可持续发展能力。在建设性保护措施完成之前，应该禁止游客的进入，或者至少限制游客数量，以有效保护贝壳堤岛的生态环境（刘金然等，2017）。加强监管力度，杜绝滥采滥挖贝壳砂，周边盐场、水产养殖等产业需进一步规范化；合理规划贝壳堤岛的开发利用，在其生长速度内适度适量开采，以有效保护贝壳堤的可持续发展。根据贝壳堤岛与湿地的典型性、稀有性、自然性、完整性、脆弱性等特点，尽快制定自然保护区建设规划，包括保护工程、科研监测工程、宣教工程以及生活服务设施等，并组织实施（田家怡等，2011）。该自然保护区是国家海洋环境监测中心确立的“国家海洋保护区建设与管理系统试点”，2016 年被山东省海洋与渔业厅确立为全省海洋生态文明建设“七个试点”之一，开展海洋保护区规范化管理试点。该自然保护区以此为契机，建立健全管理制度，编制总体规划，进一步强化执法能力，布设视频监控系统，建设地理信息系统，采购巡护船艇，全面提升能力建设，不断实现保护区管理的规范化、标准化、数字化，全面提升贝壳堤岛与湿地自然保护区的管理能力，将保护区打造成全省乃至全国保护区建设管理的标杆。

9.3.2　加强贝壳堤生态系统的科学研究

要加强贝壳堤与滨海湿地形成机制、演化进程和速度、演变规律等的研究，诠释环境演变历史；加强贝壳堤与湿地生态、环境、水动力演化特点，以及影响贝壳堤与湿地生态系统发育因素的研究；加强贝壳堤与湿地特有生态系统，生态系统内部生物种类、组成、数量、分布和相互关系，以及生态系统的自我调节机制研究，促进这一脆弱生态系统的修复；加强贝壳堤侵蚀动态，黄骅港、滨州港建设以及油田、盐田开发对贝壳堤与湿地生态系统影响的研究；加强自然保护区生物多样性，珍稀濒危动植物种群数量、分布、动态变化规律的研究，为制定相应的保护措施提供科学依据；加强入海河流及近海滩涂环境监测，研究陆源、海洋污染对贝壳堤与湿地生态系统的影响，确保生态环境健康安全。加强自然保护区科研平台建设，建设野外工作站、鸟类环志站、湿地生态系统定位监测站、贝壳堤地质剖面等科研基础设施，逐步增加监测仪器和科研设备，使自然保护区同时成为教学、科研、科普和生态观光基地。近年来，自然保护区管理局围绕“科技建区、科技兴区”的战略目标开展了一系列的科研活动，也取得了一定成果。依托高校和科研院所进一步提高科研水平，其中滨州贝壳堤岛与湿地国家级自然保护区管理局与滨州学院共建“滨州贝壳堤岛与湿地生态研究基地”，合作开展贝壳堤与湿地生态过程与退化机制、湿地退化环境修复、退化湿地恢复关键技术等领域的创新性研究，同时加强黄河三角洲湿地、海岸带保护修复关键技术研发，系统集成和工程示范等方面的合作。

9.3.3　加强贝壳堤生态系统的修复与管护

鉴于贝壳堤与湿地生态系统破坏严重，必须加快生态修复步伐。根据贝壳堤生态系统破坏程度和退化机制，基于其生态系统的特点、立地条件、经济条件及物种的生物学、生态学特性，确定技术可行、功能和谐的修复关键技术，包括先锋群落的重建，关键种的筛选与繁育，灌丛、草丛的封育，群落结构优化配置与组建等，使退化的贝壳堤生态系统尽快得以恢复。对湿地生态系统首先要划定保护界线，绝对保护文蛤等优质贝类种质资源；建立贝类苗种繁育场，实施贝类增殖工程；将核心区内的现有养殖池、盐池和蒸发池等堤坝推平，增强海水交换能力，恢复草地面积和湿地功能，为鸟类栖息、觅食、繁殖提供良好条件，保护生物多样性。建立贝壳堤工程前期论证和综合决策机制，强化建设工程的公共监督和后评估制度，保证开发贝壳堤建设工程的有效实施和健康发展（刘金然等，2017）。开展贝壳堤开发管理的教育与培训工作，加强宣传教育力度，充分利用各种新闻媒介和宣传形式，提高全社会特别是区内群众对沿海贝类资源保护重要性的认识。

保护区自成立以来，多措并举，积极开展浅海滩涂贝类的资源育苗和增殖工作，切实加强贝类资源保护力度，促进贝类资源健康快速增长；加大管护力度，严厉打击非法开采贝壳砂活动；进一步完善自然保护区相关法律法规，加大执法力度，依法办事，约束人类行为，来保护现有的海洋自然遗产，确保贝壳堤生长发育的物源充足。对自然保护区的核心区、缓冲区和实验区，严格按照自然保护区管理制度来进行分区管理。要将保护和可持续发展相结合（孙晶等，2017），在对贝壳堤物源地充分保护的基础上，建立自然保护区人类活动遥感核查体系；积极利用当地的优势资源，适当发展生态渔业、休闲观光农业、生态科普观光业等活动，增强自然保护区的经济实力，促进保护区资源环境的可持续发展。贝壳堤岛与湿地自然保护区管理局资源保护管理科联合中国海监总队滨州贝壳堤岛与湿地国家级自然保护区支队制定专门管护方案，成立领导小组，明确管护区域、巡查频率，管护方式方法等内容；保护与修复并举，提升贝壳堤生态系统的生产和生态功能，促进贝壳堤生态系统的可持续发展。

参考文献

刘春杰. 2006. 柽柳资源在黄河三角洲泥质海岸防护林建设中的应用. 防护林科技，(2)：42-43.

刘金然，于晓辉，张银晓. 2017. 贝壳堤岛的调查及保护对策研究——以山东省无棣县为例. 安徽农学通报，23（11）：24-26，39.

孙晶，刘玉安，刘长安. 2017. 近 40 年滨州贝壳堤岛与湿地国家级自然保护区贝壳堤变化及管护对策研究. 海洋开发与管，(5)：103-108.

徐化凌，陈纪香，高翠琴，等. 2008. 黄河三角洲泥质海岸怪柳冲浪林带建设技术. 中国水土保持，(9)：43-45.

Xia J B, Zhang G C, Wang R R, et al. 2014. Effect of soil water availability on photosynthesis in *Ziziphus jujuba* var. *spinosus* in a sand habitat formed from seashells: comparison of four models. Photosynthetica, 52(2): 253-261.

Zhang G C, Xia J B, Shao H B, et al. 2012. Grading woodland soil water productivity and soil bioavailability in the semi-arid Loess Plateau of China. Clean-Soil, Air, Water, 40, 148-153.

Zhang S Y, Xia J B, Zhang G C, et al. 2014. Threshold effects of photosynthetic efficiency parameters of wild jujube in response to soil moisture variation on shell beach ridges, Shandong, China. Plant Biosystems, 148(1): 140-149.

Zhang S Y, Zhang G C, Gu S Y, et al. 2010. Critical responses of photosynthetic efficiency of goldspur apple tree to soil water variation in semiarid loess hilly area. Photosynthetica, 48, 589-595.

主要符号表

符号	单位	中文全称	英文全称
RWC	%	土壤相对含水量	relative water content
P_n	μmol/(m^2·s)	净光合速率	net photosynthetic rate
T_r	mmol/(m^2·s)	蒸腾速率	transpiration rate
WUE	μmol/mmol	水分利用效率	water use efficiency
WUE_i	μmol/mol	潜在水分利用效率	intrinsic water use efficiency
PAR	μmol/(m^2·s)	光合有效辐射	photosynthetic active radiation
C_i	μmol/mol	胞间 CO_2 浓度	intercellular CO_2 concentration
G_s	mol/(m^2·s)	气孔导度	stomatal conductance
L_s	%	气孔限制值	stomatal limitation
P_{max}	μmol/(m^2·s)	最大净光合速率	maximal net photosynthetic rate
AQY	无	表观量子效率	apparent quantum yield
R_d	μmol/(m^2·s)	暗呼吸速率	dark respiration rate
R_p	μmol/(m^2·s)	光呼吸速率	photo respiration rate
LCP	μmol/(m^2·s)	光补偿点	light compensation point
LSP	μmol/(m^2·s)	光饱和点	light saturation point
F_0	无	初始荧光	minimal fluorescence
F_m	无	最大荧光	maximal fluorescence
F_v/F_m	无	最大光化学效率	maximal photochemical efficiency
$\Phi_{PS\,II}$	无	实际光化学效率	actual photochemical efficiency
qP	无	光化学淬灭	photochemical quenching
NPQ	无	非光化学淬灭	non photochemical quenching
MWD	mm	土壤平均重量直径	mean weight diameter